21世纪先进制造技术丛书

并联机构自由度计算与奇异分析的几何代数方法

李秦川　柴馨雪　姚辉晶　著

科学出版社
北京

内 容 简 介

本书提出了几何代数框架下的少自由度并联机构自由度分析方法，进而在运动和约束分析的基础上对并联机构的奇异性进行分析。全书共 12 章，第 1 章为绪论。第 2 章和第 3 章介绍几何代数基础知识，在几何代数框架下对运动空间和力空间进行描述，给出它们的映射关系，对过约束并联机构产生冗余约束的原因进行解释。第 4～7 章介绍几何代数框架下的并联机构自由度的约束求并和运动求交的分析方法，选取不同自由度的并联机构进行详细分析。第 8～12 章基于几何代数框架下描述的运动空间和力空间，对并联机构的运动和约束进行求解，从而根据运动和约束之间的线性相关性对并联机构奇异性进行分析。

本书可作为高等院校机械工程及相关专业研究生和高年级本科生的教材，也可作为机械工程及相关领域科研人员的参考用书。

图书在版编目(CIP)数据

并联机构自由度计算与奇异分析的几何代数方法/李秦川，柴馨雪，姚辉晶著. —北京：科学出版社，2019. 9

(21 世纪先进制造技术丛书)

ISBN 978-7-03-060529-0

Ⅰ. ①并… Ⅱ. ①李…②柴…③姚… Ⅲ. ①空间并联机构-振动自由度-计算方法 Ⅳ. ①TH112. 1

中国版本图书馆 CIP 数据核字(2019)第 026876 号

责任编辑：朱英彪 赵晓廷 / 责任校对：郭瑞芝

责任印制：吴兆东 / 封面设计：蓝正设计

科 学 出 版 社出版

北京东黄城根北街 16 号

邮政编码：100717

http://www.sciencep.com

北京中科印刷有限公司 印刷

科学出版社发行 各地新华书店经销

*

2019 年 9 月第 一 版 开本：720×1000 1/16

2023 年 1 月第二次印刷 印张：15 1/2

字数：312 000

定价：120.00 元

(如有印装质量问题，我社负责调换)

《21世纪先进制造技术丛书》序

21世纪，先进制造技术呈现出精微化、数字化、信息化、智能化和网络化的显著特点，同时也代表了技术科学综合交叉融合的发展趋势。高技术领域如光电子、纳电子、机器视觉、控制理论、生物医学、航空航天等学科的发展，为先进制造技术提供了更多更好的新理论、新方法和新技术，出现了微纳制造、生物制造和电子制造等先进制造新领域。随着制造学科与信息科学、生命科学、材料科学、管理科学、纳米科技的交叉融合，产生了仿生机械学、纳米摩擦学、制造信息学、制造管理学等新兴交叉科学。21世纪地球资源和环境面临空前的严峻挑战，要求制造技术比以往任何时候都更重视环境保护、节能减排、循环制造和可持续发展，激发了产品的安全性和绿色度、产品的可拆卸性和再利用、机电装备的再制造等基础研究的开展。

《21世纪先进制造技术丛书》旨在展示先进制造领域的最新研究成果，促进多学科多领域的交叉融合，推动国际间的学术交流与合作，提升制造学科的学术水平。我们相信，有广大先进制造领域的专家、学者的积极参与和大力支持，以及编委们的共同努力，本丛书将为发展制造科学，推广先进制造技术，增强企业创新能力做出应有的贡献。

先进机器人和先进制造技术一样是多学科交叉融合的产物，在制造业中的应用范围很广，从喷漆、焊接到装配、抛光和修理，成为重要的先进制造装备。机器人操作是将机器人本体及其作业任务整合为一体的学科，已成为智能机器人和智能制造研究的焦点之一，并在机械装配、多指抓取、协调操作和工件夹持等方面取得显著进展，因此，本系列丛书也包含先进机器人的有关著作。

最后，我们衷心地感谢所有关心本丛书并为丛书出版尽力的专家们，感谢科学出版社及有关学术机构的大力支持和资助，感谢广大读者对丛书的厚爱。

熊有伦

华中科技大学

2008 年 4 月

前　言

机构是机械装备的骨架，是组成机器的基本单元。近年来，日益扩展的机械装备应用需求推动机构拓扑结构由单一的平面结构向复合的空间结构发展，由简单开环结构向耦合多闭环结构发展，如展开机构、折纸机构、并/混联机构等。并联机构因具有刚度大、承载能力强、误差小、精度高、自重负荷比小等一系列特点而被作为多种机器人制造装备的主机构，并联机器人机构学也成为国际机器人研究领域的热点和前沿。

机械装备的功能，即能完成的运动，由机构的自由度描述。国际机构学与机器科学联合会(IFToMM)将自由度定义为确定机构或运动链运动的独立运动参数的数目。自由度是机构最重要的基本性质之一，自由度计算和分析是机构学研究中的基本问题。

研究机构的自由度不仅要得到自由度的数目，还要掌握机构自由度的性质，即转动、移动或二者的合成运动(即螺旋运动)。此外，通常情况下，人们希望机构的自由度数目和性质在整个空间不变，具有连续性，以保证机构的正常工作。对于近年来涌现的大量新型少自由度并联机构，原有的机构自由度计算公式如 Grübler-Kutzbach 公式等在新问题前显得力不从心，很难得到正确的结果。尽管基于螺旋理论的并联机构自由度分析方法已经得到广泛应用并被实践证明普遍有效，但由于螺旋本身的瞬时性，学术界对于该方法所得结果是否为连续自由度，在数学的严密性和完整性上仍存有部分争议，这就对少自由度并联机构的自由度计算和分析提出了新的挑战。

并联机构属于多环闭链机构，奇异是其固有特性，其本质是运动约束条件在某一特殊位形下发生线性相关而失效。当并联机构处于奇异位形时，其动平台变得不可控，具体可表现为出现死点、失稳等。一般情况下，并联机器人装备在实际应用中必须避开奇异位形，因此掌握并联机构奇异位形在工作空间的分布规律(又称奇异轨迹)对于并联机构的设计、轨迹规划和控制至关重要。

并联机构的奇异轨迹在几何上是一个多维曲面，在代数上可用以位姿参数为自变量的多项式表示，尽管各国学者对此做了大量工作并取得众多成果，但在现有奇异研究中一般很难获得奇异轨迹的解析表达式，存在代数性质和几何意义割裂、难以描述奇异总体空间分布规律、缺乏可用于指导设计的评价奇异接近度的性能指标等问题。

几何代数又称为 Clifford 代数(Clifford algebra)，是由英国数学家 Clifford 通

过定义几何积将 Grassmann 代数和 Hamilton 代数统一在同一框架下创建而成的。几何代数中保留了 Grassmann 外积定义，注意到 Grassmann 外积的定义是两个一维矢量的外积为一个二维矢量（面），三个一维矢量的外积为一个三维矢量（体），如此类推；因此，在几何代数框架下，多维几何元素可以直接运算，在表达和计算效率上具有巨大优势。20 世纪 60 年代以来，几何代数作为一种统一的数学物理语言逐渐在量子物理、机器视觉、机器人学和图形图像处理等领域得到广泛应用。

少自由度并联机构的运动和受力情况在数学上可以抽象成四个子空间：许动子空间、约束力子空间、传递力子空间和限动子空间。少自由度并联机器人机构学研究可以归结为这四个子空间自身及它们之间相互关系的研究。由于子空间可以抽象为多维几何对象，而几何代数框架为复杂多维几何对象提供了原生数据结构和算法，这就使得我们有可能运用几何代数求得这四个子空间的解析表达式，从而为解决少自由度并联机器人机构学研究中的难题提供重要帮助，这也正是作者撰写本书的出发点。

本书共三篇，第一篇为几何代数基础，包括第 1～3 章，主要介绍几何代数中对运动空间和力空间进行描述和运算所涉及的相关基础知识，并对过约束并联机构产生冗余约束和公共约束的原因进行阐释。第二篇为几何代数框架下的并联机构自由度计算方法，包括第 4～7 章，重点介绍几何代数框架下的并联机构自由度的约束求并和运动求交的分析方法，并选取多种典型少自由度并联机构进行详细分析，充分展示几何代数方法在求解具有复杂约束条件的并联机构自由度时的优势。第三篇为几何代数框架下的并联机构奇异分析方法，包括第 8～12 章，对并联机构的运动空间和约束空间进行解析求解，并根据运动和约束之间的线性相关性对多种典型并联机构奇异规律进行详细分析。本书内容对读者将几何代数这一数学工具应用于机构学其他方面的研究也有很好的启发作用。

本书主要内容源于国家自然科学基金（51525504）和浙江省自然科学基金（R1090134）长期资助的研究成果，在此期间机构学界国内外同行的宝贵意见激励着我们不断前行和深入思考，科学出版社的大力支持使得本书最终得以出版，作者在此一并深表诚挚谢意！

由于作者水平有限，书中难免存在疏漏之处，敬请读者和专家批评指正。

作　者

2019 年 1 月

目　录

第二篇 几何代数框架下的并联机构自由度计算方法

第三篇 几何代数框架下的并联机构奇异分析方法

主要符号表

运动链与运动副	
R 副	转动副
P 副	移动副
S 副	球副
U 副	虎克铰
C 副	圆柱副
T	移动自由度
R	转动自由度
旋量与反螺旋	
$\boldsymbol{\$}$	螺旋
$\boldsymbol{\$}^{\mathrm{r}}$	互易螺旋
$(v_1, v_2, v_3; b_1, b_2, b_3)^{\mathrm{T}}$	单位螺旋(线矢量)的 Plücker 坐标
$\boldsymbol{S}$	几何代数中的螺旋
$\boldsymbol{S}^{\mathrm{r}}$	几何代数中的互易螺旋
向量及矩阵	
$\boldsymbol{e}_1, \boldsymbol{e}_2, \cdots, \boldsymbol{e}_n$	几何代数基向量组
$\boldsymbol{a}, \boldsymbol{b}, \boldsymbol{c}, \boldsymbol{a}_k, \boldsymbol{b}_k, \cdots$	向量
$\langle \boldsymbol{C} \rangle_k$	k 阶片积
$\boldsymbol{A}, \boldsymbol{B}, \boldsymbol{M}, \boldsymbol{Q}$	向量或多维向量
$\boldsymbol{I}, \boldsymbol{I}_{\mathrm{u}}$	单位伪标量
$\boldsymbol{I}_n$	n 阶单位伪标量
$\boldsymbol{I}_n^{-1}, \boldsymbol{I}^{-1}, \boldsymbol{I}_{\mathrm{u}}^{-1}$	伪标量的逆
$\boldsymbol{R}$	旋转变换矩阵
$\boldsymbol{J}$	雅可比矩阵
空间与集合	
$\mathbb{R}$	实数域
$\mathcal{V}_n$	n 维向量空间
$\mathcal{G}_n^k$	$\binom{n}{k}$ 维向量子空间
$\mathcal{G}_n$	几何代数 n 维向量空间

$\boldsymbol{T}$	几何代数中的运动空间
$\boldsymbol{W}$	几何代数中的力空间
$\boldsymbol{T}_{\mathrm{p}}$	动平台或输出运动空间
$\boldsymbol{S}_{\mathrm{m}}$	运动许动子空间
$\boldsymbol{S}_{\mathrm{d}}$	运动限动子空间
$\boldsymbol{S}_{\mathrm{t}}$	传递力子空间
$\boldsymbol{S}_{\mathrm{c}}$	约束力子空间
$\boldsymbol{S}_{\mathrm{rc}}$	冗余约束空间
$\boldsymbol{S}_{\mathrm{cc}}$	公共约束空间
$\boldsymbol{S}_{\mathrm{mM}}$	许动子空间的交集
$\{\boldsymbol{S}_n\}$	螺旋集合
$\boldsymbol{U},\boldsymbol{V},\boldsymbol{P}$	向量空间
$\overline{\boldsymbol{P}}$	$\boldsymbol{P}$ 的支集
$\mathbf{V}^{(k)}$	$\binom{n}{k}$ 维向量空间
$\Lambda(\mathbf{V})$	从 $\mathbf{V}$ 的向量子空间到另一个向量空间

运算符号

$\cdot$	内积
$\wedge$	外积或 GCA 交集算子
$\boldsymbol{ab}$	几何积
$\times$	叉乘
$\cup$	并集
$\cap$	交集
$\circ$	互易积
Δ	直射变换
$\vee$	GCA 并集算子
dim( )	向量空间的维数
sgn( )	取符号
$[\boldsymbol{A},\boldsymbol{B}]$	GCA 括号运算
c_θ	$\cos\theta$
s_θ	$\sin\theta$
t_θ	$\tan\theta$
$(\ )^*$	对偶

第一篇

几何代数基础

第1章 绪 论

1.1 并联机构自由度计算方法概述

机构是机械装备的骨架。机械装备的功能,即能完成的运动由装备机构输出的自由度描述。因此,自由度是机构最重要的基本性质之一,自由度计算或自由度分析也是机构学研究中的基本问题。但需要注意的是,国际机构学与机器科学联合会(IFToMM)将自由度定义为确定机构或运动链运动的独立运动参数的数目[1],这是从输入运动的角度定义自由度。在并联机器人机构学中,通常从输出运动的角度定义自由度,即自由度指并联机构动平台输出独立运动的数目和性质,这也是本书所采用的定义。

日益扩展的机械装备的应用需求推动了机构学的发展。近年来,机构的拓扑结构由单一的平面结构向复合的空间结构发展,由简单的开环结构向耦合的闭环结构发展,如并/混联机构、展开机构、折纸机构等。对于机构自由度计算,不仅要求得到机构的自由度,还要求掌握机构自由度的性质,如转动、移动或两者的合成运动,即螺旋运动。机构自由度性质又称为机构运动模式(motion pattern),与坐标系选取无关,可能是连续运动,或瞬时运动,也可能两者兼具,即在位形 A 处是连续自由度,而在位形 B 处是瞬时自由度。对于近年来涌现的大量新的多环复杂机构,原有的机构自由度计算公式如 Grübler-Kutzbach 公式等难以解决新问题,不能得到正确的结果,这就对机构的自由度计算和分析提出了新的挑战。

Gogu[2]在 2005 年的一篇综述中将机构自由度计算方法分为两类:根据运动约束方程求解特定位形下机构秩的自由度计算方法和不需要建立约束方程的快速计算方法。第一种方法通过求解运动链约束方程的秩来计算自由度,对并联机构来说总是有效的。该方法需要建立一般位形下的运动链闭环方程,这对于复杂机构较为困难且耗时。第二种方法是将杆件和运动副的数目代入快速计算公式来得到自由度。这种计算公式只与机构的杆件和运动副数目相关,不需要建立运动链的闭环方程,因此计算过程简单,且耗时短。然而,这种方法并不能适用于所有机构,如 Bennett[3]、Bricard[4]、Goldberg[5]等古典机构,以及笛卡儿并联机器人(Cartesian parallel manipulator,CPM)[6,7]、Delta[8]、H4[9]等现代并联机构。

自 Gogu[2]发表关于自由度的综述论文至今已有十余年,机构自由度计算研究在此期间有了大量进展。根据近年来机构自由度计算的研究发展情况,本书将现有机构自由度计算方法分为六类，分别加以分析评述。

1.1.1 基于机构拓扑参数的自由度计算方法

机构拓扑参数指机构的杆件数、运动副数以及每个运动副的自由度等，与连杆尺寸、截面尺寸和材料性质等无关。基于机构拓扑参数的自由度计算方法在应用时只需将机构拓扑参数代入计算公式即可得到机构自由度。该类方法容易掌握、计算速度快，因此应用广泛。

Chebychev[10]在 1869 年提出了运用机构拓扑参数计算机构自由度的公式：

$$3n-2(p_0+p_n)=1 \tag{1.1}$$

式中，n 为机构中全部运动杆件的数目；$2(p_0+p_n)$为约束方程的数目。

式(1.1)只能用于计算平面连杆机构的自由度，并不能简单推广到空间机构。

Sylvester[11]在 1874 年对式(1.1)进行修订，得到单自由度的平面机构结构条件：

$$3m-2p-4=0 \tag{1.2}$$

式中，p 为关节的数量；m 为机构中包括固定杆件在内的所有杆件的总数。

Grübler[12]提出了与式(1.1)相似的单自由度平面机构的结构条件，考虑到螺旋副，又提出新的空间单自由度机构的结构条件：

$$5h-6m+7=0 \tag{1.3}$$

式中，h 为螺旋副的数目。

Somov[13]于 1887 年提出单自由度机构的结构条件：

$$m-q(b-1)=2 \tag{1.4}$$

式中，q 表示机构独立环路的数目；b 表示与自由度相关的运动参数：当机构为平面机构时，$b=3$，当机构为空间机构时，$b=6$。

式(1.4)第一次将运动参数 b 引入自由度计算中。

Somov[13]和 Malytsheff[14]提出一种仅对空间机构适用的公式：

$$M=6n-\sum_{i=1}^{5} iC_i \tag{1.5}$$

式中，C_i为约束数为 i 的关节数量。

Kutzbach[15]提出可用于计算具有相同独立环数的空间机构的自由度计算公式：

$$M=(6-d)(m-1)-\sum_{i=1}^{p}(6-d-f_i) \tag{1.6}$$

式中，d 为独立环的参数，$d=6-b$；f_i 为自由度为 i 的关节数量。

式(1.6)也称为 Grübler-Kutzbach 公式，简称 G-K 公式，是应用最为广泛的自由度计算公式。

Voinea 和 Atanasiu[16] 于 1960 年首次提出适用于独立闭环有不同运动系数的复杂机构自由度计算公式：

$$M = N - \sum_{j=1}^{q} r_j + p_p \tag{1.7}$$

式中，N 是所有关节自由度的总数；r_j 是机构的第 j 个独立环所有关节螺旋系的秩；p_p 是被动关节的数目。

Voinea 和 Atanasiu 通过引入 Ball[17] 的瞬时螺旋理论，得到参数 r_j，并提出计算运动参数 $b_j = r_j$ 的解析方法，明确了 $1 \leqslant r \leqslant 6$ 时螺旋系的几何位形。

Waldron[18] 于 1966 年引入闭环等效螺旋系的阶数 b，提出闭环机构自由度计算公式：

$$M = F - b \tag{1.8}$$

式中，F 是闭环的关节数目；b 依旧通过瞬时螺旋理论计算得到。

Waldron 在 Ball[17]、Voinea 和 Atanasiu[16]、Phillips 和 Hunt[19,20] 等工作的基础上，给出了螺旋理论中的串联、并联法则以及当某些关节与不同环路共享时相对自由度的计算方法。

Freudenstein 和 Alizade[21] 提出了一种多环机构自由度计算公式：

$$M = \sum_{i=1}^{E} e_i - \sum_{k=1}^{q} b_k \tag{1.9}$$

式中，e_i 是第 i 个机构的独立位移变量；E 是独立位移变量的数目；b_k 是自由度。

但是这种方法中的参数 b_k 需要通过第 k 个独立环的独立微分环方程确定，所以必须对机构进行完整的位置分析，否则无法得到结果。

Hunt[22] 于 1978 年提出如下公式：

$$M = b(m - p - 1) + \sum_{i=1}^{p} f_i \tag{1.10}$$

但如何确定合适的独立环和求解正确的参数 b 依旧是个难题。

Gogu[23,24] 为了弥补多环机构自由度快速计算公式适用范围小的缺点，基于矩阵线性变换原理提出如下公式：

$$M = \sum_{i=1}^{p} f_i - \sum_{j=1}^{t} S_j + S_{\mathrm{p}} \tag{1.11}$$

式中，f_i 是第 i 个运动副上的自由度$(i=1,2,\cdots,p)$；S_j 是第 j 个分支上的空间度(spatiality)，由第 j 个分支上从动平台到基座的独立运动参数的最大数目决定；S_{p} 是动平台的独立运动参数的最大数目。

式(1.11)的优点是只需要根据简单的观察就可以得到机构的自由度，不用对机构进行运动学分析，但独立运动参数的判断仍然需要依靠经验。

Pozhbelko 和 Ermoshina[25] 提出多体机构系统的自由度计算公式，其自由

度为

$$F=(2n_1+(n_2-3)+p_2)-(n_4+2n_5+\cdots+(i-3)n_i)-(v_2+2v_3+\cdots+(j-1)v_j) \tag{1.12}$$

式中，n_i 表示在运动链中含有 i 个运动副的杆件的数目；p_2 表示自由度为 2 的运动副数目；v_j 表示多重运动副的数目。

总的来看，基于机构拓扑参数的自由度计算方法中的公式大多是在机构学发展的早期提出的。受到早期机构拓扑结构简单的影响，这些公式大多数只能对某些特定类型的机构进行自由度计算，如平面机构、非过约束的空间机构等。由于机构拓扑参数中没有包含运动副轴线方向间的相互几何关系，而这些几何关系往往对机构中是否存在过约束有重要影响，因此这种方法对很多含有过约束的古典机构以及现代并联机构并不适用，容易得到错误的结论。

1.1.2　基于机构运动约束方程的自由度计算方法

基于机构运动约束方程的自由度计算方法是通过建立机构运动链的运动约束方程，使用线性代数工具求解约束方程的秩，或者求解其雅可比矩阵的零空间，以此分析机构的自由度。这种方法虽然对所有机构都适用，但需要建立机构在一般位形下的运动约束方程，这对于拓扑结构复杂的机构往往较为困难。

Moroskine[26] 提出计算平面和空间机构自由度的公式：

$$M=N-r \tag{1.13}$$

式中，N 表示机构运动参数的总数；r 表示运动约束方程组成的线性齐次方程组的秩。

Angeles 和 Gosselin[27] 指出单环和多环闭环运动链的自由度能够由唯一的雅可比矩阵的零空间维数来确定，即

$$M=\text{nullity}(\boldsymbol{J}) \tag{1.14}$$

式中，$\boldsymbol{J}$ 表示雅可比矩阵；nullity( )表示雅可比矩阵的零空间维数。

利用雅可比矩阵的零空间来确定运动链自由度，这种方法对于任何机构都是适用的。将式(1.14)与式(1.13)相结合，可以得到

$$\text{rank}(\boldsymbol{J})+\text{nullity}(\boldsymbol{J})=\dim(\mathbf{V}) \tag{1.15}$$

式中，rank( )表示雅可比矩阵的秩。

Yang 等[28] 提出一种简单通用的并联机构自由度计算方法，只需要用到雅可比矩阵，不仅可以得到自由度的性质，还可以得到动平台的输出速度。该方法还可以用于确定复杂并联机构的等效串联运动链和非驱动关节的存在。

Nagaraj 等[29,30] 基于雅可比矩阵的零空间提出一种用于计算可折展的缩放架(pantograph masts)自由度的数值方法，同时还提出一种符号计算方法。该方法不仅可以识别冗余关节，还可以得到机构的全域自由度。然而，Nagaraj 等的研究

依旧局限于具有广义角单元(general angulated element,GAE)的对象,并没有对有角杆的GAE进行研究,因此Cai等[31]进一步对具有相交或不相交GAE的平面闭环双链连杆机构采用自然坐标法进行研究,通过计算雅可比矩阵零空间的维度得到自由度,并且得到了冗余约束。此后,这种方法还被用于分析折纸机构的自由度[32,33]。

一些特殊机构很难求解自由度,如具有铰接平面的多面体(polyhedral with articulated faces,PAF)等,为此Laliberté和Gosselin[34]指出,其无穷小自由度既可以通过对多面体框架(polyhedral framework,PFW)的约束方程组添加额外约束得到,也可以通过建立PAF的雅可比矩阵并求解其零空间得到。然而,无穷小自由度并不是全域自由度,要想得到全域自由度还需要对其约束方程求高阶微分。

Rico和Ravani[35]在2007年基于雅可比矩阵提出单环路特殊机构的自由度计算公式:

$$F=\sum f_i-r_c-r_{cc}+r_a \tag{1.16}$$

式中,r_c表示顺时针封闭矩阵的秩;r_{cc}表示逆时针封闭矩阵的秩;r_a表示顺时针封闭矩阵与逆时针封闭矩阵列向量交集的一组基作为列向量的矩阵的秩。

该方法是对单环路的顺时针开环和逆时针开环计算雅可比矩阵的秩得到其上的约束数目,两者之和减去公共的约束数目,即可得到整个连杆的总约束数目;进而用所有关节自由度减去机构中的总约束数目,即可得到该单环路连杆的自由度。

1.1.3 基于李群/李代数的并联机构自由度计算方法

刚体的运动可以用李群、李子群或位移流形来表示,李群/李子群在机构学相关文献中又常称为位移群/位移子群,位移流形可以通过多个子群相乘得到。注意到位移子群中包含了转动或平动的几何信息,因此该方法不仅能得到自由度的数值,同时还能表达自由度的性质。此外,由于这类方法是在位移层面上进行运算,所以所得的结果具有全周性或连续性。

Hervé[36,37]提出了基于位移子群方法的自由度计算公式:

$$M=b(m-1)-\sum_{i=1}^{p}(b-f_i) \tag{1.17}$$

式中,b是运动链位移子群的维数;f_i是第i和第$(i+1)$个元素之间运动副的位移子群的维数。

Hervé的式(1.17)在用b替换$(6-d)$后与Kutzbach的式(1.6)一致。Hervé定义满足式(1.17)使用条件的运动链为简单运动链(trivial linkage),不满足其使用条件的运动链为特殊运动链(exceptional linkage)和矛盾运动链(paradoxical linkage),这种运动链通常具有特殊几何约束条件[38]。

Fanghella 和 Galletti[39]在 Hervé 的位移子群方法基础上利用递归算法提出了适用于简单运动链和特殊运动链的自由度计算方法：

$$M=\sum_{i=1}^{p}f_i-\min(\mathrm{co}_{ii},i=1,2,\cdots,m) \tag{1.18}$$

式中，co_{ii} 是把闭环在第 i 个连杆处切断后所形成的开环机构的连杆数。这种方法只适用于由少数位移子群组合而成的单环运动链。

Rico 和 Ravani[40]在 Hervé、Fanghella 和 Galletti、Angeles[41]等工作的基础上，进一步提出了基于群论方法的计算单环闭链机构的自由度公式：

$$M=\sum_{i=1}^{p}f_i-\dim(\boldsymbol{H}_{\mathrm{c}}(i,j))-\dim(\boldsymbol{H}_{\mathrm{cc}}(i,j))+\dim(\boldsymbol{H}_{\mathrm{a}}(i,j)) \tag{1.19}$$

式中，$\boldsymbol{H}_{\mathrm{c}}(i,j)$、$\boldsymbol{H}_{\mathrm{cc}}(i,j)$分别表示连接第 i 和第 j 连杆的两条运动开链顺时针、逆时针合成子群；$\boldsymbol{H}_{\mathrm{a}}(i,j)$表示第 i 和第 j 连杆之间的绝对合成子群（absolute composite group），等效于 $\boldsymbol{H}_{\mathrm{c}}(i,j)$和 $\boldsymbol{H}_{\mathrm{cc}}(i,j)$的交集。

Rico 等[42]将基于连续层面的群论的式(1.19)用瞬时层面的李代数重新表达，即

$$M=\sum_{i=1}^{p}f_i-\dim(\mathbf{A}_{\mathrm{c}}(i,j))-\dim(\mathbf{A}_{\mathrm{cc}}(i,j))+\dim(\mathbf{A}_{\mathrm{a}}(i,j)) \tag{1.20}$$

式中，$\mathbf{A}_{\mathrm{c}}(i,j)$、$\mathbf{A}_{\mathrm{cc}}(i,j)$分别表示连接第 i 和第 j 连杆的两条运动开链顺时针、逆时针子代数；$\mathbf{A}_{\mathrm{a}}(i,j)$表示第 i 和第 j 连杆之间的绝对闭包子代数（absolute closure subalgebra），等效于 $\mathbf{A}_{\mathrm{c}}(i,j)$和 $\mathbf{A}_{\mathrm{cc}}(i,j)$的交集。此时，瞬时自由度可以理解为欧氏群的李代数的子空间和子代数的交集。该方法不仅可以用于单环路运动链的自由度计算，还可以用于并联机构的自由度计算[43]。

Wu 等[44]运用李群和微分流形相结合的现代微分几何对并联机构的有限运动进行研究，提出了具有任意原始关节的子群链 $\mathcal{M}_{\mathcal{G}}$ 在满足以下条件的情况下具有自由度为 n 的 $\mathcal{G}$ 类型的有限运动：

$$\mathfrak{g}=\mathcal{T}_{\mathrm{e}}\mathcal{J}^1\oplus\cdots\oplus\mathcal{T}_{\mathrm{e}}\mathcal{J}^m \tag{1.21}$$

式中，$\mathfrak{g}$ 是描述运动链运动类型的子群 $\mathcal{G}$ 的李代数；$\mathcal{T}_{\mathrm{e}}\mathcal{J}^m$ 表示切空间。

Milenkovic[45]结合李代数提出一种基于微分位移的单环机构自由度计算方法：若运动链中的每个关节的李代数表达式在组成环路的运动螺旋交集张成的空间内，则一阶自由度方程的解可以保证所有高阶方程满足条件，且机构在发生所有路径切向的连续位移后仍旧是可以运动的。随后，Milenkovic 将该方法扩展至更为复杂的多支链并联机构[46]和 Bennett 机构[47]。

李群的应用可使机构的自由度计算从瞬时自由度扩展为有限自由度。这类方法在数学上比较严密，同时要求使用者具有较高的数学水平，因此在机械工程师群体中尚未得到广泛应用。

1.1.4 基于螺旋理论的并联机构自由度计算方法

螺旋理论是机构学研究中的重要数学工具。运动螺旋和约束螺旋可以自然地分别表示出机构的瞬时运动和约束(力/力偶)。基于螺旋理论的自由度计算方法不仅可以得到自由度的数值,还可以表示出机构自由度的运动性质。

并联机构自由度计算的最大难点在于对机构过约束的表达和计算,尤其是在运动空间内很难实现。黄真[48]在1991年出版的《空间机构学》一书中首先提出用反螺旋在约束空间中表达和计算机构的公共约束,具有明确的物理意义和几何意义,为提出基于约束螺旋的并联机构自由度计算方法奠定了关键基础;随后,黄真等[49,50]在1996年提出了基于约束求并思路的非过约束并联机构的自由度计算方法;黄真等[51]在1997年出版的《并联机器人机构学理论及控制》一书中提出了冗余约束的处理计算方法,进而形成了基于约束螺旋理论的并联机构自由度计算方法。

2003年,黄真等[52]进一步给出基于约束螺旋理论且适用于全部并联机构的修正Grübler-Kutzbach自由度计算公式:

$$M = d(n-g-1) + \sum_{i=1}^{g} f_i + v \tag{1.22}$$

式中,d表示机构的阶数,$d=6-\lambda$,其中λ表示机构的公共约束数目;n和g分别表示连杆数目和运动副数目;f_i表示第i个关节上的运动副的自由度;v表示冗余约束数目。

修正的Grübler-Kutzbach自由度计算公式将冗余约束与公共约束的参数引入计算公式中,解决了闭环机构中由过约束引起的自由度公式不适用难题。式(1.22)成功地用于分析并联机构[53-60]和可重构机构[61]的自由度,并且适用于同样具有复杂几何条件的矛盾机构[62-64],以及多环耦合空间机构[65,66]。基于约束螺旋的自由度计算方法关键在于对机构中冗余约束的处理,卢文娟等[67]在2017年对自由度计算方法中各种过约束处理方法进行了归纳总结。

基于约束螺旋的自由度计算方法结果简单,物理意义明确,可以得到机构的具体运动模式,因此得到了广泛的应用。Dai等使用螺旋理论作为机构自由度计算的有效工具[68-71],研究了一系列变胞机构的自由度[72,73],如具有RT运动副的变胞机构[74]、变轴线的变胞机构[75]、由Bennett平面球面混合连杆构成的变胞机构[76],以及其他变拓扑机构[77]。Gao等[78]分析了3-PRS并联机构的自由度,指出其自由度为三个螺旋运动。Ruggiu和Kong[79]用约束螺旋方法验证了1-RPU-2-UPU并联机构自由度。Liu等[80]使用该方法对机构的瞬时运动进行详细的研究,包括常见机构和类似Bennett机构的复杂机构[81]。Palpacelli等[82]验证了非过约束可重构并联机构的自由度。Wang等[83]基于螺旋理论和机构拓扑结构对机构自由度进行分析。

基于约束螺旋的并联机构自由度计算方法需要求解两次反螺旋，计算较为烦琐，因此一些学者在此基础上借助几何特性等判别法则，用以简化计算过程，试图更加快速有效地得到机构自由度，如可视化分析法[84]和虚拟运动链法[85]等。但是这些方法更关注自由度而非符号解，因此得到的结果需要进行是否为全局自由度的判别。

可折展机构可以改变机构在不同场景下的结构，已被广泛应用于航空航天领域，如太空飞船上的太阳能电池板和天线等。Cai 等[86]应用约束螺旋方法验证了两类剪式机构的运动特性。Yang 等[87]提出了应用于可折展机构的自由度计算方法。Gallardo-Alvarado[88]否定了前人对两个 3-RPS 串联组成的机构自由度为 6 的结论。Wei 等[89]基于螺旋理论和闭环的约束图谱法提出一种自由度计算方法，并成功验证了 Hoberman 球机构和可折展多面体[90,91]等机构。Sun 等[92]将这种方法应用到剪式单元构成的可折展机构。Li 等[93]提出一种适于可折展机构自由度计算的直观方法，该方法利用共面的 2 阶螺旋系的几何性质来简化计算过程，可用于对称可折展机构[94]和三重对称的 Bricard 机构[95]。Su 等[96]将约束螺旋方法的分析对象从刚体扩展到柔性机构的柔性关节。该方法是一种对串联、并联和混合拓扑结构的柔性机构都适用的普遍方法[97]，给出了弯曲单元的运动空间和约束空间的表达式[98]以及通过固有运动螺旋和固有约束螺旋方式求解空间柔性机构的自由度计算流程[99]。

基于约束螺旋的并联机构自由度计算方法是目前机构自由度计算中应用较为广泛的方法。但是，由于螺旋是瞬时运动层面上的数学工具，描述的是刚体的瞬时运动或力，其得到的自由度结果也具有瞬时性，因此还需要通过几何条件等进一步判定是否为连续自由度。

1.1.5 基于几何代数的并联机构自由度计算方法

直观而言，并联机构动平台的输出运动是所有分支输出运动集合的交集。换言之，对所有分支的运动螺旋系求交应该得到动平台的运动螺旋系。如果能得到动平台运动螺旋系的解析表达式，则可以直接判定自由度是否连续。但是，螺旋理论中并没有提供螺旋系求交的算法，只能通过约束求并在对偶的力空间中迂回解决。需要指出的是，在求取与运动螺旋系互逆的约束力空间时，需要求解线性方程组。对于相当数量的并联机构，如 3-RPS，即便使用符号运算软件也很难得到其运动输出螺旋系的解析解。

针对该问题，Li 等[100,101]提出了几何代数框架下的少自由度并联机构自由度计算算法。该方法将运动空间与力空间的映射关系在几何代数框架下进行表达，利用几何代数内生的数据结构和算法，提出了基于约束求并思路和运动求交思路的两种并联机构自由度计算方法，在计算过程中不需要求解符号线性方程组，就可以得到并联机构动平台输出运动空间和约束力空间的解析表达式。在过约束的处理上利用几何代数在向量发生线性相关时其外积为零的性质，提出了一种基于外积运算的线性相关项判别和剔除规则。在并集运算中，当出现线性相关项时可运用该规则将线性相关项剔除再用外积进行运算，该规则对过约束并联机构自由度计算具有重要意义。值得注意的是，几何代数求交方法的应用使得自由度计算的计算量有效减少，也不需要求解冗余约束，可直接对运动空间进行计算[102]，在求解具有复杂约束条件的机构自由度时具有很大优势，例如，首次得到了 Bennett 机构在固定坐标系下的输出螺旋系的解析表达式[103]。

Grassmann-Cayley 代数是具有特殊结构的一种几何代数。Staffetti 等[104,105]最早提出利用 Grassmann-Cayley 代数中的混序积对分支运动链的运动空间进行求交计算，得到动平台运动空间的解析表达式。然而，混序积只能对不含过约束的并联机构进行计算，存在局限性。Chai 等[106]提出了修正算法，使 Grassmann-Cayley 代数方法可以适用于具有过约束的并联机构。

1.1.6　其他方法

除了以上五类机构自由度计算方法研究外，杨廷力等[107,108]提出了基于方位特征(position and orientation characteristic，POC)集的机构自由度计算公式：

$$M = \sum_{i=1}^{m} f_i - \sum_{j=1}^{v} \dim\{(\bigcap_{i=1}^{j} M_{b_i}) \cup M_{b_{j+1}}\} \tag{1.23}$$

式中，v 表示独立回路数，$v=m-n+1$；M_{b_i} 表示第 i 条支路末端构件的 POC 集；$M_{b_{j+1}}$ 表示第$(j+1)$条支路末端构建的 POC 集。基于 POC 集的机构自由度计算公式适用于并联机构和任意多回路空间机构。

高峰等[109-111]通过一般特征集合(generalized function set，G_F 集)描述机构末端特征，提出了并联机构的 G_F 集理论：

$$G_F = G_{F1} \cap \cdots \cap G_{Fn} \tag{1.24}$$

式中，G_F 表示并联机构动平台的末端特征；$G_{Fi}(i=1,2,\cdots,n)$表示并联机构第 i 个支链的末端特征。

然而，式(1.24)中的求交运算需要根据实际情况进行具体分析，根据不同分支运动链的特征，共有 19 种 G_F 集的求交运算法则。

由上可知，机构自由度计算和分析既是机构学的基础问题，也是机械装备设计的起点。近年来，并联机构的自由度计算和分析已取得突破性进展。可以认为，一般并联机构的自由度计算和分析已经得到较好的解决，机构学研究历史上存在的“问题机构”的自由度计算和分析也能得到正确的结果。但对于大型复杂多环闭链机构，特别是考虑多杆件弹性变形的耦合作用下的自由度计算和分析仍是具有挑战性的难题，缺乏系统的指导理论和高效算法，亟须开展系统深入的研究。

1.2 并联机构奇异分析方法概述

并联机构属于多环闭链机构，奇异是其固有特性，其本质是运动约束条件在某一特殊位形下发生线性相关而失效。奇异与并联机构的拓扑结构和连杆参数有直接关系。当并联机构处于奇异位形时，其动平台变得不可控，具体可表现为出现死点、失稳等。并联装备在实际应用中必须避开奇异位形，因此掌握并联机构奇异位形在工作空间的分布规律（简称奇异分布）对于并联机构的设计和轨迹规划至关重要。

并联机构的奇异分析方法一般可分为代数法和几何法两类。代数法通过分析并联机构的雅可比矩阵的行列式是否为 0 来判断奇异。Gosselin 和 Angeles[112] 根据输入速度和输出速度间关系的两个雅可比矩阵把并联机构的奇异分成三类，即边界奇异、位形奇异和构型奇异。若发生边界奇异，动平台位于工作空间的边界；若发生位形奇异，即使锁住所有输入，动平台仍具有一个或多个自由度；若发生构型奇异，动平台在驱动器做有限运动时仍可以保持静止。在 Gosselin 和 Angeles 的奇异分类的基础上，各国研究者进一步提出了多种并联奇异分类方法[113-119]，但在本质上均是基于机构的瞬时运动学方程。此外，Park 和 Kim[120] 在微分流形中引入黎曼度量，通过构建黎曼流形来研究并联机构的奇异。Voglewede 和 Ebert-Uphoff[121] 及 Schreiber 等[122] 分别将奇异的接近程度转换成求取有物理意义的特征值问题和用约束优化来研究奇异的问题。Hubert 和 Merlet[123] 用静力分析测量奇异接近程度。Liu 等[124] 通过运动/力传递分析研究并联机构的奇异，提出了测量奇异接近程度的指标，并分析了不同类型的非冗余并联机构的奇异接近度。Cheng 等[125] 和 Li 等[126] 用单位四元数表示姿态研究了 Gough-Stewart 并联机构的姿态奇异。Kong 等[127] 用单位四元数表示约束方程并用代数几何的方法求解，得到了可重构机构过渡位形下的约束奇异位形。代数法的优点在于可得到机构在工作空间内的全部位形；其缺点在于雅可比矩阵行列式是一个复杂的非线性方程，要求得满足其为 0 的符号解十分困难，通常只能采用数值搜索方法，很难看出其几何意义和总体规律。

几何法通过分析并联机构中关节运动矢量、约束矢量等的线性相关性来判断奇异。Hunt[22] 运用螺旋理论研究了并联机构的奇异。Merlet[128] 提出了基于 Grassmann 线几何的奇异分析方法。Joshi 和 Tsai[129] 运用螺旋理论的互易原理建立了少自由度并联机构的全雅可比矩阵，进而基于该矩阵对 3-RPS 机构进行奇异分析。Huang 等[130] 运用一般线性丛的方法对并联机构的奇异进行了分析。Grassmann-Cayley 代数也被用于少自由度并联机构的奇异分析[131-133]。Zlatanov

等[134]通过螺旋理论定义了少自由度并联机构的约束奇异。Masouleh 和 Gosselin[135]用 Grassmann 线几何根据螺旋的 Plücker 线束的退化分析了五自由度并联机构的奇异。Xie 等[136]利用 Grassmann 线几何分析了四自由度并联机构的奇异。总体而言,几何法的优点在于可以直观地表示出机构奇异的几何条件,但要确定机构的全部奇异难度较大,同时也很难用于指导机构的优化设计。此外,几何法用于复杂的机构也比较困难。

因此,尽管各国学者在并联机构的奇异分析方面做了大量工作,也取得了相当多的成果,但近年来研究处于瓶颈阶段,缺少关键的突破,特别是存在代数性质和几何意义割裂、难以描述奇异总体空间分布规律、缺乏可用于指导设计的评价奇异接近度的性能指标等问题。

1.3 几何代数的发展及应用

几何代数的起源最早可以追溯至 1844 年,Grassmann[137,138]提出了线性代数中线性独立、n 维线性空间以及线性子空间的线性延伸等概念。在前人工作的基础上,Clifford[139-141]建立了 Clifford 代数体系。他意识到 Grassmann 的代数理论和 Hamilton 的四元数可以放在同一代数体系下,使用他提出的几何积概念,可以通过基向量的结合直接得到四元数的乘法。这就与莱布尼茨的对几何体而不是对一系列数字直接进行几何运算的设想接近,因此这种代数最早被 Clifford 命名为几何代数(geometric algebra,GA)。然而,由于 Clifford 的早逝,几何代数的发展进入停滞阶段,而 Gibbs 的向量运算在 20 世纪开始占据学术领域的主要位置。

Hestenes[142]将几何代数计算的发展历程绘制成清晰的线路图,如图 1.1 所示。Grassmann 的工作建立在 Euclid 的基础上,但他的最终目标是建立一个与坐标系无关的计算体系。尽管 Gibbs 的向量计算受到 Grassmann 的启发,但并没有发挥 Grassmann 所提理论的全部潜力。Cartan 将 Grassmann 的外积融入微分形式的计算。在物理学方面,Clifford 代数被 Pauli 和 Dirac 重新用矩阵代数改写。Clifford 计算还有一个分支,由 Brackx、Delanghe、Sommer 以及 Gürlebeck 和 Sprössig[143]发展。从 Hestenes 开始,几何代数开始应用于各个科学领域。Hestenes 期望找到一种统一数学语言来描述物理问题[144],而几何代数工具使得他的目标得以达成,几何代数在物理学领域展现了特有的优势[145,146]。20 世纪初,Hestenes[147]、Li[148]和 Sommer[149]等将 5 维的共形几何代数成功引入几何代数体系并应用于计算几何。

剑桥大学的几何代数研究团队成功地将几何代数应用于图形学和计算机视觉。Lasenby 等[150,151]和 Perwass 等[152,153]用几何代数来处理结构和运动预估、三视张量(trifocal tensor)。Cameron 和 Lasenby[154]及 Wareham 等[155]用几何代数

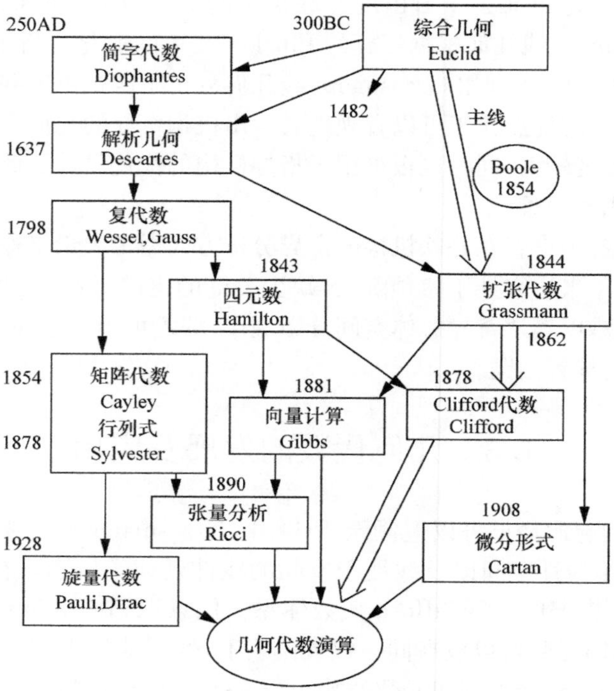

图 1.1　几何代数计算的发展历程[142]

对刚体运动和位置插值、网格变形、反射折射相机等进行研究。剑桥大学还建立了一家专门开发物理和照明仿真软件的创业公司，该公司提出一种在电子游戏中基于日用品图形处理硬件进行实时热辐射计算的新技术，这种技术使用了几何代数工具。

荷兰阿姆斯特丹大学以 Dorst 为代表的研究团队[156-159]将几何代数方法应用到 3 维计算机视觉研究。Zaharia 和 Dorst[160]使用几何代数对 3 维多边形网格曲面进行建模和可视化研究。Fontijne 和 Dorst[161]对几何代数的有效执行性更加关注，他们对 5 个射线跟踪的 3 维欧氏几何模型的性能进行研究，并指出使用 5 维共形空间是最简捷、有效的方法，但这种方法需要配备更适合的硬件，因为现有硬件都只支持 4 维仿射模型。

墨西哥的 Bayro-Corrochano 和 Banarer[162]以几何代数为工具对计算机视觉、机器人视觉以及运动学方面进行研究，并应用于视觉导向抓取、相机自定位和形状与运动的重建等。这种几何神经计算方法可以用于模式识别[163-165]。该研究团队建立了 4 维马达代数[166]和共形几何代数[167,168]的运动学算法，包括双目机器人的逆运动学、固定、抓取和微分运动学等[169]。

Sommer 等[170,171]在机器人视觉领域使用几何代数工具。Rosenhahn 和 Sommer[172]对姿态估计进行研究。Sommer 等[173]研究自由模式物体的扭转表达形式。Perwass 和 Forstner[174]将共形几何代数应用于带有圆、球和圆锥曲线的不确定几何体，具有不确定数据的几何和运动学[175]，以及相机转位模型[176]等。Buchholz 等[177,178]基于几何代数理论对神经网络进行研究。

随着几何代数的广泛应用，研究者秉持科研交流的宗旨，为便于更多人能够更方便地使用几何代数工具，对自身开发的各种工具包进行开源，这些工具包分别基于 Maple[179]、SymPy、Mathematica、MATLAB、C++、Java 等。

除了以上提及的机器视觉、计算机图形学、神经计算和机器人视觉等方面，几何代数还在地理学[180-182]、机器人和机构学等方面有所应用。然而，在机器人和机构学领域，几何代数的应用还处于起步阶段，主要集中于运动模型的建立及运动学分析等方面。例如，Aristidou 和 Lasenby[183]使用几何代数进行逆运动学求解，并提出一种有效且快速的运动学逆解迭代求解器 Fabrik[184]。Hildenbrand 等[185]用共形几何代数方法对机器人的运动学逆解等问题进行了分析。Bayro-Corrochano 和 Zamora-Esquivel[169]建立了机器人的微分和逆运动学模型。Wang 等[186]基于共形几何代数建立了机器人的逆运动学求解方法。Campos-Macías 等[187]对六自由度的行走机器人腿部进行逆运动学求解分析。Collins[188]对平面并联机构进行正运动学分析。黄昔光[189]、倪振松等[190,191]、黄旭[192]、张忠海[193]在几何代数框架下建立机构运动学模型。邱健[194]在共形几何代数框架下对机构设计进行研究并提出缺陷辨识模型。

在奇异分析方面，Tanev[195,196]利用几何代数中的外积性质进行奇异性判别，对不具有冗余约束分支运动链的并联机构进行奇异分析，并将研究对象扩展到混联手术机器人[197]。Kim 等[198]应用共形几何代数对 3-SPS/S 冗余驱动机构进行逆运动学求解和奇异分析。方斌[199]、张立先[200]、项济南[201]也在几何代数框架下对并联机构的奇异进行了分析。

1.4 本书主要内容

本书共三篇，第一篇为几何代数基础，包括第 1～3 章，主要内容如下：

第 1 章主要介绍并联机构自由度计算方法和并联机构奇异分析方法，以及几何代数的发展及应用。

第 2 章主要介绍本书所用到的几何代数基础知识，包括几何代数的基本数学运算法则、运算符号和几何意义等，给出在几何代数$\mathcal{G}_6$中的求交集、求并集和对偶运算法则。

第 3 章在几何代数框架下对运动空间和力空间进行描述，并给出它们之间的映射关系。根据两者之间的关系，对过约束并联机构产生冗余约束和公共约束的根本原因进行解释。

第二篇为几何代数框架下的并联机构自由度计算方法，包括第 4～7 章，主要内容如下：

第 4 章提出几何代数框架下的并联机构自由度计算的约束求并方法，并对 3-RPS、3-RPC 并联机构的自由度进行计算及分析，给出并联机构动平台的运动空间符号解，对表达式的几何意义和物理意义进行阐释。另外，利用几何代数中的外积性质，提出基于外积的线性相关项判别规则及剔除流程。

第 5 章提出几何代数框架下的并联机构自由度计算的运动求交方法，并对平面四杆机构以及 3-PRS、3-RRC、3-RRR(RR)并联机构的自由度进行计算及分析。另外，给出机构动平台的运动空间符号解，对表达式的几何意义和物理意义进行阐释。

第 6 章以古典 Bennett 机构为研究对象，对具有复杂几何条件的机构进行自由度计算，得到 Bennett 机构在不同位形下的输出螺旋分布图。

第 7 章提出基于 Grassmann-Cayley 代数的过约束并联机构自由度计算方法，针对混序积无法对过约束并联机构分支运动空间求交集的问题，进行算法修正，从而可以通过计算得到动平台上的运动空间的符号表达式，并对 Sarrus 机构、2UPR-2RPU 并联机构和 3-PRRR 并联机构进行分析。

第三篇为几何代数框架下的并联机构奇异分析方法，包括第 8～12 章，主要内容如下：

第 8 章使用几何代数方法对 3-6 Stewart 并联机构的位置奇异和姿态奇异进行分析，并给出相应的奇异轨迹。

第 9 章使用几何代数方法分析 6-6 Stewart 并联机构的位置奇异轨迹分布以及 Z 截面上的轨迹特性。

第 10 章用几何代数对典型三自由度平面并联机构(3-RRR、3-RPR、3-PRR)的奇异性进行分析，求出机构的全部奇异轨迹在工作空间中的分布。

第 11 章用几何代数对两转一移($2R1T$)三自由度并联机构进行奇异分析，包括 3-RPS 并联机构、2-UPR-RPU 并联机构、2-UPR-SPR 并联机构和 Tex3 并联机构。另外，给出机构的全部奇异轨迹在工作空间中的分布情况，分析单个奇异位形下机构的约束向量线性相关性，给出线性相关的约束的几何解释。

第 12 章用几何代数分析两个典型的三自由度移动并联机构的奇异性，给出机构的全部奇异情况及其与工作空间的位置关系。

参考文献

[1] Ionescu T G. Terminology for mechanisms and machine science[J]. Mechanism and Machine Theory,2003,38(7-10):767-776.

[2] Gogu G. Mobility of mechanisms: A critical review[J]. Mechanism and Machine Theory, 2005,40(9):1068-1097.

[3] Bennett G. A new mechanism[J]. Engineering,1903,76(12):777-778.

[4] Bricard R. Leçons de Cinématique[M]. Paris:Gauthier-Villars,1926.

[5] Goldberg M. New 5-bar and 6-bar linkages in three dimensions[J]. Transactions of ASME, 1943,65:649-661.

[6] Kim H S,Tsai L W. Evaluation of a cartesian parallel manipulator[M]//Lenarčič J,Thomas F. Advances in Robot Kinematics. Dordrecht:Springer,2002.

[7] Kong X,Gosselin C M. Type synthesis of linear translational parallel manipulators[M]// Lenarčič J,Thomas F. Advances in Robot Kinematics. Dordrecht:Springer,2002.

[8] Clavel R. A fast robot with parallel geometry[C]. Proceedings of the International Symposium on Industrial Robots,Lausanne,1988:91-100.

[9] Pierrot F,Company O. H4: A new family of 4-dof parallel robots[C]. Proceedings of the IEEE/ASME International Conference on Advanced Intelligent Mechatronics,Atlanta,1999: 508-513.

[10] Chebychev P L. Théorie des Mécanismes Connus Sous le Nom de Parallélogrammes[M]. Saint Petersburg:Imprimerie de l'Académie Impériale des Sciences,1869.

[11] Sylvester J J. On recent discoveries in mechanical conversion of motion[C]. Proceedings of the Royal Institution of Great Britain,London,1874:179-198.

[12] Grübler M F. Getriebelehre: Eine Theorie des Zwanglaufes und der Ebenen Mechanismen[M]. Berlin:Springer,1917.

[13] Somov P. On the degree of freedom of the motion of kinematic chains[J]. Journal of Physical Chemistry Society of Russia,1887,19(9):7-25.

[14] Malytsheff A P. Analysis and synthesis of mechanisms with a viewpoint of their structure[J]. Izvestiya Tomskogo of Technological Institute,1923:420-428.

[15] Kutzbach K. Mechanische leitungsverzweigung,ihre gesetze und anwendungen[J]. Maschinenbau, 1929,8(21):710-716.

[16] Voinea R,Atanasiu M. Contribution à l'étude de la structure des chaînes cinématiques[J]. Buletinul Institutului Politehnic,1960,XXII:29-77.

[17] Ball R S. A Treatise on the Theory of Screws[M]. Cambridge:Cambridge University Press, 1998.

[18] Waldron K J. The constraint analysis of mechanisms[J]. Journal of Mechanisms, 1966, 1(2):101-114.

[19] Phillips J,Hunt K H. On the theorem of three axes in the spatial motion of three bodies[J]. Australian Journal of Applied Science,1964,15(4):267-287.

[20] Hunt K H,Phillips J. Zur kinematic mechanischer verbindung für räumliche bewegung[J]. Maschinenbautechnik(Getriebetechnik),1965,14:657-664.

[21] Freudenstein F, Alizade R. On the degree of freedom of mechanisms with variable general

constraint[C]. Proceedings of 4th World Congress on the Theory of Machines and Mechanisms, Newcastle, 1975: 51-56.
[22] Hunt K H. Kinematic Geometry of Mechanisms[M]. Oxford: Oxford University Press, 1978.
[23] Gogu G. Structural synthesis of parallel robotic manipulators with decoupled motions[R]. Paris: French National Center for Scientific Research, 2002.
[24] Gogu G. Mobility and spatiality of parallel robots revisited via theory of linear transformations[J]. European Journal of Mechanics—A/Solids, 2005, 24(4): 690-711.
[25] Pozhbelko V, Ermoshina E. Number structural synthesis and enumeration process of all possible sets of multiple joints for 1-DOF up to 5-loop 12-link mechanisms on base of new mobility equation[J]. Mechanism and Machine Theory, 2015, 90: 108-127.
[26] Moroskine Y. General analysis of the theory of mechanisms[J]. Teorii Masini Mekhanizmov, 1954, 14: 25-50.
[27] Angeles J, Gosselin C. Determination du degre de liberte des chaines cinematique[J]. Transactions of the Canadian Society for Mechanical Engineering, 1988, 12(4): 219-226.
[28] Yang D C, Xiong J, Yang X D. A simple method to calculate mobility with Jacobian[J]. Mechanism and Machine Theory, 2008, 43(9): 1175-1185.
[29] Nagaraj B P, Pandiyan R, Ghosal A. Kinematics of pantograph masts[J]. Mechanism and Machine Theory, 2009, 44(4): 822-834.
[30] Nagaraj B P, Pandiyan R, Ghosal A. A constraint Jacobian based approach for static analysis of pantograph masts[J]. Computers and Structures, 2010, 88(1): 95-104.
[31] Cai J, Deng X, Xu Y, et al. Constraint analysis and redundancy of planar closed loop double chain linkages[J]. Advances in Mechanical Engineering, 2014, 6: 1-9.
[32] Cai J, Deng X, Xu Y, et al. Motion analysis of a foldable barrel vault based on regular and irregular yoshimura origami[J]. Journal of Mechanisms and Robotics, 2015, 8(2): 021017-1-021017-9.
[33] Cai J, Qian Z, Jiang C, et al. Mobility and kinematic analysis of foldable plate structures based on rigid origami[J]. Journal of Mechanisms and Robotics, 2016, 8(6): 064502-1-064502-6.
[34] Laliberté T, Gosselin C. Construction, mobility analysis and synthesis of polyhedra with articulated faces[J]. Journal of Mechanisms and Robotics, 2014, 6(1): 011007-1-011007-11.
[35] Rico J M A, Ravani B. On calculating the degrees of freedom or mobility of overconstrained linkages: Single-loop exceptional linkages[J]. Journal of Mechanical Design, 2007, 129(3): 301-311.
[36] Hervé J M. Analyse structurelle des mécanismes par groupe des déplacements[J]. Mechanism and Machine Theory, 1978, 13(4): 437-450.
[37] Hervé J M. Principes fondamentaux d'une théorie des mécanismes[J]. Revue Roumaine des Sciences Techniques Serie de Mecanique Appliquee, 1978, 23(5): 693-709.
[38] Hervé J M. The lie group of rigid body displacements, a fundamental tool for mechanism

design[J]. Mechanism and Machine Theory,1999,34(5):719-730.

[39] Fanghella P,Galletti C. Mobility analysis of single-loop kinematic chains:An algorithmic approach based on displacement groups[J]. Mechanism and Machine Theory,1994,29(8):1187-1204.

[40] Rico J M A,Ravani B. On mobility analysis of linkages using group theory[J]. Journal of Mechanical Design,2003,125(1):70-80.

[41] Angeles J. The qualitative synthesis of parallel manipulators[J]. Journal of Mechanical Design,2004,126(4):617-624.

[42] Rico J M A,Gallardo J,Ravani B. Lie algebra and the mobility of kinematic chains[J]. Journal of Robotic Systems,2003,20(8):477-499.

[43] Rico J M A,Aguilera L D,Gallardo J,et al. A more general mobility criterion for parallel platforms[J]. Journal of Mechanical Design,2005,128(1):207-219.

[44] Wu Y Q,Ding H,Meng J,et al. Finite motion validation for parallel manipulators:A differential geometry approach[C]. IEEE/RSJ International Conference on Intelligent Robots and Systems, Beijing,2006:502-507.

[45] Milenkovic P. Mobility of single-loop kinematic mechanisms under differential displacement[J]. Journal of Mechanical Design,2010,132(4):041001-1-041001-9.

[46] Milenkovic P. Mobility of multichain platform mechanisms under differential displacement[J]. Journal of Mechanisms and Robotics,2010,2(3):031004-1-031004-9.

[47] Milenkovic P,Brown M V. Properties of the Bennett mechanism derived from the RRRS closure ellipse[J]. Journal of Mechanisms and Robotics,2011,3(2):021012-1-021012-8.

[48] 黄真. 空间机构学[M]. 北京:机械工业出版社,1991.

[49] Huang Z,Fang Y F. Kinematic characteristics analysis of 3 DOF in-parallel actuated pyramid mechanism[J]. Mechanism and Machine Theory,1996,31(8):1009-1018.

[50] Huang Z,Tao W S,Fang Y F. Study on the kinematic characteristics of 3 DOF in-parallel actuated platform mechanisms[J]. Mechanism and Machine Theory,1996,31(8):999-1007.

[51] 黄真,孔令富,方跃法. 并联机器人机构学理论及控制[M]. 北京:机械工业出版社,1997.

[52] Huang Z,Li Q C. Type synthesis of symmetrical lower-mobility parallel mechanisms using the constraint-synthesis method[J]. International Journal of Robotics Research, 2003, 22(1): 59-79

[53] 黄真,刘婧芳,李艳文. 论机构自由度——寻找了150年的自由度通用公式[M]. 北京:科学出版社,2011.

[54] Huang Z, Xia P. The mobility analyses of some classical mechanism and recent parallel robots[C]. ASME International Design Engineering Technical Conferences and Computers and Information in Engineering Conference,Philadelphia,2006:977-983.

[55] Huang Z,Wang J,Fang Y F. Analysis of instantaneous motions of deficient-rank 3-RPS parallel manipulators[J]. Mechanism and Machine Theory,2002,37(2):229-240.

[56] 陈子明,张扬,黄坤,等. 一种无伴随运动的对称两转一移并联机构[J]. 机械工程学报,

2016,52(3):9-17.

[57] 李秦川,柴馨雪,陈巧红,等. 2-UPR-SPR 并联机构转轴分析[J]. 机械工程学报,2013,49(21):62-69.

[58] Huang Z,Liu J F,Li Q C. A unified methodology for mobility analysis based on screw theory[M]//Wang L H,Xi J. Smart Devices and Machines for Advanced Manufacturing. London:Springer,2008.

[59] Li Q C,Huang Z. Mobility analysis of lower-mobility parallel manipulators based on screw theory[C]. IEEE International Conference on Robotics and Automation, Taipei, 2003: 1179-1184.

[60] Li Q C, Huang Z. Mobility analysis of a 3-5R parallel mechanism family[C]. IEEE International Conference on Robotics and Automation,Taipei,2003:1887-1892.

[61] Qu H,Guo S. Topology and mobility variations of a novel redundant reconfigurable parallel mechanism[M]//Ding X,Kong X W,Dai J S. Advances in Reconfigurable Mechanisms and Robots II. Berlin:Springer,2016.

[62] Huang Z,Liu J F. Open problem of mechanism mobility and a mobility methodology[C]. Proceedings of the 2nd International Workshop on Fundamental Issues and Future Research Directions for Parallel Mechanisms and Manipulators,Montpellier,2008:129-135.

[63] Huang Z,Liu J F,Li Q C. A unified methodology for mobility analysis based on screw theory[M]//Wang L H,Xi J. Smart Devices and Machines for Advanced Manufacturing. Berlin:Springer,2008.

[64] Liu J F,Huang Z,Li Y W. Mobility of the myard 5R linkage involved in "Gogu problem"[J]. Chinese Journal of Mechanical Engineering,2009,22(3):325-330.

[65] Zeng D X,Lu W J,Huang Z. Over-constraint and a unified mobility method for general spatial mechanisms,Part 1: Essential principle[J]. Chinese Journal of Mechanical Engineering, 2015,28(5):869-877.

[66] Lu W J,Zeng D X,Huang Z. Over-constraints and a unified mobility method for general spatial mechanisms,Part 2:Application of the principle[J]. Chinese Journal of Mechanical Engineering,2016,29(1):1-10.

[67] 卢文娟 张立杰,谢平,等. 以对过约束的认识看自由度分析的历史发展[J]. 机械工程学报,2017,53(15):81-92.

[68] Dai J S,Huang Z,Lipkin H. Screw system analysis of parallel mechanisms and applications to constraint and mobility study[C]. 28th ASME Biennial Mechanisms and Robotics Conference, Salt Lake City,2004:1569-1582.

[69] Dai J S,Jones J R. Kinematics and mobility analysis of carton folds in packing manipulation based on the mechanism equivalent[J]. Proceedings of the Institution of Mechanical Engineers,Part C:Journal of Mechanical Engineering Science,2002,216(10):959-970.

[70] Dai J S. Finite displacement screw operators with embedded Chasles' motion[J]. Journal of Mechanisms and Robotics,2012,4(4):041002-1-041002-9.

[71] Yu J J, Dai J S, Zhao T S, et al. Mobility analysis of complex joints by means of screw theory[J]. Robotica, 2009, 27(6): 915-927.

[72] Dai J S, Jones J R. Mobility in metamorphic mechanisms of foldable/electable kinds[J]. Journal of Mechanical Design, 1999, 121(3): 375-382.

[73] Gan D M, Dai J S, Liao Q Z. Constraint analysis on mobility change of a novel metamorphic parallel mechanism[J]. Mechanism and Machine Theory, 2010, 45(12): 1864-1876.

[74] Gan D M, Dai J S, Liao Q Z. Mobility change in two types of metamorphic parallel mechanisms[J]. Journal of Mechanisms and Robotics, 2009, 1(4): 041007-1-041007-9.

[75] Zhang K T, Dai J S, Fang Y F. Geometric constraint and mobility variation of two 3S v PS v metamorphic parallel mechanisms[J]. Journal of Mechanical Design, 2013, 135(1): 011001-1-011001-8.

[76] Zhang K T, Dai J S. Screw-system-variation enabled reconfiguration of the Bennett plano-spherical hybrid linkage and its evolved parallel mechanism[J]. Journal of Mechanical Design, 2015, 137(6): 062303-1-062303-10.

[77] Ren P, Hong D. Mobility analysis of a spoked walking machine with variable topologies[J]. Journal of Mechanisms and Robotics, 2011, 3(4): 041005-1-041005-16.

[78] Gao Z, Su R, Zhao J, et al. Analysis on motion characters for a 3-PRS parallel mechanism[M]// Dai J S, Zoppi M, Kong X W. Advances in Reconfigurable Mechanisms and Robots I. London: Springer, 2012.

[79] Ruggiu M, Kong X W. Mobility and kinematic analysis of a parallel mechanism with both PPR and planar operation modes[J]. Mechanism and Machine Theory, 2012, 55: 77-90.

[80] Liu X, Zhao J S, Feng Z J. Instantaneous motion of a 2-RCR mechanism with variable mobility [M]//Zhang X, Liu H, Chen Z, et al. International Conference on Intelligent Robotics and Applications. Berlin: Springer, 2014.

[81] Liu X, Zhao J S, Feng Z J. Instantaneous motion and constraint analysis of Bennett linkage[J]. Proceedings of the Institution of Mechanical Engineers, Part C: Journal of Mechanical Engineering Science, 2016, 230(3): 379-391.

[82] Palpacelli M, Carbonari L, Palmieri G, et al. Mobility analysis of non-overconstrained reconfigurable parallel manipulators with 3-CPU/3-CRU kinematics[M]//Ding X, Kong X W, Dai J S. Advances in Reconfigurable Mechanisms and Robots II. Cham: Springer, 2016.

[83] Wang L P, Xu H Y, Guan L W. Mobility analysis of parallel mechanisms based on screw theory and mechanism topology[J]. Advances in Mechanical Engineering, 2015, 7(11): 1-13.

[84] Yu J, Dong X, Pei X, et al. Mobility and singularity analysis of a class of two degrees of freedom rotational parallel mechanisms using a visual graphic approach[J]. Journal of Mechanisms and Robotics, 2012, 4(4): 041006-1-041006-10.

[85] Kong X W, Gosselin C M. Mobility analysis of parallel mechanisms based on screw theory and the concept of equivalent serial kinematic chain[C]. ASME International Design Engi-

neering Technical Conferences and Computers and Information in Engineering Conference, Long Beach, 2005: 911-920.

[86] Cai J G, Deng X W, Feng J, et al. Mobility analysis of generalized angulated scissor-like elements with the reciprocal screw theory[J]. Mechanism and Machine Theory, 2014, 82: 256-265.

[87] Yang Y, Ding X L, Zhang W X. Mobility analysis for deployable assemblies of mechanisms based on nullspace[M]//Ding X, Kong X W, Dai J S. Advances in Reconfigurable Mechanisms and Robots II. Cham: Springer, 2016.

[88] Gallardo-Alvarado J. Mobility analysis and kinematics of the semi-general 2 (3-RPS) series-parallel manipulator[J]. Robotics and Computer-Integrated Manufacturing, 2013, 29(6): 463-472.

[89] Wei G W, Ding X L, Dai J S. Mobility and geometric analysis of the hoberman switch-pitch ball and its variant[J]. Journal of Mechanisms and Robotics, 2010, 2(3): 191-220.

[90] Wei G W, Chen Y, Dai J S. Synthesis, mobility, and multifurcation of deployable polyhedral mechanisms with radially reciprocating motion[J]. Journal of Mechanical Design, 2014, 136(9): 091003-1-091003-12.

[91] Wei G W, Dai J S. Synthesis of a family of regular deployable polyhedral mechanisms (DPMs)[M]//Lenarcic J, Husty M. Latest Advances in Robot Kinematics. Dordrecht: Springer, 2012.

[92] Sun Y T, Wang S M, Li J F, et al. Mobility analysis of the deployable structure of SLE based on screw theory[J]. Chinese Journal of Mechanical Engineering, 2013, 26(4): 793-800.

[93] Li B, Huang H L, Deng Z Q. Mobility analysis of symmetric deployable mechanisms involved in a coplanar 2-twist screw system[J]. Journal of Mechanisms and Robotics, 2016, 8(1): 011007-1-011007-9.

[94] Qi X Z, Huang H L, Miao Z H, et al. Design and mobility analysis of large deployable mechanisms based on plane-symmetric bricard linkage[J]. Journal of Mechanical Design, 2016, 139(2): 022302-1-022302-11.

[95] Huang H L, Li B, Zhu J Y, et al. A new family of bricard-derived deployable mechanisms[J]. Journal of Mechanisms and Robotics, 2016, 8(3): 034503-1-034503-7.

[96] Su H J, Dorozhkin D V, Vance J M. A screw theory approach for the conceptual design of flexible joints for compliant mechanisms[J]. Journal of Mechanisms and Robotics, 2009, 1(4): 041009-1-041009-8.

[97] Su H J. Mobility analysis of flexure mechanisms via screw algebra[J]. Journal of Mechanisms and Robotics, 2011, 3(4): 041010-1-041010-8.

[98] Su H J, Zhou L, Zhang Y. Mobility analysis and type synthesis with screw theory: From rigid body linkages to compliant mechanisms[M]//Kumar V, Schmiedeler J, Sreenivasan S V, et al. Advances in Mechanisms, Robotics and Design Education and Research. Heidelberg:

Springer,2013.

[99] Zhang Y,Su H J,Liao Q Z. Mobility criteria of compliant mechanisms based on decomposition of compliance matrices[J]. Mechanism and Machine Theory,2014,79:80-93.

[100] Li Q C, Chai X X, Xiang J N. Mobility analysis of limited-degrees-of-freedom parallel mechanisms in the framework of geometric algebra[J]. Journal of Mechanisms and Robotics,2016,8(4):041005-1-041005-9.

[101] Chai X X,Li Q C. Mobility analysis of two limited-dof parallel mechanisms using geometric algebra[M]//Zhang X,Liu H,Chen Z,et al. Intelligent Robotics and Applications,Part I. Cham:Springer,2014.

[102] 柴馨雪,李秦川. 3-PRRU并联机构自由度分析[J]. 浙江理工大学学报(自然科学版),2016,35(2):192-197.

[103] Chai X X,Li Q C. Analytical mobility analysis of Bennett linkage using geometric algebra[J]. Advances in Applied Clifford Algebras,2017,27(3):2083-2095.

[104] Staffetti E,Thomas F. Kinestatic analysis of serial and parallel robot manipulators using Grassmann-Cayley algebra[M]//Lenarčič J,Stanišilć M M. Advances in Robot Kinematics. Dordrecht:Springer,2000.

[105] Staffetti E. Kinestatic analysis of robot manipulators using the Grassmann-Cayley algebra[J]. IEEE Transactions on Robotics and Automation,2004,20(2):200-210.

[106] Chai X X,Li Q C,Ye W. Mobility analysis of overconstrained parallel mechanism using Grassmann-Cayley algebra[J]. Applied Mathematical Modelling,2017,51:643-654.

[107] 杨廷力. 机器人机构拓扑结构学[M]. 北京:机械工业出版社,2004.

[108] Yang T L,Liu A X,Jin Q,et al. Position and orientation characteristic equation for topological design of robot mechanisms[J]. Journal of Mechanical Design,2008,131(2):021001-1-021001-17.

[109] 高峰,杨加伦,葛巧德. 并联机器人型综合的 G_F 集理论[M]. 北京:科学出版社,2011.

[110] Gao F,Yang J L,Ge Q D. Type synthesis of parallel mechanisms having the second class G(F) sets and two dimensional rotations[J]. Journal of Mechanisms and Robotics,2011,3(1):011003-1-011003-8.

[111] He J,Gao F,Meng X D,et al. Type synthesis for 4-DOF parallel press mechanism using G_F set theory[J]. Chinese Journal of Mechanical Engineering,2015,28(4):851-859.

[112] Gosselin C M,Angeles J. Singularity analysis of closed-loop kinematic chains[J]. IEEE Transactions on Robotics and Automation,1990,6(3):281-290.

[113] Ma O,Angeles J. Architecture singularities of platform manipulators[C]. IEEE International Conference on Robotics and Automation,Sacramento,1991:1542-1547.

[114] Joshi S A,Tsai L W. Jacobian analysis of limited-dof parallel manipulators[J]. Journal of Mechanical Design,2002,124(2):254-258.

[115] Tsai L W. Robot Analysis:The Mechanics of Serial and Parallel Manipulators[M]. New York:John Wiley and Sons,1999.

[116] Zlatanov D, Fenton R G, Benhabib B. A unifying framework for classification and interpretation of mechanism singularities [J]. Journal of Mechanical Design, 1995, 117 (4): 566-572.

[117] Zlatanov D, Fenton R G, Benhabib B. Singularity analysis of mechanisms and robots via a velocity-equation model of the instantaneous kinematics[C]. Proceedings of the IEEE International Conference on Robotics and Automation, San Diego, 1993: 986.

[118] Zlatanov D, Fenton R G, Benhabib B. Classification and interpretation of the singularities of redundant mechanisms[C]. Proceedings of ASME Design Engineering Technical Conference, Atlanta, 1998: 13-16.

[119] Zlatanov D, Bonev I A, Gosselin C M. Constraint singularities as C-space singularities[M]// Lenarčič J, Stanišilć M M. Advances in Robot Kinematics. Dordrecht: Springer, 2002.

[120] Park F C, Kim J W. Singularity analysis of closed kinematic chains[J]. Journal of Mechanical Design, 1999, 121(1): 32-38.

[121] Voglewede P A, Ebert-Uphoff I. Overarching framework for measuring closeness to singularities of parallel manipulators[J]. IEEE Transactions on Robotics, 2005, 21(6): 1037-1045.

[122] Schreiber G, Otter M, Hirzinger G. Solving the singularity problem of non-redundant manipulators by constraint optimization[C]. IEEE/RSJ International Conference on Intelligent Robots and Systems, Kyongju, 1999: 1482-1488.

[123] Hubert J, Merlet J P. Static of parallel manipulators and closeness to singularity[J]. Journal of Mechanisms and Robotics, 2009, 1(1): 212-240.

[124] Liu X J, Wu C, Wang J S. A new approach for singularity analysis and closeness measurement to singularities of parallel manipulators[J]. Journal of Mechanisms and Robotics, 2012, 4(4): 041001-1-041001-10.

[125] Cheng S L, Wu H T, Wang C Q, et al. A novel method for singularity analysis of the 6-SPS parallel mechanisms[J]. Science China—Technological Sciences, 2011, 54(5): 1220-1227.

[126] Li B K, Cao Y, Zhang Q J, et al. Orientation-singularity representation and orientation-capability computation of a special class of the Gough-Stewart parallel mechanisms using unit quaternion[J]. Chinese Journal of Mechanical Engineering, 2012, 25(6): 1096-1104.

[127] Kong X W, Yu J J, Li D L. Reconfiguration analysis of a two degrees-of-freedom 3-4R parallel manipulator with planar base and platform[J]. Journal of Mechanisms and Robotics, 2015, 8(1): 011019-1-011019-7.

[128] Merlet J P. Singular configurations of parallel manipulators and Grassmann geometry[J]. International Journal of Robotics Research, 1989, 8(5): 45-56.

[129] Joshi S A, Tsai L W. Jacobian analysis of limited-dof parallel manipulators[J]. Journal of Mechanical Design, 2002, 124(2): 254-258.

[130] Huang Z, Zhao Y S, Wang J, et al. Kinematic principle and geometrical condition of general-linear-complex special configuration of parallel manipulators1[J]. Mechanism and Machine Theory, 1999, 34(8): 1171-1186.

[131] Kanaan D, Wenger P, Caro S, et al. Singularity analysis of lower mobility parallel manipulators using Grassmann-Cayley algebra[J]. IEEE Transactions on Robotics, 2009, 25(5): 995-1004.

[132] Caro S, Moroz G, Gayral T, et al. Singularity analysis of a six-DOF parallel manipulator using Grassmann-Cayley algebra and gröbner bases[M]//Angeles J, Boulet B, Clark J J, et al. Brain, Body and Machine. Berlin: Springer, 2010.

[133] Amine S, Caro S, Wenger P, et al. Singularity analysis of the H4 robot using Grassmann-Cayley algebra[J]. Robotica, 2012, 30(7): 1109-1118.

[134] Zlatanov D, Bonev I A, Gosselin C M. Constraint singularities of parallel mechanisms[C]. IEEE International Conference on Robotics and Automation, Washington D. C., 2002: 496-502.

[135] Masouleh M T, Gosselin C. Singularity analysis of 5-RPUR parallel mechanisms (3T2R)[J]. International Journal of Advanced Manufacturing Technology, 2011, 57(9): 1107-1121.

[136] Xie F G, Li T M, Liu X J. Type synthesis of 4-DOF parallel kinematic mechanisms based on Grassmann line geometry and atlas method[J]. Chinese Journal of Mechanical Engineering, 2013, 26(6): 1073-1081.

[137] Grassmann H. Linear Extension Theory (Die Lineale Ausdehnungslehre)[M]. Leipzig: Wigand, 1844.

[138] Grassmann H. Die Ausdehnungslehre: Vollständig und in Strenger Form Bearbeitet[M]. Cambridge: Cambridge University Press, 2013.

[139] Clifford W K. Mathematical Papers[M]. Cambridge: Cambridge University Press, 1882.

[140] Clifford W K. On the space-theory of matter[M]//Capek M. The Concepts of Space and Time. Dordrecht: Springer, 1976.

[141] Clifford W K. Applications of Grassmann's extensive algebra[J]. American Journal of Mathematics, 1878, 1(4): 350-358.

[142] Hestenes D. Grassmann's legacy[M]//Petsche H J, Lewis A C, Liesen J, et al. From Past to Future: Grassmann's Work in Context. Basel: Springer, 2011.

[143] Gürlebeck K, Sprössig W. Quaternionic and Clifford Calculus for Physicists and Engineers[M]. Chichester: Wiley, 1997.

[144] Hestenes D. A unified language for mathematics and physics[J]. Advances in Applied Clifford Algebras, 1986, 1(1): 1-23.

[145] Hestenes D. New Foundations for Classical Mechanics[M]. Dordrecht: Kluwer Academic Publishers, 1999.

[146] Hestenes D. Universal geometric algebra[J]. Simon Stevin, 1988, 62(3): 253-274.

[147] Hestenes D. Old wine in new bottles: A new algebraic framework for computational geometry[M]//Bayro-Corrochano E, Sobczyk G. Geometric Algebra with Applications in Science and Engineering. Boston: Birkhäuser, 2001.

[148] Li H B. Invariant Algebras and Geometric Reasoning[M]. Singapore: World Scientific, 2008.
[149] Sommer G. Geometric Computing with Clifford Algebras: Theoretical Foundations and Applications in Computer Vision and Robotics[M]. London: Springer, 2001.
[150] Lasenby J, Bayro-Corrochano E, Lasenby A N, et al. A new methodology for computing invariants in computer vision[C]. Proceedings of 13th International Conference on Pattern Recognition, Vienna, 1996: 393-397.
[151] Lasenby J, Fitzgerald W J, Lasenby A N, et al. New geometric methods for computer vision: An application to structure and motion estimation[J]. International Journal of Computer Vision, 1998, 26(3): 191-213.
[152] Perwass C. Applications of geometric algebra in computer vision[D]. Cambridge: Cambridge University, 2000.
[153] Perwass C, Lasenby J. A unified description of multiple view geometry[M]//Sommer G. Geometric Computing with Clifford Algebras: Theoretical Foundations and Applications in Computer Vision and Robotics. Berlin: Springer, 2001.
[154] Cameron J, Lasenby J. Oriented conformal geometric algebra[J]. Advances in Applied Clifford Algebras, 2008, 18(3): 523-538.
[155] Wareham R, Cameron J, Lasenby J. Applications of conformal geometric algebra in computer vision and graphics[M]//Li H, Olver P J, Sommer G. Computer Algebra and Geometric Algebra with Applications. Berlin: Springer, 2005.
[156] Dorst L. Honing geometric algebra for its use in the computer sciences[M]//Sommer G. Geometric Computing with Clifford Algebras: Theoretical Foundations and Applications in Computer Vision and Robotics. Berlin: Springer, 2001.
[157] Dorst L, Mann S. Geometric algebra: A computational framework for geometrical applications (Part 1)[J]. IEEE Computer Graphics and Applications, 2002, (3): 24-31.
[158] Mann S, Dorst L. Geometric algebra: A computational framework for geometrical applications. 2[J]. IEEE Computer Graphics and Applications, 2002, 22(4): 58-67.
[159] Mann S, Dorst L, Bouma T. The making of GABLE: A geometric algebra learning environment in MATLAB[M]//Corrochano E B, Sobczyk G. Geometric Algebra with Applications in Science and Engineering. Boston: Birkhäuser, 2001.
[160] Zaharia M D, Dorst L. Modeling and visualization of 3D polygonal mesh surfaces using geometric algebra[J]. Computers and Graphics, 2004, 28(4): 519-526.
[161] Fontijne D, Dorst L. Modeling 3D Euclidean geometry[J]. IEEE Computer Graphics and Applications, 2003, 23(2): 68-78.
[162] Bayro-Corrochano E, Banarer V. A Geometric approach for the theory and applications of 3D projective invariants[J]. Journal of Mathematical Imaging and Vision, 2002, 16(2): 131-154.
[163] Bayro-Corrochano E. Geometric neural computing[J]. IEEE Transactions on Neural Networks, 2001, 12(5): 968-986.

[164] Bayro-Corrochano E, Vallejo R. Geometric preprocessing and neurocomputing for pattern recognition and pose estimation[J]. Pattern Recognition, 2003, 36(12): 2909-2926.

[165] Bayro-Corrochano E, Vallejo R, Arana-Daniel N. Geometric preprocessing, geometric feedforward neural networks and Clifford support vector machines for visual learning[J]. Neurocomputing, 2005, 67: 54-105.

[166] Bayro-Corrochano E, Daniilidis K, Sommer G. Motor algebra for 3D Kinematics: The case of the hand-eye calibration[J]. Journal of Mathematical Imaging and Vision, 2000, 13(2): 79-100.

[167] Zamora-Esquivel J, Bayro-Corrochano E. Inverse kinematics, fixation and grasping using conformal geometric algebra[C]. IEEE/RSJ International Conference on Intelligent Robots and Systems, Sendai, 2004: 3841-3846.

[168] Zamora-Esquivel J, Bayro-Corrochano E. Kinematics and diferential kinematics of binocular robot heads[C]. Proceedings of the IEEE International Conference on Robotics and Automation, Orlando, 2006: 4130-4135.

[169] Bayro-Corrochano E, Zamora-Esquivel J. Differential and inverse kinematics of robot devices using conformal geometric algebra[J]. Robotica, 2007, 25(1): 43-61.

[170] Sommer G. Applications of geometric algebra in robot vision[M]//Li H B, Olver P J, Sommer G. Computer Algebra and Geometric Algebra with Applications. Berlin: Springer, 2005.

[171] Sommer G, Gebken C, Obinata G, et al. Robot vision in the language of geometric algebra[J]. Vision Systems: Applications, 2007: 459-486.

[172] Rosenhahn B, Sommer G. Pose estimation in conformal geometric algebra part I: The stratification of mathematical spaces[J]. Journal of Mathematical Imaging and Vision, 2005, 22(1): 27-48.

[173] Sommer G, Rosenhahn B, Perwass C. The twist representation of free-form objects[M]//Klette R, Kozera R, Noakes L, et al. Geometric Properties for Incomplete Data. Dordrecht: Springer, 2006.

[174] Perwass C, Forstner W. Uncertain geometry with circles, spheres and conics[M]//Klette R, Kozera R, Noakes L, et al. Geometric Properties for Incomplete Data. Dordrecht: Springer, 2006.

[175] Perwass C, Gebken C, Sommer G. Geometry and kinematics with uncertain data[M]//Leonardis A, Bischof H, Pinz A. Computer Vision—ECCV 2006. Berlin: Springer, 2006.

[176] Perwass C, Sommen G. The inversion camera model[M]//Perwass C. Geometric Algebra with Applications in Engineering. Berlin: Springer, 2009.

[177] Buchholz S, Tachibana K, Hitzer E M S. Optimal learning rates for Clifford neurons[M]//de Sá J M, Alexandre L A, Duch W, et al. Artificial Neural Networks—ICANN 2007. Berlin: Springer, 2007.

[178] Buchholz S, Hitzer E S M, Tachibana K. Coordinate independent update formulas for versor clifford neurons[C]. Proceedings of Joint 4th International Conference on Soft Compu-

ting and Intelligent Systems and 9th International Symposium on Advanced Intelligent Systems, Nagoya, 2008: 814-819.

[179] Ablamowicz R. Clifford algebra computations with Maple[M]//Baylis W E. Clifford (Geometric) Algebras: With Applications to Physics, Mathematics, and Engineering. Boston: Birkhäuser, 1996.

[180] 罗文. 基于几何代数的时空场数据特征分析与运动表达[D]. 南京:南京师范大学, 2011.

[181] 罗文. 基于几何代数的 GIS 计算模型研究[D]. 南京:南京师范大学, 2014.

[182] 俞肇元. 基于几何代数的多维统一 GIS 数据模型研究[D]. 南京:南京师范大学, 2011.

[183] Aristidou A, Lasenby J. Inverse kinematics solutions using conformal geometric algebra[M]//Dorst L, Lasenby J. Guide to Geometric Algebra in Practice. London: Springer, 2011.

[184] Aristidou A, Lasenby J. Fabrik: A fast, iterative solver for the inverse kinematics problem[J]. Graphical Models, 2011, 73(5): 243-260.

[185] Hildenbrand D, Zamora J, Bayro-Corrochano E. Inverse kinematics computation in computer graphics and robotics using conformal geometric algebra[J]. Advances in Applied Clifford Algebras, 2008, 18(3-4): 699-713.

[186] Wang C Q, Wu H T, Miao Q H. Inverse kinematics computation in robotics using conformal geometric algebra[C]. International Technology and Innovation Conference, Xi'an, 2009: 1-5.

[187] Campos-Macías L, Carbajal-Espinosa O, Loukianov A, et al. Inverse kinematics for a 6-DOF walking humanoid robot leg[J]. Advances in Applied Clifford Algebras, 2017, 27(1): 581-597.

[188] Collins C L. Forward kinematics of planar parallel manipulators in the Clifford algebra of P 2[J]. Mechanism and Machine Theory, 2002, 37(8): 799-813.

[189] 黄昔光. 机构运动学若干问题及其代数法理论研究[D]. 北京:北京邮电大学, 2008.

[190] 倪振松. 机构运动学分析中若干问题的几何代数法研究[D]. 北京:北京邮电大学, 2010.

[191] 倪振松, 廖启征, 魏世民, 等. 基于共形几何代数的一种平面并联机构位置正解[J]. 北京邮电大学学报, 2010, 33(2): 7-10.

[192] 黄旭. 基于共形几何代数的机构运动学研究[D]. 北京:北方工业大学, 2016.

[193] 张忠海. 机构运动分析的几何代数新方法研究[D]. 北京:北京邮电大学, 2014.

[194] 邱健. 基于共形几何代数的机构设计缺陷辨识模型与方法研究[D]. 成都:电子科技大学, 2013.

[195] Tanev T K. Singularity analysis of a 4-DOF parallel manipulator using geometric algebra[M]//Lenarčič J, Khatib O. Advances in Robot Kinematics. Cham: Springer, 2006.

[196] Tanev T K. Geometric algebra approach to singularity of parallel manipulators with limited mobility[M]//Lenarčič J, Wenger P. Advances in Robot Kinematics: Analysis and Design. Dordrecht: Springer, 2008.

[197] Tanev T K. Singularity analysis of a novel minimally-invasive-surgery hybrid robot using geometric algebra[M]//Bleuler H, Bouri M, Mondada F, et al. New Trends in Medical and

Service Robots. Cham：Springer，2016.

[198] Kim J S，Jeong J H，Park J H. Inverse kinematics and geometric singularity analysis of a 3-SPS/S redundant motion mechanism using conformal geometric algebra[J]. Mechanism and Machine Theory，2015，90：23-36.

[199] 方斌. 三自由度和四自由度并联机构的奇异性研究[D]. 北京：北京工业大学，2009.

[200] 张立先. 基于几何代数的机构运动学及特性分析[D]. 秦皇岛：燕山大学，2008.

[201] 项济南. 基于几何代数的 3-RPS 并联机构奇异性分析[D]. 杭州：浙江理工大学，2015.

第 2 章　几何代数基础知识

几何代数是一种强力且可高效描述和解决几何问题的计算工具。不同于机构学及工程上已经广泛应用的线性代数，几何代数的基本计算单元不再是向量，而是子空间。本章介绍几何代数中的基本计算对象及运算法则，为后续章节打下基础。

2.1　基本定义

在实数域 $\mathbb{R}$ 上，一个 n 维的向量空间记为$\mathcal{V}_n$。几何代数$\mathcal{G}_n=\mathcal{G}(\mathcal{V}_n)$是由几何积构成的向量空间$\mathcal{V}_n$的空间。几何积由内积和外积共同构成，以下对内积、外积和几何积的定义及几何意义进行详细介绍[1]。

2.1.1　内积

几何代数中两个向量 $\boldsymbol{a}$ 和 $\boldsymbol{b}$ 的内积，即欧氏空间中 $\boldsymbol{a}$ 和 $\boldsymbol{b}$ 的点积，记为 $\boldsymbol{a}\cdot\boldsymbol{b}$。两个向量 $\boldsymbol{a}$ 和 $\boldsymbol{b}$ 的内积的几何意义为向量 $\boldsymbol{a}$ 在向量 $\boldsymbol{b}$ 上的投影的放大，且扩大的大小为 $\boldsymbol{b}$ 的模：

$$\boldsymbol{a}\cdot\boldsymbol{b}=|\boldsymbol{a}||\boldsymbol{b}|\cos\theta \tag{2.1}$$

式中，θ 为向量 $\boldsymbol{a}$ 和 $\boldsymbol{b}$ 的夹角。

若 $\boldsymbol{a}$ 和 $\boldsymbol{b}$ 为相互垂直的两个向量，则有

$$\boldsymbol{a}\cdot\boldsymbol{b}=0 \tag{2.2}$$

内积运算具有以下性质。

(1) 对称性。向量 $\boldsymbol{a}$ 和 $\boldsymbol{b}$ 的内积具有对称性：

$$\boldsymbol{a}\cdot\boldsymbol{b}=\boldsymbol{b}\cdot\boldsymbol{a} \tag{2.3}$$

(2) 分配性。三个向量 $\boldsymbol{a}$、$\boldsymbol{b}$ 和 $\boldsymbol{c}$ 的内积满足分配律：

$$\boldsymbol{a}\cdot(\boldsymbol{b}+\boldsymbol{c})=\boldsymbol{a}\cdot\boldsymbol{b}+\boldsymbol{a}\cdot\boldsymbol{c} \tag{2.4}$$

2.1.2　外积

几何代数中两个向量 $\boldsymbol{a}$ 和 $\boldsymbol{b}$ 的外积，记为 $\boldsymbol{a}\wedge\boldsymbol{b}$。两个向量 $\boldsymbol{a}$ 和 $\boldsymbol{b}$ 的外积表示向量 $\boldsymbol{a}$ 沿着向量 $\boldsymbol{b}$ 扫过的有方向的平行四边形，如图 2.1 所示。

这个有方向的平行四边形 $\boldsymbol{a}\wedge\boldsymbol{b}$ 的方向是沿着向量 $\boldsymbol{a}$ 到向量 $\boldsymbol{b}$ 的方向，如图 2.1 所示为顺时针方向。这个有方向的平行四边形 $\boldsymbol{a}\wedge\boldsymbol{b}$ 的大小为向量 $\boldsymbol{a}$ 沿着向量 $\boldsymbol{b}$ 上扫过的面积，即

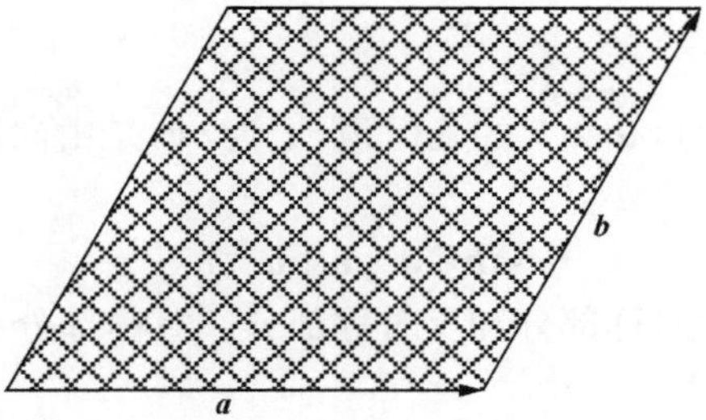

图 2.1　$\boldsymbol{a}\wedge\boldsymbol{b}$ 的几何意义

$$\boldsymbol{a}\wedge\boldsymbol{b}=|\boldsymbol{a}||\boldsymbol{b}|\sin\theta \tag{2.5}$$

式中，θ 为向量 $\boldsymbol{a}$ 和 $\boldsymbol{b}$ 的夹角。

外积运算具有以下性质。

(1) 反对称性。向量 $\boldsymbol{a}$ 和 $\boldsymbol{b}$ 的外积具有反对称性：

$$\boldsymbol{a}\wedge\boldsymbol{b}=-\boldsymbol{b}\wedge\boldsymbol{a} \tag{2.6}$$

(2) 分配性。三个向量 $\boldsymbol{a}$、$\boldsymbol{b}$ 和 $\boldsymbol{c}$ 的外积满足分配性：

$$\boldsymbol{a}\wedge(\boldsymbol{b}+\boldsymbol{c})=\boldsymbol{a}\wedge\boldsymbol{b}+\boldsymbol{a}\wedge\boldsymbol{c} \tag{2.7}$$

两个向量 $\boldsymbol{a}$ 和 $\boldsymbol{b}$ 的外积 $\boldsymbol{a}\wedge\boldsymbol{b}$ 表示的是一个有方向的面(图 2.1)，三个向量 $\boldsymbol{a}$、$\boldsymbol{b}$ 和 $\boldsymbol{c}$ 的外积 $\boldsymbol{a}\wedge\boldsymbol{b}\wedge\boldsymbol{c}$ 表示的是由这三个向量构成的有方向的体，如图 2.2 所示。以此类推，k 个向量 $\boldsymbol{a}_1,\boldsymbol{a}_2,\cdots,\boldsymbol{a}_k$ 的外积 $\boldsymbol{a}_1\wedge\boldsymbol{a}_2\wedge\cdots\wedge\boldsymbol{a}_k$ 表示的是由这 k 个向量构成的有方向的 k 维空间。

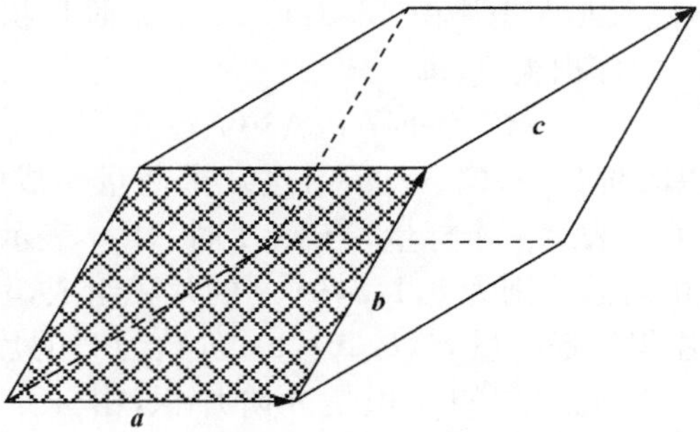

图 2.2　$\boldsymbol{a}\wedge\boldsymbol{b}\wedge\boldsymbol{c}$ 的几何意义

当向量 $\boldsymbol{a}$ 和 $\boldsymbol{b}$ 的方向相同时，根据式(2.5)有

$$\boldsymbol{a}\wedge\boldsymbol{b}=0 \tag{2.8}$$

即当向量 $\boldsymbol{a}$ 和 $\boldsymbol{b}$ 线性相关时，其外积为零。以此类推，k 个向量 $\boldsymbol{a}_1,\boldsymbol{a}_2,\cdots,\boldsymbol{a}_k$ 线性相关，当且仅当

$$\boldsymbol{a}_1\wedge\boldsymbol{a}_2\wedge\cdots\wedge\boldsymbol{a}_k=0 \tag{2.9}$$

因此，外积运算还可以用来判别向量的线性相关性。

2.1.3 几何积

几何代数中两个向量 $\boldsymbol{a}$ 和 $\boldsymbol{b}$ 的几何积，记为 $\boldsymbol{ab}$，是由向量 $\boldsymbol{a}$ 和 $\boldsymbol{b}$ 的内积和外积之和构成的，即

$$\boldsymbol{ab}=\boldsymbol{a}\cdot\boldsymbol{b}+\boldsymbol{a}\wedge\boldsymbol{b} \tag{2.10}$$

几何积可以拆分为对称部分和反对称部分。对称部分为内积 $\boldsymbol{a}\cdot\boldsymbol{b}$，反对称部分为外积 $\boldsymbol{a}\wedge\boldsymbol{b}$。

由此，在几何代数中，内积和外积可以分别表示为

$$\boldsymbol{a}\cdot\boldsymbol{b}=\frac{1}{2}(\boldsymbol{ab}+\boldsymbol{ba})=\boldsymbol{b}\cdot\boldsymbol{a} \tag{2.11}$$

$$\boldsymbol{a}\wedge\boldsymbol{b}=\frac{1}{2}(\boldsymbol{ab}-\boldsymbol{ba})=-\boldsymbol{b}\wedge\boldsymbol{a} \tag{2.12}$$

2.2 几何代数基本元素

在 n 维几何代数$\mathcal{G}_n$中，基向量 $\boldsymbol{e}_1,\boldsymbol{e}_2,\cdots,\boldsymbol{e}_n$ 是一组单位向量，但是这组基向量只是几何代数$\mathcal{G}_n$中的代数元素，并不是基本代数元素[2]。片积和多维向量是几何代数运算的基本元素。

2.2.1 片积

几何代数的基本代数元素是片积(blade)。一个 k 阶片积(k-blade) 由 $k(k\leqslant n)$个向量 $\boldsymbol{c}_1,\boldsymbol{c}_2,\cdots,\boldsymbol{c}_k$ 的外积组成，即

$$\langle\boldsymbol{C}\rangle_k=\boldsymbol{c}_1\wedge\boldsymbol{c}_2\wedge\cdots\wedge\boldsymbol{c}_k \tag{2.13}$$

式中，k 表示这个片积的阶数。$\langle\boldsymbol{C}\rangle_k$ 表示由这 k 个向量张成的有方向的子空间。特别地，当 $k=0$ 时，$\langle\boldsymbol{C}\rangle_0$ 表示一个标量；当 $k=1$ 时，$\langle\boldsymbol{C}\rangle_1$ 表示一个向量。

n 维几何代数$\mathcal{G}_n$由阶数分别为 $0,1,2,\cdots,n$ 的片积组成，其中阶数为 0 的片积是标量；阶数为 1 的片积是基向量 $\boldsymbol{e}_1,\boldsymbol{e}_2,\cdots,\boldsymbol{e}_n$；阶数为 2 的片积是两个向量的外积 $\boldsymbol{e}_i\wedge\boldsymbol{e}_j$，以此类推。最大阶数的片积是 n 阶片积，由 n 个单位向量的外积组成，即

$$\boldsymbol{I}_n=\boldsymbol{e}_1\wedge\boldsymbol{e}_2\wedge\cdots\wedge\boldsymbol{e}_n \tag{2.14}$$

$\boldsymbol{I}_n$ 的标量倍数称为伪标量，而 $\boldsymbol{I}_n$ 是$\mathcal{G}_n$的单位伪标量。

令 $\boldsymbol{A}=\boldsymbol{a}_1\wedge\cdots\wedge\boldsymbol{a}_k$、$\boldsymbol{B}=\boldsymbol{b}_1\wedge\cdots\wedge\boldsymbol{b}_j$，$\boldsymbol{A}$ 和 $\boldsymbol{B}$ 的内积为[3]

$$\begin{aligned}\boldsymbol{A}\cdot\boldsymbol{B}&=(\boldsymbol{a}_1\wedge\cdots\wedge\boldsymbol{a}_k)\cdot(\boldsymbol{b}_1\wedge\cdots\wedge\boldsymbol{b}_j)\\&=\begin{cases}((\boldsymbol{a}_1\wedge\cdots\wedge\boldsymbol{a}_k)\cdot\boldsymbol{b}_1)\cdot(\boldsymbol{b}_2\wedge\cdots\wedge\boldsymbol{b}_j), & k\geqslant j\\(\boldsymbol{a}_1\wedge\cdots\wedge\boldsymbol{a}_{k-1})\cdot(\boldsymbol{a}_k\cdot(\boldsymbol{b}_1\wedge\cdots\wedge\boldsymbol{b}_j)), & k<j\end{cases}\end{aligned} \tag{2.15}$$

式中

$$(\boldsymbol{a}_1 \wedge \cdots \wedge \boldsymbol{a}_k) \cdot \boldsymbol{b}_1 = \sum_{i=1}^{k} (-1)^{k-i} \boldsymbol{a}_1 \wedge \cdots \wedge \boldsymbol{a}_{i-1} \wedge (\boldsymbol{a}_i \cdot \boldsymbol{b}_1) \wedge \boldsymbol{a}_{i+1} \wedge \cdots \wedge \boldsymbol{a}_k \tag{2.16}$$

$$\boldsymbol{a}_k \cdot (\boldsymbol{b}_1 \wedge \cdots \wedge \boldsymbol{b}_j) = \sum_{i=1}^{j} (-1)^{j-1} \boldsymbol{b}_1 \wedge \cdots \wedge \boldsymbol{b}_{i-1} \wedge (\boldsymbol{a}_k \cdot \boldsymbol{b}_i) \wedge \boldsymbol{b}_{i+1} \wedge \cdots \wedge \boldsymbol{b}_j \tag{2.17}$$

$\boldsymbol{A}$ 和 $\boldsymbol{B}$ 的外积为

$$\boldsymbol{A} \wedge \boldsymbol{B} = (\boldsymbol{a}_1 \wedge \cdots \wedge \boldsymbol{a}_k) \wedge (\boldsymbol{b}_1 \wedge \cdots \wedge \boldsymbol{b}_j) \tag{2.18}$$

由式(2.15)和式(2.18)可知,$\boldsymbol{A}$ 和 $\boldsymbol{B}$ 的内积维度减少,外积的维度增加,即

$$\boldsymbol{A} \cdot \boldsymbol{B} = \langle \boldsymbol{AB} \rangle_{|k-j|} \tag{2.19}$$

$$\boldsymbol{A} \wedge \boldsymbol{B} = \langle \boldsymbol{AB} \rangle_{k+j} \tag{2.20}$$

2.2.2　多维向量

k 阶片积的线性组合称为 k 维向量(k-vector),k 维向量是一个 $\mathcal{G}_n$ 的 $\binom{n}{k}$ 维向量子空间,记为 $\mathcal{G}_n^k$。整个 $\mathcal{G}_n$ 由所有子空间的和组成,即

$$\mathcal{G}_n = \sum_{i=0}^{n} \mathcal{G}_n^i \tag{2.21}$$

$\mathcal{G}_n$ 中的一个普通元素称为多维向量(multivector)。由式(2.21)可知,每一个多维向量 $\boldsymbol{M}$ 都可以表示为

$$\boldsymbol{M} = \sum_{i=0}^{n} \langle \boldsymbol{M} \rangle_i \tag{2.22}$$

式中,$\langle \boldsymbol{M} \rangle_i$ 表示 i 维向量部分。$\mathcal{G}_n$ 的维度为 $\mathcal{G}_n = \sum_{i=0}^{n} \binom{n}{i} = 2^n$。

2.3　几何代数基本运算

本书涉及的几何代数基本运算有对偶、并集和交集运算。

2.3.1　对偶

在 $\mathcal{G}_n$ 中,多维向量 $\boldsymbol{M}$ 的对偶(dual)定义为

$$\boldsymbol{M}^* = \boldsymbol{M}\boldsymbol{I}_n^{-1} \tag{2.23}$$

式中,$\boldsymbol{I}_n^{-1}$ 与 $\boldsymbol{I}_n$ 的不同只在于符号的不同,即

$$\boldsymbol{I}_n^{-1} = \boldsymbol{e}_n \wedge \cdots \wedge \boldsymbol{e}_1 = -\boldsymbol{I}_n \tag{2.24}$$

k 阶片积的对偶是一个 $(n-k)$ 阶片积,特别地,n 阶片积的对偶是 0 阶片积即一个标量,这也是 n 阶片积称为伪标量的原因。几何代数中的对偶对应了线性代

数中补集的概念。

内积和外积互为对偶，一个向量 $\boldsymbol{a}$ 和一个多维向量 $\boldsymbol{M}$ 具有以下关系：

$$(\boldsymbol{a}\cdot\boldsymbol{M})\boldsymbol{I}_n=\boldsymbol{a}\wedge(\boldsymbol{M}\boldsymbol{I}_n) \tag{2.25}$$

$$(\boldsymbol{a}\wedge\boldsymbol{M})\boldsymbol{I}_n=\boldsymbol{a}\cdot(\boldsymbol{M}\boldsymbol{I}_n) \tag{2.26}$$

2.3.2 并集

令 $\boldsymbol{A}=\boldsymbol{a}_1\wedge\cdots\wedge\boldsymbol{a}_k$、$\boldsymbol{B}=\boldsymbol{b}_1\wedge\cdots\wedge\boldsymbol{b}_j$，子空间 $\boldsymbol{A}$ 和 $\boldsymbol{B}$ 的并集(join)为由 $\boldsymbol{A}$ 和 $\boldsymbol{B}$ 共同张成的空间：

$$\boldsymbol{I}_{\mathrm{u}}=\boldsymbol{A}\cup\boldsymbol{B} \tag{2.27}$$

如果子空间 $\boldsymbol{A}$ 和 $\boldsymbol{B}$ 不相交，则 $\boldsymbol{A}$ 和 $\boldsymbol{B}$ 的并集可以记为[4]

$$\boldsymbol{I}_{\mathrm{u}}=\boldsymbol{A}\cup\boldsymbol{B}=\boldsymbol{A}\wedge\boldsymbol{B} \tag{2.28}$$

例如，在 $\mathcal{G}_3$ 中，$\boldsymbol{a}_1=\boldsymbol{e}_1+\boldsymbol{e}_2$，$\boldsymbol{a}_2=\boldsymbol{e}_2+\boldsymbol{e}_3$，$\boldsymbol{b}_1=\frac{1}{2}\boldsymbol{e}_1$，$\boldsymbol{b}_2=\boldsymbol{e}_2$，$\boldsymbol{A}$ 为 $\boldsymbol{a}_1$、$\boldsymbol{a}_2$ 的并集，$\boldsymbol{B}$ 为 $\boldsymbol{b}_1$、$\boldsymbol{b}_2$ 的并集，即

$$\begin{aligned}\boldsymbol{A}&=\boldsymbol{a}_1\cup\boldsymbol{a}_2\\&=\boldsymbol{a}_1\wedge\boldsymbol{a}_2\\&=(\boldsymbol{e}_1+\boldsymbol{e}_2)\wedge(\boldsymbol{e}_2+\boldsymbol{e}_3)\\&=(\boldsymbol{e}_1\wedge\boldsymbol{e}_2+\boldsymbol{e}_1\wedge\boldsymbol{e}_3+\boldsymbol{e}_2\wedge\boldsymbol{e}_3)\end{aligned} \tag{2.29}$$

$$\begin{aligned}\boldsymbol{B}&=\boldsymbol{b}_1\cup\boldsymbol{b}_2\\&=\boldsymbol{b}_1\wedge\boldsymbol{b}_2\\&=\frac{1}{2}\boldsymbol{e}_1\wedge\boldsymbol{e}_2\end{aligned} \tag{2.30}$$

如图 2.3 所示，$\boldsymbol{A}$ 为由 $\boldsymbol{a}_1$ 和 $\boldsymbol{a}_2$ 构成的有方向的平行四边形，$\boldsymbol{B}$ 为由 $\boldsymbol{b}_1$ 和 $\boldsymbol{b}_2$ 构成的有方向的平行四边形。

如果子空间 $\boldsymbol{A}$ 和 $\boldsymbol{B}$ 相交，则 $\boldsymbol{A}$ 和 $\boldsymbol{B}$ 的并集需要在去除线性相关项后再使用式(2.28)进行计算。

例如，由式(2.29)和式(2.30)可知，$\boldsymbol{A}=\boldsymbol{e}_1\wedge\boldsymbol{e}_2+\boldsymbol{e}_1\wedge\boldsymbol{e}_3+\boldsymbol{e}_2\wedge\boldsymbol{e}_3$，$\boldsymbol{B}=\frac{1}{2}\boldsymbol{e}_1\wedge\boldsymbol{e}_2$，由于

$$\boldsymbol{A}\wedge\boldsymbol{B}=(\boldsymbol{e}_1\wedge\boldsymbol{e}_2+\boldsymbol{e}_1\wedge\boldsymbol{e}_3+\boldsymbol{e}_2\wedge\boldsymbol{e}_3)\wedge\left(\frac{1}{2}\boldsymbol{e}_1\wedge\boldsymbol{e}_2\right)=0 \tag{2.31}$$

则需要在去除 $\boldsymbol{b}_2$ 后再用式(2.28)计算 $\boldsymbol{A}$ 和 $\boldsymbol{B}$ 的并集：

$$\begin{aligned}\boldsymbol{I}_{\mathrm{u}}&=\boldsymbol{A}\cup\boldsymbol{B}\\&=\boldsymbol{A}\wedge\boldsymbol{b}_1\\&=(\boldsymbol{e}_1\wedge\boldsymbol{e}_2+\boldsymbol{e}_1\wedge\boldsymbol{e}_3+\boldsymbol{e}_2\wedge\boldsymbol{e}_3)\wedge\frac{1}{2}\boldsymbol{e}_1\end{aligned}$$

$$=\frac{1}{2}\boldsymbol{e}_1\wedge\boldsymbol{e}_2\wedge\boldsymbol{e}_3 \tag{2.32}$$

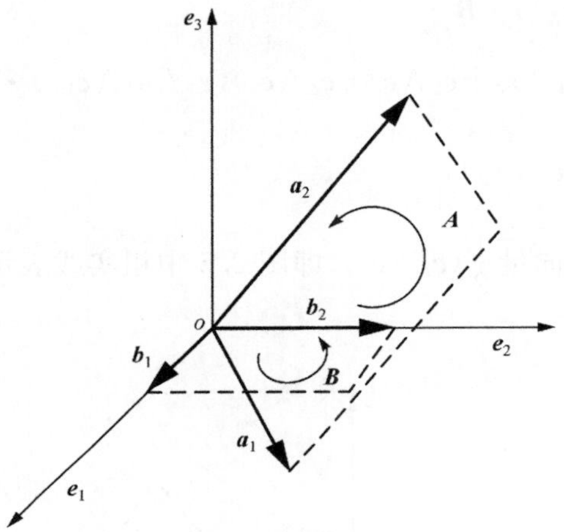

图 2.3　**A** 和 **B** 的几何表达

图 2.4 中的长方体即 **A** 和 **B** 的并集，表示有方向的平行四边形 **A** 沿着向量 $\boldsymbol{b}_1$ 扫过所形成的有方向的长方体。

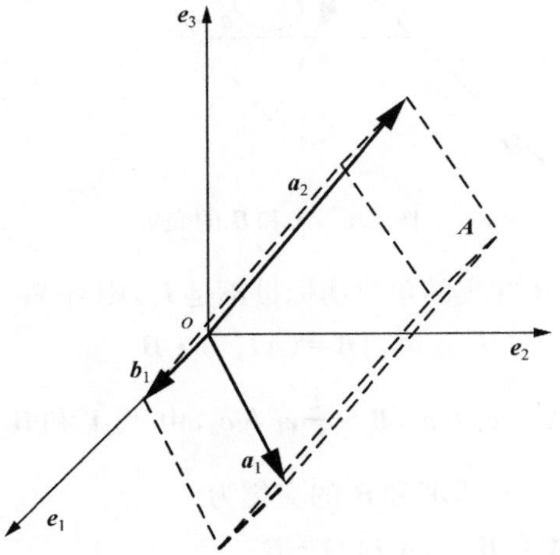

图 2.4　**A** 和 **B** 的并集

2.3.3　交集

子空间 **A** 和 **B** 的交集(meet)为

$$\boldsymbol{A}\cap\boldsymbol{B}=(\boldsymbol{A}\boldsymbol{I}_n^{-1})\cdot\boldsymbol{B} \tag{2.33}$$

例如，由式(2.32)可知，$\boldsymbol{A}$ 和 $\boldsymbol{B}$ 并集的单位伪标量为 $\boldsymbol{I}_3$，则根据式(2.33)，$\boldsymbol{A}$ 和 $\boldsymbol{B}$ 的交集为

$$\begin{aligned}\boldsymbol{A}\cap\boldsymbol{B}&=(\boldsymbol{A}\boldsymbol{I}_3^{-1})\cdot\boldsymbol{B}\\&=((\boldsymbol{e}_1\wedge\boldsymbol{e}_2+\boldsymbol{e}_1\wedge\boldsymbol{e}_3+\boldsymbol{e}_2\wedge\boldsymbol{e}_3)(\boldsymbol{e}_3\wedge\boldsymbol{e}_2\wedge\boldsymbol{e}_1))\cdot\left(\frac{1}{2}\boldsymbol{e}_1\wedge\boldsymbol{e}_2\right)\\&=\frac{1}{2}(\boldsymbol{e}_1+\boldsymbol{e}_2)\end{aligned}\tag{2.34}$$

$\boldsymbol{A}$ 和 $\boldsymbol{B}$ 的交集为向量$\frac{1}{2}(\boldsymbol{e}_1+\boldsymbol{e}_2)$，即图 2.5 中粗实线表示的向量，表示平面 $\boldsymbol{A}$ 和平面 $\boldsymbol{B}$ 的相交线。

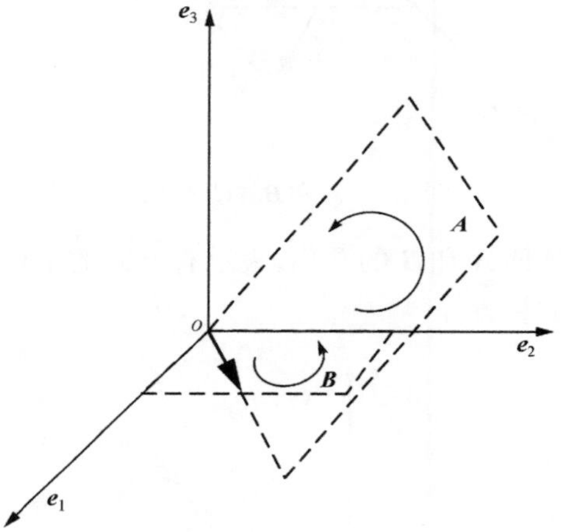

图 2.5 $\boldsymbol{A}$ 和 $\boldsymbol{B}$ 的交集

如果子空间 $\boldsymbol{A}$ 和 $\boldsymbol{B}$ 并集的单位伪标量不是 $\boldsymbol{I}_n$，则有[4]

$$\boldsymbol{A}\cap\boldsymbol{B}=(\boldsymbol{A}\boldsymbol{I}_{\mathrm{u}}^{-1})\cdot\boldsymbol{B}\tag{2.35}$$

例如，若在$\mathcal{G}_3$中，$\boldsymbol{A}'=\boldsymbol{e}_1\wedge\boldsymbol{e}_2$，$\boldsymbol{B}=\frac{1}{2}\boldsymbol{e}_1\wedge\boldsymbol{e}_2$，由于 $\boldsymbol{A}'$和 $\boldsymbol{B}$ 并集的单位伪标量为 $\boldsymbol{I}_{\mathrm{u}}=\boldsymbol{e}_1\wedge\boldsymbol{e}_2$，则根据式(2.35)，$\boldsymbol{A}'$和 $\boldsymbol{B}$ 的交集为

$$\begin{aligned}\boldsymbol{A}'\cap\boldsymbol{B}&=(\boldsymbol{A}'\boldsymbol{I}_{\mathrm{u}}^{-1})\cdot\boldsymbol{B}\\&=((\boldsymbol{e}_1\wedge\boldsymbol{e}_2)(\boldsymbol{e}_2\wedge\boldsymbol{e}_1))\cdot\left(\frac{1}{2}\boldsymbol{e}_1\wedge\boldsymbol{e}_2\right)\\&=\frac{1}{2}\boldsymbol{e}_1\wedge\boldsymbol{e}_2\end{aligned}\tag{2.36}$$

$\boldsymbol{A}'$和 $\boldsymbol{B}$ 的交集为$\frac{1}{2}\boldsymbol{e}_1\wedge\boldsymbol{e}_2$，即 $\boldsymbol{B}$。如图 2.6 所示，$\boldsymbol{A}'$和 $\boldsymbol{B}$ 的交集为斜线填充的

有方向的平行四边形 $\boldsymbol{B}$。

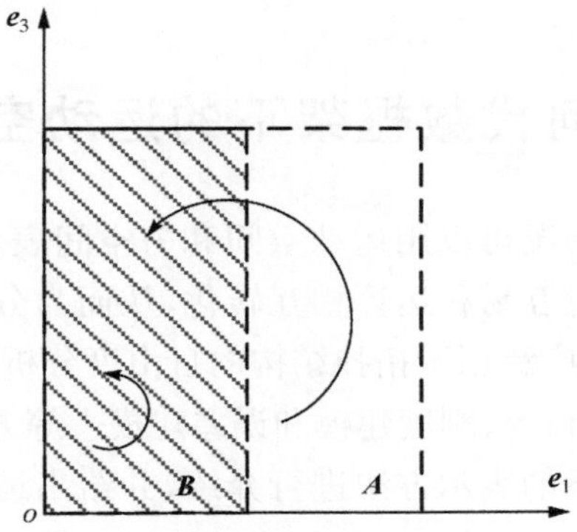

图 2.6　$\boldsymbol{A}'$和 $\boldsymbol{B}$ 的交集

2.4　本章小结

本章介绍了构成几何代数的基本运算几何积，以及构成几何积的内积和外积，并详细阐述了这三种积的代数表达形式和几何意义。不同于线性代数等其他数学工具，几何代数的基本单元不是向量而是片积，因此本章阐释了片积的构成及几何含义；同时还介绍了几何代数空间中的基本元素多维矢量的构成及含义，以及 k 维向量与 k 阶片积的区别和联系。在运算法则方面，本章详细介绍了几何代数中对片积进行操作的三种运算法则，分别为对偶、并集和交集。

参考文献

[1] Hestenes D. New Foundations for Classical Mechanics[M]. Dordrecht: Kluwer Academic Publishers, 1999.
[2] Hildenbrand D. Foundations of Geometric Algebra Computing[M]. New York: Springer, 2013.
[3] Hestenes D, Li H, Rockwood A. New algebraic tools for classical geometry[M]//Sommer G. Geometric Computing with Clifford Algebras. Berlin: Springer, 2001.
[4] Perwass C. Geometric Algebra with Applications in Engineering[M]. Berlin: Springer, 2009.

第3章　几何代数框架下的运动空间与力空间

刚体的运动和受力情况可以用运动空间和力空间表示。在螺旋理论中，运动空间和力空间还可以通过互易积运算相互转化，从而为分析刚体的运动及受力情况提供了极大的便利，被广泛用于拓扑结构的自由度分析和构型综合[1]、机构的性能评价及优化[2]、奇异分析[3]、刚度建模和误差建模[4]等方面。本章对运动空间和力空间在几何代数框架下的表示方法进行介绍，并给出运动空间和力空间在几何代数中的运算法则。

3.1　螺旋理论和几何代数

螺旋(screw)可以表示刚体的运动和力，即刚体运动的速度和对刚体施加的力或力偶。螺旋为带有节距的线矢量，可以表示为

$$\boldsymbol{\$} = (\boldsymbol{s};\boldsymbol{s}_0)^{\mathrm{T}} = (\boldsymbol{s};\boldsymbol{r}\times\boldsymbol{s}+h\boldsymbol{s})^{\mathrm{T}} = (v_1,\ v_2,\ v_3;b_1,\ b_2,\ b_3)^{\mathrm{T}} \tag{3.1}$$

式中，$\boldsymbol{s}$ 表示直线的单位方向向量；$\boldsymbol{s}_0$ 表示螺旋 $\boldsymbol{\$}$ 的矩；$\boldsymbol{r}$ 表示直线上任意一点的位置向量；h 表示节距。

式(3.1)中的标量 v_i 和 $b_i(i=1,2,3)$ 实际上是该直线的 Plücker 坐标，因为该直线由两点确定，所以直线的 Plücker 坐标为射线坐标。

在几何代数中，可以选用 6 维几何代数 $\mathcal{G}_6$ 来表示螺旋。在 6 维几何代数 $\mathcal{G}_6$ 中基向量 $\boldsymbol{e}_1,\boldsymbol{e}_2,\boldsymbol{e}_3,\boldsymbol{e}_4,\boldsymbol{e}_5,\boldsymbol{e}_6$ 是一组单位向量，且满足以下条件：

$$\begin{aligned} &\boldsymbol{e}_i\cdot\boldsymbol{e}_j=\begin{cases}1, & i=j\\ 0, & i\neq j\end{cases}\\ &\boldsymbol{e}_i\wedge\boldsymbol{e}_i=0\end{aligned} \tag{3.2}$$

式(3.1)中，螺旋在 $\mathcal{G}_6$ 中可以表示为

$$\boldsymbol{S}=v_1\boldsymbol{e}_1+v_2\boldsymbol{e}_2+v_3\boldsymbol{e}_3+b_1\boldsymbol{e}_4+b_2\boldsymbol{e}_5+b_3\boldsymbol{e}_6 \tag{3.3}$$

在螺旋理论中，两个螺旋 $\boldsymbol{\$}_1=(\boldsymbol{s}_1;\boldsymbol{s}_{10})^{\mathrm{T}}=(v_{11},\ v_{12},\ v_{13};b_{11},\ b_{12},\ b_{13})^{\mathrm{T}}$ 和 $\boldsymbol{\$}_2=(\boldsymbol{s}_2;\boldsymbol{s}_{20})^{\mathrm{T}}=(v_{21},\ v_{22},\ v_{23};b_{21},\ b_{22},\ b_{23})^{\mathrm{T}}$ 互易，当且仅当

$$\begin{aligned}\boldsymbol{\$}_1\circ\boldsymbol{\$}_2&=\boldsymbol{s}_1\cdot\boldsymbol{s}_{20}+\boldsymbol{s}_2\cdot\boldsymbol{s}_{10}\\ &=v_{11}b_{21}+v_{12}b_{22}+v_{13}b_{23}+v_{21}b_{11}+v_{22}b_{12}+v_{23}b_{13}\\ &=0\end{aligned} \tag{3.4}$$

式中，"∘"表示互易积运算。

实际上，式(3.4)的互易积是由两个运算共同组成的，即

$$
\begin{aligned}
\boldsymbol{\$}_1 \circ \boldsymbol{\$}_2 &= \boldsymbol{\$}_1^{\mathrm{T}} \Delta \boldsymbol{\$}_2 \\
&= [\boldsymbol{s}_1^{\mathrm{T}}; \boldsymbol{s}_{10}^{\mathrm{T}}] \Delta [\boldsymbol{s}_2; \boldsymbol{s}_{20}] \\
&= [\boldsymbol{s}_1^{\mathrm{T}}; \boldsymbol{s}_{10}^{\mathrm{T}}] \begin{bmatrix} 0 & \boldsymbol{I} \\ \boldsymbol{I} & 0 \end{bmatrix} [\boldsymbol{s}_2; \boldsymbol{s}_{20}] \\
&= 0
\end{aligned}
\tag{3.5}
$$

式中，Δ 为一种直射变换(collineation)，在功能上相当于互换了螺旋 $\boldsymbol{\$}_2$ 的主部和副部[5]，即

$$\Delta \boldsymbol{\$}_2 = (\boldsymbol{s}_{20}; \boldsymbol{s}_2)^{\mathrm{T}} = (b_{21}, b_{22}, b_{23}; v_{21}, v_{22}, v_{23})^{\mathrm{T}} \tag{3.6}$$

Δ 使射线坐标下的螺旋 $\boldsymbol{\$}_2$ 变为同样由射线坐标表示的 $\Delta \boldsymbol{\$}_2$。

与螺旋 $\boldsymbol{\$}_1$ 互易的所有螺旋 $\boldsymbol{\$}_i^{\mathrm{r}}$ 构成的螺旋系称为 $\boldsymbol{\$}_1$ 的互易螺旋系，$\boldsymbol{\$}_i^{\mathrm{r}}$ 满足

$$\boldsymbol{\$}_i^{\mathrm{r}} \circ \boldsymbol{\$}_1 = 0, \quad i = 1, 2, \cdots, 5 \tag{3.7}$$

相似地，根据式(3.5)，$\boldsymbol{\$}_1$ 及其互易螺旋系也可以表示为

$$\boldsymbol{\$}_i^{\mathrm{r}} \circ \boldsymbol{\$}_1 = \boldsymbol{\$}_i^{\mathrm{rT}} \Delta \boldsymbol{\$}_1 = 0 \tag{3.8}$$

表示螺旋 $\boldsymbol{\$}_1$ 的互易螺旋系 $\boldsymbol{\$}_i^{\mathrm{r}}$ 实际上是 $\Delta \boldsymbol{\$}_1$ 的正交补，在几何代数中正交补集可以通过对偶运算来实现。

在几何代数中，虽然没有与螺旋理论中互易积相对应的运算，但是通过上述分析，可以将几何代数中对偶和直射变换的共同运算结果等效于互易积运算结果。

与式(3.6)相似，可以将式(3.3)的主部和副部进行互换，这种运算仍记为 Δ，这时可看作算子将式(3.3)的主部 $\boldsymbol{e}_1, \boldsymbol{e}_2, \boldsymbol{e}_3$ 上的系数 v_1, v_2, v_3 和副部 $\boldsymbol{e}_4, \boldsymbol{e}_5, \boldsymbol{e}_6$ 上的系数 b_1, b_2, b_3 进行互换，即

$$\Delta \boldsymbol{S} = b_1 \boldsymbol{e}_1 + b_2 \boldsymbol{e}_2 + b_3 \boldsymbol{e}_3 + v_1 \boldsymbol{e}_4 + v_2 \boldsymbol{e}_5 + v_3 \boldsymbol{e}_6 \tag{3.9}$$

螺旋 $\boldsymbol{S}$ 的互易螺旋系 $\boldsymbol{S}^{\mathrm{r}}$ 即 $\Delta \boldsymbol{S}$ 的正交补，也就是对偶空间，表示为

$$\boldsymbol{S}^{\mathrm{r}} = \Delta \boldsymbol{S} \boldsymbol{I}_6^{-1} \tag{3.10}$$

需要注意的是，在式(3.10)中 $\boldsymbol{S}^{\mathrm{r}}$ 并不是一个向量而是一个 5 阶片积，张成这个 5 阶片积的所有向量都是螺旋 $\boldsymbol{S}$ 的互易螺旋。

螺旋的表达形式及运算法则在螺旋理论和几何代数框架下的区别与联系如表 3.1 所示。

表 3.1 螺旋在螺旋理论和几何代数框架下表达的区别与联系

表达形式及运算法则	螺旋理论	几何代数
螺旋	$\boldsymbol{\$} = (v_1, v_2, v_3; b_1, b_2, b_3)^{\mathrm{T}}$	$\boldsymbol{S} = v_1 \boldsymbol{e}_1 + v_2 \boldsymbol{e}_2 + v_3 \boldsymbol{e}_3 + b_1 \boldsymbol{e}_4 + b_2 \boldsymbol{e}_5 + b_3 \boldsymbol{e}_6$
直射变换	$\Delta \boldsymbol{\$} = (b_1, b_2, b_3; v_1, v_2, v_3)^{\mathrm{T}}$	$\Delta \boldsymbol{S} = b_1 \boldsymbol{e}_1 + b_2 \boldsymbol{e}_2 + b_3 \boldsymbol{e}_3 + v_1 \boldsymbol{e}_4 + v_2 \boldsymbol{e}_5 + v_3 \boldsymbol{e}_6$
互易积	$\boldsymbol{\$} \circ \boldsymbol{\$}^{\mathrm{r}} = \boldsymbol{s} \cdot \boldsymbol{s}_{0\mathrm{r}} + \boldsymbol{s}_{\mathrm{r}} \cdot \boldsymbol{s}_0 = 0$	—
对偶	—	$\boldsymbol{D} = \boldsymbol{S} \boldsymbol{I}_6^{-1}$

注：$\boldsymbol{s}_{0\mathrm{r}}$ 表示螺旋 $\boldsymbol{\$}^{\mathrm{r}}$ 的矩。

3.2 运动空间和力空间

表示刚体运动的螺旋,称为运动螺旋。此时,式(3.1)的主部表示刚体运动的角速度,副部表示刚体运动的线速度。运动螺旋为含有速度幅值的螺旋。

表示刚体受力的螺旋,称为力螺旋。此时,式(3.1)的主部表示刚体受到的力,副部表示刚体受到的力矩。力螺旋为含有力幅值的螺旋。

在螺旋理论中,表示刚体运动的运动螺旋系与表示该刚体受约束力的力螺旋系是互易的。Lipkin 和 Duffy[5] 早在 1985 年就对刚体表示运动和约束的运动螺旋系和力螺旋系进行了研究。一个具有 n 自由度的刚体,可以用 4 个子空间对其运动和约束进行描述,分别是表示刚体可以运动的自由度运动子空间(twists of freedom)、表示刚体不可以运动的非自由度运动子空间(twists of nonfreedom)、表示刚体受到约束力的约束力子空间(wrenches of constraint)和表示刚体没有受到约束力的非约束力子空间(wrenches of nonconstraint)。这 4 个子空间之间具有如图 3.1 所示的关系。

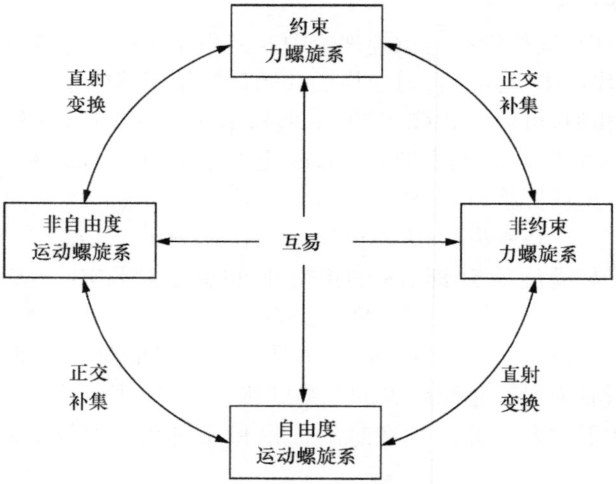

图 3.1 螺旋理论中运动空间与力空间的关系[5]

(1) 自由度运动子空间和非自由度运动子空间共同构成一个 6 维的向量空间,它们互为正交补;约束力子空间和非约束力子空间共同构成一个 6 维的向量空间,它们同样互为正交补。

(2) 非自由度运动子空间和约束力子空间互为椭圆对立,它们之间具有一一对应的关系,通过直射变换 Δ 实现;非约束力子空间和自由度运动子空间互为椭圆对立,它们之间具有一一对应的关系,通过直射变换 Δ 实现。

(3) 自由度运动子空间和约束力子空间之间具有互易性，两者的基在代数上构成一个(混合)6 维空间；非自由度运动子空间和非约束力子空间之间具有互易性，两者的基在代数上构成一个(混合)6 维空间。

刘海涛[4]在线性空间框架下，结合李代数与螺旋理论，将运动空间和力空间分别定义为变分空间 $\mathcal{J}$ 和力空间 $\mathcal{W}$，其中变分空间由表示系统允许刚体运动的许动变分螺旋 $\boldsymbol{\$}_{ta}$ 张成的许动变分子空间 $\mathcal{J}_a$ 和表示系统限制刚体运动的受限变分螺旋 $\boldsymbol{\$}_{tc}$ 张成的受限变分子空间 $\mathcal{J}_c$ 的直和构成；力空间由表示系统 f 个独立关节驱动力的驱动力螺旋 $\boldsymbol{\$}_{wa}$ 张成的驱动力子空间 $\mathcal{W}_a$ 和表示系统 $(6-f)$ 个独立关节约束力的约束力螺旋 $\boldsymbol{\$}_{wc}$ 张成的受限驱动变分子空间 $\mathcal{W}_c$ 的直和构成。这 4 个子空间之间的关系如图 3.2 所示。

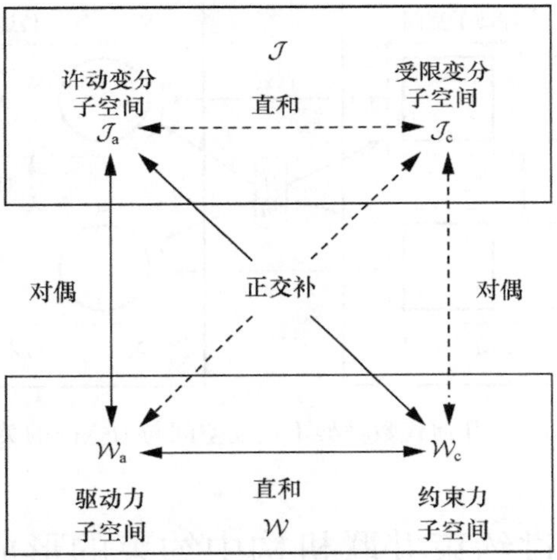

图 3.2 线性空间下运动空间与力空间的关系

相似地，在几何代数 $\mathcal{G}_6$ 中可以将运动空间与力空间之间的关系表述如下。

一个自由度为 M 的刚体，可以用两个 6 维空间分别表示刚体的运动和受力情况，这两个空间是表示运动的运动空间 $\boldsymbol{T}$ 和表示受力情况的力空间 $\boldsymbol{W}$。

运动空间 $\boldsymbol{T}$ 由运动螺旋构成，分为表示刚体被允许发生的运动许动子空间 $\boldsymbol{S}_m$ 和表示刚体不被允许发生的运动限动子空间 $\boldsymbol{S}_d$。许动子空间 $\boldsymbol{S}_m$ 和限动子空间 $\boldsymbol{S}_d$ 互为正交补，在几何代数中对应为对偶关系，即

$$\boldsymbol{S}_m \wedge \boldsymbol{S}_d = \boldsymbol{I}_6 \tag{3.11}$$

许动子空间 $\boldsymbol{S}_m$ 是一个 M 阶片积，限动子空间 $\boldsymbol{S}_d$ 为 $\boldsymbol{S}_m$ 的对偶，是一个 $(6-M)$ 阶片积。

力空间 $\boldsymbol{W}$ 由力螺旋构成，分为表示刚体发生运动时传递力的传递力子空间 $\boldsymbol{S}_t$ 和表示刚体受到约束力的约束力子空间 $\boldsymbol{S}_c$。传递力子空间 $\boldsymbol{S}_t$ 和约束力子空间 $\boldsymbol{S}_c$

互为正交补，在几何代数中对应为对偶关系，即

$$\boldsymbol{S}_{\mathrm{t}} \wedge \boldsymbol{S}_{\mathrm{c}} = \boldsymbol{I}_6 \tag{3.12}$$

构成运动空间和力空间的元素都是螺旋，但两者具有不同的物理含义，此时可以用直射变换 Δ 实现两个空间的相互转化，即

$$\boldsymbol{W} = \Delta \boldsymbol{T} \tag{3.13}$$

由式(3.13)可知，传递力子空间 $\boldsymbol{S}_{\mathrm{t}} = \Delta \boldsymbol{S}_{\mathrm{m}}$ 是一个 M 阶片积，约束力子空间 $\boldsymbol{S}_{\mathrm{c}} = \Delta \boldsymbol{S}_{\mathrm{d}}$ 是一个$(6-M)$阶片积。

根据式(3.11)～式(3.13)可以将几何代数框架下的运动空间与力空间的关系表示为如图 3.3 所示的关系。

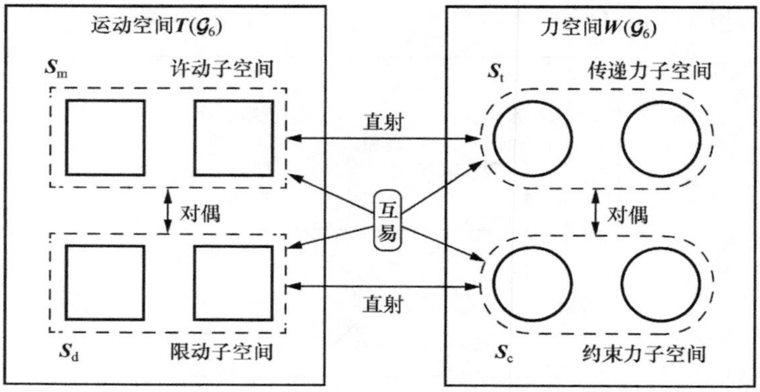

图 3.3　几何代数框架下运动空间与力空间的关系

3.3　过约束并联机构中约束的形成原因

3.3.1　冗余约束

并联机构中常常会出现过约束，而过约束的出现会给并联机构自由度的计算带来难题。本节就几何代数框架下运动空间与力空间的关系阐述过约束并联机构中冗余约束的形成原因。冗余约束是分支运动链约束力子空间的交集，然而约束力子空间的交集只是表象，并不是形成冗余约束的根本原因。根据力空间和运动空间的映射关系，可以发现形成冗余约束的根本原因在于分支运动链形成的运动空间。

如图 3.4 所示，在运动空间中有 $\boldsymbol{P}$、$\boldsymbol{Q}$、$\boldsymbol{R}$、$\boldsymbol{S}$ 四个独立子空间，且满足 $\boldsymbol{P} \cup \boldsymbol{Q} \cup \boldsymbol{R} \cup \boldsymbol{S} = \boldsymbol{I}_6$。根据式(3.13)，$\boldsymbol{P}$、$\boldsymbol{Q}$、$\boldsymbol{R}$、$\boldsymbol{S}$ 在力空间中的直射变换分别是 $\boldsymbol{P}'$、$\boldsymbol{Q}'$、$\boldsymbol{R}'$、$\boldsymbol{S}'$。$\boldsymbol{S}_{\mathrm{m}i}$ 和 $\boldsymbol{S}_{\mathrm{m}(i+1)}$ 分别表示并联机构第 i 和第$(i+1)$个分支运动链的许动子空间：

$$\boldsymbol{S}_{\mathrm{m}i} = \boldsymbol{P} \cup \boldsymbol{Q} = \boldsymbol{P} \wedge \boldsymbol{Q} \tag{3.14}$$

$$\boldsymbol{S}_{\mathrm{m}(i+1)}=\boldsymbol{P}\cup\boldsymbol{R}=\boldsymbol{P}\wedge\boldsymbol{R} \tag{3.15}$$

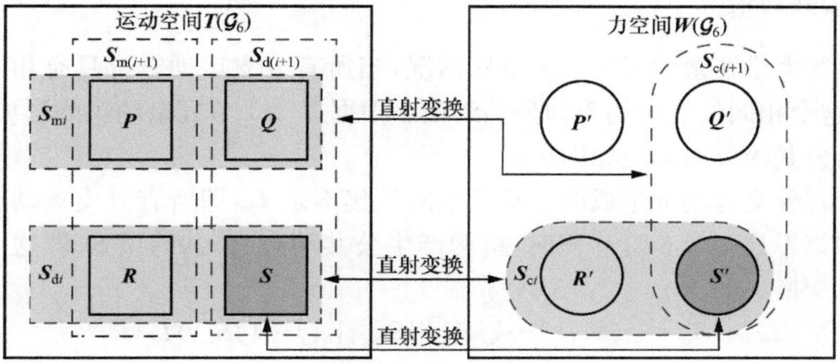

图 3.4　冗余约束的形成原因

第 i 和第$(i+1)$个分支运动链的约束力子空间分别为 $\boldsymbol{S}_{\mathrm{c}i}$ 和 $\boldsymbol{S}_{\mathrm{c}(i+1)}$，即

$$\boldsymbol{S}_{\mathrm{c}i}=\Delta\boldsymbol{S}_{\mathrm{m}i}\boldsymbol{I}_6^{-1}=\boldsymbol{Q}'\wedge\boldsymbol{S}' \tag{3.16}$$

$$\boldsymbol{S}_{\mathrm{c}(i+1)}=\Delta\boldsymbol{S}_{\mathrm{m}(i+1)}\boldsymbol{I}_6^{-1}=\boldsymbol{R}'\wedge\boldsymbol{S}' \tag{3.17}$$

由于 $\boldsymbol{S}_{\mathrm{c}i}$ 和 $\boldsymbol{S}_{\mathrm{c}(i+1)}$ 的外积

$$\boldsymbol{S}_{\mathrm{c}i}\wedge\boldsymbol{S}_{\mathrm{c}(i+1)}=0 \tag{3.18}$$

所以第 i 和第$(i+1)$个分支运动链的约束力子空间发生线性相关，即第 i 和第$(i+1)$个分支运动链的约束力子空间出现交集，两个分支运动链具有冗余约束。冗余约束为第 i 和第$(i+1)$个分支运动链的约束力子空间的交集：

$$\boldsymbol{S}_{\mathrm{c}i}\cap\boldsymbol{S}_{\mathrm{c}(i+1)}=\boldsymbol{S}' \tag{3.19}$$

可以通过直射变换找到 $\boldsymbol{S}'$ 在运动空间 $\boldsymbol{T}$ 中相对应的映射，即

$$\Delta\boldsymbol{S}'=\boldsymbol{S} \tag{3.20}$$

$\boldsymbol{S}_{\mathrm{m}i}$ 和 $\boldsymbol{S}_{\mathrm{m}(i+1)}$ 的并集为

$$\boldsymbol{S}_{\mathrm{m}i}\cup\boldsymbol{S}_{\mathrm{m}(i+1)}=(\boldsymbol{P}\wedge\boldsymbol{Q})\cup(\boldsymbol{P}\wedge\boldsymbol{R})=\boldsymbol{P}\wedge\boldsymbol{Q}\wedge\boldsymbol{R}\neq\boldsymbol{I}_6 \tag{3.21}$$

其对偶为

$$(\boldsymbol{S}_{\mathrm{m}i}\cup\boldsymbol{S}_{\mathrm{m}(i+1)})\boldsymbol{I}_6^{-1}=\boldsymbol{S} \tag{3.22}$$

显然，式(3.22)与式(3.20)相等，即

$$(\boldsymbol{S}_{\mathrm{m}i}\cup\boldsymbol{S}_{\mathrm{m}(i+1)})\boldsymbol{I}_6^{-1}=\Delta\boldsymbol{S}' \tag{3.23}$$

结合式(3.23)和式(3.19)，可得

$$(\boldsymbol{S}_{\mathrm{m}i}\cup\boldsymbol{S}_{\mathrm{m}(i+1)})\boldsymbol{I}_6^{-1}=\Delta(\boldsymbol{S}_{\mathrm{c}i}\cap\boldsymbol{S}_{\mathrm{c}(i+1)}) \tag{3.24}$$

式(3.24)表示第 i 和第$(i+1)$个分支运动链的约束力子空间交集的直射变化为这两个分支运动链的许动子空间并集的对偶。这意味着第 i 和第$(i+1)$个分支运动链产生冗余约束的原因在于这两个分支运动链生成的许动子空间并集不是 $\boldsymbol{I}_6$，即两个分支运动链的许动子空间并集不是一个 6 阶片积。

由此，可以得到两个分支的冗余约束 $\boldsymbol{S}_{\mathrm{rc}}$ 的表达式为

$$\boldsymbol{S}_{\mathrm{rc}}=\Delta(\boldsymbol{S}_{\mathrm{m}i}\cup\boldsymbol{S}_{\mathrm{m}(i+1)})\boldsymbol{I}_6^{-1} \tag{3.25}$$

3.3.2 公共约束

公共约束是冗余约束的一种特殊情况，当所有分支运动链都具有相同的冗余约束时，这个相同的冗余约束即公共约束。根据3.3.1节冗余约束的形成原因，可以类推出公共约束的形成原因。

当所有分支运动链生成的许动子空间并集不是$\boldsymbol{I}_6$，即所有分支运动链的许动子空间并集不是一个6阶片积时，机构产生公共约束，公共约束$\boldsymbol{S}_{cc}$即这个并集对偶的直射变换：

$$\boldsymbol{S}_{cc}=\Delta(\boldsymbol{S}_{m1}\cup\cdots\cup\boldsymbol{S}_{mi}\cup\boldsymbol{S}_{m(i+1)}\cup\cdots\cup\boldsymbol{S}_{mn})\boldsymbol{I}_6^{-1} \tag{3.26}$$

3.4 本章小结

本章建立了螺旋在几何代数$\mathcal{G}_6$中的表达式，使用几何代数中的并集、交集、对偶和直射变换描述刚体运动的运动空间和力空间，并给出了许动子空间、限动子空间、传递力子空间和约束力子空间四者之间的运算关系与计算方法。过约束并联机构中冗余约束形成的根本原因为并联机构分支运动链之间的许动子空间并集不是一个6维空间。冗余约束就是分支运动链许动子空间并集对偶的直射变换。

参考文献

[1] 李秦川.对称少自由度并联机器人型综合理论及新机型综合[D].秦皇岛：燕山大学，2003.
[2] Wang J S, Wu C, Liu X J. Performance evaluation of parallel manipulators: Motion/force transmissibility and its index[J]. Mechanism and Machine Theory, 2010, 45(10): 1462-1476.
[3] Liu X J, Wu C, Wang J S. A new approach for singularity analysis and closeness measurement to singularities of parallel manipulators[J]. Journal of Mechanisms and Robotics, 2012, 4(4): 041001-1-041001-10.
[4] 刘海涛.少自由度机器人机构一体化建模理论、方法及工程应用[D].天津：天津大学，2010.
[5] Lipkin H, Duffy J. The elliptic polarity of screws[J]. Journal of Mechanical Design, 1985, 107(3): 377-386.

第二篇

几何代数框架下的并联机构自由度计算方法

第4章 几何代数框架下并联机构自由度计算的约束求并方法

通过对机构运动空间的分析可以得到机构的自由度和运动模式。本章首先提出一种在几何代数框架下的自由度计算方法，对具有开环拓扑结构的串联运动链通过并集运算得到其末端的运动空间，对具有闭环拓扑结构的并联机构通过约束力空间间接得到其动平台上的运动空间。然后，针对并集运算中线性相关项的剔除问题，提出一种基于外积运算的判别规则，并给出在并集运算中剔除线性相关项的流程。最后，以 3-RPS 并联机构和 3-RPC 并联机构为例对所提出的基于约束求并的并联机构自由度计算方法进行应用。

4.1 串联运动链的运动空间分析方法

当机构拓扑结构为开环时，机构的许动子空间是机构上所有运动螺旋的并集。如图 4.1 所示的运动链具有 k 个独立运动副，第 i 个运动副上的运动螺旋为 $\boldsymbol{S}_{\mathrm{m}i}(i=1,2,\cdots,k)$，运动链末端的许动子空间为 $\boldsymbol{S}_{\mathrm{m}}$，由于这 k 个运动副相互独立，则有

$$\boldsymbol{S}_{\mathrm{m}}=\boldsymbol{S}_{\mathrm{m1}}\cup\boldsymbol{S}_{\mathrm{m2}}\cup\cdots\cup\boldsymbol{S}_{\mathrm{m}k}=\boldsymbol{S}_{\mathrm{m1}}\wedge\boldsymbol{S}_{\mathrm{m2}}\wedge\cdots\wedge\boldsymbol{S}_{\mathrm{m}k} \tag{4.1}$$

表示运动链末端的许动子空间 $\boldsymbol{S}_{\mathrm{m}}$ 是一个 k 阶片积，由运动链上的 k 个运动螺旋张成。

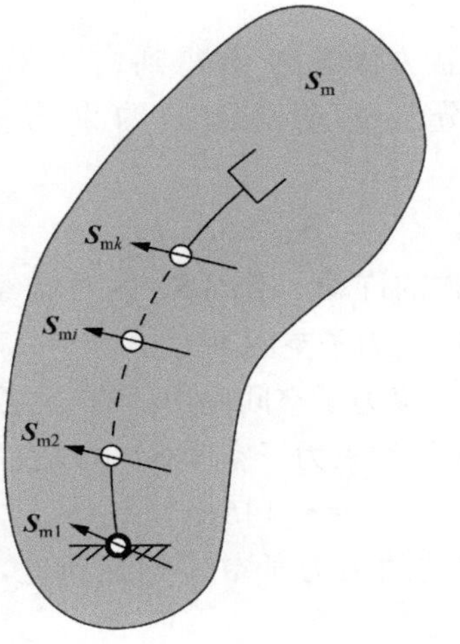

图 4.1 串联机构许动运动子空间

4.2　并联机构自由度计算的约束求并方法

当机构的结构为闭环时，动平台的许动子空间是机构上所有运动支链的许动子空间的交集。如图 4.2 所示，并联机构具有 n 个串联运动支链，第 i 个分支运动链上的第 j 个运动副可以用 $\boldsymbol{S}_{\mathrm{m}_{ij}}$ 表示其运动螺旋，第 i 个分支运动链上有 k_i 个独立运动副。根据式(4.1)，第 i 个分支运动链末端的许动子空间 $\boldsymbol{S}_{\mathrm{m}i}$ 为

$$\boldsymbol{S}_{\mathrm{m}i}=\boldsymbol{S}_{\mathrm{m}_{i1}}\cup\boldsymbol{S}_{\mathrm{m}_{i2}}\cup\cdots\cup\boldsymbol{S}_{\mathrm{m}_{ik_i}}=\boldsymbol{S}_{\mathrm{m}_{i1}}\wedge\boldsymbol{S}_{\mathrm{m}_{i2}}\wedge\cdots\wedge\boldsymbol{S}_{\mathrm{m}_{ik_i}} \tag{4.2}$$

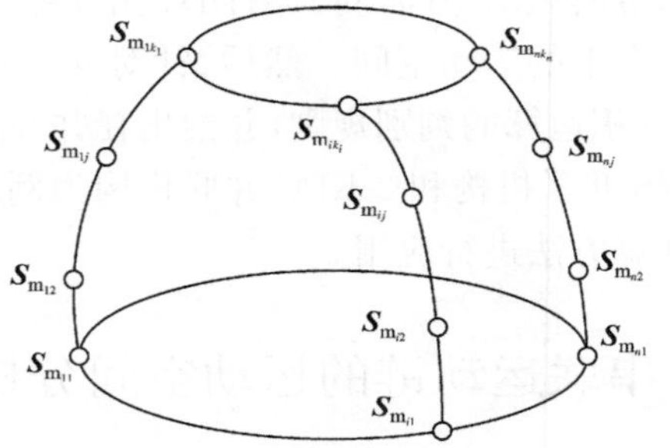

图 4.2　闭环各个分支运动链上的运动螺旋

已知分支运动链末端的许动子空间，可以通过力空间的并集求解动平台上的许动子空间。在螺旋理论中，由于缺少对螺旋系使用的交集运算法则，所以需要使用并集运算和互易积，通过约束力子空间得到动平台上的许动子空间，如图 4.3 所示。相对于直接得到动平台上的许动子空间，这种通过约束力子空间求解的方式是一种间接方法。

沿用螺旋理论中的间接方法思路，在得到式(4.2)的分支许动子空间后，根据图 4.3 所示求出第 i 个分支运动链上的约束力子空间 $\boldsymbol{S}_{\mathrm{c}i}$，根据式(3.11)和式(3.13)有

$$\boldsymbol{S}_{\mathrm{c}i}=\Delta\boldsymbol{S}_{\mathrm{m}i}\boldsymbol{I}_6^{-1} \tag{4.3}$$

表示第 i 个分支运动链末端的许动子空间 $\boldsymbol{S}_{\mathrm{m}i}$ 的对偶经过一次直射变换 Δ 可以得到第 i 个分支运动链上的约束力子空间 $\boldsymbol{S}_{\mathrm{c}i}$。

并联机构动平台上的约束力子空间是由所有分支运动链末端的约束力子空间的并集构成的，即动平台上的约束力子空间 $\boldsymbol{S}_{\mathrm{c}}$ 可以表示为

$$\boldsymbol{S}_{\mathrm{c}}=\boldsymbol{S}_{\mathrm{c}1}\cup\boldsymbol{S}_{\mathrm{c}2}\cup\cdots\cup\boldsymbol{S}_{\mathrm{c}n} \tag{4.4}$$

如果分支运动链末端的约束力子空间相互独立，那么根据式(2.28)可以将式(4.4)表示为如下形式：

$$\boldsymbol{S}_{\mathrm{c}}=\boldsymbol{S}_{\mathrm{c}1}\cup\boldsymbol{S}_{\mathrm{c}2}\cup\cdots\cup\boldsymbol{S}_{\mathrm{c}n}=\boldsymbol{S}_{\mathrm{c}1}\wedge\boldsymbol{S}_{\mathrm{c}2}\wedge\cdots\wedge\boldsymbol{S}_{\mathrm{c}n} \tag{4.5}$$

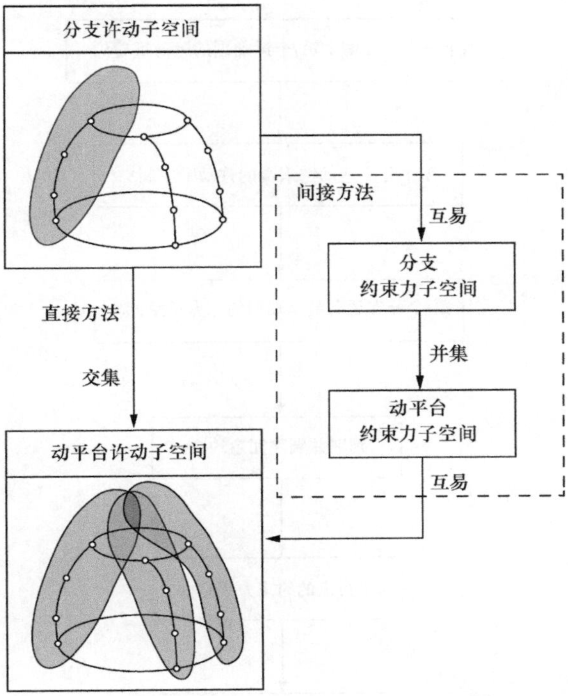

图 4.3　螺旋理论中的动平台运动空间求解流程

如果分支运动链末端的约束力子空间线性相关，即分支约束力子空间有交集，那么并联机构具有冗余约束，此时需要对冗余约束进行判别和剔除。可以利用几何代数中的外积性质对冗余约束进行判别和剔除，详见 4.3 节。

相似地，已知动平台上的约束力子空间 $\boldsymbol{S}_{\mathrm{c}}$ 可以求得动平台上的许动子空间 $\boldsymbol{S}_{\mathrm{m}}$：

$$\boldsymbol{S}_{\mathrm{m}}=\Delta\boldsymbol{S}_{\mathrm{c}}\boldsymbol{I}_6^{-1} \tag{4.6}$$

表示动平台上的约束力子空间 $\boldsymbol{S}_{\mathrm{c}}$ 的对偶经过一次直射变换 Δ，可以得到动平台上的许动子空间 $\boldsymbol{S}_{\mathrm{m}}$。

综上所述，并联机构的自由度计算约束求并方法的流程如图 4.4 所示。具体步骤如下。

(1) 在 $\mathcal{G}_6$ 中表示出第 i 个分支运动链上第 j 个运动副的运动螺旋 $\boldsymbol{S}_{\mathrm{m}_{ij}}$。根据式(3.3)将第 i 个分支运动链上第 j 个运动副的运动螺旋 $\boldsymbol{S}_{\mathrm{m}_{ij}}$ 在 $\mathcal{G}_6$ 中写出表达式。

(2) 计算第 i 个分支运动链末端的许动子空间 $\boldsymbol{S}_{\mathrm{m}i}$。根据分支运动链末端的许动子空间为该分支运动链上各个运动副的运动螺旋并集计算出第 i 个分支运动链末端的许动子空间 $\boldsymbol{S}_{\mathrm{m}i}$，如式(4.2)所示。

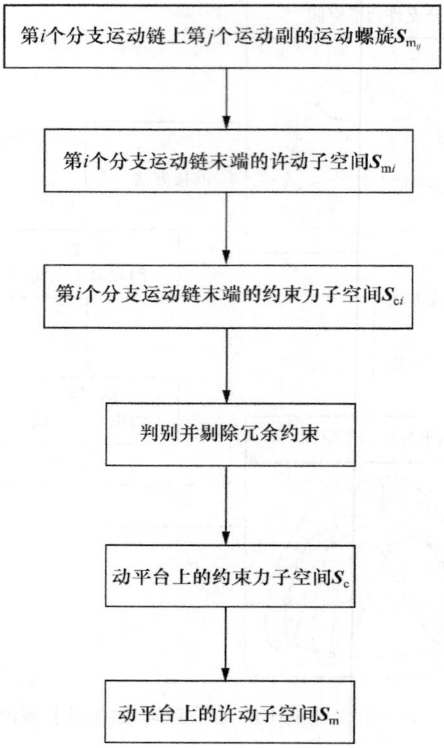

图 4.4　并联机构的自由度计算约束求并方法的流程

(3) 计算第 i 个分支运动链末端的约束力子空间 $\boldsymbol{S}_{ci}$。根据 3.3 节中运动空间与力空间的关系，计算出第 i 个分支运动链末端的约束力子空间 $\boldsymbol{S}_{ci}$，如式(4.3)所示。

(4) 计算动平台上的约束力子空间 $\boldsymbol{S}_c$。动平台上的约束力子空间为所有分支运动链末端约束力子空间的并集，如果并联机构没有冗余约束，则使用式(4.5)进行计算；如果并联机构具有冗余约束，则需要先对冗余约束进行判别和剔除，详见 4.3 节。

(5) 计算动平台上的许动子空间 $\boldsymbol{S}_m$。根据 3.3 节中运动空间与力空间的关系，计算出动平台上的许动子空间 $\boldsymbol{S}_m$，如式(4.6)所示。

虽然约束求并方法的流程与螺旋理论方法一致，但两者具有本质上的区别。在几何代数框架下可以得到运动空间和约束空间的符号表达式。这是因为在几何代数框架下计算时只涉及加法和乘法，所以不需要对符号表达式求解线性方程组，这是一个显著的优点。在使用螺旋理论对互易螺旋求解时，需要求解线性方程组，这对于数值求解简单，但对于符号表达式求解比较困难。在几何代数框架下得到的动平台运动空间符号表达式可以自证全域性，但在螺旋理论中还需要对所得的瞬时运动螺旋是否具有全域性进行几何条件等相关判断。此外，在几何代数框架下，多阶片积的几何意义较为明确，例如，当两条表示转动自由度的轴线张成一个 2 阶片积时，这个 2 阶片积内包含的任意直线都可以作为其瞬时转动轴线。

4.3　并集运算中的线性相关项判别和剔除

在 2.1.2 节提到几何代数中的外积运算可以用于判断线性相关性，k 个向量 $\boldsymbol{a}_1,\boldsymbol{a}_2,\cdots,\boldsymbol{a}_k$ 线性相关，当且仅当

$$\boldsymbol{a}_1\wedge\boldsymbol{a}_2\wedge\cdots\wedge\boldsymbol{a}_k=0 \tag{4.7}$$

利用式(4.7)的性质可以对自由度计算过程中的线性相关性进行判断。在自由度计算过程中，并集运算经常需要对线性相关性进行判别和剔除，当满足式(4.7)时发生线性相关。并集运算中判别和剔除线性相关项的流程如图 4.5 所示。

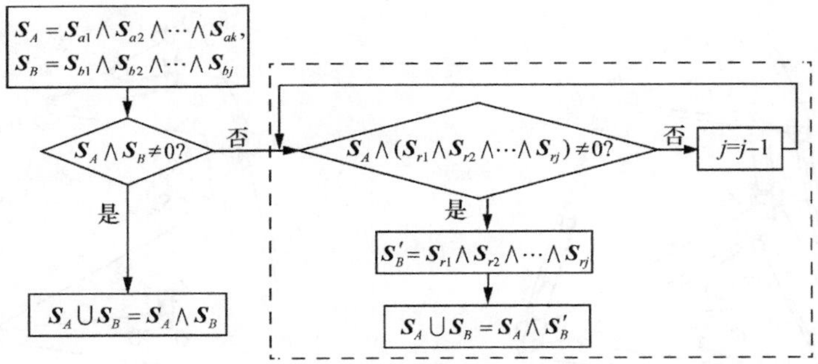

图 4.5　并集运算中线性相关项的判别和剔除流程

两个由螺旋组成的子空间 $\boldsymbol{S}_A=\boldsymbol{S}_{a1}\wedge\boldsymbol{S}_{a2}\wedge\cdots\wedge\boldsymbol{S}_{ak}$ 和 $\boldsymbol{S}_B=\boldsymbol{S}_{b1}\wedge\boldsymbol{S}_{b2}\wedge\cdots\wedge\boldsymbol{S}_{bj}$ 分别是 k 阶片积和 j 阶片积。$\boldsymbol{S}_A$ 和 $\boldsymbol{S}_B$ 的并集运算流程如下。

情况一：如果 $\boldsymbol{S}_A$ 和 $\boldsymbol{S}_B$ 的外积 $\boldsymbol{S}_A\wedge\boldsymbol{S}_B\neq0$，则说明 $\boldsymbol{S}_A$ 和 $\boldsymbol{S}_B$ 线性无关，根据式(2.28)，$\boldsymbol{S}_A$ 和 $\boldsymbol{S}_B$ 的并集为两者的外积：

$$\boldsymbol{S}_A\cup\boldsymbol{S}_B=\boldsymbol{S}_A\wedge\boldsymbol{S}_B \tag{4.8}$$

情况二：如果 $\boldsymbol{S}_A$ 和 $\boldsymbol{S}_B$ 的外积 $\boldsymbol{S}_A\wedge\boldsymbol{S}_B=0$，则说明 $\boldsymbol{S}_A$ 和 $\boldsymbol{S}_B$ 线性相关，此时需要对 $\boldsymbol{S}_A$ 和 $\boldsymbol{S}_B$ 中的一个进行线性相关项的剔除，此处选择 $\boldsymbol{S}_B$ 进行线性相关项的剔除。

(1) 在 $\boldsymbol{S}_{b1},\boldsymbol{S}_{b2},\cdots,\boldsymbol{S}_{bj}$ 中任选 j 项 $\boldsymbol{S}_{r1},\boldsymbol{S}_{r2},\cdots,\boldsymbol{S}_{rj}$，判断它们与 $\boldsymbol{S}_A$ 的外积是否满足条件

$$\boldsymbol{S}_A\wedge(\boldsymbol{S}_{r1}\wedge\boldsymbol{S}_{r2}\wedge\cdots\wedge\boldsymbol{S}_{rj})\neq0 \tag{4.9}$$

(2) 若 $\boldsymbol{S}_{r1},\boldsymbol{S}_{r2},\cdots,\boldsymbol{S}_{rj}$ 满足式(4.9)，则修正后的 $\boldsymbol{S}_B$ 为

$$\boldsymbol{S}'_B=\boldsymbol{S}_{r1}\wedge\boldsymbol{S}_{r2}\wedge\cdots\wedge\boldsymbol{S}_{rj} \tag{4.10}$$

若 $\boldsymbol{S}_{r1},\boldsymbol{S}_{r2},\cdots,\boldsymbol{S}_{rj-1}$ 不满足式(4.9)，则令 $j=j-1$ 重复步骤(1)，直至满足式(4.9)。

(3) 此时 $\boldsymbol{S}_A$ 和 $\boldsymbol{S}_B$ 的并集为 $\boldsymbol{S}_A$ 和 $\boldsymbol{S}'_B$ 的外积，即

$$\boldsymbol{S}_A\cup\boldsymbol{S}_B=\boldsymbol{S}_A\wedge\boldsymbol{S}'_B \tag{4.11}$$

在几何代数框架下，并集运算中的线性相关性判断和剔除流程简单且易于编程，可通过 MATLAB、Maple、Mathematica 等计算软件中的循环语句实现。

4.4　算例 1：3-RPS 并联机构自由度计算

图 4.6 所示为一个 3-RPS 并联机构[1]。3-RPS 有三个相同的 RPS 分支运动链，其中 R 副与定平台相连接，S 副与动平台相连接，P 副为驱动关节。$A_i(i=1,2,3)$ 表示第 i 个 R 副的中心点，$B_i(i=1,2,3)$ 表示第 i 个 S 副的中心点。

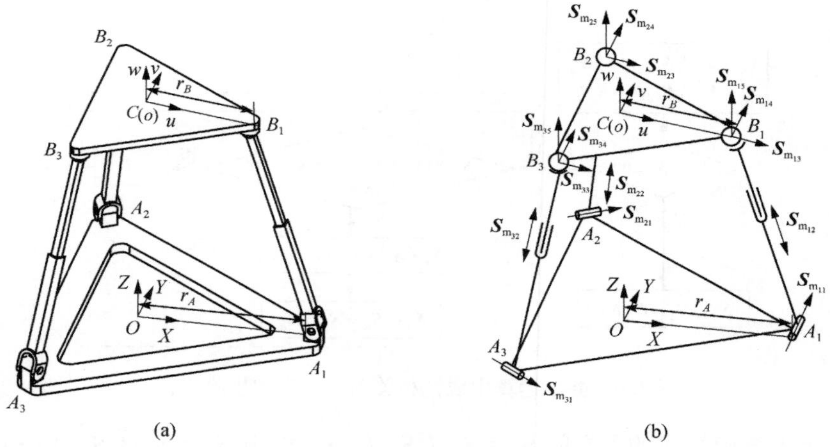

图 4.6　3-RPS 并联机构

定平台为一个等边三角形 $\triangle A_1A_2A_3$，其中心点为 O，建立如图 4.6 所示的固定坐标系 O-XYZ，其中 X 轴沿着 OA_1，Y 轴平行于 A_2A_3，Z 轴垂直于 X 轴和 Y 轴，且方向朝上。动平台为一个与 $\triangle A_1A_2A_3$ 相似的等边三角形 $\triangle B_1B_2B_3$，其中心点为 C，建立动坐标系 o-uvw，其中 u 轴沿着 CB_1，v 轴平行于 B_2B_3，w 轴垂直于 u 轴和 v 轴，且方向朝上。定平台上的半径为 r_A，动平台上的半径为 r_B。

假定 3-RPS 并联机构处于一个非奇异的一般位形，由于 3-PRS 并联机构属于[PP]S 类机构，可以采用 T&T (tilt and torsion) 角[2]对动平台上的动坐标系 o-uvw 相对于定平台上固定坐标系 O-XYZ 的姿态进行描述，姿态角分别为方位角 ϕ、倾斜角 θ 和扭转角 σ：

$$\boldsymbol{R}(\phi,\theta,\sigma)=\begin{bmatrix} c_\phi c_\theta c_{\sigma-\phi}-s_\phi s_{\sigma-\phi} & -c_\phi c_\theta s_{\sigma-\phi}-s_\phi c_{\sigma-\phi} & c_\phi s_\theta \\ s_\phi c_\theta c_{\sigma-\phi}+c_\phi s_{\sigma-\phi} & -s_\phi c_\theta s_{\sigma-\phi}+c_\phi c_{\sigma-\phi} & s_\phi s_\theta \\ -s_\theta c_{\sigma-\phi} & s_\theta s_{\sigma-\phi} & c_\theta \end{bmatrix} \tag{4.12}$$

点 A_1、A_2、A_3、C、B_1、B_2、B_3 在固定坐标系下的位置向量如表 4.1 所示。

表 4.1　固定坐标系下的位置向量(3-RPS 并联机构)

定坐标系原点到点的向量	点的位置向量
$\boldsymbol{OA}_1$	$(r_A,0,0)^{\mathrm{T}}$
$\boldsymbol{OA}_2$	$\left(-\frac{1}{2}r_A,\frac{\sqrt{3}}{2}r_A,0\right)^{\mathrm{T}}$
$\boldsymbol{OA}_3$	$\left(-\frac{1}{2}r_A,-\frac{\sqrt{3}}{2}r_A,0\right)^{\mathrm{T}}$
$\boldsymbol{OC}$	$(x_C,y_C,z_C)^{\mathrm{T}}$
$\boldsymbol{OB}_1$	$(x_C,y_C,z_C)^{\mathrm{T}}+\boldsymbol{R}(r_B,0,0)^{\mathrm{T}}$
$\boldsymbol{OB}_2$	$(x_C,y_C,z_C)^{\mathrm{T}}+\boldsymbol{R}\left(-\frac{1}{2}r_B,\frac{\sqrt{3}}{2}r_B,0\right)^{\mathrm{T}}$
$\boldsymbol{OB}_3$	$(x_C,y_C,z_C)^{\mathrm{T}}+\boldsymbol{R}\left(-\frac{1}{2}r_B,-\frac{\sqrt{3}}{2}r_B,0\right)^{\mathrm{T}}$

根据式(3.3),第 1 个分支运动链上各个运动副的运动螺旋为

$$\begin{aligned}
\boldsymbol{S}_{\mathrm{m}_{11}}&=\boldsymbol{e}_2+r_A\boldsymbol{e}_6\\
\boldsymbol{S}_{\mathrm{m}_{12}}&=\left(-r_A+\frac{1}{2}(1+c_\theta+c_{\theta-2\phi}-2c_{2\phi}+c_{\theta+2\phi})r_B\right)\boldsymbol{e}_4+(-c_\phi s_\theta r_B+z_C)\boldsymbol{e}_6\\
\boldsymbol{S}_{\mathrm{m}_{13}}&=\boldsymbol{e}_1+(-c_\phi s_\theta r_B+z_C)\boldsymbol{e}_5\\
\boldsymbol{S}_{\mathrm{m}_{14}}&=\boldsymbol{e}_2+(c_\phi s_\theta r_B-z_C)\boldsymbol{e}_3+\left(\frac{1}{2}(1+c_\theta+c_{\theta-2\phi}-2c_{2\phi}+c_{\theta+2\phi})r_B\right)\boldsymbol{e}_5\\
\boldsymbol{S}_{\mathrm{m}_{15}}&=\boldsymbol{e}_3+\left(-\frac{1}{2}(1+c_\theta+c_{\theta-2\phi}-2c_{2\phi}+c_{\theta+2\phi})r_B\right)\boldsymbol{e}_5
\end{aligned} \tag{4.13}$$

根据式(4.5),第 1 个分支运动链末端的许动子空间为各个运动副上运动螺旋的并集,即

$$\begin{aligned}
\boldsymbol{S}_{\mathrm{m}1}&=\boldsymbol{S}_{\mathrm{m}_{11}}\cup\boldsymbol{S}_{\mathrm{m}_{12}}\cup\boldsymbol{S}_{\mathrm{m}_{13}}\cup\boldsymbol{S}_{\mathrm{m}_{14}}\cup\boldsymbol{S}_{\mathrm{m}_{15}}\\
&=\boldsymbol{S}_{\mathrm{m}_{11}}\wedge\boldsymbol{S}_{\mathrm{m}_{12}}\wedge\boldsymbol{S}_{\mathrm{m}_{13}}\wedge\boldsymbol{S}_{\mathrm{m}_{14}}\wedge\boldsymbol{S}_{\mathrm{m}_{15}}\\
&=a\Big(\boldsymbol{e}_1\wedge\boldsymbol{e}_2\wedge\boldsymbol{e}_3\wedge\boldsymbol{e}_4\wedge\boldsymbol{e}_6\\
&\quad+\frac{1}{2}(1+c_\theta+c_{\theta-2\phi}-2c_{2\phi}+c_{\theta+2\phi})r_B\,\boldsymbol{e}_1\wedge\boldsymbol{e}_2\wedge\boldsymbol{e}_4\wedge\boldsymbol{e}_5\wedge\boldsymbol{e}_6
\end{aligned}$$

$$+(c_\phi s_\theta r_B - z_C)\boldsymbol{e}_2\wedge\boldsymbol{e}_3\wedge\boldsymbol{e}_4\wedge\boldsymbol{e}_5\wedge\boldsymbol{e}_6\Big) \tag{4.14}$$

式中,a 为标量系数,在自由度计算中可以忽略。式(4.14)表示第 1 个分支运动链末端的许动子空间是一个 5 阶片积。

根据式(4.3),第 1 个分支运动链末端的约束力子空间为其许动子空间的对偶和直射变换:

$$\begin{aligned}\boldsymbol{S}_{c1}&=\Delta(\boldsymbol{S}_{m1}\boldsymbol{I}_6^{-1})\\&=a\left(\boldsymbol{e}_2+(c_\phi s_\theta r_B-z_C)\boldsymbol{e}_4+\frac{1}{2}(1+c_\theta+c_{\theta-2\phi}-2c_{2\phi}+c_{\theta+2\phi})r_B\boldsymbol{e}_6\right)\end{aligned}\tag{4.15}$$

表示第 1 个分支运动链末端的约束力子空间 $\boldsymbol{S}_{c1}$ 为一个 1 阶片积,即一个与 $\boldsymbol{S}_{m_{11}}$ 方向相同且经过 B_1 点的约束力。

根据式(3.3),第 2 个分支运动链上各个运动副的运动螺旋为

$$\begin{aligned}\boldsymbol{S}_{m_{21}}&=\frac{\sqrt{3}}{2}\boldsymbol{e}_1+\frac{1}{2}\boldsymbol{e}_2-r_A\boldsymbol{e}_6\\
\boldsymbol{S}_{m_{22}}&=\left(\frac{r_A}{2}-\frac{1}{2}(c_\phi^2+c_\theta s_\phi^2+\sqrt{3}s_{\theta/2}^2s_{2\phi})r_B\right)\boldsymbol{e}_4+\left(-\frac{\sqrt{3}}{2}r_A+\frac{1}{2}\Big(\sqrt{3}c_\phi^2+\sqrt{3}c_\theta s_\phi^2\right.\\
&\quad\left.+3s_{\theta/2}^2s_{2\phi}\Big)r_B\right)\boldsymbol{e}_5+\left(\frac{1}{2}s_\theta(c_\phi-\sqrt{3}s_\phi)r_B+z_C\right)\boldsymbol{e}_6\\
\boldsymbol{S}_{m_{23}}&=\boldsymbol{e}_1+\left(\frac{1}{2}s_\theta(c_\phi-\sqrt{3}s_\phi)r_B+z_C\right)\boldsymbol{e}_5-\frac{1}{2}(\sqrt{3}c_\phi^2+\sqrt{3}c_\theta s_\phi^2+3s_{\theta/2}^2s_{2\phi})r_B\boldsymbol{e}_6\\
\boldsymbol{S}_{m_{24}}&=\boldsymbol{e}_2+\left(\frac{1}{2}s_\theta(-c_\phi+\sqrt{3}s_\phi)r_B-2z_C\right)\boldsymbol{e}_4-\frac{1}{2}(c_\phi^2+c_\theta s_\phi^2+\sqrt{3}s_{\theta/2}^2s_{2\phi})r_B\boldsymbol{e}_6\\
\boldsymbol{S}_{m_{25}}&=\boldsymbol{e}_3+\frac{1}{2}(\sqrt{3}c_\phi^2+\sqrt{3}c_\theta s_\phi^2+3s_{\theta/2}^2s_{2\phi})r_B\boldsymbol{e}_4-\frac{1}{2}(c_\phi^2+c_\theta s_\phi^2+\sqrt{3}s_{\theta/2}^2s_{2\phi})r_B\boldsymbol{e}_5\end{aligned}\tag{4.16}$$

根据式(4.5),第 2 个分支运动链末端的许动子空间为各个运动副上运动螺旋的并集,即

$$\begin{aligned}\boldsymbol{S}_{m2}&=\boldsymbol{S}_{m_{21}}\cup\boldsymbol{S}_{m_{22}}\cup\boldsymbol{S}_{m_{23}}\cup\boldsymbol{S}_{m_{24}}\cup\boldsymbol{S}_{m_{25}}\\
&=\boldsymbol{S}_{m_{21}}\wedge\boldsymbol{S}_{m_{22}}\wedge\boldsymbol{S}_{m_{23}}\wedge\boldsymbol{S}_{m_{24}}\wedge\boldsymbol{S}_{m_{25}}\\
&=b\Big(\boldsymbol{e}_1\wedge\boldsymbol{e}_2\wedge\boldsymbol{e}_3\wedge\boldsymbol{e}_4\wedge\boldsymbol{e}_6-\sqrt{3}\boldsymbol{e}_1\wedge\boldsymbol{e}_2\wedge\boldsymbol{e}_3\wedge\boldsymbol{e}_5\wedge\boldsymbol{e}_6-2(c_\phi^2+c_\theta s_\phi^2\\
&\quad+\sqrt{3}s_{\theta/2}^2s_{2\phi})r_B\boldsymbol{e}_1\wedge\boldsymbol{e}_2\wedge\boldsymbol{e}_4\wedge\boldsymbol{e}_5\wedge\boldsymbol{e}_6-\left(\frac{\sqrt{3}}{2}s_\theta(c_\phi-\sqrt{3}s_\phi)r_B+\sqrt{3}z_C\right)\boldsymbol{e}_1\\
&\quad\wedge\boldsymbol{e}_3\wedge\boldsymbol{e}_4\wedge\boldsymbol{e}_5\wedge\boldsymbol{e}_6+\left(\frac{1}{2}s_\theta(\sqrt{3}s_\phi-c_\phi)r_B+z_C\right)\boldsymbol{e}_2\wedge\boldsymbol{e}_3\wedge\boldsymbol{e}_4\wedge\boldsymbol{e}_5\wedge\boldsymbol{e}_6\end{aligned}\tag{4.17}$$

式中,b 为标量系数,在自由度计算中可以忽略。式(4.17)表示第 2 个分支运动链末端的许动子空间是一个 5 阶片积。

根据式(4.3)，第 2 个分支运动链末端的约束力子空间为其许动子空间的对偶和直射变换：

$$\begin{aligned}\boldsymbol{S}_{c2}&=\Delta(\boldsymbol{S}_{m2}\boldsymbol{I}_6^{-1})\\&=b\left(\sqrt{3}\boldsymbol{e}_1+\boldsymbol{e}_2+\left(\frac{1}{2}\mathrm{s}_\theta(\sqrt{3}\mathrm{s}_\phi-\mathrm{c}_\phi)r_B+z_C\right)\boldsymbol{e}_4+\left(\frac{\sqrt{3}}{2}\mathrm{s}_\theta(\mathrm{c}_\phi-\sqrt{3}\mathrm{s}_\phi)r_B\right.\right.\\&\quad\left.\left.+\sqrt{3}z_C\right)\boldsymbol{e}_5-2(\mathrm{c}_\phi^2+\mathrm{c}_\theta\mathrm{s}_\phi^2+\sqrt{3}\mathrm{s}_{\theta/2}^2\mathrm{s}_{2\phi})r_B\boldsymbol{e}_6\right)\end{aligned}\tag{4.18}$$

表示第 2 个分支运动链末端的约束力子空间 $\boldsymbol{S}_{c2}$ 为一个 1 阶片积，即一个与 $\boldsymbol{S}_{m_{21}}$ 方向相同且经过 B_2 点的约束力。

根据式(3.3)，第 3 个分支运动链上各个运动副的运动螺旋为

$$\begin{aligned}\boldsymbol{S}_{m_{31}}&=\frac{\sqrt{3}}{2}\boldsymbol{e}_1-\frac{1}{2}\boldsymbol{e}_2+r_A\boldsymbol{e}_6\\\boldsymbol{S}_{m_{32}}&=\left(\frac{r_A}{2}-\frac{1}{2}(\mathrm{c}_\phi^2+\mathrm{c}_\theta\mathrm{s}_\phi^2-\sqrt{3}\mathrm{s}_{\theta/2}^2\mathrm{s}_{2\phi})r_B\right)\boldsymbol{e}_4+\left(\frac{\sqrt{3}}{2}r_A-\frac{1}{2}\left(\sqrt{3}\mathrm{c}_\phi^2\right.\right.\\&\quad\left.\left.+\sqrt{3}\mathrm{c}_\theta\mathrm{s}_\phi^2-3\mathrm{s}_{\theta/2}^2\mathrm{s}_{2\phi}\right)r_B\right)\boldsymbol{e}_5+\left(\frac{1}{2}\mathrm{s}_\theta(\mathrm{c}_\phi+\sqrt{3}\mathrm{s}_\phi)r_B+z_C\right)\boldsymbol{e}_6\\\boldsymbol{S}_{m_{33}}&=\boldsymbol{e}_1+\left(\frac{1}{2}\mathrm{s}_\theta(\mathrm{c}_\phi+\sqrt{3}\mathrm{s}_\phi)r_B+z_C\right)\boldsymbol{e}_5\\&\quad+\frac{1}{2}\left(\sqrt{3}\mathrm{c}_\phi^2+\sqrt{3}\mathrm{c}_\theta\mathrm{s}_\phi^2+3(-1+\mathrm{c}_\theta)\mathrm{c}_\phi\mathrm{s}_\phi\right)r_B\boldsymbol{e}_6\\\boldsymbol{S}_{m_{34}}&=\boldsymbol{e}_2+\frac{1}{2}(-\mathrm{s}_\theta(\mathrm{c}_\phi+\sqrt{3}\mathrm{s}_\phi)r_B-2z_C)\boldsymbol{e}_4\\&\quad-\frac{1}{2}(\mathrm{c}_\phi^2+\mathrm{c}_\theta\mathrm{s}_\phi^2-\sqrt{3}\mathrm{s}_{\theta/2}^2\mathrm{s}_{2\phi})r_B\boldsymbol{e}_6\\\boldsymbol{S}_{m_{35}}&=\boldsymbol{e}_3-\frac{1}{2}(\sqrt{3}\mathrm{c}_\phi^2+\sqrt{3}\mathrm{c}_\theta\mathrm{s}_\phi^2-3\mathrm{s}_{\theta/2}^2\mathrm{s}_{2\phi})r_B\boldsymbol{e}_4\\&\quad+\frac{1}{2}(\mathrm{c}_\phi^2+\mathrm{c}_\theta\mathrm{s}_\phi^2-\sqrt{3}\mathrm{s}_{\theta/2}^2\mathrm{s}_{2\phi})r_B\boldsymbol{e}_5\end{aligned}\tag{4.19}$$

根据式(4.5)，第 3 个分支运动链末端的许动子空间为各个运动副上运动螺旋的并集，即

$$\begin{aligned}\boldsymbol{S}_{m3}&=\boldsymbol{S}_{m_{31}}\cup\boldsymbol{S}_{m_{32}}\cup\boldsymbol{S}_{m_{33}}\cup\boldsymbol{S}_{m_{34}}\cup\boldsymbol{S}_{m_{35}}\\&=\boldsymbol{S}_{m_{31}}\wedge\boldsymbol{S}_{m_{32}}\wedge\boldsymbol{S}_{m_{33}}\wedge\boldsymbol{S}_{m_{34}}\wedge\boldsymbol{S}_{m_{35}}\\&=c\left(-\boldsymbol{e}_1\wedge\boldsymbol{e}_2\wedge\boldsymbol{e}_3\wedge\boldsymbol{e}_4\wedge\boldsymbol{e}_6-\sqrt{3}\boldsymbol{e}_1\wedge\boldsymbol{e}_2\wedge\boldsymbol{e}_3\wedge\boldsymbol{e}_5\wedge\boldsymbol{e}_6+2(\mathrm{c}_\phi^2+\mathrm{c}_\theta\mathrm{s}_\phi^2\right.\end{aligned}$$

$$-\sqrt{3}\mathrm{s}_{\theta/2}^{2}\mathrm{s}_{2\phi})r_B\boldsymbol{e}_1\wedge\boldsymbol{e}_2\wedge\boldsymbol{e}_4\wedge\boldsymbol{e}_5\wedge\boldsymbol{e}_6-\left(\frac{\sqrt{3}}{2}\mathrm{s}_\theta(\mathrm{c}_\phi+\sqrt{3}\mathrm{s}_\phi)r_B\right.$$

$$\left.+\sqrt{3}z_C\right)\boldsymbol{e}_1\wedge\boldsymbol{e}_3\wedge\boldsymbol{e}_4\wedge\boldsymbol{e}_5\wedge\boldsymbol{e}_6+\left(\frac{1}{2}\mathrm{s}_\theta(\sqrt{3}\mathrm{s}_\phi+\mathrm{c}_\phi)r_B+z_C\right)\boldsymbol{e}_2\wedge\boldsymbol{e}_3$$

$$\left.\wedge\boldsymbol{e}_4\wedge\boldsymbol{e}_5\wedge\boldsymbol{e}_6\right)\tag{4.20}$$

式中，c 为标量系数，在自由度计算中可以忽略。式(4.20)表示第 3 个分支运动链末端的许动子空间是一个 5 阶片积。

根据式(4.3)，第 3 个分支运动链末端的约束力子空间为其许动子空间的对偶和直射变换：

$$\begin{aligned}\boldsymbol{S}_{c3}&=\Delta(\boldsymbol{S}_{m3}\boldsymbol{I}_6^{-1})\\&=c\left(\sqrt{3}\boldsymbol{e}_1-\boldsymbol{e}_2+\left(\frac{1}{2}\mathrm{s}_\theta(\mathrm{c}_\phi+\sqrt{3}\mathrm{s}_\phi)r_B+z_C\right)\boldsymbol{e}_4+\left(\frac{\sqrt{3}}{2}\mathrm{s}_\theta(\mathrm{c}_\phi+\sqrt{3}\mathrm{s}_\phi)r_B\right.\right.\\&\quad\left.\left.+\sqrt{3}z_C\right)\boldsymbol{e}_5+2(\mathrm{c}_\phi^2+\mathrm{c}_\theta\mathrm{s}_\phi^2-\sqrt{3}\mathrm{s}_{\theta/2}^2\mathrm{s}_{2\phi})r_B\boldsymbol{e}_6\right)\end{aligned}\tag{4.21}$$

表示第 3 个分支运动链末端的约束力子空间 $\boldsymbol{S}_{c3}$ 为一个 1 阶片积，即一个与 $\boldsymbol{S}_{m_{31}}$ 方向相同且经过 B_3 点的约束力。

动平台上约束力子空间为所有分支运动链约束力子空间的并集。由于 $\boldsymbol{S}_{c1}\wedge\boldsymbol{S}_{c2}\wedge\boldsymbol{S}_{c3}\neq0$，根据式(4.8)有

$$\begin{aligned}\boldsymbol{S}_c&=\boldsymbol{S}_{c1}\cup\boldsymbol{S}_{c2}\cup\boldsymbol{S}_{c3}\\&=\boldsymbol{S}_{c1}\wedge\boldsymbol{S}_{c2}\wedge\boldsymbol{S}_{c3}\\&=a_1\boldsymbol{e}_1\wedge\boldsymbol{e}_2\wedge\boldsymbol{e}_4+a_2\boldsymbol{e}_1\wedge\boldsymbol{e}_2\wedge\boldsymbol{e}_5+a_3\boldsymbol{e}_1\wedge\boldsymbol{e}_2\wedge\boldsymbol{e}_6\\&\quad+a_4\boldsymbol{e}_1\wedge\boldsymbol{e}_4\wedge\boldsymbol{e}_5+a_5\boldsymbol{e}_1\wedge\boldsymbol{e}_4\wedge\boldsymbol{e}_6+a_6\boldsymbol{e}_1\wedge\boldsymbol{e}_5\wedge\boldsymbol{e}_6\\&\quad+a_7\boldsymbol{e}_2\wedge\boldsymbol{e}_4\wedge\boldsymbol{e}_5+a_8\boldsymbol{e}_2\wedge\boldsymbol{e}_4\wedge\boldsymbol{e}_6+a_9\boldsymbol{e}_2\wedge\boldsymbol{e}_5\wedge\boldsymbol{e}_6\\&\quad+a_{10}\boldsymbol{e}_4\wedge\boldsymbol{e}_5\wedge\boldsymbol{e}_6\end{aligned}\tag{4.22}$$

式中的标量符号系数过长，使用 $a_i(i=1,2,\cdots,10)$ 表示。式(4.22)表示动平台上的约束力子空间是一个 3 阶片积。

动平台上的许动子空间为其约束力子空间的对偶和直射变换，即

$$\begin{aligned}\boldsymbol{S}_m&=\Delta(\boldsymbol{S}_c\boldsymbol{I}_6^{-1})\\&=((a_4^2+a_5^2+a_6^2)a_6\boldsymbol{e}_1-(a_4^2+a_5^2+a_6^2)a_5\boldsymbol{e}_2+(a_4^2+a_5^2+a_6^2)a_4\boldsymbol{e}_3\\&\quad+(a_6^2-(a_4^2+a_5^2+a_6^2))a_{10}\boldsymbol{e}_4-a_5a_6a_{10}\boldsymbol{e}_5+a_4a_6a_{10}\boldsymbol{e}_6)\\&\quad\wedge((a_7^2+a_8^2+a_9^2)a_9\boldsymbol{e}_1-(a_7^2+a_8^2+a_9^2)a_8\boldsymbol{e}_2+(a_7^2+a_8^2+a_9^2)a_7\boldsymbol{e}_3\\&\quad-a_8a_9a_{10}\boldsymbol{e}_4+(a_8^2-(a_7^2+a_8^2+a_9^2))a_{10}\boldsymbol{e}_5+a_7a_8a_{10}\boldsymbol{e}_6)\wedge\boldsymbol{e}_6\end{aligned}\tag{4.23}$$

令

$$\begin{aligned} \boldsymbol{S}_1 =& (a_4^2+a_5^2+a_6^2)a_6\boldsymbol{e}_1-(a_4^2+a_5^2+a_6^2)a_5\boldsymbol{e}_2+(a_4^2+a_5^2+a_6^2)a_4\boldsymbol{e}_3 \\ &+(a_6^2-(a_4^2+a_5^2+a_6^2))a_{10}\boldsymbol{e}_4-a_5a_6a_{10}\boldsymbol{e}_5+a_4a_6a_{10}\boldsymbol{e}_6 \end{aligned} \tag{4.24}$$

$$\begin{aligned} \boldsymbol{S}_2 =& (a_7^2+a_8^2+a_9^2)a_9\boldsymbol{e}_1-(a_7^2+a_8^2+a_9^2)a_8\boldsymbol{e}_2+(a_7^2+a_8^2+a_9^2)a_7\boldsymbol{e}_3 \\ &-a_8a_9a_{10}\boldsymbol{e}_4+(a_8^2-(a_7^2+a_8^2+a_9^2))a_{10}\boldsymbol{e}_5+a_7a_8a_{10}\boldsymbol{e}_6 \end{aligned} \tag{4.25}$$

$$\boldsymbol{S}_3=\boldsymbol{e}_6 \tag{4.26}$$

则式(4.23)可以表示为

$$\boldsymbol{S}_{\mathrm{m}}=\boldsymbol{S}_1\wedge\boldsymbol{S}_2\wedge\boldsymbol{S}_3 \tag{4.27}$$

表示 3-RPS 并联机构动平台的许动子空间 $\boldsymbol{S}_{\mathrm{m}}$ 是一个 3 阶片积，即其为一个 3 维子空间，由此 3-RPS 并联机构的自由度为 3。$\boldsymbol{S}_{\mathrm{m}}$ 由 $\boldsymbol{S}_1$、$\boldsymbol{S}_2$ 和 $\boldsymbol{S}_3$ 的外积构成，其中 $\boldsymbol{S}_1$ 和 $\boldsymbol{S}_2$ 为两个不同方向的转动自由度，$\boldsymbol{S}_3$ 为一个方向沿着 Z 轴方向的移动自由度。

4.5　算例 2：3-RPC 并联机构自由度计算

图 4.7 所示为一个 3-RPC 并联机构[3]，其中 C 表示圆柱副，可以看成一个具有相同轴线的 P 副和 R 副的合成效果。3-RPC 有三个相同的 RPC 分支运动链，其中 R 副与定平台相连接，C 副与动平台相连接，P 副为驱动关节。$A_i(i=1,2,3)$ 表示第 i 个 R 副的中心点，$B_i(i=1,2,3)$ 表示第 i 个 C 副的中心点。

定平台为一个等边三角形 $\triangle A_1A_2A_3$，其中心点为 O，建立如图 4.7 所示的固定坐标系 O-XYZ，其中 X 轴沿着 OA_1，Y 轴平行于 A_2A_3，Z 轴垂直于 X 轴和 Y 轴，且方向朝上，定平台上的半径为 r_A。

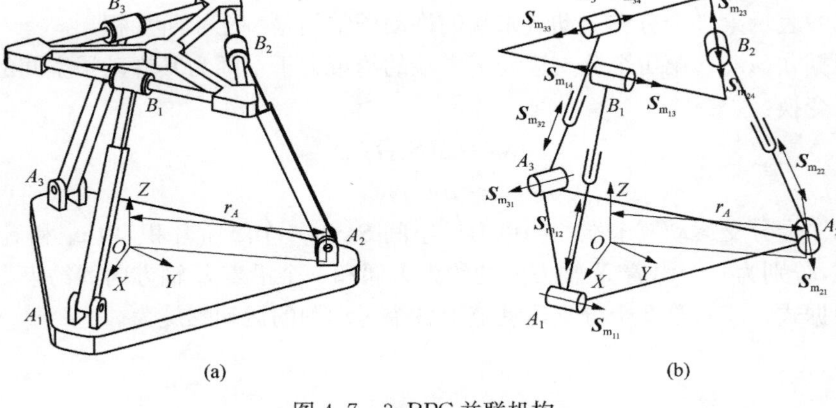

图 4.7　3-RPC 并联机构

点 A_1、A_2、A_3、B_1、B_2、B_3 在固定坐标系下的位置向量如表 4.2 所示。

表 4.2 固定坐标系下的位置向量(3-RPC 并联机构)

定坐标系原点到点的向量	点的位置向量
$\boldsymbol{OA}_1$	$(r_A,0,0)^{\mathrm{T}}$
$\boldsymbol{OA}_2$	$\left(-\frac{1}{2}r_A,\frac{\sqrt{3}}{2}r_A,0\right)^{\mathrm{T}}$
$\boldsymbol{OA}_3$	$\left(-\frac{1}{2}r_A,-\frac{\sqrt{3}}{2}r_A,0\right)^{\mathrm{T}}$
$\boldsymbol{OB}_1$	$(x_{B_1},y_{B_1},z_{B_1})^{\mathrm{T}}$
$\boldsymbol{OB}_2$	$(x_{B_2},y_{B_2},z_{B_2})^{\mathrm{T}}$
$\boldsymbol{OB}_3$	$(x_{B_3},y_{B_3},z_{B_3})^{\mathrm{T}}$

根据式(3.3),第 1 个分支运动链上各个运动副的运动螺旋为

$$\begin{aligned}\boldsymbol{S}_{\mathrm{m}_{11}}&=\boldsymbol{e}_2+r_A\boldsymbol{e}_6\\ \boldsymbol{S}_{\mathrm{m}_{12}}&=(x_{B_1}-r_A)\boldsymbol{e}_4+z_{B_1}\boldsymbol{e}_6\\ \boldsymbol{S}_{\mathrm{m}_{13}}&=\boldsymbol{e}_2-z_{B_1}\boldsymbol{e}_5+x_{B_1}\boldsymbol{e}_6\\ \boldsymbol{S}_{\mathrm{m}_{14}}&=\boldsymbol{e}_5\end{aligned}\tag{4.28}$$

根据式(4.5),第 1 个分支运动链末端的许动子空间为各个运动副上运动螺旋的并集,即

$$\begin{aligned}\boldsymbol{S}_{\mathrm{m}1}&=\boldsymbol{S}_{\mathrm{m}_{11}}\cup\boldsymbol{S}_{\mathrm{m}_{12}}\cup\boldsymbol{S}_{\mathrm{m}_{13}}\cup\boldsymbol{S}_{\mathrm{m}_{14}}\\ &=\boldsymbol{S}_{\mathrm{m}_{11}}\wedge\boldsymbol{S}_{\mathrm{m}_{12}}\wedge\boldsymbol{S}_{\mathrm{m}_{13}}\wedge\boldsymbol{S}_{\mathrm{m}_{14}}\\ &=a\boldsymbol{e}_2\wedge\boldsymbol{e}_4\wedge\boldsymbol{e}_5\wedge\boldsymbol{e}_6\end{aligned}\tag{4.29}$$

式(4.29)表示第 1 个分支运动链末端的许动子空间是一个 4 阶片积。

根据式(4.3),第 1 个分支运动链末端的约束力子空间为其许动子空间的对偶和直射变换:

$$\begin{aligned}\boldsymbol{S}_{\mathrm{c}1}&=\Delta(\boldsymbol{S}_{\mathrm{m}1}\boldsymbol{I}_6^{-1})\\ &=a\boldsymbol{e}_4\wedge\boldsymbol{e}_6\end{aligned}\tag{4.30}$$

表示第 1 个分支运动链末端的约束力子空间 $\boldsymbol{S}_{\mathrm{c}1}$ 为一个 2 阶片积,由 $\boldsymbol{e}_4$ 和 $\boldsymbol{e}_6$ 的外积构成,分别为一个沿着 X 轴方向的约束力偶和一个沿着 Z 轴方向的约束力偶。

根据式(3.3),第 2 个分支运动链上各个运动副的运动螺旋为

$$\begin{aligned}
&\boldsymbol{S}_{\mathrm{m}_{21}}=\frac{\sqrt{3}}{2}\boldsymbol{e}_1+\frac{1}{2}\boldsymbol{e}_2-r_A\boldsymbol{e}_6\\
&\boldsymbol{S}_{\mathrm{m}_{22}}=\left(\frac{r_A}{2}+x_{B_2}\right)\boldsymbol{e}_4-\left(\frac{\sqrt{3}}{2}r_A+\sqrt{3}x_{B_2}\right)\boldsymbol{e}_5+z_{B_2}\boldsymbol{e}_6\\
&\boldsymbol{S}_{\mathrm{m}_{23}}=\frac{\sqrt{3}}{2}\boldsymbol{e}_1+\frac{1}{2}\boldsymbol{e}_2-\frac{1}{2}z_{B_2}\boldsymbol{e}_4+\frac{\sqrt{3}}{2}z_{B_2}\boldsymbol{e}_5+2x_{B_2}\boldsymbol{e}_6\\
&\boldsymbol{S}_{\mathrm{m}_{24}}=\frac{\sqrt{3}}{2}\boldsymbol{e}_4+\frac{1}{2}\boldsymbol{e}_5
\end{aligned}\tag{4.31}$$

根据式(4.5)，第 2 个分支运动链末端的许动子空间为各个运动副上运动螺旋的并集，即

$$\begin{aligned}
\boldsymbol{S}_{\mathrm{m}2}&=\boldsymbol{S}_{\mathrm{m}_{21}}\cup\boldsymbol{S}_{\mathrm{m}_{22}}\cup\boldsymbol{S}_{\mathrm{m}_{23}}\cup\boldsymbol{S}_{\mathrm{m}_{24}}\\
&=\boldsymbol{S}_{\mathrm{m}_{21}}\wedge\boldsymbol{S}_{\mathrm{m}_{22}}\wedge\boldsymbol{S}_{\mathrm{m}_{23}}\wedge\boldsymbol{S}_{\mathrm{m}_{24}}\\
&=b(\sqrt{3}\boldsymbol{e}_1\wedge\boldsymbol{e}_4\wedge\boldsymbol{e}_5\wedge\boldsymbol{e}_6+\boldsymbol{e}_2\wedge\boldsymbol{e}_4\wedge\boldsymbol{e}_5\wedge\boldsymbol{e}_6)
\end{aligned}\tag{4.32}$$

表示第 2 个分支运动链末端的许动子空间是一个 4 阶片积。

根据式(4.3)，第 2 个分支运动链末端的约束力子空间为其许动子空间的对偶和直射变换：

$$\begin{aligned}
\boldsymbol{S}_{\mathrm{c}2}&=\Delta(\boldsymbol{S}_{\mathrm{m}2}\boldsymbol{I}_6^{-1})\\
&=b(\boldsymbol{e}_4-\sqrt{3}\boldsymbol{e}_5)\wedge\boldsymbol{e}_6
\end{aligned}\tag{4.33}$$

表示第 2 个分支运动链末端的约束力子空间 $\boldsymbol{S}_{\mathrm{c}2}$ 为一个 2 阶片积，由 $\boldsymbol{e}_4-\sqrt{3}\boldsymbol{e}_5$ 和 $\boldsymbol{e}_6$ 的外积构成，分别为一个与 OA_2 方向相同的约束力偶和一个沿着 Z 轴方向的约束力偶。

根据式(3.3)，第 3 个分支运动链上各个运动副的运动螺旋为

$$\begin{aligned}
&\boldsymbol{S}_{\mathrm{m}_{31}}=\frac{\sqrt{3}}{2}\boldsymbol{e}_1-\frac{1}{2}\boldsymbol{e}_2+r_A\boldsymbol{e}_6\\
&\boldsymbol{S}_{\mathrm{m}_{32}}=\left(\frac{r_A}{2}+x_{B_3}\right)\boldsymbol{e}_4+\left(\frac{\sqrt{3}}{2}r_A+\sqrt{3}x_{B_3}\right)\boldsymbol{e}_5+z_{B_3}\boldsymbol{e}_6\\
&\boldsymbol{S}_{\mathrm{m}_{33}}=\frac{\sqrt{3}}{2}\boldsymbol{e}_1-\frac{1}{2}\boldsymbol{e}_2+\frac{1}{2}z_{B_3}\boldsymbol{e}_4+\frac{\sqrt{3}}{2}z_{B_3}\boldsymbol{e}_5-2x_{B_3}\boldsymbol{e}_6\\
&\boldsymbol{S}_{\mathrm{m}_{34}}=\frac{\sqrt{3}}{2}\boldsymbol{e}_4-\frac{1}{2}\boldsymbol{e}_5
\end{aligned}\tag{4.34}$$

根据式(4.5)，第 3 个分支运动链末端的许动子空间为各个运动副上运动螺旋的并集，即

$$
\begin{aligned}
\boldsymbol{S}_{m3} &= \boldsymbol{S}_{m_{31}} \cup \boldsymbol{S}_{m_{32}} \cup \boldsymbol{S}_{m_{33}} \cup \boldsymbol{S}_{m_{34}} \\
&= \boldsymbol{S}_{m_{31}} \wedge \boldsymbol{S}_{m_{32}} \wedge \boldsymbol{S}_{m_{33}} \wedge \boldsymbol{S}_{m_{34}} \\
&= c(-\sqrt{3}\boldsymbol{e}_1 \wedge \boldsymbol{e}_4 \wedge \boldsymbol{e}_5 \wedge \boldsymbol{e}_6 + \boldsymbol{e}_2 \wedge \boldsymbol{e}_4 \wedge \boldsymbol{e}_5 \wedge \boldsymbol{e}_6)
\end{aligned} \tag{4.35}
$$

表示第 3 个分支运动链末端的许动子空间是一个 4 阶片积。

根据式(4.3),第 3 个分支运动链末端的约束力子空间为其许动子空间的对偶和直射变换:

$$
\begin{aligned}
\boldsymbol{S}_{c3} &= \Delta(\boldsymbol{S}_{m3}\boldsymbol{I}_6^{-1}) \\
&= c(\boldsymbol{e}_4 + \sqrt{3}\boldsymbol{e}_5) \wedge \boldsymbol{e}_6
\end{aligned} \tag{4.36}
$$

表示第 3 个分支运动链末端的约束力子空间 $\boldsymbol{S}_{c3}$ 为一个 2 阶片积,由 $\boldsymbol{e}_4 + \sqrt{3}\boldsymbol{e}_5$ 和 $\boldsymbol{e}_6$ 的外积构成,分别为一个与 OA_3 方向相同的约束力偶和一个沿着 Z 轴方向的约束力偶。

动平台上约束力子空间为所有分支运动链约束力子空间的并集。由于 $\boldsymbol{S}_{c1} \wedge \boldsymbol{S}_{c2} \wedge \boldsymbol{S}_{c3} = 0$,需要对线性相关性进行判别和剔除。根据 4.3 节中并集运算的线性相关项判别和剔除流程,有

$$
\begin{aligned}
\boldsymbol{S}_{c} &= \boldsymbol{S}_{c1} \cup \boldsymbol{S}_{c2} \cup \boldsymbol{S}_{c3} \\
&= \boldsymbol{S}_{c1} \wedge \boldsymbol{S}'_{c2} \wedge \boldsymbol{S}'_{c3} \\
&= \sqrt{3}abc\boldsymbol{e}_4 \wedge \boldsymbol{e}_5 \wedge \boldsymbol{e}_6
\end{aligned} \tag{4.37}
$$

表示动平台上的约束力子空间是一个 3 阶片积。

动平台上的许动子空间为其约束力子空间的对偶和直射变换:

$$
\begin{aligned}
\boldsymbol{S}_{m} &= \Delta(\boldsymbol{S}_{c}\boldsymbol{I}_6^{-1}) \\
&= \sqrt{3}abc\boldsymbol{e}_4 \wedge \boldsymbol{e}_5 \wedge \boldsymbol{e}_6
\end{aligned} \tag{4.38}
$$

表示 3-RPC 并联机构动平台的许动子空间 $\boldsymbol{S}_m$ 是一个 3 阶片积,即其为一个 3 维子空间,由此 3-RPC 并联机构的自由度为 3。$\boldsymbol{S}_m$ 由 $\boldsymbol{e}_4$、$\boldsymbol{e}_5$ 和 $\boldsymbol{e}_6$ 的外积构成,分别为沿着 X 轴、Y 轴和 Z 轴方向的移动自由度。

4.6 本章小结

本章提出了一种几何代数框架下的自由度计算方法。当拓扑结构为开环时,串联运动支链末端的许动子空间是其上各个运动副的运动螺旋的并集;当拓扑结构为闭环时,并联机构动平台上的许动子空间可以通过约束力子空间间接得到。虽然基于约束求并的方法流程与螺旋理论的方法一致,但两者具有本质上的区别。几何代数框架下运算的一个显著优点是计算时只涉及加法和乘法,且可以得到运动空间和约束空间的符号表达式;而在使用螺旋理论对互易螺旋求解时需要求解

线性方程组，这对于数值求解比较简单，对于符号表达式求解则比较困难。第二个优点是得到的动平台运动空间符号表达式可以自证全域性，而在螺旋理论中还需要对所得瞬时运动螺旋是否具有全域性进行几何条件等相关判断。此外，在几何代数框架下，多阶片积的几何意义明确。

本章还利用外积运算的性质，介绍了一种线性相关项的判别规则，并将其应用到并集运算中，给出了并集运算出现线性相关项时的计算方法。

最后以 3-RPS 并联机构和 3-RPC 并联机构为例，应用几何代数框架下的约束求并方法对其自由度进行分析，并对所得结果的物理意义进行阐释。

参考文献

[1] Hunt K H. Kinematic Geometry of Mechanisms[M]. Oxford: Oxford University Press, 1978.
[2] Bonev I A. Geometric analysis of parallel mechanisms[D]. Québec: Laval University, 2003.
[3] Hervé J M, Sparacino F. Structural synthesis of parallel robots generating spatial translation[C]. 5th IEEE International Conference on Advanced Robotics, Pisa, 1991: 808-813.

第5章　几何代数框架下并联机构自由度计算的运动求交方法

虽然通过约束求并方法可以得到并联机构动平台上运动空间的符号表达式，但是这种方法依旧需要借助约束力空间，并不直观。因此，本章首先针对并联机构提出一种运动求交的自由度计算方法。并联机构动平台的运动空间是所有分支运动链末端的运动空间的交集，利用几何代数中的交集运算可以直接得到动平台上的运动空间。然后以四杆机构、3-PRS并联机构、3-RRC并联机构和3-RRR(RR)并联机构为例对其动平台上的运动空间进行分析。最后对几何代数框架下运动求交方法的具体运算过程进行说明。

5.1　基于运动求交的并联机构自由度计算方法

如图5.1所示，对所有分支运动链末端的许动子空间求交集才是得到并联机构动平台上许动子空间的最直观方式。在螺旋理论中由于没有求交集的运算法则，所以采用约束求并方法，但在几何代数框架下，可以通过对分支运动链末端的许动子空间进行交集运算得到动平台上的许动子空间。

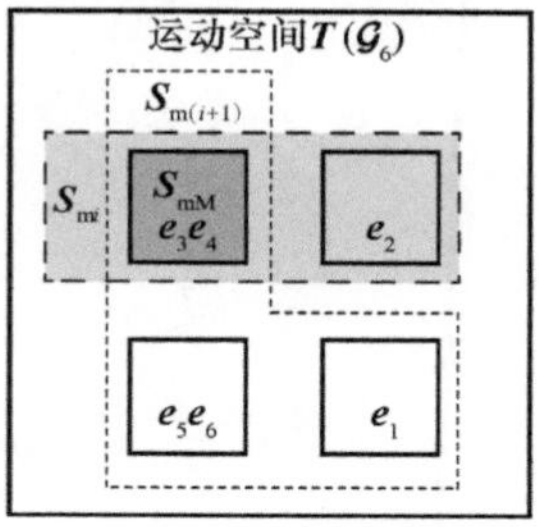

图5.1　$\boldsymbol{S}_{mi}\cup\boldsymbol{S}_{m(i+1)}=\boldsymbol{I}_6$

动平台上的许动子空间$\boldsymbol{S}_m$是所有分支运动链末端的许动子空间的交集：

$$\boldsymbol{S}_m=\boldsymbol{S}_{m1}\cap\boldsymbol{S}_{m2}\cap\cdots\cap\boldsymbol{S}_{mn}\tag{5.1}$$

根据2.4.3节中的几何代数交集运算法则，当两个分支运动链末端的许动子空间的并集为$\boldsymbol{I}_6$时，可以使用式(2.33)进行交集运算，交集记为$\boldsymbol{S}_{mM}$：

$$\boldsymbol{S}_{mM}=\boldsymbol{S}_{mi}\cap\boldsymbol{S}_{m(i+1)}=(\boldsymbol{S}_{mi}\boldsymbol{I}_6^{-1})\cdot\boldsymbol{S}_{m(i+1)}\tag{5.2}$$

例如，假设$\boldsymbol{S}_{mi}=\boldsymbol{e}_1\boldsymbol{e}_2\boldsymbol{e}_3\boldsymbol{e}_4$，$\boldsymbol{S}_{m(i+1)}=\boldsymbol{e}_3\boldsymbol{e}_4\boldsymbol{e}_5\boldsymbol{e}_6$，如图5.1所示，由于$\boldsymbol{S}_{mi}\cup\boldsymbol{S}_{m(i+1)}=\boldsymbol{I}_6$，根据式(5.2)，交集$\boldsymbol{S}_{mM}$为

$$
\begin{aligned}
\boldsymbol{S}_{\mathrm{mM}} &= \boldsymbol{S}_{\mathrm{m}i} \cap \boldsymbol{S}_{\mathrm{m}(i+1)} \\
&= (\boldsymbol{S}_{\mathrm{m}i}\boldsymbol{I}_6^{-1}) \cdot \boldsymbol{S}_{\mathrm{m}(i+1)} \\
&= ((\boldsymbol{e}_1\boldsymbol{e}_2\boldsymbol{e}_3\boldsymbol{e}_4)(\boldsymbol{e}_6\boldsymbol{e}_5\boldsymbol{e}_4\boldsymbol{e}_3\boldsymbol{e}_2\boldsymbol{e}_1)) \cdot (\boldsymbol{e}_3\boldsymbol{e}_4\boldsymbol{e}_5\boldsymbol{e}_6) \\
&= (\boldsymbol{e}_6\boldsymbol{e}_5) \cdot (\boldsymbol{e}_3\boldsymbol{e}_4\boldsymbol{e}_5\boldsymbol{e}_6) \\
&= \boldsymbol{e}_3\boldsymbol{e}_4
\end{aligned} \tag{5.3}
$$

如图 5.2 所示，当两个分支运动链末端的许动子空间的并集不等于 $\boldsymbol{I}_6$ 时，需要使用两者的并集 $\boldsymbol{I}_{\mathrm{u}}$ 替代 $\boldsymbol{I}_6$ 进行计算，根据式(2.35)有

$$
\boldsymbol{S}_{\mathrm{mM}} = \boldsymbol{S}_{\mathrm{m}i} \cap \boldsymbol{S}_{\mathrm{m}(i+1)} = (\boldsymbol{S}_{\mathrm{m}i}\boldsymbol{I}_{\mathrm{u}}^{-1}) \cdot \boldsymbol{S}_{\mathrm{m}(i+1)} \tag{5.4}
$$

式中，$\boldsymbol{I}_{\mathrm{u}}$ 为两个分支运动链末端的许动子空间的并集。

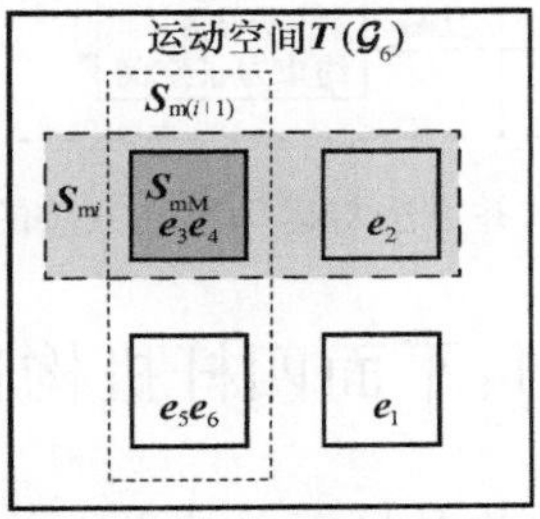

图 5.2　$\boldsymbol{S}_{\mathrm{m}i} \cup \boldsymbol{S}_{\mathrm{m}(i+1)} \neq \boldsymbol{I}_6$

例如，假设 $\boldsymbol{S}_{\mathrm{m}i} = \boldsymbol{e}_2\boldsymbol{e}_3\boldsymbol{e}_4$，$\boldsymbol{S}_{\mathrm{m}(i+1)} = \boldsymbol{e}_3\boldsymbol{e}_4\boldsymbol{e}_5\boldsymbol{e}_6$，如图 5.2 所示，由于 $\boldsymbol{S}_{\mathrm{m}i} \cup \boldsymbol{S}_{\mathrm{m}(i+1)} \neq \boldsymbol{I}_6$，此时需要使用两者的并集 $\boldsymbol{I}_{\mathrm{u}}$ 替代 $\boldsymbol{I}_6$ 进行计算，两个分支运动链末端的许动子空间的并集 $\boldsymbol{I}_{\mathrm{u}}$ 为

$$
\begin{aligned}
\boldsymbol{I}_{\mathrm{u}} &= \boldsymbol{S}_{\mathrm{m}i} \cup \boldsymbol{S}_{\mathrm{m}(i+1)} \\
&= (\boldsymbol{e}_2\boldsymbol{e}_3\boldsymbol{e}_4) \cup (\boldsymbol{e}_3\boldsymbol{e}_4\boldsymbol{e}_5\boldsymbol{e}_6) \\
&= (\boldsymbol{e}_2\boldsymbol{e}_3\boldsymbol{e}_4) \wedge (\boldsymbol{e}_5\boldsymbol{e}_6) \\
&= \boldsymbol{e}_2\boldsymbol{e}_3\boldsymbol{e}_4\boldsymbol{e}_5\boldsymbol{e}_6
\end{aligned} \tag{5.5}
$$

根据式(5.4)，有

$$
\begin{aligned}
\boldsymbol{S}_{\mathrm{mM}} &= \boldsymbol{S}_{\mathrm{m}i} \cap \boldsymbol{S}_{\mathrm{m}(i+1)} \\
&= (\boldsymbol{S}_{\mathrm{m}i}\boldsymbol{I}_{\mathrm{u}}^{-1}) \cdot \boldsymbol{S}_{\mathrm{m}(i+1)} \\
&= ((\boldsymbol{e}_2\boldsymbol{e}_3\boldsymbol{e}_4)(\boldsymbol{e}_6\boldsymbol{e}_5\boldsymbol{e}_4\boldsymbol{e}_3\boldsymbol{e}_2)) \cdot (\boldsymbol{e}_3\boldsymbol{e}_4\boldsymbol{e}_5\boldsymbol{e}_6) \\
&= (\boldsymbol{e}_6\boldsymbol{e}_5) \cdot (\boldsymbol{e}_3\boldsymbol{e}_4\boldsymbol{e}_5\boldsymbol{e}_6) \\
&= \boldsymbol{e}_3\boldsymbol{e}_4
\end{aligned} \tag{5.6}
$$

5.2　运动求交方法与约束求并方法的对比

与约束求并方法相比，运动求交方法的思路更加直观，不涉及力空间，只需要

考虑运动空间。通过对比发现，运动求交方法的计算流程比约束求并方法有所减少，如图 5.3 所示。

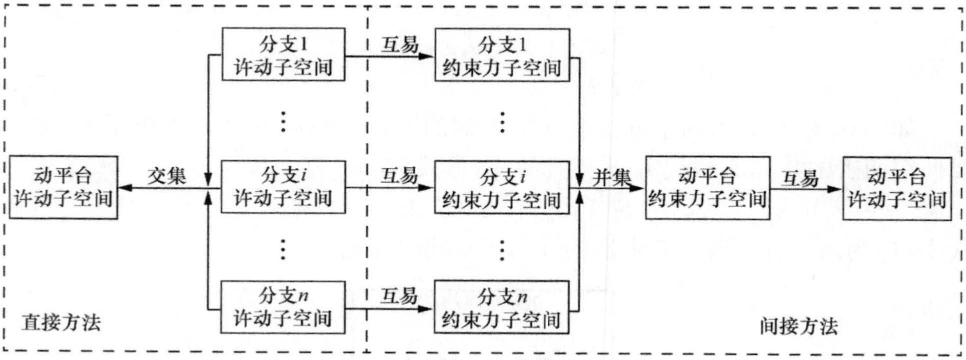

图 5.3　约束求并方法与运动求交方法的计算流程对比

5.3　算例 1：平面四杆机构自由度计算

图 5.4 所示的平面四杆机构是最简单的平面并联机构，AD 杆为固定杆，BC 杆可以看成并联机构的动平台，AB 杆和 DC 杆可以看成两个分支运动链。建立如图 5.4 所示的固定坐标系 O-XY，其中 X 轴沿着 AD 杆，Y 轴与 X 轴垂直。AB 杆、CD 杆和 AD 杆的长度分别为 l_1、l_2 和 d。$\angle BAD$ 记为 α，$\angle CDA$ 记为 β。

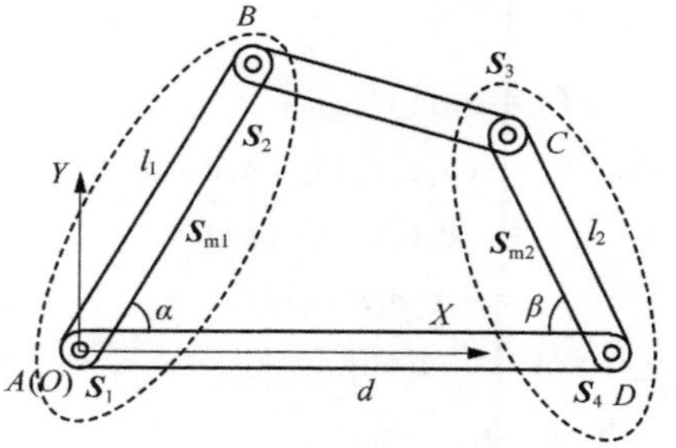

图 5.4　平面四杆机构

根据式(3.3)，AB 杆上各个运动副的运动螺旋为

$$\begin{aligned}\boldsymbol{S}_1&=\boldsymbol{e}_3\\ \boldsymbol{S}_2&=\boldsymbol{e}_3+l_1\sin\alpha\boldsymbol{e}_4-l_1\cos\alpha\boldsymbol{e}_5\end{aligned}\tag{5.7}$$

根据式(4.5)，AB 杆末端的许动子空间为各个运动副上运动螺旋的并集，即

$$\begin{aligned}\boldsymbol{S}_{m1}&=\boldsymbol{S}_1\cup\boldsymbol{S}_2\\ &=\boldsymbol{S}_1\wedge\boldsymbol{S}_2\\ &=l_1\sin\alpha\boldsymbol{e}_3\wedge\boldsymbol{e}_4-l_1\cos\alpha\boldsymbol{e}_3\wedge\boldsymbol{e}_5\end{aligned}\tag{5.8}$$

表示 AB 杆末端的许动子空间是一个 2 阶片积。

根据式(3.3)，DC 杆上各个运动副的运动螺旋为

$$\begin{aligned} \boldsymbol{S}_3 &= \boldsymbol{e}_3 + l_2\sin\beta\boldsymbol{e}_4 + (l_2\cos\beta - d)\boldsymbol{e}_5 \\ \boldsymbol{S}_4 &= \boldsymbol{e}_3 - d\boldsymbol{e}_5 \end{aligned} \tag{5.9}$$

根据式(4.5)，AB 杆末端的许动子空间为各个运动副上运动螺旋的并集，即

$$\begin{aligned} \boldsymbol{S}_{\mathrm{m2}} &= \boldsymbol{S}_4 \cup \boldsymbol{S}_3 \\ &= \boldsymbol{S}_4 \wedge \boldsymbol{S}_3 \\ &= l_2\sin\beta\boldsymbol{e}_3 \wedge \boldsymbol{e}_4 + l_2\cos\beta\boldsymbol{e}_3 \wedge \boldsymbol{e}_5 + dl_2\sin\beta\boldsymbol{e}_4 \wedge \boldsymbol{e}_5 \end{aligned} \tag{5.10}$$

表示 DC 杆末端的许动子空间是一个 2 阶片积。

由于 $\boldsymbol{S}_{\mathrm{m1}} \wedge \boldsymbol{S}_{\mathrm{m2}} = 0$，所以需要对线性相关性进行判别和剔除。根据 4.3 节中并集运算的线性相关项判别和剔除流程，有

$$\begin{aligned} \boldsymbol{I}_{\mathrm{u}} &= \boldsymbol{S}_{\mathrm{m1}} \cup \boldsymbol{S}_{\mathrm{m2}} \\ &= \boldsymbol{S}_{\mathrm{m1}} \wedge \boldsymbol{S}_4 \\ &= -l_1 d\sin\alpha\boldsymbol{e}_3\boldsymbol{e}_4\boldsymbol{e}_5 \end{aligned} \tag{5.11}$$

表示 $\boldsymbol{S}_{\mathrm{m1}}$ 和 $\boldsymbol{S}_{\mathrm{m2}}$ 的并集并不是 $\boldsymbol{I}_6$，此时对 $\boldsymbol{S}_{\mathrm{m1}}$ 和 $\boldsymbol{S}_{\mathrm{m2}}$ 求交集需要用到式(5.4)，则动平台上的许动子空间为

$$\begin{aligned} \boldsymbol{S}_{\mathrm{m}} &= \boldsymbol{S}_{\mathrm{m1}} \cap \boldsymbol{S}_{\mathrm{m2}} \\ &= (\boldsymbol{S}_{\mathrm{m1}}\boldsymbol{I}_{\mathrm{u}}^{-1}) \cdot \boldsymbol{S}_{\mathrm{m2}} \\ &= l_1^2 l_2 d\sin\alpha(\sin(\alpha+\beta)\boldsymbol{e}_3 + d\sin\alpha\sin\beta\boldsymbol{e}_4 - d\cos\alpha\sin\beta\boldsymbol{e}_5) \end{aligned} \tag{5.12}$$

表示平面四杆机构动平台上的许动子空间为一个 1 阶片积，即一个绕 Z 轴转动的自由度。

特别地，当 $\sin(\alpha+\beta)=0$ 时，式(5.12)退化为

$$\boldsymbol{S}_{\mathrm{m}} = l_1^2 l_2 d\sin\alpha(d\sin\alpha\sin\beta\boldsymbol{e}_4 - d\cos\alpha\sin\beta\boldsymbol{e}_5) \tag{5.13}$$

平面四杆机构动平台上的许动子空间表示一个移动自由度，即当 $\sin(\alpha+\beta)=0$ 时，平面四杆机构变成一个平行四边形机构。

5.4　算例 2:3-PRS 并联机构自由度计算

图 5.5 所示的 3-PRS 并联机构[1]具有三个相同的 PRS 分支运动链，其中 P 副与定平台相连接，S 副与动平台相连接，P 副为驱动关节。$A_i(i=1,2,3)$表示第 i 个分支运动链与动平台的交点，$M_i(i=1,2,3)$表示第 i 个分支运动链上 P 副的中心点，$B_i(i=1,2,3)$表示第 i 个分支运动链上 S 副的中心点。

定平台为一个等边三角形$\triangle A_1A_2A_3$，其中心点为 O，建立如图 5.5 所示的固定坐标系 $O\text{-}XYZ$，其中 X 轴沿着 OA_1，Y 轴平行于 A_2A_3，Z 轴垂直于 X 轴和 Y 轴，且方向朝上。定平台的半径为 r_A。

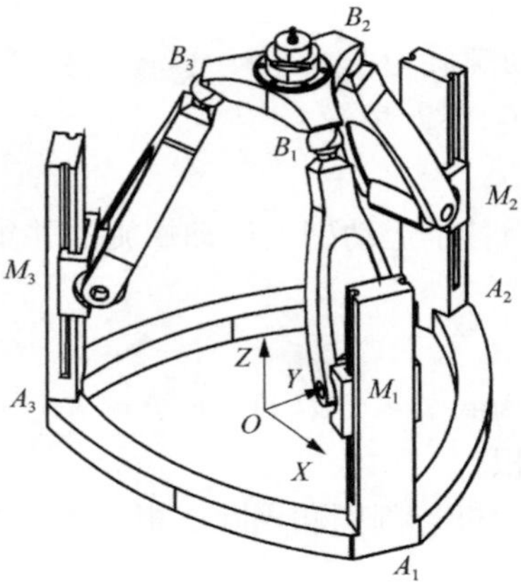

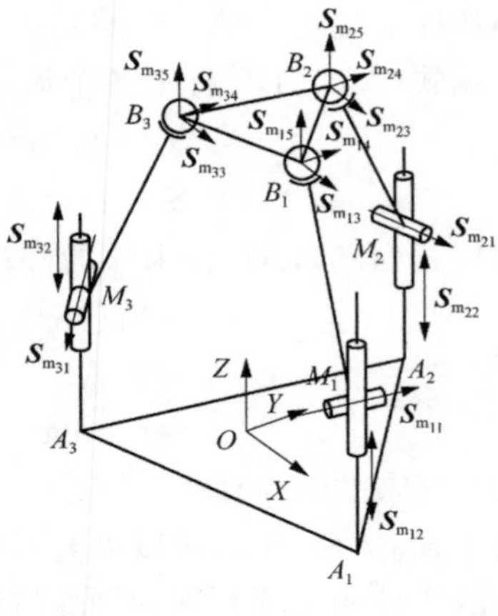

图 5.5　3-PRS 并联机构

点 M_1、M_2、M_3、B_1、B_2、B_3 在固定坐标系下的位置向量如表 5.1 所示。

表 5.1　固定坐标系下的位置向量(3-PRS 并联机构)

定坐标系原点到点的向量	点的位置向量
$\boldsymbol{OM}_1$	$(r_A, 0, h_1)^{\mathrm{T}}$
$\boldsymbol{OM}_2$	$\left(-\frac{1}{2}r_A, \frac{\sqrt{3}}{2}r_A, h_2\right)^{\mathrm{T}}$
$\boldsymbol{OM}_3$	$\left(-\frac{1}{2}r_A, -\frac{\sqrt{3}}{2}r_A, h_3\right)^{\mathrm{T}}$
$\boldsymbol{OB}_1$	$(x_{B_1}, y_{B_1}, z_{B_1})^{\mathrm{T}}$
$\boldsymbol{OB}_2$	$(x_{B_2}, y_{B_2}, z_{B_2})^{\mathrm{T}}$
$\boldsymbol{OB}_3$	$(x_{B_3}, y_{B_3}, z_{B_3})^{\mathrm{T}}$

根据式(3.3),第 1 个分支运动链上各个运动副的运动螺旋为

$$\begin{aligned}
\boldsymbol{S}_{\mathrm{m}_{11}} &= \boldsymbol{e}_6 \\
\boldsymbol{S}_{\mathrm{m}_{12}} &= \boldsymbol{e}_2 - h_1\boldsymbol{e}_4 + r_A\boldsymbol{e}_6 \\
\boldsymbol{S}_{\mathrm{m}_{13}} &= \boldsymbol{e}_1 + z_{B_1}\boldsymbol{e}_5 - y_{B_1}\boldsymbol{e}_6 \\
\boldsymbol{S}_{\mathrm{m}_{14}} &= \boldsymbol{e}_2 - z_{B_1}\boldsymbol{e}_4 + x_{B_1}\boldsymbol{e}_6 \\
\boldsymbol{S}_{\mathrm{m}_{15}} &= \boldsymbol{e}_3 + y_{B_1}\boldsymbol{e}_4 - x_{B_1}\boldsymbol{e}_5
\end{aligned} \tag{5.14}$$

根据式(4.5),第 1 个分支运动链末端的许动子空间为各个运动副上运动螺旋的并集,即

$$
\begin{aligned}
\boldsymbol{S}_{\mathrm{m}1} &= \boldsymbol{S}_{\mathrm{m}_{11}} \cup \boldsymbol{S}_{\mathrm{m}_{12}} \cup \boldsymbol{S}_{\mathrm{m}_{13}} \cup \boldsymbol{S}_{\mathrm{m}_{14}} \cup \boldsymbol{S}_{\mathrm{m}_{15}} \\
&= \boldsymbol{S}_{\mathrm{m}_{11}} \wedge \boldsymbol{S}_{\mathrm{m}_{12}} \wedge \boldsymbol{S}_{\mathrm{m}_{13}} \wedge \boldsymbol{S}_{\mathrm{m}_{14}} \wedge \boldsymbol{S}_{\mathrm{m}_{15}} \\
&= (h_1 - z_{B_1})(\boldsymbol{e}_1 \wedge \boldsymbol{e}_2 \wedge \boldsymbol{e}_3 \wedge \boldsymbol{e}_4 \wedge \boldsymbol{e}_6 + x_{B_1} \boldsymbol{e}_1 \wedge \boldsymbol{e}_2 \wedge \boldsymbol{e}_4 \wedge \boldsymbol{e}_5 \wedge \boldsymbol{e}_6 \\
&\quad - z_{B_1} \boldsymbol{e}_2 \wedge \boldsymbol{e}_3 \wedge \boldsymbol{e}_4 \wedge \boldsymbol{e}_5 \wedge \boldsymbol{e}_6)
\end{aligned} \tag{5.15}
$$

表示第1个分支运动链末端的许动子空间是一个5阶片积。

根据式(3.3),第2个分支运动链上各个运动副的运动螺旋为

$$
\begin{aligned}
\boldsymbol{S}_{\mathrm{m}_{21}} &= \boldsymbol{e}_6 \\
\boldsymbol{S}_{\mathrm{m}_{22}} &= \frac{\sqrt{3}}{2}\boldsymbol{e}_1 + \frac{1}{2}\boldsymbol{e}_2 - \frac{1}{2}h_2\boldsymbol{e}_4 + \frac{\sqrt{3}}{2}h_2\boldsymbol{e}_5 - r_A\boldsymbol{e}_6 \\
\boldsymbol{S}_{\mathrm{m}_{23}} &= \boldsymbol{e}_1 + z_{B_2}\boldsymbol{e}_5 - y_{B_2}\boldsymbol{e}_6 \\
\boldsymbol{S}_{\mathrm{m}_{24}} &= \boldsymbol{e}_2 - z_{B_2}\boldsymbol{e}_4 + x_{B_2}\boldsymbol{e}_6 \\
\boldsymbol{S}_{\mathrm{m}_{25}} &= \boldsymbol{e}_3 + y_{B_2}\boldsymbol{e}_4 - x_{B_2}\boldsymbol{e}_5
\end{aligned} \tag{5.16}
$$

根据式(4.5),第2个分支运动链末端的许动子空间为各个运动副上运动螺旋的并集,即

$$
\begin{aligned}
\boldsymbol{S}_{\mathrm{m}2} &= \boldsymbol{S}_{\mathrm{m}_{21}} \cup \boldsymbol{S}_{\mathrm{m}_{22}} \cup \boldsymbol{S}_{\mathrm{m}_{23}} \cup \boldsymbol{S}_{\mathrm{m}_{24}} \cup \boldsymbol{S}_{\mathrm{m}_{25}} \\
&= \boldsymbol{S}_{\mathrm{m}_{21}} \wedge \boldsymbol{S}_{\mathrm{m}_{22}} \wedge \boldsymbol{S}_{\mathrm{m}_{23}} \wedge \boldsymbol{S}_{\mathrm{m}_{24}} \wedge \boldsymbol{S}_{\mathrm{m}_{25}} \\
&= \frac{h_2 - z_{B_2}}{2}(\boldsymbol{e}_1 \wedge \boldsymbol{e}_2 \wedge \boldsymbol{e}_3 \wedge \boldsymbol{e}_4 \wedge \boldsymbol{e}_6 - \sqrt{3}\boldsymbol{e}_1 \wedge \boldsymbol{e}_2 \wedge \boldsymbol{e}_3 \wedge \boldsymbol{e}_5 \wedge \boldsymbol{e}_6 \\
&\quad + (x_{B_2} - \sqrt{3}y_{B_2})\boldsymbol{e}_1 \wedge \boldsymbol{e}_2 \wedge \boldsymbol{e}_4 \wedge \boldsymbol{e}_5 \wedge \boldsymbol{e}_6 - \sqrt{3}z_{B_2}\boldsymbol{e}_1 \wedge \boldsymbol{e}_3 \wedge \boldsymbol{e}_4 \wedge \boldsymbol{e}_5 \wedge \boldsymbol{e}_6 \\
&\quad - z_{B_2}\boldsymbol{e}_2 \wedge \boldsymbol{e}_3 \wedge \boldsymbol{e}_4 \wedge \boldsymbol{e}_5 \wedge \boldsymbol{e}_6)
\end{aligned} \tag{5.17}
$$

表示第2个分支运动链末端的许动子空间是一个5阶片积。

根据式(3.3),第3个分支运动链上各个运动副的运动螺旋为

$$
\begin{aligned}
\boldsymbol{S}_{\mathrm{m}_{31}} &= \boldsymbol{e}_6 \\
\boldsymbol{S}_{\mathrm{m}_{32}} &= \frac{\sqrt{3}}{2}\boldsymbol{e}_1 - \frac{1}{2}\boldsymbol{e}_2 + \frac{1}{2}h_2\boldsymbol{e}_4 + \frac{\sqrt{3}}{2}h_3\boldsymbol{e}_5 + r_A\boldsymbol{e}_6 \\
\boldsymbol{S}_{\mathrm{m}_{33}} &= \boldsymbol{e}_1 + z_{B_3}\boldsymbol{e}_5 - y_{B_3}\boldsymbol{e}_6 \\
\boldsymbol{S}_{\mathrm{m}_{34}} &= \boldsymbol{e}_2 - z_{B_3}\boldsymbol{e}_4 + x_{B_3}\boldsymbol{e}_6 \\
\boldsymbol{S}_{\mathrm{m}_{35}} &= \boldsymbol{e}_3 + y_{B_3}\boldsymbol{e}_4 - x_{B_3}\boldsymbol{e}_5
\end{aligned} \tag{5.18}
$$

根据式(4.5),第3个分支运动链末端的许动子空间为各个运动副上运动螺旋的并集,即

$$\begin{aligned}\boldsymbol{S}_{m3}&=\boldsymbol{S}_{m_{31}}\cup\boldsymbol{S}_{m_{32}}\cup\boldsymbol{S}_{m_{33}}\cup\boldsymbol{S}_{m_{34}}\cup\boldsymbol{S}_{m_{35}}\\&=\boldsymbol{S}_{m_{31}}\wedge\boldsymbol{S}_{m_{32}}\wedge\boldsymbol{S}_{m_{33}}\wedge\boldsymbol{S}_{m_{34}}\wedge\boldsymbol{S}_{m_{35}}\\&=\frac{z_{B_3}-h_3}{2}\Big(\boldsymbol{e}_1\wedge\boldsymbol{e}_2\wedge\boldsymbol{e}_3\wedge\boldsymbol{e}_4\wedge\boldsymbol{e}_6+\sqrt{3}\boldsymbol{e}_1\wedge\boldsymbol{e}_2\wedge\boldsymbol{e}_3\wedge\boldsymbol{e}_5\wedge\boldsymbol{e}_6\\&\quad+(x_{B_3}+\sqrt{3}y_{B_3})\boldsymbol{e}_1\wedge\boldsymbol{e}_2\wedge\boldsymbol{e}_4\wedge\boldsymbol{e}_5\wedge\boldsymbol{e}_6+\sqrt{3}z_{B_3}\boldsymbol{e}_1\wedge\boldsymbol{e}_3\wedge\boldsymbol{e}_4\wedge\boldsymbol{e}_5\wedge\boldsymbol{e}_6\\&\quad-z_{B_3}\boldsymbol{e}_2\wedge\boldsymbol{e}_3\wedge\boldsymbol{e}_4\wedge\boldsymbol{e}_5\wedge\boldsymbol{e}_6\Big)\end{aligned}\tag{5.19}$$

表示第 3 个分支运动链末端的许动子空间是一个 5 阶片积。

由于 $\boldsymbol{S}_{m1}\cup\boldsymbol{S}_{m2}=\boldsymbol{I}_6$，根据式(5.2)，第 1 个分支运动链末端的许动子空间和第 2 个分支运动链末端的许动子空间的交集为

$$\begin{aligned}\boldsymbol{S}_{m1}\cap\boldsymbol{S}_{m2}&=(\boldsymbol{S}_{m1}\boldsymbol{I}_6^{-1})\cdot\boldsymbol{S}_{m2}\\&=\frac{(h_2-z_{B_2})(h_1-z_{B_1})}{2}\Big(\sqrt{3}\boldsymbol{e}_1\wedge\boldsymbol{e}_2\wedge\boldsymbol{e}_3\wedge\boldsymbol{e}_6+\big(\sqrt{3}y_{B_2}+x_{B_1}\\&\quad-x_{B_2}\big)\boldsymbol{e}_1\wedge\boldsymbol{e}_2\wedge\boldsymbol{e}_4\wedge\boldsymbol{e}_6-\sqrt{3}x_{B_1}\boldsymbol{e}_1\wedge\boldsymbol{e}_2\wedge\boldsymbol{e}_5\wedge\boldsymbol{e}_6+\sqrt{3}z_{B_2}\boldsymbol{e}_1\wedge\boldsymbol{e}_3\\&\quad\wedge\boldsymbol{e}_4\wedge\boldsymbol{e}_6+\sqrt{3}x_{B_1}z_{B_2}\boldsymbol{e}_1\wedge\boldsymbol{e}_4\wedge\boldsymbol{e}_5\wedge\boldsymbol{e}_6+(z_{B_2}-z_{B_1})\boldsymbol{e}_2\wedge\boldsymbol{e}_3\wedge\boldsymbol{e}_4\\&\quad\wedge\boldsymbol{e}_6+\sqrt{3}z_{B_1}\boldsymbol{e}_2\wedge\boldsymbol{e}_3\wedge\boldsymbol{e}_5\wedge\boldsymbol{e}_6+\big(\sqrt{3}z_{B_1}y_{B_2}+x_{B_1}z_{B_2}-z_{B_1}x_{B_2}\big)\boldsymbol{e}_2\\&\quad\wedge\boldsymbol{e}_4\wedge\boldsymbol{e}_5\wedge\boldsymbol{e}_6+\sqrt{3}z_{B_1}z_{B_2}\boldsymbol{e}_1\wedge\boldsymbol{e}_2\wedge\boldsymbol{e}_3\wedge\boldsymbol{e}_6\Big)\end{aligned}\tag{5.20}$$

相似地，第 1 个分支运动链末端的许动子空间和第 2 个分支运动链末端的许动子空间的交集与第 3 个分支运动链末端的许动子空间的交集为

$$\begin{aligned}\boldsymbol{S}_{m}&=\boldsymbol{S}_{m1}\cap\boldsymbol{S}_{m2}\cap\boldsymbol{S}_{m3}\\&=(\boldsymbol{S}_{m1}\cap\boldsymbol{S}_{m2})\cap\boldsymbol{S}_{m3}\\&=((\boldsymbol{S}_{m1}\cap\boldsymbol{S}_{m2})\boldsymbol{I}_6^{-1})\cdot\boldsymbol{S}_{m3}\\&=a_1\boldsymbol{e}_1\wedge\boldsymbol{e}_2\wedge\boldsymbol{e}_6+a_2\boldsymbol{e}_1\wedge\boldsymbol{e}_3\wedge\boldsymbol{e}_6+a_3\boldsymbol{e}_1\wedge\boldsymbol{e}_4\wedge\boldsymbol{e}_6+a_4\boldsymbol{e}_1\wedge\boldsymbol{e}_5\wedge\boldsymbol{e}_6\\&\quad+a_5\boldsymbol{e}_2\wedge\boldsymbol{e}_3\wedge\boldsymbol{e}_6+a_6\boldsymbol{e}_2\wedge\boldsymbol{e}_4\wedge\boldsymbol{e}_6+a_7\boldsymbol{e}_2\wedge\boldsymbol{e}_5\wedge\boldsymbol{e}_6+a_8\boldsymbol{e}_3\wedge\boldsymbol{e}_4\wedge\boldsymbol{e}_6\\&\quad+a_9\boldsymbol{e}_3\wedge\boldsymbol{e}_5\wedge\boldsymbol{e}_6+a_{10}\boldsymbol{e}_4\wedge\boldsymbol{e}_5\wedge\boldsymbol{e}_6\end{aligned}\tag{5.21}$$

式中，$a_i(i=1,2,\cdots,10)$为符号标量系数。

式(5.21)表示 3-PRS 并联机构动平台上的许动子空间是一个 3 阶片积，由三个向量构成。为了进一步分析，可根据片积分解法[2]，将式(5.21)分解为三个向量，即

$$\boldsymbol{S}_1=-\frac{1}{a_{10}}(a_3\boldsymbol{e}_1+a_6\boldsymbol{e}_2+a_8\boldsymbol{e}_3-a_{10}\boldsymbol{e}_5)\tag{5.22}$$

$$S_2=\frac{1}{a_{10}}(a_4 e_1+a_7 e_2+a_9 e_3+a_{10} e_4) \tag{5.23}$$

$$S_3=e_6 \tag{5.24}$$

式(5.21)可以写成如下形式：

$$S_m=a_{10} S_1 \wedge S_2 \wedge S_3 \tag{5.25}$$

表示 3-PRS 并联机构动平台上的许动子空间由 S_1、S_2 和 S_3 共同构成，S_1 和 S_2 表示两个转动自由度，S_3 表示一个移动自由度。S_1 表示 Plüker 坐标为 $(a_3, a_6, a_8; 0, -a_{10}, 0)$、节距为 $a_3 a_{10}/(a_3^2+a_6^2+a_8^2)$ 的螺旋运动，当节距 $a_3 a_{10}/(a_3^2+a_6^2+a_8^2)=0$ 时退化为一个纯转动。S_2 表示 Plüker 坐标为 $(a_4, a_7, a_9; a_{10}, 0, 0)$、节距为 $a_4 a_{10}/(a_4^2+a_7^2+a_9^2)$ 的螺旋运动，当节距 $a_4 a_{10}/(a_4^2+a_7^2+a_9^2)=0$ 时退化为一个纯转动。S_3 表示一个沿着 Z 轴方向的移动自由度。

5.5　算例 3：3-RRC 并联机构自由度计算

图 5.6 所示的 3-RRC 并联机构[3]具有三个相同的 RRC 分支运动链，其中 R 副与定平台相连接，C 副与动平台相连接，P 副为驱动关节。$A_i(i=1,2,3)$ 表示第 i 个分支运动链第一个 R 副的中心点，$M_i(i=1,2,3)$ 表示第 i 个分支运动链中第二个 R 副的中心点，$B_i(i=1,2,3)$ 表示第 i 个分支运动链中 C 副的中心点。

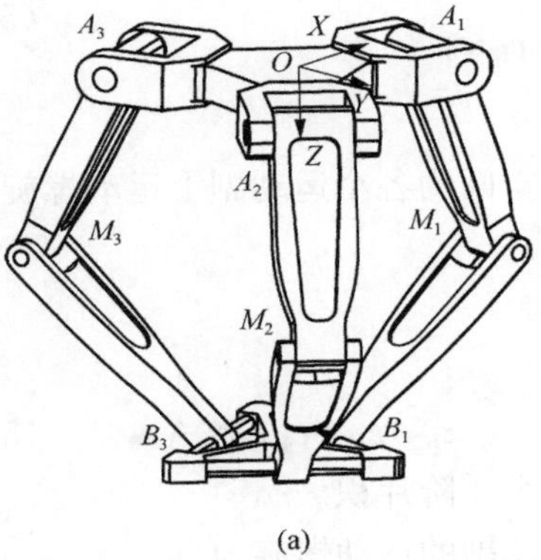

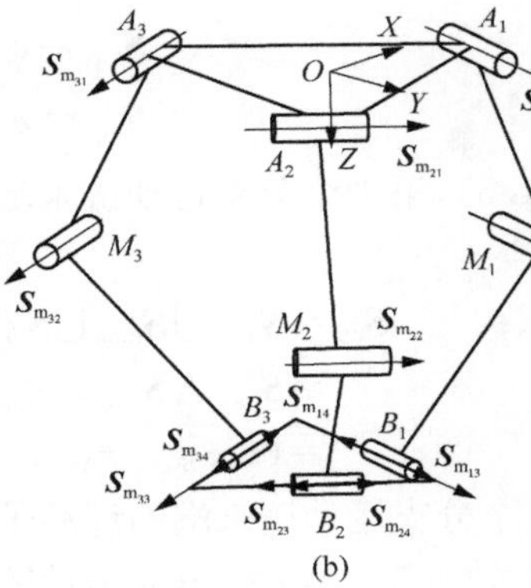

图 5.6　3-RRC 并联机构

定平台为一个等边三角形△$A_1A_2A_3$，其中心点为 O，建立如图 5.6 所示的固定坐标系 O-XYZ，其中 X 轴沿着 OA_1，Y 轴平行于 A_2A_3，Z 轴垂直于 X 轴和 Y 轴，且方向朝下。定平台的半径为 r_A。

点 A_1、A_2、A_3、M_1、M_2、M_3、B_1、B_2、B_3 在固定坐标系下的位置向量如表 5.2 所示。

表 5.2 固定坐标系下的位置向量(3-RRC 并联机构)

定坐标系原点到点的向量	点的位置向量
$\boldsymbol{OA}_1$	$(r_A,0,0)^{\mathrm{T}}$
$\boldsymbol{OA}_2$	$\left(-\frac{1}{2}r_A,\frac{\sqrt{3}}{2}r_A,0\right)^{\mathrm{T}}$
$\boldsymbol{OA}_3$	$\left(-\frac{1}{2}r_A,-\frac{\sqrt{3}}{2}r_A,0\right)^{\mathrm{T}}$
$\boldsymbol{OM}_1$	$(x_{M_1},0,z_{M_1})^{\mathrm{T}}$
$\boldsymbol{OM}_2$	$(x_{M_2},y_{M_2},z_{M_2})^{\mathrm{T}}$
$\boldsymbol{OM}_3$	$(x_{M_3},y_{M_3},z_{M_3})^{\mathrm{T}}$
$\boldsymbol{OB}_1$	$(x_{B_1},y_{B_1},z_{B_1})^{\mathrm{T}}$
$\boldsymbol{OB}_2$	$(x_{B_2},y_{B_2},z_{B_2})^{\mathrm{T}}$
$\boldsymbol{OB}_3$	$(x_{B_3},y_{B_3},z_{B_3})^{\mathrm{T}}$

根据式(3.3),第 1 个分支运动链上各个运动副的运动螺旋为

$$\begin{aligned}
\boldsymbol{S}_{\mathrm{m}_{11}} &= \boldsymbol{e}_2 + r_A\boldsymbol{e}_6 \\
\boldsymbol{S}_{\mathrm{m}_{12}} &= \boldsymbol{e}_2 - z_{M_1}\boldsymbol{e}_4 + x_{M_1}\boldsymbol{e}_6 \\
\boldsymbol{S}_{\mathrm{m}_{13}} &= \boldsymbol{e}_2 - z_{B_1}\boldsymbol{e}_4 + x_{B_1}\boldsymbol{e}_6 \\
\boldsymbol{S}_{\mathrm{m}_{14}} &= \boldsymbol{e}_5
\end{aligned} \tag{5.26}$$

根据式(4.5),第 1 个分支运动链末端的许动子空间为各个运动副上运动螺旋的并集,即

$$\begin{aligned}
\boldsymbol{S}_{\mathrm{m1}} &= \boldsymbol{S}_{\mathrm{m}_{11}} \cup \boldsymbol{S}_{\mathrm{m}_{12}} \cup \boldsymbol{S}_{\mathrm{m}_{13}} \cup \boldsymbol{S}_{\mathrm{m}_{14}} \\
&= \boldsymbol{S}_{\mathrm{m}_{11}} \wedge \boldsymbol{S}_{\mathrm{m}_{12}} \wedge \boldsymbol{S}_{\mathrm{m}_{13}} \wedge \boldsymbol{S}_{\mathrm{m}_{14}} \\
&= (r_A z_{B_1} - r_A z_{M_1} + x_{B_1} z_{M_1} - x_{M_1} z_{B_1})\boldsymbol{e}_2 \wedge \boldsymbol{e}_4 \wedge \boldsymbol{e}_5 \wedge \boldsymbol{e}_6
\end{aligned} \tag{5.27}$$

表示第 1 个分支运动链末端的许动子空间是一个 4 阶片积。

根据式(3.3),第 2 个分支运动链上各个运动副的运动螺旋为

$$\begin{aligned}
\boldsymbol{S}_{\mathrm{m}_{21}} &= \frac{\sqrt{3}}{2}\boldsymbol{e}_1 + \frac{1}{2}\boldsymbol{e}_2 - r_A\boldsymbol{e}_6 \\
\boldsymbol{S}_{\mathrm{m}_{22}} &= \frac{\sqrt{3}}{2}\boldsymbol{e}_1 + \frac{1}{2}\boldsymbol{e}_2 - \frac{1}{2}z_{M_2}\boldsymbol{e}_4 + \frac{\sqrt{3}}{2}z_{M_2}\boldsymbol{e}_5 + 2x_{M_2}\boldsymbol{e}_6 \\
\boldsymbol{S}_{\mathrm{m}_{23}} &= \frac{\sqrt{3}}{2}\boldsymbol{e}_1 + \frac{1}{2}\boldsymbol{e}_2 - \frac{1}{2}z_{B_2}\boldsymbol{e}_4 + \frac{\sqrt{3}}{2}z_{B_2}\boldsymbol{e}_5 + 2x_{B_2}\boldsymbol{e}_6
\end{aligned} \tag{5.28}$$

$$\boldsymbol{S}_{\mathrm{m}_{24}}=\frac{\sqrt{3}}{2}\boldsymbol{e}_4+\frac{1}{2}\boldsymbol{e}_5$$

根据式(4.5),第 2 个分支运动链末端的许动子空间为各个运动副上运动螺旋的并集,即

$$\begin{aligned}\boldsymbol{S}_{\mathrm{m}2}&=\boldsymbol{S}_{\mathrm{m}_{21}}\cup\boldsymbol{S}_{\mathrm{m}_{22}}\cup\boldsymbol{S}_{\mathrm{m}_{23}}\cup\boldsymbol{S}_{\mathrm{m}_{24}}\cup\boldsymbol{S}_{\mathrm{m}_{25}}\\&=\boldsymbol{S}_{\mathrm{m}_{21}}\wedge\boldsymbol{S}_{\mathrm{m}_{22}}\wedge\boldsymbol{S}_{\mathrm{m}_{23}}\wedge\boldsymbol{S}_{\mathrm{m}_{24}}\wedge\boldsymbol{S}_{\mathrm{m}_{25}}\\&=\frac{r_Az_{M_2}-r_Az_{B_2}+2x_{B_2}z_{M_2}-2x_{M_2}z_{B_2}}{2}\Big(\sqrt{3}\boldsymbol{e}_1\wedge\boldsymbol{e}_4\wedge\boldsymbol{e}_5\wedge\boldsymbol{e}_6\\&\quad+\boldsymbol{e}_2\wedge\boldsymbol{e}_4\wedge\boldsymbol{e}_5\wedge\boldsymbol{e}_6\Big)\end{aligned}\tag{5.29}$$

表示第 2 个分支运动链末端的许动子空间是一个 4 阶片积。

根据式(3.3),第 3 个分支运动链上各个运动副的运动螺旋为

$$\begin{aligned}&\boldsymbol{S}_{\mathrm{m}_{31}}=\frac{\sqrt{3}}{2}\boldsymbol{e}_1-\frac{1}{2}\boldsymbol{e}_2+r_A\boldsymbol{e}_6\\&\boldsymbol{S}_{\mathrm{m}_{32}}=\frac{\sqrt{3}}{2}\boldsymbol{e}_1-\frac{1}{2}\boldsymbol{e}_2+\frac{1}{2}z_{M_3}\boldsymbol{e}_4+\frac{\sqrt{3}}{2}z_{M_3}\boldsymbol{e}_5-2x_{M_3}\boldsymbol{e}_6\\&\boldsymbol{S}_{\mathrm{m}_{33}}=\frac{\sqrt{3}}{2}\boldsymbol{e}_1-\frac{1}{2}\boldsymbol{e}_2+\frac{1}{2}z_{B_3}\boldsymbol{e}_4+\frac{\sqrt{3}}{2}z_{B_3}\boldsymbol{e}_5-2x_{B_3}\boldsymbol{e}_6\\&\boldsymbol{S}_{\mathrm{m}_{34}}=\frac{\sqrt{3}}{2}\boldsymbol{e}_4-\frac{1}{2}\boldsymbol{e}_5\end{aligned}\tag{5.30}$$

根据式(4.5),第 3 个分支运动链末端的许动子空间为各个运动副上运动螺旋的并集,即

$$\begin{aligned}\boldsymbol{S}_{\mathrm{m}3}&=\boldsymbol{S}_{\mathrm{m}_{31}}\cup\boldsymbol{S}_{\mathrm{m}_{32}}\cup\boldsymbol{S}_{\mathrm{m}_{33}}\cup\boldsymbol{S}_{\mathrm{m}_{34}}\cup\boldsymbol{S}_{\mathrm{m}_{35}}\\&=\boldsymbol{S}_{\mathrm{m}_{31}}\wedge\boldsymbol{S}_{\mathrm{m}_{32}}\wedge\boldsymbol{S}_{\mathrm{m}_{33}}\wedge\boldsymbol{S}_{\mathrm{m}_{34}}\wedge\boldsymbol{S}_{\mathrm{m}_{35}}\\&=-\frac{r_Az_{M_3}-r_Az_{B_3}+2x_{B_3}z_{M_3}-2x_{M_3}z_{B_3}}{2}\Big(\sqrt{3}\boldsymbol{e}_1\wedge\boldsymbol{e}_4\wedge\boldsymbol{e}_5\wedge\boldsymbol{e}_6\\&\quad-\boldsymbol{e}_2\wedge\boldsymbol{e}_4\wedge\boldsymbol{e}_5\wedge\boldsymbol{e}_6\Big)\end{aligned}\tag{5.31}$$

表示第 3 个分支运动链末端的许动子空间是一个 4 阶片积。

$\boldsymbol{S}_{\mathrm{m}1}$ 和 $\boldsymbol{S}_{\mathrm{m}2}$ 的并集可以根据 4.3 节得到如下结果:

$$\begin{aligned}\boldsymbol{I}_{\mathrm{u}1}&=\boldsymbol{S}_{\mathrm{m}1}\cup\boldsymbol{S}_{\mathrm{m}2}\\&=\Big(\frac{\sqrt{3}}{2}r_Az_{B_1}-r_Az_{M_1}+x_{B_1}z_{M_1}-x_{M_1}z_{B_1}\Big)(r_Az_{M_2}-r_Az_{B_2}+2x_{B_2}z_{M_2}\\&\quad-2x_{M_2}z_{B_2})\boldsymbol{e}_1\wedge\boldsymbol{e}_2\wedge\boldsymbol{e}_4\wedge\boldsymbol{e}_5\wedge\boldsymbol{e}_6\\&\neq\boldsymbol{I}_6\end{aligned}\tag{5.32}$$

由于 $\boldsymbol{S}_{\mathrm{m1}} \cup \boldsymbol{S}_{\mathrm{m2}} \neq \boldsymbol{I}_6$，根据式(5.2)，第 1 个分支运动链末端的许动子空间和第 2 个分支运动链末端的许动子空间的交集为

$$
\begin{aligned}
\boldsymbol{S}_{\mathrm{m1}} \cap \boldsymbol{S}_{\mathrm{m2}} &= (\boldsymbol{S}_{\mathrm{m1}} \boldsymbol{I}_{\mathrm{u1}}^{-1}) \cdot \boldsymbol{S}_{\mathrm{m2}} \\
&= \frac{3}{4}(r_A z_{B_1} - r_A z_{M_1} + x_{B_1} z_{M_1} - x_{M_1} z_{B_1})^2 (r_A z_{M_2} - r_A z_{B_2} \\
&\quad + 2x_{B_2} z_{M_2} - 2x_{M_2} z_{B_2})^2 \boldsymbol{e}_4 \wedge \boldsymbol{e}_5 \wedge \boldsymbol{e}_6
\end{aligned} \tag{5.33}
$$

相似地，第 1 个分支运动链末端的许动子空间和第 2 个分支运动链末端的许动子空间的交集与第 3 个分支运动链末端的许动子空间的并集可以根据 4.3 节得到如下结果：

$$
\begin{aligned}
\boldsymbol{I}_{\mathrm{u2}} &= (\boldsymbol{S}_{\mathrm{m1}} \cap \boldsymbol{S}_{\mathrm{m2}}) \cup \boldsymbol{S}_{\mathrm{m3}} \\
&= \frac{1}{4}(r_A z_{B_1} - r_A z_{M_1} + x_{B_1} z_{M_1} - x_{M_1} z_{B_1})(r_A z_{M_2} - r_A z_{B_2} + 2x_{B_2} z_{M_2} \\
&\quad - 2x_{M_2} z_{B_2})(r_A z_{M_3} - r_A z_{B_3} + 2x_{B_3} z_{M_3} - 2x_{M_3} z_{B_3})\left(\sqrt{3}\boldsymbol{e}_1 - \boldsymbol{e}_2\right) \\
&\quad \wedge \boldsymbol{e}_4 \wedge \boldsymbol{e}_5 \wedge \boldsymbol{e}_6
\end{aligned} \tag{5.34}
$$

因此，第 1 个分支运动链末端的许动子空间和第 2 个分支运动链末端的许动子空间的交集与第 3 个分支运动链末端的许动子空间的交集为

$$
\begin{aligned}
\boldsymbol{S}_{\mathrm{m}} &= \boldsymbol{S}_{\mathrm{m1}} \cap \boldsymbol{S}_{\mathrm{m2}} \cap \boldsymbol{S}_{\mathrm{m3}} \\
&= (\boldsymbol{S}_{\mathrm{m1}} \cap \boldsymbol{S}_{\mathrm{m2}}) \cap \boldsymbol{S}_{\mathrm{m3}} \\
&= ((\boldsymbol{S}_{\mathrm{m1}} \cap \boldsymbol{S}_{\mathrm{m2}}) \boldsymbol{I}_{\mathrm{u2}}^{-1}) \cdot \boldsymbol{S}_{\mathrm{m3}} \\
&= \frac{3}{8}(r_A z_{B_1} - r_A z_{M_1} + x_{B_1} z_{M_1} - x_{M_1} z_{B_1})^3 (r_A z_{M_2} - r_A z_{B_2} + 2x_{B_2} z_{M_2} \\
&\quad - 2x_{M_2} z_{B_2})^3 (r_A z_{M_3} - r_A z_{B_3} + 2x_{B_3} z_{M_3} - 2x_{M_3} z_{B_3})^2 \boldsymbol{e}_4 \wedge \boldsymbol{e}_5 \wedge \boldsymbol{e}_6
\end{aligned} \tag{5.35}
$$

表示 3-RRC 并联机构动平台上的许动子空间是一个 3 阶片积，由三个向量构成，即 $\boldsymbol{e}_4$、$\boldsymbol{e}_5$ 和 $\boldsymbol{e}_6$，它们分别表示沿着 X 轴、Y 轴和 Z 轴方向的移动自由度。

5.6 算例 4：3-RRR(RR)并联机构自由度计算

图 5.7 所示的 3-RRR(RR)并联机构具有三个相同的 RRR(RR)分支运动链，其中 RRR 表示三个轴线平行的转动副，且这三个转动副与动平台垂直，(RR)表示一个 2R 球面分支运动子链，且三个分支运动链的(RR)子链交于同一点 D_0。分支运动链中第 1 个 R 副与定平台相连接，第 5 个 R 副与动平台相连接。$A_i(i=1,2,3)$表示第 i 个分支运动链第 1 个 R 副的中心点，$B_i(i=1,2,3)$表示第 i 个分支运动链中第 2 个 R 副的中心点，$C_i(i=1,2,3)$表示第 i 个分支运动链第 3 个 R 副的中心点，$E_i(i=1,2,3)$表示第 i 个分支运动链第 4 个 R 副的中心点，$F_i(i=1,2,3)$表示第 i 个分支运动链第 5 个 R 副的中心点。

定平台为一个等边三角形$\triangle A_1A_2A_3$，其中心点为O，建立如图 5.7 所示的固定坐标系$O\text{-}XYZ$，其中X轴平行于A_1A_3，Y轴沿着OA_1，Z轴垂直于X轴和Y轴，且方向朝上。

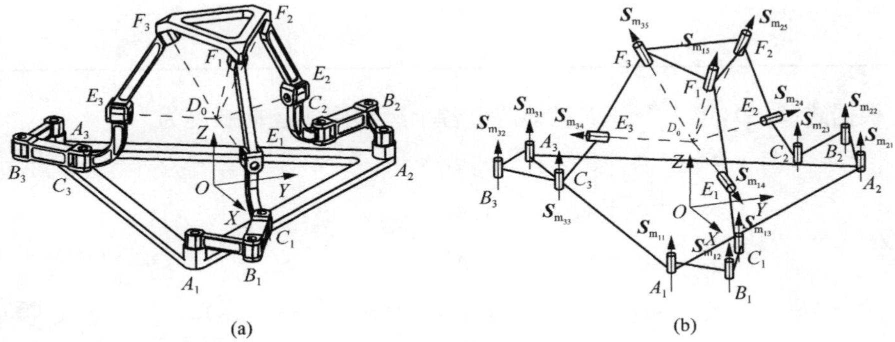

图 5.7　3-RRR(RR)并联机构

点A_1、A_2、A_3、B_1、B_2、B_3、C_1、C_2、C_3、D_0在固定坐标系下的位置向量如表 5.3 所示。

表 5.3　固定坐标系下的位置向量(3-RRR(RR)并联机构)

定坐标系原点到点的向量	点的位置向量
$\boldsymbol{OA}_1$	$(x_{A_1}, y_{A_1}, 0)^{\mathrm{T}}$
$\boldsymbol{OA}_2$	$(0, y_{A_2}, 0)^{\mathrm{T}}$
$\boldsymbol{OA}_3$	$(x_{A_3}, y_{A_3}, 0)^{\mathrm{T}}$
$\boldsymbol{OB}_1$	$(x_{B_1}, y_{B_1}, 0)^{\mathrm{T}}$
$\boldsymbol{OB}_2$	$(x_{B_2}, y_{B_2}, 0)^{\mathrm{T}}$
$\boldsymbol{OB}_3$	$(x_{B_3}, y_{B_3}, 0)^{\mathrm{T}}$
$\boldsymbol{OC}_1$	$(x_{C_1}, y_{C_1}, 0)^{\mathrm{T}}$
$\boldsymbol{OC}_2$	$(x_{C_2}, y_{C_2}, 0)^{\mathrm{T}}$
$\boldsymbol{OC}_3$	$(x_{C_3}, y_{C_3}, 0)^{\mathrm{T}}$
$\boldsymbol{OD}_0$	$(x_D, y_D, z_D)^{\mathrm{T}}$

分支运动链上经过E_i点和F_i点的 R 副轴线方向向量如表 5.4 所示。

表 5.4　经过E_i点和F_i点的 R 副轴线方向向量

R 副经过点	轴线方向向量
E_1	$(l_{14}, m_{14}, n_{14})^{\mathrm{T}}$
E_2	$(l_{24}, m_{24}, n_{24})^{\mathrm{T}}$
E_3	$(l_{34}, m_{34}, n_{34})^{\mathrm{T}}$

续表

R 副经过点	轴线方向向量
F_1	$(l_{15}, m_{15}, n_{15})^{\mathrm{T}}$
F_2	$(l_{25}, m_{25}, n_{25})^{\mathrm{T}}$
F_3	$(l_{35}, m_{35}, n_{35})^{\mathrm{T}}$

根据式(3.3)，第 1 个分支运动链上各个运动副的运动螺旋为

$$
\begin{aligned}
\boldsymbol{S}_{\mathrm{m}_{11}} &= \boldsymbol{e}_3 + y_{A_1}\boldsymbol{e}_4 - x_{A_1}\boldsymbol{e}_5 \\
\boldsymbol{S}_{\mathrm{m}_{12}} &= \boldsymbol{e}_3 + y_{B_1}\boldsymbol{e}_4 - x_{B_1}\boldsymbol{e}_5 \\
\boldsymbol{S}_{\mathrm{m}_{13}} &= \boldsymbol{e}_3 + y_{C_1}\boldsymbol{e}_4 - x_{C_1}\boldsymbol{e}_5 \\
\boldsymbol{S}_{\mathrm{m}_{14}} &= l_{14}\boldsymbol{e}_1 + m_{14}\boldsymbol{e}_2 + n_{14}\boldsymbol{e}_3 + (n_{14}y_D - m_{14}z_D)\boldsymbol{e}_4 \\
&\quad + (l_{14}z_D - n_{14}x_D)\boldsymbol{e}_5 + (m_{14}x_D - l_{14}y_D)\boldsymbol{e}_6 \\
\boldsymbol{S}_{\mathrm{m}_{15}} &= l_{15}\boldsymbol{e}_1 + m_{15}\boldsymbol{e}_2 + n_{15}\boldsymbol{e}_3 + (n_{15}y_D - m_{15}z_D)\boldsymbol{e}_4 \\
&\quad + (l_{15}z_D - n_{15}x_D)\boldsymbol{e}_5 + (m_{15}x_D - l_{15}y_D)\boldsymbol{e}_6
\end{aligned}
\tag{5.36}
$$

根据式(4.5)，第 1 个分支运动链末端的许动子空间为各个运动副上运动螺旋的并集，即

$$
\begin{aligned}
\boldsymbol{S}_{\mathrm{m}1} &= \boldsymbol{S}_{\mathrm{m}_{11}} \cup \boldsymbol{S}_{\mathrm{m}_{12}} \cup \boldsymbol{S}_{\mathrm{m}_{13}} \cup \boldsymbol{S}_{\mathrm{m}_{14}} \cup \boldsymbol{S}_{\mathrm{m}_{15}} \\
&= \boldsymbol{S}_{\mathrm{m}_{11}} \wedge \boldsymbol{S}_{\mathrm{m}_{12}} \wedge \boldsymbol{S}_{\mathrm{m}_{13}} \wedge \boldsymbol{S}_{\mathrm{m}_{14}} \wedge \boldsymbol{S}_{\mathrm{m}_{15}} \\
&= a(\boldsymbol{e}_1 \wedge \boldsymbol{e}_2 \wedge \boldsymbol{e}_3 \wedge \boldsymbol{e}_4 \wedge \boldsymbol{e}_5 - x_D\boldsymbol{e}_1 \wedge \boldsymbol{e}_3 \wedge \boldsymbol{e}_4 \wedge \boldsymbol{e}_5 \wedge \boldsymbol{e}_6 \\
&\quad - y_D\boldsymbol{e}_2 \wedge \boldsymbol{e}_3 \wedge \boldsymbol{e}_4 \wedge \boldsymbol{e}_5 \wedge \boldsymbol{e}_6)
\end{aligned}
\tag{5.37}
$$

式中，$a=(l_{14}m_{15}-l_{15}m_{14})(x_{A_1}y_{B_1}-x_{B_1}y_{A_1}-x_{A_1}y_{C_1}+x_{C_1}y_{A_1}+x_{B_1}y_{C_1}-x_{C_1}y_{B_1})$。式(5.37)表示第 1 个分支运动链末端的许动子空间是一个 5 阶片积。

根据式(3.3)，第 2 个分支运动链上各个运动副的运动螺旋为

$$
\begin{aligned}
\boldsymbol{S}_{\mathrm{m}_{21}} &= \boldsymbol{e}_3 + y_{A_2}\boldsymbol{e}_4 \\
\boldsymbol{S}_{\mathrm{m}_{22}} &= \boldsymbol{e}_3 + y_{B_2}\boldsymbol{e}_4 - x_{B_2}\boldsymbol{e}_5 \\
\boldsymbol{S}_{\mathrm{m}_{23}} &= \boldsymbol{e}_3 + y_{C_2}\boldsymbol{e}_4 - x_{C_2}\boldsymbol{e}_5 \\
\boldsymbol{S}_{\mathrm{m}_{24}} &= l_{24}\boldsymbol{e}_1 + m_{24}\boldsymbol{e}_2 + n_{24}\boldsymbol{e}_3 + (n_{24}y_D - m_{24}z_D)\boldsymbol{e}_4 \\
&\quad + (l_{24}z_D - n_{24}x_D)\boldsymbol{e}_5 + (m_{24}x_D - l_{24}y_D)\boldsymbol{e}_6 \\
\boldsymbol{S}_{\mathrm{m}_{25}} &= l_{25}\boldsymbol{e}_1 + m_{25}\boldsymbol{e}_2 + n_{25}\boldsymbol{e}_3 + (n_{25}y_D - m_{25}z_D)\boldsymbol{e}_4 \\
&\quad + (l_{25}z_D - n_{25}x_D)\boldsymbol{e}_5 + (m_{25}x_D - l_{25}y_D)\boldsymbol{e}_6
\end{aligned}
\tag{5.38}
$$

根据式(4.5)，第 2 个分支运动链末端的许动子空间为各个运动副上运动螺旋的并集，即

$$\begin{aligned}\boldsymbol{S}_{\mathrm{m}2}&=\boldsymbol{S}_{\mathrm{m}_{21}}\cup\boldsymbol{S}_{\mathrm{m}_{22}}\cup\boldsymbol{S}_{\mathrm{m}_{23}}\cup\boldsymbol{S}_{\mathrm{m}_{24}}\cup\boldsymbol{S}_{\mathrm{m}_{25}}\\&=\boldsymbol{S}_{\mathrm{m}_{21}}\wedge\boldsymbol{S}_{\mathrm{m}_{22}}\wedge\boldsymbol{S}_{\mathrm{m}_{23}}\wedge\boldsymbol{S}_{\mathrm{m}_{24}}\wedge\boldsymbol{S}_{\mathrm{m}_{25}}\\&=b(\boldsymbol{e}_1\wedge\boldsymbol{e}_2\wedge\boldsymbol{e}_3\wedge\boldsymbol{e}_4\wedge\boldsymbol{e}_5-x_D\boldsymbol{e}_1\wedge\boldsymbol{e}_3\wedge\boldsymbol{e}_4\wedge\boldsymbol{e}_5\wedge\boldsymbol{e}_6\\&\quad-y_D\boldsymbol{e}_2\wedge\boldsymbol{e}_3\wedge\boldsymbol{e}_4\wedge\boldsymbol{e}_5\wedge\boldsymbol{e}_6)\end{aligned}\tag{5.39}$$

式中，$b=-(l_{24}m_{25}-l_{25}m_{24})(x_{B_2}y_{A_2}-x_{C_2}y_{A_2}-x_{B_2}y_{C_2}+x_{C_2}y_{B_2})$。式(5.39)表示第 2 个分支运动链末端的许动子空间是一个 5 阶片积。

根据式(3.3)，第 3 个分支运动链上各个运动副的运动螺旋为

$$\begin{aligned}\boldsymbol{S}_{\mathrm{m}_{31}}&=\boldsymbol{e}_3+y_{A_3}\boldsymbol{e}_4-x_{A_3}\boldsymbol{e}_5\\\boldsymbol{S}_{\mathrm{m}_{32}}&=\boldsymbol{e}_3+y_{B_3}\boldsymbol{e}_4-x_{B_3}\boldsymbol{e}_5\\\boldsymbol{S}_{\mathrm{m}_{33}}&=\boldsymbol{e}_3+y_{C_3}\boldsymbol{e}_4-x_{C_3}\boldsymbol{e}_5\\\boldsymbol{S}_{\mathrm{m}_{34}}&=l_{34}\boldsymbol{e}_1+m_{34}\boldsymbol{e}_2+n_{34}\boldsymbol{e}_3+(n_{34}y_D-m_{34}z_D)\boldsymbol{e}_4\\&\quad+(l_{34}z_D-n_{34}x_D)\boldsymbol{e}_5+(m_{34}x_D-l_{34}y_D)\boldsymbol{e}_6\\\boldsymbol{S}_{\mathrm{m}_{35}}&=l_{35}\boldsymbol{e}_1+m_{35}\boldsymbol{e}_2+n_{35}\boldsymbol{e}_3+(n_{35}y_D-m_{35}z_D)\boldsymbol{e}_4\\&\quad+(l_{35}z_D-n_{35}x_D)\boldsymbol{e}_5+(m_{35}x_D-l_{35}y_D)\boldsymbol{e}_6\end{aligned}\tag{5.40}$$

根据式(4.5)，第 3 个分支运动链末端的许动子空间为各个运动副上运动螺旋的并集，即

$$\begin{aligned}\boldsymbol{S}_{\mathrm{m}3}&=\boldsymbol{S}_{\mathrm{m}_{31}}\cup\boldsymbol{S}_{\mathrm{m}_{32}}\cup\boldsymbol{S}_{\mathrm{m}_{33}}\cup\boldsymbol{S}_{\mathrm{m}_{34}}\cup\boldsymbol{S}_{\mathrm{m}_{35}}\\&=\boldsymbol{S}_{\mathrm{m}_{31}}\wedge\boldsymbol{S}_{\mathrm{m}_{32}}\wedge\boldsymbol{S}_{\mathrm{m}_{33}}\wedge\boldsymbol{S}_{\mathrm{m}_{34}}\wedge\boldsymbol{S}_{\mathrm{m}_{35}}\\&=c(\boldsymbol{e}_1\wedge\boldsymbol{e}_2\wedge\boldsymbol{e}_3\wedge\boldsymbol{e}_4\wedge\boldsymbol{e}_5-x_D\boldsymbol{e}_1\wedge\boldsymbol{e}_3\wedge\boldsymbol{e}_4\wedge\boldsymbol{e}_5\wedge\boldsymbol{e}_6\\&\quad-y_D\boldsymbol{e}_2\wedge\boldsymbol{e}_3\wedge\boldsymbol{e}_4\wedge\boldsymbol{e}_5\wedge\boldsymbol{e}_6)\end{aligned}\tag{5.41}$$

式中，$c=(l_{34}m_{35}-l_{35}m_{34})(x_{A_3}y_{B_3}-x_{B_3}y_{A_3}-x_{A_3}y_{C_3}+x_{C_3}y_{A_3}+x_{B_3}y_{C_3}-x_{C_3}y_{B_3})$。式(5.41)表示第 3 个分支运动链末端的许动子空间是一个 5 阶片积。

注意到式(5.37)、式(5.39)和式(5.41)具有相同 5 阶片积 $\boldsymbol{e}_1\wedge\boldsymbol{e}_2\wedge\boldsymbol{e}_3\wedge\boldsymbol{e}_4\wedge\boldsymbol{e}_5-x_D\boldsymbol{e}_1\wedge\boldsymbol{e}_3\wedge\boldsymbol{e}_4\wedge\boldsymbol{e}_5\wedge\boldsymbol{e}_6-y_D\boldsymbol{e}_2\wedge\boldsymbol{e}_3\wedge\boldsymbol{e}_4\wedge\boldsymbol{e}_5\wedge\boldsymbol{e}_6$，但幅值不同，分别为 a、b 和 c。这说明第 1 个分支运动链末端的许动子空间、第 2 个分支运动链末端的许动子空间和第 3 个分支运动链末端的许动子空间的交集就是这个相同的 5 阶片积：

$$\begin{aligned}\boldsymbol{S}_{\mathrm{m}}&=\boldsymbol{S}_{\mathrm{m}1}\cap\boldsymbol{S}_{\mathrm{m}2}\cap\boldsymbol{S}_{\mathrm{m}3}\\&=\boldsymbol{e}_1\wedge\boldsymbol{e}_2\wedge\boldsymbol{e}_3\wedge\boldsymbol{e}_4\wedge\boldsymbol{e}_5-x_D\boldsymbol{e}_1\wedge\boldsymbol{e}_3\wedge\boldsymbol{e}_4\wedge\boldsymbol{e}_5\wedge\boldsymbol{e}_6\\&\quad-y_D\boldsymbol{e}_2\wedge\boldsymbol{e}_3\wedge\boldsymbol{e}_4\wedge\boldsymbol{e}_5\wedge\boldsymbol{e}_6\\&=(\boldsymbol{e}_1-y_D\boldsymbol{e}_6)\wedge(\boldsymbol{e}_2+x_D\boldsymbol{e}_6)\wedge\boldsymbol{e}_3\wedge\boldsymbol{e}_4\wedge\boldsymbol{e}_5\end{aligned}\tag{5.42}$$

式(5.42)表示 3-RRR(RR)并联机构动平台上的许动子空间是一个 5 阶片积，由 $\boldsymbol{e}_1-y_D\boldsymbol{e}_6$、$\boldsymbol{e}_2+x_D\boldsymbol{e}_6$、$\boldsymbol{e}_3$、$\boldsymbol{e}_4$ 和 $\boldsymbol{e}_5$ 共同构成，这说明 3-RRR(RR)并联机构有 5 个自由度，分别为三个转动自由度和两个移动自由度。其中，转动自由度的转动轴

线分别为与 X 轴平行经过 D_0 点的直线、与 Y 轴平行经过 D_0 点的直线和 Z 轴；移动自由度的移动方向分别为沿着 X 轴和 Y 轴。

5.7 本章小结

本章提出了一种基于运动求交运算的并联机构自由度计算方法，将所有分支运动链末端的运动空间进行交集运算直接得到动平台上的运动空间，以平面四杆机构、3-PRS 并联机构、3-RRC 并联机构和 3-RRR(RR)并联机构为例，进行了自由度计算，并对表达式的物理意义进行了分析。相比于约束求并方法，运动求交方法由于不需要通过约束力空间，只在运动空间内进行运算，求解过程更加直观，更符合人类对并联机构的认知方式。而运动求交方法计算过程中同样只涉及加法和乘法运算，不涉及除法运算，不需要对参数在分母时是否为零的情况进行讨论，方便编写程序，可使用软件将计算过程程序化。

参考文献

[1] Carretero J A. Kinematic analysis and optimization of a new three degree-of-freedom spatial parallel manipulator[J]. Journal of Mechanical Design, 2000, 122(1): 17-24.

[2] Fontijne D, Dorst L. Efficient algorithms for factorization and join of blades[M]//Bayro-Corrochano E, Scheuermann G. Geometric Algebra Computing. London: Springer, 2010.

[3] Tsai L W. Multi-degree-of-freedom mechanisms for machine tools and the like: US, 5656905[P]. 1997.

第 6 章　古典 Bennett 机构的自由度计算

过约束机构自由度计算的难点在于需要对冗余约束的线性相关性进行判别，而约束的线性相关性与机构中运动副轴线的几何关系密切相关。具有特殊几何条件的空间过约束机构，如 Bennett[1]、Myard[2]、Goldberg[3]、Waldron[4] 等，其自由度计算具有很大的难度，因此这些机构又称为矛盾机构[5]或矛盾运动链[6,7]。

Bennett 机构可视为最简单的空间并联机构，即具有最少连杆数量的空间并联机构。Bennett 机构可用作复杂机构的单元[8-10]，如可重构机构[11-13]、可折展机构[14,15]和折纸机构[16]等。作为典型的过约束机构，Bennett 机构的自由度计算引起很多学者的注意[17-20]。

自 Bennett 机构[21]于 1914 年提出以来，还没有给出其固定坐标系下的许动子空间符号解，这是因为互易螺旋的求解涉及线性方程组的求解，而 Bennett 机构由于几何条件复杂，在求线性方程组的符号解时较为复杂。

6.1　Bennett 机构描述

图 6.1 所示的 Bennett 机构是空间单环机构，由四个连杆和四个转动副组成。四个转动副的中心点分别为 A、B、C 和 D，位置相对的连杆具有相同的性质。四个连杆长度分别为 $AB=DC=m$ 和 $AD=BC=n$，AB 杆、DC 杆、AD 杆和 BC 杆两端转动副轴线相对的扭转角分别记为 α_{AB}、α_{DC}、α_{AD} 和 α_{BC}，且 $\alpha_{AB}=\alpha_{DC}=\alpha$、$\alpha_{AD}=\alpha_{BC}=\beta$。此外，连杆长度和连杆两端转动副轴线相对的扭转角度满足以下关系：

$$\frac{\sin\alpha}{m}=\frac{\sin\beta}{n} \tag{6.1}$$

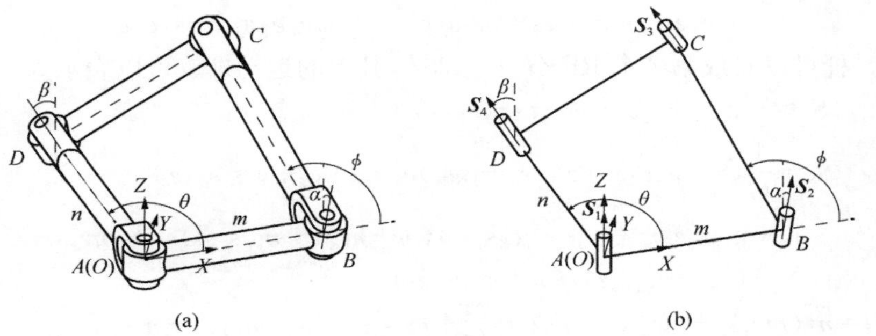

图 6.1　Bennett 机构

以 $O(A)$ 点为原点建立如图 6.1 所示的固定坐标系 $O\text{-}XYZ$，其中 X 轴沿着 AB 杆的轴线方向，Z 轴与 A 点上的转动副轴线重合，Y 轴和 X 轴与 Z 轴垂直。四个转动副中心点的坐标如表 6.1 所示。

表 6.1 转动副中心点的坐标

转动副中心点	固定坐标系下的坐标
A	$(0,0,0)$
B	$(m,0,0)$
C	$(m+n\mathrm{c}_\phi, n\mathrm{c}_\alpha \mathrm{s}_\phi, n\mathrm{s}_\alpha \mathrm{s}_\phi)$
D	$(m\mathrm{c}_\theta, m\mathrm{s}_\theta, 0)$

令 AD 杆和 X 轴的夹角为 θ，BC 杆和 X 轴的夹角为 ϕ，则两者满足如下关系：

$$\mathrm{t}_{\phi/2}\mathrm{c}_{(\beta+\alpha)/2}=\mathrm{t}_{\theta/2}\mathrm{c}_{(\beta-\alpha)/2} \tag{6.2}$$

6.2 Bennett 机构自由度计算

由于 Bennett 机构是单环闭环结构，可以将其看成具有两个 RR 分支运动链的 2-RR 并联机构。转动副中心点 A、B、C 和 D 上的运动螺旋分别记为 $\boldsymbol{S}_1$、$\boldsymbol{S}_2$、$\boldsymbol{S}_3$ 和 $\boldsymbol{S}_4$。AD 杆可以看成第 1 个 RR 分支运动链，其上的运动螺旋可以表示为

$$\begin{aligned}
\boldsymbol{S}_1&=\boldsymbol{e}_3\\
\boldsymbol{S}_4&=-\mathrm{s}_\beta\mathrm{s}_\theta\,\boldsymbol{e}_1+\mathrm{s}_\beta\mathrm{c}_\theta\,\boldsymbol{e}_2+\mathrm{c}_\beta\,\boldsymbol{e}_3+n\mathrm{c}_\beta\mathrm{s}_\theta\,\boldsymbol{e}_4\\
&\quad-n\mathrm{c}_\beta\mathrm{c}_\theta\,\boldsymbol{e}_5+n\mathrm{s}_\beta\,\boldsymbol{e}_6
\end{aligned} \tag{6.3}$$

作为一个开环运动链，第 1 个 RR 分支运动链的许动子空间由 $\boldsymbol{S}_1$ 和 $\boldsymbol{S}_4$ 的并集构成，即

$$\begin{aligned}
\boldsymbol{S}_{\mathrm{m}1}&=\boldsymbol{S}_1\cup\boldsymbol{S}_4\\
&=\boldsymbol{S}_1\wedge\boldsymbol{S}_4\\
&=\boldsymbol{e}_3\wedge(-\mathrm{s}_\beta\mathrm{s}_\theta\,\boldsymbol{e}_1+\mathrm{s}_\beta\mathrm{c}_\theta\,\boldsymbol{e}_2+\mathrm{c}_\beta\,\boldsymbol{e}_3+n\mathrm{c}_\beta\mathrm{s}_\theta\,\boldsymbol{e}_4-n\mathrm{c}_\beta\mathrm{c}_\theta\,\boldsymbol{e}_5+n\mathrm{s}_\beta\,\boldsymbol{e}_6)\\
&=\mathrm{s}_\beta\mathrm{s}_\theta\,\boldsymbol{e}_1\boldsymbol{e}_3-\mathrm{s}_\beta\mathrm{c}_\theta\,\boldsymbol{e}_2\boldsymbol{e}_3+n\mathrm{c}_\beta\mathrm{s}_\theta\,\boldsymbol{e}_3\boldsymbol{e}_4-n\mathrm{c}_\beta\mathrm{c}_\theta\,\boldsymbol{e}_3\boldsymbol{e}_5+n\mathrm{s}_\beta\,\boldsymbol{e}_3\boldsymbol{e}_6
\end{aligned} \tag{6.4}$$

BC 杆可以看成第 2 个 RR 分支运动链，其上的运动螺旋可以表示为

$$\begin{aligned}
\boldsymbol{S}_2&=-\mathrm{s}_\alpha\boldsymbol{e}_2+\mathrm{c}_\alpha\boldsymbol{e}_3-m\mathrm{c}_\alpha\boldsymbol{e}_5-m\mathrm{s}_\alpha\boldsymbol{e}_6\\
\boldsymbol{S}_3&=\frac{1}{G}(-\mathrm{s}_\beta\mathrm{s}_\phi\boldsymbol{e}_1+(\mathrm{c}_\alpha\mathrm{c}_\phi\mathrm{s}_\beta-\mathrm{c}_\beta\mathrm{s}_\alpha)\boldsymbol{e}_2+(\mathrm{c}_\alpha\mathrm{c}_\beta+\mathrm{c}_\phi\mathrm{s}_\alpha\mathrm{s}_\beta)\boldsymbol{e}_3\\
&\quad+n\mathrm{c}_\beta\mathrm{s}_\phi\boldsymbol{e}_4-((\mathrm{c}_\alpha\mathrm{c}_\beta+\mathrm{c}_\phi\mathrm{s}_\alpha\mathrm{s}_\beta)(m+n\mathrm{c}_\phi)+n\mathrm{s}_\alpha\mathrm{s}_\beta\mathrm{s}_\phi^2)\boldsymbol{e}_5+(n\mathrm{c}_\alpha\mathrm{s}_\beta\mathrm{s}_\phi^2\\
&\quad-(\mathrm{c}_\beta\mathrm{s}_\alpha-\mathrm{c}_\alpha\mathrm{c}_\phi\mathrm{s}_\beta)(m+n\mathrm{c}_\phi))\boldsymbol{e}_6)
\end{aligned} \tag{6.5}$$

式中，$G=n^2(m\mathrm{c}_\alpha\mathrm{s}_\phi+m\mathrm{c}_\phi\mathrm{s}_\theta-m\mathrm{c}_\alpha\mathrm{c}_\theta\mathrm{s}_\phi)^2+m^2\mathrm{s}_\alpha^2\mathrm{s}_\phi^2(m-m\mathrm{c}_\theta)^2+n^4\mathrm{s}_\alpha^2\mathrm{s}_\phi^2\mathrm{s}_\theta^2$。

作为一个开环运动链，第 2 个 RR 分支运动链的许动子空间由 $\boldsymbol{S}_2$ 和 $\boldsymbol{S}_3$ 的并集构成，即

$$
\begin{aligned}
\boldsymbol{S}_{m2} &= \boldsymbol{S}_2 \cup \boldsymbol{S}_3 \\
&= \boldsymbol{S}_2 \wedge \boldsymbol{S}_3 \\
&= \frac{1}{G}(-s_\alpha s_\beta s_\phi \boldsymbol{e}_1\boldsymbol{e}_2 + c_\alpha s_\beta s_\phi \boldsymbol{e}_1\boldsymbol{e}_3 - mc_\alpha s_\beta s_\phi \boldsymbol{e}_1\boldsymbol{e}_5 \\
&\quad - ms_\alpha s_\beta s_\phi \boldsymbol{e}_1\boldsymbol{e}_6 + (s_\alpha^2 c_\phi s_\beta + c_\alpha^2 c_\phi s_\beta \\
&\quad - 2s_\alpha c_\alpha c_\beta)\boldsymbol{e}_2\boldsymbol{e}_3 - ns_\alpha c_\beta s_\phi \boldsymbol{e}_2\boldsymbol{e}_4 + (-ns_\alpha^2 s_\beta s_\phi^2 \\
&\quad + ns_\alpha^2 c_\phi s_\beta c_\phi + ms_\alpha^2 c_\phi s_\beta - mc_\alpha^2 c_\phi s_\beta \\
&\quad + ns_\alpha c_\alpha c_\beta c_\phi + 2ms_\alpha c_\alpha c_\beta)\boldsymbol{e}_2\boldsymbol{e}_5 \\
&\quad + (-nc_\alpha s_\alpha s_\beta s_\phi^2 - nc_\alpha c_\phi s_\beta s_\alpha c_\phi - 2mc_\alpha c_\phi s_\beta s_\alpha \\
&\quad + ns_\alpha^2 c_\beta c_\phi + 2ms_\alpha^2 c_\beta)\boldsymbol{e}_2\boldsymbol{e}_6 + nc_\alpha c_\beta s_\phi \boldsymbol{e}_3\boldsymbol{e}_4 \\
&\quad + (nc_\alpha s_\alpha s_\beta s_\phi^2 - nc_\alpha c_\phi s_\beta s_\alpha c_\phi - 2mc_\alpha c_\phi s_\beta s_\alpha \\
&\quad - nc_\alpha^2 c_\beta c_\phi)\boldsymbol{e}_3\boldsymbol{e}_5 - (nc_\alpha^2 s_\beta s_\phi^2 - ms_\alpha^2 c_\phi s_\beta \\
&\quad + nc_\alpha^2 c_\phi s_\beta c_\phi + mc_\alpha^2 c_\phi s_\beta - ns_\alpha c_\alpha c_\beta c_\phi)\boldsymbol{e}_3\boldsymbol{e}_6 \\
&\quad + mnc_\alpha c_\beta s_\phi \boldsymbol{e}_4\boldsymbol{e}_5 + mns_\alpha c_\beta s_\phi \boldsymbol{e}_4\boldsymbol{e}_6 \\
&\quad + (mns_\alpha^2 s_\beta s_\phi^2 - mnc_\alpha^2 s_\beta s_\phi^2 - mns_\alpha^2 c_\phi s_\beta c_\phi \\
&\quad - m^2 s_\alpha^2 c_\phi s_\beta - mnc_\alpha^2 c_\phi s_\beta c_\phi - m^2 c_\alpha^2 c_\phi s_\beta)\boldsymbol{e}_5\boldsymbol{e}_6)
\end{aligned} \tag{6.6}
$$

$\boldsymbol{S}_{m1}$ 和 $\boldsymbol{S}_{m2}$ 的外积

$$
\boldsymbol{S}_{m1} \wedge \boldsymbol{S}_{m2} = 0 \tag{6.7}
$$

表示 $\boldsymbol{S}_1$、$\boldsymbol{S}_2$、$\boldsymbol{S}_3$、$\boldsymbol{S}_4$ 线性相关。由于只有四个向量做外积，很容易发现 $\boldsymbol{S}_1$、$\boldsymbol{S}_2$、$\boldsymbol{S}_4$ 的外积不为零。因此，更改后的 $\boldsymbol{S}'_{m2}$ 可以由 $\boldsymbol{S}_{m2}$ 剔除线性相关项 $\boldsymbol{S}_3$ 得到，即 $\boldsymbol{S}'_{m2} = \boldsymbol{S}_2$。由此，$\boldsymbol{S}_{m1}$ 和 $\boldsymbol{S}_{m2}$ 的并集由 $\boldsymbol{S}_{m1}$ 和 $\boldsymbol{S}'_{m2}$ 的外积构成：

$$
\begin{aligned}
\boldsymbol{I}_u &= \boldsymbol{S}_{m1} \cup \boldsymbol{S}_{m2} \\
&= \boldsymbol{S}_{m1} \wedge \boldsymbol{S}'_{m2} \\
&= \boldsymbol{S}_1 \wedge \boldsymbol{S}_4 \wedge \boldsymbol{S}_2 \\
&= -s_\alpha s_\beta s_\theta \boldsymbol{e}_1\boldsymbol{e}_2\boldsymbol{e}_3 + mc_\alpha s_\beta s_\theta \boldsymbol{e}_1\boldsymbol{e}_3\boldsymbol{e}_5 \\
&\quad + ms_\alpha s_\beta s_\theta \boldsymbol{e}_1\boldsymbol{e}_3\boldsymbol{e}_6 + ns_\alpha c_\beta s_\theta \boldsymbol{e}_2\boldsymbol{e}_3\boldsymbol{e}_4 \\
&\quad - (mc_\alpha s_\beta c_\theta + ns_\alpha c_\beta c_\theta)\boldsymbol{e}_2\boldsymbol{e}_3\boldsymbol{e}_5 \\
&\quad + (-ms_\alpha s_\beta c_\theta + ns_\alpha s_\beta)\boldsymbol{e}_2\boldsymbol{e}_3\boldsymbol{e}_6 + mnc_\alpha c_\beta s_\theta \boldsymbol{e}_3\boldsymbol{e}_4\boldsymbol{e}_5 \\
&\quad + mns_\alpha c_\beta s_\theta \boldsymbol{e}_3\boldsymbol{e}_4\boldsymbol{e}_6 - mn(s_\alpha c_\beta c_\theta + c_\alpha s_\beta)\boldsymbol{e}_3\boldsymbol{e}_5\boldsymbol{e}_6
\end{aligned} \tag{6.8}
$$

式(6.8)表示许动子空间为第 1 个 RR 分支运动链的许动子空间和第 2 个 RR 分支运动链的许动子空间的并集是一个 3 阶片积，而非 6 阶片积。因此，需要根据式(5.4)对第 1 个 RR 分支运动链的许动子空间和第 2 个 RR 分支运动链的许动子空间求交集，即

$$
\begin{aligned}
\boldsymbol{S}_{\mathrm{m}} &= \boldsymbol{S}_{\mathrm{m1}} \cap \boldsymbol{S}_{\mathrm{m2}} \\
&= (\boldsymbol{S}_{\mathrm{m1}} \boldsymbol{I}_{\mathrm{u}}^{-1}) \cdot \boldsymbol{S}_{\mathrm{m2}} \\
&= \frac{H}{\mathrm{s}_\theta}(\mathrm{s}_\beta \mathrm{s}_\phi \mathrm{s}_\theta \boldsymbol{e}_1 - \mathrm{s}_\beta \mathrm{s}_\phi \mathrm{c}_\theta \boldsymbol{e}_2 - (\mathrm{c}_\beta \mathrm{s}_\phi - \mathrm{s}_\theta)\boldsymbol{e}_3 \\
&\quad - n\mathrm{c}_\beta \mathrm{s}_\phi \mathrm{s}_\theta \boldsymbol{e}_4 + n\mathrm{c}_\beta \mathrm{s}_\phi \mathrm{c}_\theta \boldsymbol{e}_5 - \mathrm{s}_\beta \mathrm{s}_\phi \boldsymbol{e}_6)
\end{aligned} \tag{6.9}
$$

式中，$H=\mathrm{c}_\alpha^2\mathrm{c}_\theta^2\mathrm{c}_\beta^2 m^2n^2-2n^2\mathrm{s}_\beta m^2\mathrm{s}_\alpha\mathrm{c}_\beta\mathrm{c}_\theta\mathrm{c}_\alpha+\mathrm{c}_\alpha^2\mathrm{c}_\beta^2m^2n^2-2mn\mathrm{s}_\beta\mathrm{c}_\theta^2\mathrm{s}_\alpha\mathrm{c}_\beta\mathrm{c}_\alpha+2mn\mathrm{c}_\alpha^2\mathrm{c}_\theta\mathrm{c}_\beta^2+\mathrm{c}_\alpha^2\mathrm{c}_\theta^2\mathrm{c}_\beta^2-m^2n^2\mathrm{c}_\beta^2-m^2n^2\mathrm{c}_\alpha^2-2mn\mathrm{c}_\theta\mathrm{c}_\beta^2-2mn\mathrm{c}_\alpha^2\mathrm{c}_\theta-\mathrm{c}_\alpha^2\mathrm{c}_\beta^2-\mathrm{c}_\theta^2\mathrm{c}_\beta^2+m^2\mathrm{c}_\beta^2-\mathrm{c}_\alpha^2\mathrm{c}_\theta^2+n^2\mathrm{c}_\alpha^2+2mn\mathrm{c}_\theta+\mathrm{c}_\beta^2+\mathrm{c}_\alpha^2+\mathrm{c}_\theta^2-m^2-n^2-1$。

式(6.9)表示第 1 个 RR 分支运动链的许动子空间和第 2 个 RR 分支运动链的许动子空间的交集是一个 1 阶片积，代表一个螺旋运动，此时动平台上的许动子空间为一个许动螺旋。螺旋运动的轴线可以由一条有方向的直线来表示。由于输出角 ϕ 和输入角 θ 满足关系式(6.2)，所以式(6.9)中的变量只有输入角 θ。动平台上的许动螺旋在全周内如图 6.2 所示，①线表示不同位形下的动平台上许动螺旋的方向，②线表示许动螺旋上一点的迹线。由于许动螺旋上一点的位置并不是唯一的，所以有不同可能，如图 6.2(a)和图 6.2(b)所示。

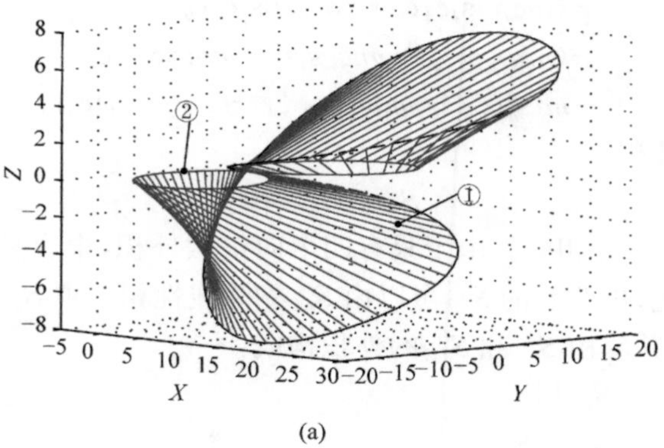

(a)

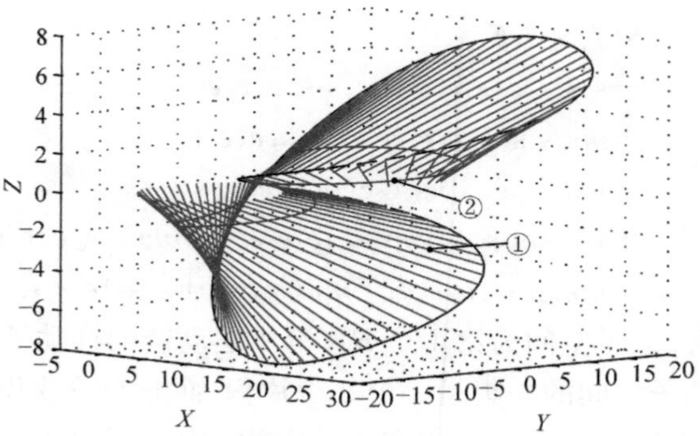

(b)

图 6.2 动平台上许动螺旋及其上不同点的迹线

不同位形下动平台上的运动螺旋如图 6.3 所示，当 $\theta=0$ 或 $\theta=\pi$ 时，运动螺旋方向发生突变，如图 6.3(a)所示，这与式(6.9)的结果一致。由于参数 H 是一个非零标量，s_θ 为式(6.9)的分母，这意味着输入角必须满足 $\theta\neq 0$ 或 $\theta\neq\pi$。图 6.3(a)的 X-Y 平面视图、X-Z 平面视图、Y-Z 平面视图分别如图 6.3(b)、图 6.3(c)、图 6.3(d)所示。为了方便起见，在图 6.3(a)中选取三个不同的许动螺旋，其对应位形输入角 θ 分别为 37.5°、90°和 232.5°。

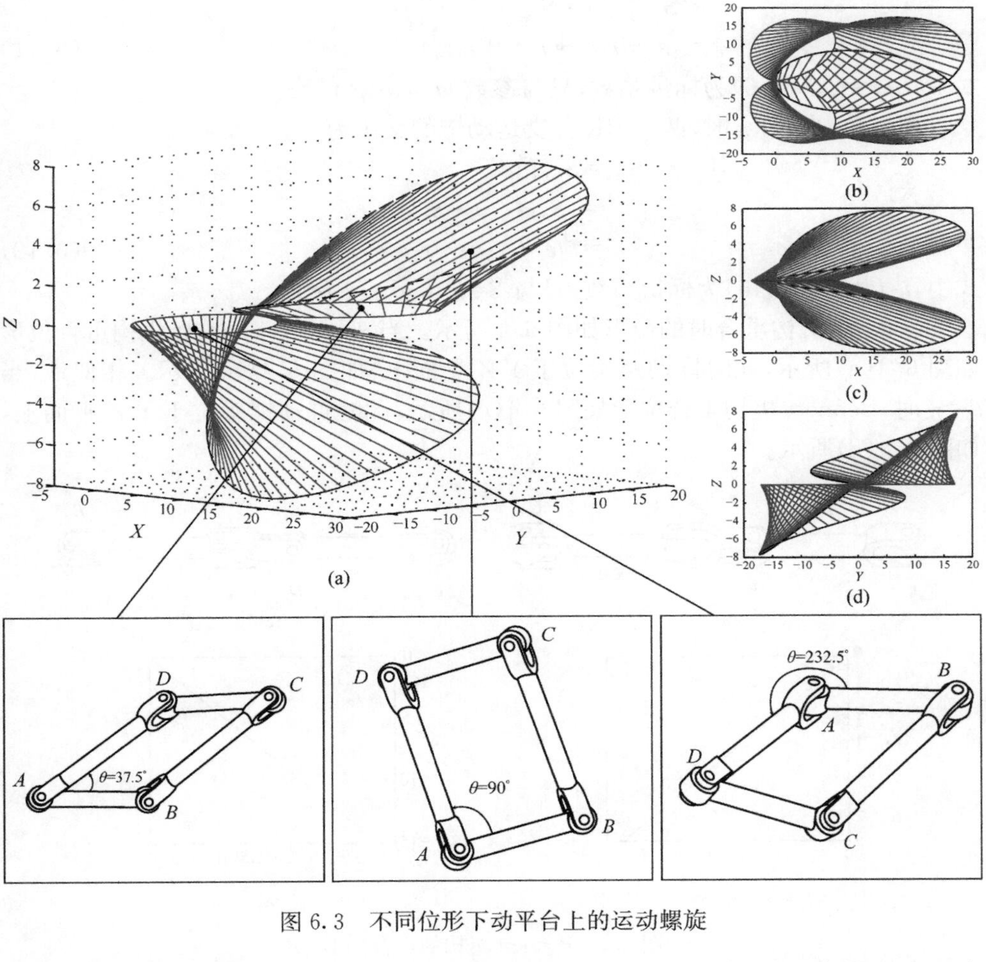

图 6.3　不同位形下动平台上的运动螺旋

当 $\theta=0$ 或 $\theta=\pi$ 时，在不考虑干涉的前提下，Bennett 机构是重合的。这两个位形并没有包含在式(6.9)的情况中，需要单独进行分析。

当 $\theta=0$ 时，空间四杆机构变重合，此时四个转动副上的许动螺旋变为

$$
\begin{aligned}
&\boldsymbol{S}_1=\boldsymbol{e}_3\\
&\boldsymbol{S}_2=-\mathrm{s}_\alpha\boldsymbol{e}_2+\mathrm{c}_\alpha\boldsymbol{e}_3-m\mathrm{c}_\alpha\boldsymbol{e}_5-m\mathrm{s}_\alpha\boldsymbol{e}_6\\
&\boldsymbol{S}_3=-\mathrm{s}_{\alpha-\beta}\boldsymbol{e}_2+\mathrm{c}_{\alpha-\beta}\boldsymbol{e}_3-(m+n)\mathrm{c}_{\alpha-\beta}\boldsymbol{e}_5-(m+n)\mathrm{s}_{\alpha-\beta}\boldsymbol{e}_6\\
&\boldsymbol{S}_4=\mathrm{s}_\beta\boldsymbol{e}_2+\mathrm{c}_\beta\boldsymbol{e}_3-n\mathrm{c}_\beta\boldsymbol{e}_5+n\mathrm{s}_\beta\boldsymbol{e}_6
\end{aligned}
\tag{6.10}
$$

此时，两个 RR 分支运动链的交集为

$$
\begin{aligned}
\boldsymbol{S}_\mathrm{m}&=\boldsymbol{S}_{\mathrm{m}1}\cap\boldsymbol{S}_{\mathrm{m}2}\\
&=(\boldsymbol{S}_{\mathrm{m}1}\boldsymbol{I}_\mathrm{u}^{-1})\cdot\boldsymbol{S}_{\mathrm{m}2}\\
&=t_2\boldsymbol{e}_2+t_3\boldsymbol{e}_3+t_5\boldsymbol{e}_5+t_6\boldsymbol{e}_6
\end{aligned}
\tag{6.11}
$$

式中，$t_i\,(i=2,3,5,6)$为标量系数，只与参数 m、n、α、β 有关。

相似地，当 $\theta=\pi$ 时，两个 RR 分支运动链的交集为

$$
\begin{aligned}
\boldsymbol{S}_\mathrm{m}&=\boldsymbol{S}_{\mathrm{m}1}\cap\boldsymbol{S}_{\mathrm{m}2}\\
&=(\boldsymbol{S}_{\mathrm{m}1}\boldsymbol{I}_\mathrm{u}^{-1})\cdot\boldsymbol{S}_{\mathrm{m}2}\\
&=t'_2\boldsymbol{e}_2+t'_3\boldsymbol{e}_3+t'_5\boldsymbol{e}_5+t'_6\boldsymbol{e}_6
\end{aligned}
\tag{6.12}
$$

式中，$t'_i\,(i=2,3,5,6)$为标量系数，只与参数 m、n、α、β 有关。

Bennett 机构重合时的位形如图 6.4 所示。当 $\theta=0$ 时，Bennett 机构重合位形如图 6.4(a)所示，此时许动螺旋位于 Y-Z 平面上，如图 6.4(b)所示。相似地，当 $\theta=\pi$ 时，Bennett 机构重合位形如图 6.4(c)所示，此时许动螺旋位于 Y-Z 平面上，如图 6.4(d)所示。

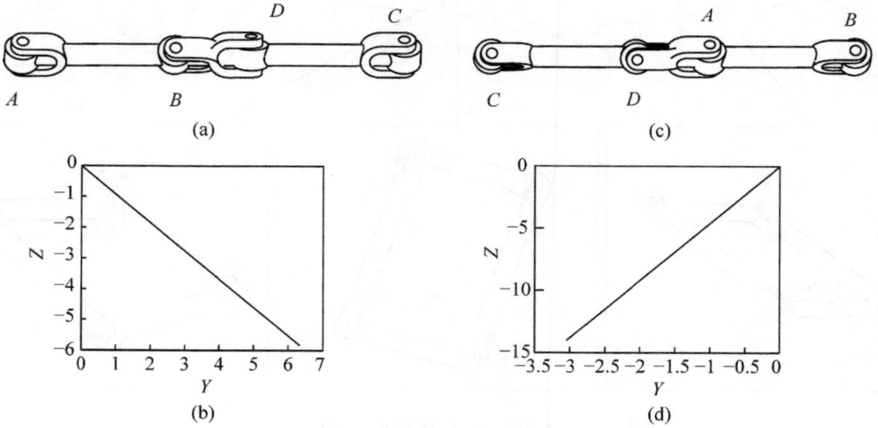

图 6.4　Bennett 机构的重合位形

综上所述，可以推断 Bennett 机构在全周内是一个螺旋运动，但这个螺旋运动并不是连续的，当输入角 $\theta=0$ 或 $\theta=\pi$ 时，螺旋运动的轴线方向发生突变。

6.3 本章小结

本章以古典Bennett机构为对象，采用几何代数框架下的运动求交方法进行自由度计算，给出了其在全域上运动的符号表达式，结果表明Bennett机构具有一个螺旋运动，且螺旋运动的轴线方向在输入角 $\theta=0$ 或 $\theta=\pi$ 时会发生突变。对于过约束机构以及具有复杂几何条件的矛盾机构，基于几何代数约束求交的自由度计算方法具有明显优势。

参考文献

[1] Bennett G T. A new mechanism[J]. Engineering,1903,76(12):777-778.

[2] Myard F E. Contribution à la géométrie des systèmes articulés[J]. Bulletin de la Société Mathématique de France,1931,59:183-210.

[3] Goldberg M. New five-bar and six-bar linkages in three dimensions[J]. Transactions of ASME,1943,65:649-661.

[4] Waldron K J. Overconstrained linkages[J]. Environment and Planning B: Planning and Design, 1979,6(4):393-402.

[5] Bricard R. Leçons de cinématique[M]. Paris:Gauthier-Villars,1926.

[6] Hervé J M. Analyse structurelle des mécanismes par groupe des déplacements[J]. Mechanism and Machine Theory,1978,13(4):437-450.

[7] Norton R L. Design of Machinery:An Introduction to the Synthesis and Analysis of Mechanisms and Machines[M]. Boston:McGraw-Hill,1999.

[8] Alizade R I, Kiper G, Bagdadioglu B, et al. Function synthesis of Bennett 6R mechanisms using Chebyshev approximation[J]. Mechanism and Machine Theory,2014,81:62-78.

[9] Brunnthaler K,Schröcker H P,Husty M. A new method for the synthesis of Bennett mechanisms[C]. Proceedings of the International Workshop on Computational Kinematics, Cassino, 2005:4-6.

[10] Kong X W. Type Synthesis of single-loop overconstrained 6R spatial mechanisms for circular translation[J]. Journal of Mechanisms and Robotics,2014,6(4):041016-1-041016-8.

[11] Kong X W,Pfurner M. Type synthesis and reconfiguration analysis of a class of variable-DOF single-loop mechanisms[J]. Mechanism and Machine Theory,2015,85:116-128.

[12] Song C Y,Feng H,Chen Y,et al. Reconfigurable mechanism generated from the network of Bennett linkages[J]. Mechanism and Machine Theory,2015,88:49-62.

[13] Zhang K T,Dai J S. Screw-system-variation enabled reconfiguration of the Bennett plano-spherical hybrid linkage and its evolved parallel mechanism[J]. Journal of Mechanical Design,2015,137(6):062303-1-062303-10.

[14] Yu Y,Luo Y,Li L. Deployable membrane structure based on the Bennett linkage[J]. Pro-

ceedings of the Institution of Mechanical Engineers, Part G—Journal of Aerospace Engineering, 2007, 221(5): 775-783.

[15] Chen Y. Design of Structural Mechanisms[D]. Oxford: University of Oxford, 2003.

[16] Abdul-Sater K, Winkler M M, Irlinger F, et al. Three-position synthesis of origami-evolved, spherically constrained spatial revolute-revolute chains[J]. Journal of Mechanisms and Robotics, 2016, 8(1): 011012-1-011012-11.

[17] Bil T. Analysis of the Bennett linkage in the geometry of tori[J]. Mechanism and Machine Theory, 2012, 53: 122-127.

[18] Baker J E. The Bennett, Goldberg and Myard linkages—In perspective[J]. Mechanism and Machine Theory, 1979, 14(4): 239-253.

[19] Baker J E. The Bennett linkage and its associated quadric surfaces[J]. Mechanism and Machine Theory, 1988, 23(2): 147-156.

[20] Baker J E. A kinematic representation of Bennett's tetrahedron reference[J]. Proceedings of the Institution of Mechanical Engineers, Part C—Journal of Mechanical Engineering Science, 2008, 222(9): 1821-1827.

[21] Bennett G T. The skew isogram mechanism[J]. Proceedings of the London Mathematical Society, 1914, 13(1): 151-173.

第 7 章　基于 Grassmann-Cayley 代数的过约束并联机构自由度计算方法

Grassmann-Cayley 代数结合了线性代数和线性映射矩阵两种代数，是一种具有扩张和交集运算的 n 维射影几何的几何代数，即对 n 维射影几何，几何代数等同于 Grassmann-Cayley 代数。Grassmann-Cayley 代数经过多年发展已经广泛应用于各个工程领域，如计算机图形学[1]、数学[2,3]和机器人学[4,5]等。Ben-Horin 和 Shoham[6-8]利用 Grassmann-Cayley 代数的几何直观性对 6 自由度的并联机构进行奇异分析。Amine 等[9-12]将奇异分析的对象从 6 自由度并联机构扩展到少自由度并联机构。在机构运动属性分析方面，Staffetti 等[13-15]建立了 Grassmann-Cayley 代数框架下的分析方法，但该分析方法在使用对象方面具有局限性，不适合用于过约束并联机构。本章提出一种基于 Grassmann-Cayley 代数的过约束并联机构自由度计算方法，该方法使用混序积进行交集运算。

7.1　Grassmann-Cayley 代数的基础知识

7.1.1　扩张子

令 $\boldsymbol{V}$ 为一个实数域$\mathbb{R}$上的 n 维向量空间，$\boldsymbol{U}$ 为 $\boldsymbol{V}$ 的 k 维向量子空间，$\boldsymbol{u}_1,\boldsymbol{u}_2,\cdots,\boldsymbol{u}_k$ 是 $\boldsymbol{U}$ 的一组基。令 $\boldsymbol{P}$ 是 $\boldsymbol{U}$ 的 Plücker 坐标向量的符号表达式，即抽象的 $\binom{n}{k}$ 维向量空间 $\boldsymbol{V}^{(k)}$ 中的一个向量。此时，向量 $\boldsymbol{P}$ 称为 k 阶扩张子(extensors)或者可拆解的 k 阶张量(tensor)，可以定义为

$$\boldsymbol{P}=\vee(\boldsymbol{u}_1,\boldsymbol{u}_2,\cdots,\boldsymbol{u}_k)=\boldsymbol{u}_1\vee\boldsymbol{u}_2\vee\cdots\vee\boldsymbol{u}_k \tag{7.1}$$

向量子空间 $\boldsymbol{U}$ 还可以由 $\bar{\boldsymbol{P}}$ 来定义，$\bar{\boldsymbol{P}}$ 称为 $\boldsymbol{P}$ 的支集(support)，标量 k 为扩张子的步数(step)。两个 k 阶扩张子相等当且仅当它们具有相同的支集。

因此，每个向量空间 $\boldsymbol{V}$ 中的子空间 $\boldsymbol{U}$ 都有一个基于 Plücker 坐标向量的具体表达式和一个基于扩张子的具体符号表达式，其中基于 Plücker 坐标向量的具体表达式不需要指定具体坐标系的抽象表达形式。这种向量子空间的抽象表达形式是非常重要的，因为它允许向量子空间使用交集和并集进行符号运算。

$\boldsymbol{V}^{(k)}$ 中的元素不是 k 阶扩张子，而是不能拆解的 k 阶张量，且可以表示为一组 k 阶扩张子的线性组合。非对称的 k 阶扩张子包含了可拆解和不可拆解的 k 阶张

量，其中一个张量是不同步数的 k 阶张量的线性组合。

7.1.2　并集算子

令两个扩张子分别为 $\boldsymbol{A}=\boldsymbol{a}_1\vee\boldsymbol{a}_2\vee\cdots\vee\boldsymbol{a}_k$ 和 $\boldsymbol{B}=\boldsymbol{b}_1\vee\boldsymbol{b}_2\vee\cdots\vee\boldsymbol{b}_j$，则 $\boldsymbol{A}$ 和 $\boldsymbol{B}$ 的并集为一个 $(k+j)$ 阶扩张子：

$$\boldsymbol{A}\vee\boldsymbol{B}=\boldsymbol{a}_1\vee\boldsymbol{a}_2\vee\cdots\vee\boldsymbol{a}_k\vee\boldsymbol{b}_1\vee\boldsymbol{b}_2\vee\cdots\vee\boldsymbol{b}_j \tag{7.2}$$

当向量组 $\boldsymbol{a}_1,\boldsymbol{a}_2,\cdots,\boldsymbol{a}_k$ 与 $\boldsymbol{b}_1,\boldsymbol{b}_2,\cdots,\boldsymbol{b}_j$ 线性相关时，$\boldsymbol{A}\vee\boldsymbol{B}=0$。如果 $\boldsymbol{a}_1,\boldsymbol{a}_2,\cdots,\boldsymbol{a}_k$ 与 $\boldsymbol{b}_1,\boldsymbol{b}_2,\cdots,\boldsymbol{b}_j$ 线性无关，则

$$\overline{\boldsymbol{A}\vee\boldsymbol{B}}=\overline{\boldsymbol{A}}+\overline{\boldsymbol{B}}=\mathrm{span}(\overline{\boldsymbol{A}}\cup\overline{\boldsymbol{B}}) \tag{7.3}$$

表示两个扩张子的并集是其相关向量子空间的和。

并集算子具有反交换性，如果 $\boldsymbol{A}$ 和 $\boldsymbol{B}$ 分别是步数为 k 和 j 的扩张子，则

$$\boldsymbol{A}\vee\boldsymbol{B}=(-1)^{kj}\boldsymbol{B}\vee\boldsymbol{A} \tag{7.4}$$

当定义扩张子的并集时，由于每个张量可以表示为一组扩张子的线性组合，所以张量的并集可以由扩张子的并集推导出。

向量空间 $\mathbf{V}^{(k)}$ 在加法运算下具有封闭性，但在并集算子下并不是封闭的。如果用向量空间 $\mathbf{V}^{(k)}(k=1,2,\cdots,n)$ 来表示从 $\mathbf{V}$ 的向量子空间到另一个向量空间，则可以表示为

$$\Lambda(\mathbf{V})=\mathbf{V}^{(0)}\oplus\mathbf{V}^{(1)}\oplus\cdots\oplus\mathbf{V}^{(n)} \tag{7.5}$$

$\Lambda(\mathbf{V})$ 在并集和加法运算下都封闭。在表达式中，$\mathbf{V}^{(0)}$ 和 $\mathbf{V}^{(n)}$ 都与 $\mathbb{R}$ 一致，区别在于它们的步数分别为 0 和 n。$\Lambda(\mathbf{V})$ 中的元素都是张量，即任意不同步数的扩张子的线性组合。因此，有

$$\dim(\Lambda(\mathbf{V}))=\sum_{k=0}^{n}\binom{n}{k}=2^n \tag{7.6}$$

带有并集算子的向量空间 $\Lambda(\mathbf{V})$ 就是 $\mathbf{V}$ 的外代数（exterior algebra）。根据外代数的符号使用惯例，并集由符号“∧”表示。然而，在本章中使用该符号表示向量空间的交集算子。

并集算子具有如下性质。

(1) 不可交换性，$\boldsymbol{A}\vee\boldsymbol{B}=(-1)^{k}\boldsymbol{B}\vee\boldsymbol{A}$。

(2) 如果 $\overline{\boldsymbol{A}}\cap\overline{\boldsymbol{B}}\neq 0(k+j>n)$，则 $\boldsymbol{A}\vee\boldsymbol{B}=\boldsymbol{B}\vee\boldsymbol{A}=0$。

(3) 如果 $\overline{\boldsymbol{A}}\cap\overline{\boldsymbol{B}}=0(k+j=n)$，则 $\boldsymbol{A}\vee\boldsymbol{B}=[\boldsymbol{A},\boldsymbol{B}]$ 是一个 $\mathbf{V}^{(k)}$ 中的标量。

(4) 如果 $\overline{\boldsymbol{A}}\cap\overline{\boldsymbol{B}}=0(k+j<n)$，则 $\boldsymbol{A}\vee\boldsymbol{B}=\boldsymbol{a}_1\vee\boldsymbol{a}_2\vee\cdots\vee\boldsymbol{a}_k\vee\boldsymbol{b}_1\vee\boldsymbol{b}_2\vee\cdots\vee\boldsymbol{b}_j$ 是一个 $(k+j)$ 阶扩张子。

7.1.3　交集算子

令两个扩张子分别为 $\boldsymbol{A}=\boldsymbol{a}_1\vee\boldsymbol{a}_2\vee\cdots\vee\boldsymbol{a}_k$ 和 $\boldsymbol{B}=\boldsymbol{b}_1\vee\boldsymbol{b}_2\vee\cdots\vee\boldsymbol{b}_j$，且满足条件

$(k+j)\geqslant n$，则$\boldsymbol{A}$ 和$\boldsymbol{B}$ 的交集可以定义为

$$\boldsymbol{A}\wedge\boldsymbol{B}=\sum_{\sigma}\operatorname{sgn}(\sigma)[\boldsymbol{a}_{\sigma(1)},\boldsymbol{a}_{\sigma(2)},\cdots,\boldsymbol{a}_{\sigma(n-j)},\boldsymbol{b}_1,\boldsymbol{b}_2,\cdots,\boldsymbol{b}_j]\times\boldsymbol{a}_{\sigma(n-j+1)}\vee\boldsymbol{a}_{\sigma(n-j+2)}\vee\cdots\vee\boldsymbol{a}_{\sigma(k)}\tag{7.7}$$

式中，"[]"表示行列式运算，并求和运算取σ 在$\{1,2,\cdots,k\}$的所有排列，保证$\sigma(1)<\sigma(2)<\cdots<\sigma(n-j)$和$\sigma(n-j+1)<\sigma(n-j+2)<\cdots<\sigma(k)$。式(7.7)称为混序公式。

若$\boldsymbol{A}\neq 0$ 且$\boldsymbol{B}\neq 0$，则$\bar{\boldsymbol{A}}\cup\bar{\boldsymbol{B}}$ 扩张成$\boldsymbol{V}$，那么有

$$\overline{\boldsymbol{A}\wedge\boldsymbol{B}}=\bar{\boldsymbol{A}}\cap\bar{\boldsymbol{B}}\tag{7.8}$$

表示两个扩张子的交集也是一个扩张子，且为两个相关向量子空间的交集。

交集算子与并集算子一样也具有反交换性。如果$\boldsymbol{A}$ 和$\boldsymbol{B}$ 分别是步数为k 和j 的扩张子，则

$$\boldsymbol{A}\wedge\boldsymbol{B}=(-1)^{(n-k)(n-j)}\boldsymbol{B}\wedge\boldsymbol{A}\tag{7.9}$$

$\vee$和$\wedge$是对偶算子，如果交换$\vee$和$\wedge$，则将$\boldsymbol{V}^{(k)}$和$\boldsymbol{V}^{*(n-k)}$进行交换。在$\boldsymbol{V}$上的 Grassmann-Cayley 代数定义为具有$\vee$和$\wedge$运算的向量空间$\Lambda(\boldsymbol{V})$。这些算子都具有加法上的结合律、分配律和反交换性。

Grassmann-Cayley 代数还具有以下性质：

$$(\boldsymbol{A}\vee\boldsymbol{B})^{*}=\boldsymbol{A}^{*}\wedge\boldsymbol{B}^{*}\tag{7.10}$$

$$(\boldsymbol{A}\wedge\boldsymbol{B})^{*}=\boldsymbol{A}^{*}\vee\boldsymbol{B}^{*}\tag{7.11}$$

如果$\boldsymbol{A}$ 为一个步数为k 的扩张子，则

$$(\boldsymbol{A}^{*})^{*}=(-1)^{k(n-k)}\boldsymbol{A}\tag{7.12}$$

交集算子具有如下性质。

(1) 不可交换性，$\boldsymbol{A}\wedge\boldsymbol{B}=(-1)^{(n-k)(n-j)}\boldsymbol{B}\wedge\boldsymbol{A}$。

(2) 如果$\bar{\boldsymbol{A}}\cup\bar{\boldsymbol{B}}\neq\boldsymbol{V}$，则$\boldsymbol{A}\wedge\boldsymbol{B}=0$。

(3) 如果$\bar{\boldsymbol{A}}\cup\bar{\boldsymbol{B}}=\boldsymbol{V}$ 且$\bar{\boldsymbol{A}}\cap\bar{\boldsymbol{B}}=0(k+j=n)$，则$\boldsymbol{A}\wedge\boldsymbol{B}=[\boldsymbol{A},\boldsymbol{B}]\in\boldsymbol{V}^{(0)}$是一个标量。

(4) 如果$\bar{\boldsymbol{A}}\cup\bar{\boldsymbol{B}}=\boldsymbol{V}$ 且$\bar{\boldsymbol{A}}\cap\bar{\boldsymbol{B}}=0(k+j>n)$，则$\boldsymbol{A}\wedge\boldsymbol{B}$ 是一个$(k+j-n)$阶扩张子。

7.2　Grassmann-Cayley 代数框架下的自由度计算方法

7.2.1　分支运动链和动平台运动空间

令并联机构的第i 个分支运动链上的第u 个运动副的运动螺旋可以表示为一个 6 维向量空间$\boldsymbol{V}$ 中的 Plücker 坐标向量，且这个 Plücker 坐标向量是一个 1 阶扩

张子：

$$L_{i,u}=(\boldsymbol{s},\boldsymbol{r}\times\boldsymbol{s})^{\mathrm{T}} \tag{7.13}$$

式中，$\boldsymbol{s}$ 表示运动副轴线的方向向量；$\boldsymbol{r}$ 表示轴线上任意一点的位置向量。

串联运动支链的相对运动可以使用并集算子来描述。第 i 个分支运动链上所有运动副的运动螺旋并集的支集构成该分支运动链末端的分支运动空间，记为 $\boldsymbol{T}_i$，根据式(7.3)有

$$\begin{aligned}\boldsymbol{T}_i &=\overline{\boldsymbol{L}_i}\\ &=\overline{\boldsymbol{L}_{i,1}\vee\boldsymbol{L}_{i,2}\vee\cdots\vee\boldsymbol{L}_{i,k}}\end{aligned} \tag{7.14}$$

式中，$\boldsymbol{L}_{i,1},\boldsymbol{L}_{i,2},\cdots,\boldsymbol{L}_{i,k}$表示第 i 个分支运动链上各个运动副的扩张子。然而，当 $\boldsymbol{L}_{i,1},\boldsymbol{L}_{i,2},\cdots,\boldsymbol{L}_{i,k}$线性相关时，需要将线性相关项移除后再进行计算。

相应地，并联运动支链的平台或输出运动可以使用交集算子来描述，即拓扑结构为并联的运动支链，其运动空间是所有分支运动链上的分支运动空间的交集。若并联机构具有 n 个分支运动链，根据式(7.14)，每个分支的分支运动空间都可以表示为一个扩张子的支集。由此可以推出所有分支运动空间的交集，即这 n 个扩张子的交集的支集，称为动平台或输出运动空间，记为 $\boldsymbol{T}_{\mathrm{p}}$：

$$\begin{aligned}\boldsymbol{T}_{\mathrm{p}} &=\boldsymbol{T}_1\cap\boldsymbol{T}_2\cap\cdots\cap\boldsymbol{T}_n\\ &=\overline{\boldsymbol{L}}_1\cap\overline{\boldsymbol{L}}_2\cap\cdots\cap\overline{\boldsymbol{L}}_n\\ &=\overline{\boldsymbol{L}_1\wedge\boldsymbol{L}_2\wedge\cdots\wedge\boldsymbol{L}_n}\end{aligned} \tag{7.15}$$

7.2.2 冗余约束

根据 7.1.3 节中交集算子的性质，两个扩张子的交集运算必须满足条件 $\overline{\boldsymbol{A}}\cup\overline{\boldsymbol{B}}=\boldsymbol{V}$。如果 $\overline{\boldsymbol{A}}\cup\overline{\boldsymbol{B}}\neq\boldsymbol{V}$，那么交集算子会得到错误的运算结果。然而，过约束并联机构中的两个或多个分支通常含有冗余约束，根据运动空间和约束空间的对偶特性可以推出第 i 个分支运动链和第$(i+1)$个分支运动链的冗余约束空间，即它们的分支运动空间并集。也就是说，当机构出现冗余约束时，至少有两个分支运动空间的并集不是 $\boldsymbol{V}$，即 $\boldsymbol{T}_i\cup\boldsymbol{T}_{i+1}\neq\boldsymbol{V}$。在这种情况下，混序积用作交集运算会出现错误，因此需要对其进行如下修正。

(1) 当 $\boldsymbol{T}_i\cup\boldsymbol{T}_{i+1}\neq\boldsymbol{V}$ 且 $\boldsymbol{T}_i=\boldsymbol{T}_{i+1}$时，显而易见地有 $\boldsymbol{T}_i\cap\boldsymbol{T}_{i+1}=\boldsymbol{T}_i=\boldsymbol{T}_{i+1}$。

(2) 当 $\boldsymbol{T}_i\cup\boldsymbol{T}_{i+1}\neq\boldsymbol{V}$ 且 $\boldsymbol{T}_i\neq\boldsymbol{T}_{i+1}$时(图 7.1)，$\boldsymbol{T}_i\cap\boldsymbol{T}_{i+1}$在计算时需要进行修正。

为了满足式(7.8)的运用条件 $\boldsymbol{T}_i\cup\boldsymbol{T}_{i+1}=\boldsymbol{V}$，需要对 $\boldsymbol{T}_{i+1}$添加 v 个与 $\boldsymbol{T}_i$ 和 $\boldsymbol{T}_{i+1}$都线性无关的扩张子 $\boldsymbol{L}_{t,1},\boldsymbol{L}_{t,2},\cdots,\boldsymbol{L}_{t,v}$，修正后的 $\boldsymbol{T}_{i+1}$记为 $\boldsymbol{T}'_{i+1}$。此时，虽然对 $\boldsymbol{T}_{i+1}$添加 v 个扩张子，但 $\boldsymbol{T}_i$ 和 $\boldsymbol{T}'_{i+1}$的交集与 $\boldsymbol{T}_i$ 和 $\boldsymbol{T}_{i+1}$的交集一致，如图 7.2 所示。

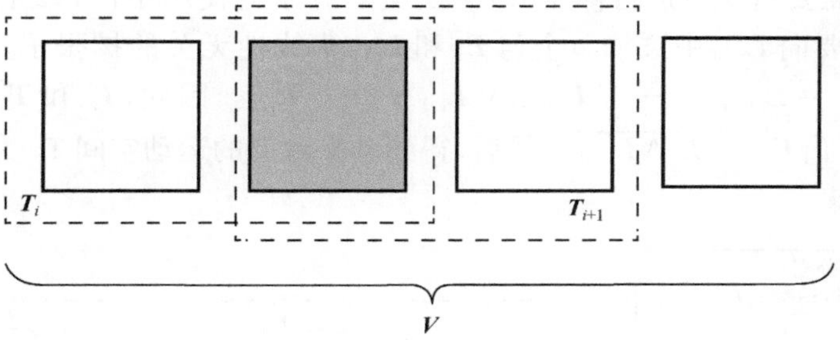

图 7.1　$\boldsymbol{T}_i \cup \boldsymbol{T}_{i+1} \neq \boldsymbol{V}$ 且 $\boldsymbol{T}_i \neq \boldsymbol{T}_{i+1}$

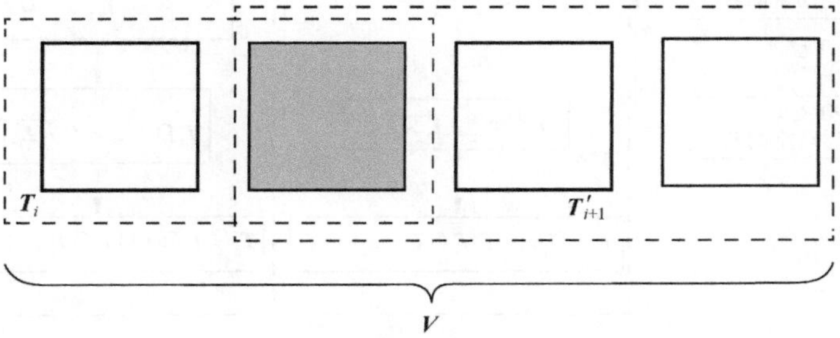

图 7.2　$\boldsymbol{T}_{i+1}$的修正

$\boldsymbol{T}_i$ 和 $\boldsymbol{T}_{i+1}$的交集是 $\boldsymbol{L}_i$ 和 $\boldsymbol{L}_{i+1}$的交集的支集，即 $\boldsymbol{T}_i \cap \boldsymbol{T}_{i+1} = \overline{\boldsymbol{L}_i \wedge \boldsymbol{L}_{i+1}}$。若 $\boldsymbol{L}_i$ 是一个 k 阶扩张子，$\boldsymbol{L}_{i+1}$是一个 j 阶扩张子，则 $\boldsymbol{L}_i \vee \boldsymbol{L}_{i+1}$是一个 r 阶扩张子($r<6$)，此时还需要 v 个与 $\boldsymbol{L}_i$ 和 $\boldsymbol{L}_{i+1}$都线性无关的扩张子，且

$$v = 6 - r \tag{7.16}$$

这 v 个扩张子可以表示为 $\boldsymbol{L}_{t,1}, \boldsymbol{L}_{t,2}, \cdots, \boldsymbol{L}_{t,v}$。因此，修正后的 $\boldsymbol{L}_{i+1}$记为 $\boldsymbol{L}'_{i+1}$，它的支集是 $\boldsymbol{T}'_{i+1}$：

$$\begin{aligned} \boldsymbol{T}'_{i+1} &= \overline{\boldsymbol{L}'_{i+1}} \\ &= \overline{\boldsymbol{L}_{i+1,1} \vee \cdots \vee \boldsymbol{L}_{i+1,j} \vee \boldsymbol{L}_{t,1} \vee \cdots \vee \boldsymbol{L}_{t,v}} \end{aligned} \tag{7.17}$$

修正后，$\boldsymbol{T}_i$ 和 $\boldsymbol{T}'_{i+1}$可以满足交集算子的使用条件 $\boldsymbol{T}_i \cup \boldsymbol{T}_{i+1} = \boldsymbol{V}$。由此，$\boldsymbol{T}_i$ 和 $\boldsymbol{T}'_{i+1}$的交集为

$$\boldsymbol{T}_i \cap \boldsymbol{T}_{i+1} = \boldsymbol{T}_i \cap \boldsymbol{T}'_{i+1} = \overline{\boldsymbol{L}_i \wedge \boldsymbol{L}'_{i+1}} \tag{7.18}$$

7.2.3　Grassmann-Cayley 代数法自由度计算流程

综上所述，Grassmann-Cayley 代数法的自由度计算流程如图 7.3 所示。

首先，第 i 个分支运动链上的分支运动空间 $\boldsymbol{T}_i$ 可以由扩张子和并集算子共同构造。然后，对 $\boldsymbol{T}_i$ 和 $\boldsymbol{T}_{i+1}$的并集进行评估，若 $\boldsymbol{T}_i \cup \boldsymbol{T}_{i+1} = \boldsymbol{V}$，则可以直接利用交集算子进行计算，动平台上的运动空间 $\boldsymbol{T}_{\mathrm{p}}$ 为所有分支运动空间的交集；若 $\boldsymbol{T}_i \cup$

$\boldsymbol{T}_{i+1} \neq \boldsymbol{V}$，则需要对 $\boldsymbol{T}_{i+1}$ 进行修正，以满足交集算子的使用条件，修正后的 $\boldsymbol{T}_{i+1}$ 记为 $\boldsymbol{T}'_{i+1}$。需要向 $\boldsymbol{L}_{i+1}$ 中添加 v 个与 $\boldsymbol{L}_i$ 和 $\boldsymbol{L}_{i+1}$ 都线性无关的扩张子，此时可以记为 $\boldsymbol{L}'_{i+1}$，$\boldsymbol{L}'_{i+1} = \boldsymbol{L}_{i+1,1} \vee \cdots \vee \boldsymbol{L}_{i+1,j} \vee \boldsymbol{L}_{t,1} \vee \cdots \vee \boldsymbol{L}_{t,v}$。因此，$\boldsymbol{T}_i$ 和 $\boldsymbol{T}'_{i+1}$ 的交集为 $\boldsymbol{T}_i \cap \boldsymbol{T}_{i+1} = \boldsymbol{T}_i \cap \boldsymbol{T}'_{i+1} = \overline{\boldsymbol{L}_i \wedge \boldsymbol{L}'_{i+1}}$。最后，得到动平台上的运动空间 $\boldsymbol{T}_{\mathrm{p}}$ 为所有分支运动空间的交集。

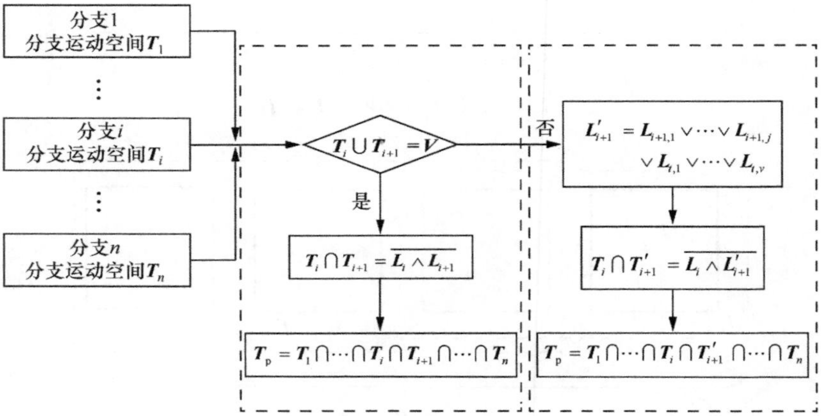

图 7.3　Grassmann-Cayley 代数法的自由度计算流程

7.3　算例 1：Sarrus 机构自由度计算

图 7.4 所示的 Sarrus 机构为最典型的过约束并联机构。Sarrus 机构具有两个平行的平面，其中一个固定可以看成定平台，另一个看成动平台，且两者都是正方形。定平台和动平台由两个相同构造的分支相连，每一个分支具有三个轴线平行的转动副。建立如图 7.4 所示的固定坐标系 O-XYZ，其中 X 轴与分支 1 的铰链轴线重合，Y 轴与分支 2 的铰链轴线重合，Z 轴朝上。

第 1 个分支运动链上各个运动副的运动螺旋为

$$
\begin{aligned}
\boldsymbol{L}_{1,1} &= (1,\ 0,\ 0,\ 0,\ 0,\ 0)^{\mathrm{T}} \\
\boldsymbol{L}_{1,2} &= (1,\ 0,\ 0,\ 0,\ a_1,\ b_1)^{\mathrm{T}} \\
\boldsymbol{L}_{1,3} &= (1,\ 0,\ 0,\ 0,\ a_2,\ b_2)^{\mathrm{T}}
\end{aligned}
\tag{7.19}
$$

式中，a_i 和 b_i 为线矩的标量参数，$i=1,2$。

相似地，第 2 个分支运动链的运动螺旋为

$$
\begin{aligned}
\boldsymbol{L}_{2,1} &= (0,\ 1,\ 0,\ 0,\ 0,\ 0)^{\mathrm{T}} \\
\boldsymbol{L}_{2,2} &= (0,\ 1,\ 0,\ c_1,\ 0,\ d_1)^{\mathrm{T}} \\
\boldsymbol{L}_{2,3} &= (0,\ 1,\ 0,\ c_2,\ 0,\ d_2)^{\mathrm{T}}
\end{aligned}
\tag{7.20}
$$

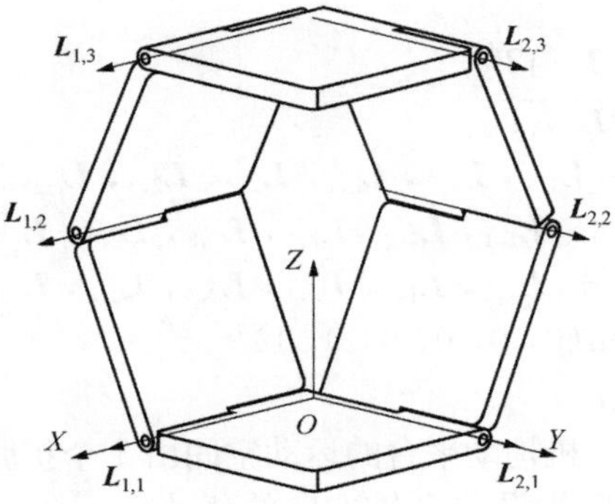

图 7.4　Sarrus 机构

式中，c_i 和 d_i 为线矩的标量参数，$i=1,2$。

分支运动链末端的运动子空间可以使用并集运算表示，即

$$\begin{aligned}\boldsymbol{T}_1 &= \overline{\boldsymbol{L}_{1,1} \vee \boldsymbol{L}_{1,2} \vee \boldsymbol{L}_{1,3}} \\ &= \overline{(1,\ 0,\ 0,\ 0,\ 0,\ 0)^{\mathrm{T}} \vee (1,\ 0,\ 0,\ 0,\ a_1,\ b_1)^{\mathrm{T}} \vee (1,\ 0,\ 0,\ 0,\ a_2,\ b_2)^{\mathrm{T}}} \\ &= \overline{(1,\ 0,\ 0,\ 0,\ 0,\ 0)^{\mathrm{T}} \vee (0,\ 0,\ 0,\ 0,\ 1,\ 0)^{\mathrm{T}} \vee (0,\ 0,\ 0,\ 0,\ 0,\ 1)^{\mathrm{T}}}\end{aligned} \tag{7.21}$$

$$\begin{aligned}\boldsymbol{T}_2 &= \overline{\boldsymbol{L}_{2,1} \vee \boldsymbol{L}_{2,2} \vee \boldsymbol{L}_{2,3}} \\ &= \overline{(0,\ 1,\ 0,\ 0,\ 0,\ 0)^{\mathrm{T}} \vee (0,\ 1,\ 0,\ c_1,\ 0,\ d_1)^{\mathrm{T}} \vee (0,\ 1,\ 0,\ c_2,\ 0,\ d_2)^{\mathrm{T}}} \\ &= \overline{(0,\ 1,\ 0,\ 0,\ 0,\ 0)^{\mathrm{T}} \vee (0,\ 0,\ 0,\ 1,\ 0,\ 0)^{\mathrm{T}} \vee (0,\ 0,\ 0,\ 0,\ 0,\ 1)^{\mathrm{T}}}\end{aligned} \tag{7.22}$$

$\boldsymbol{T}_1$ 和 $\boldsymbol{T}_2$ 的和为

$$\begin{aligned}\boldsymbol{T}_1 \cup \boldsymbol{T}_2 &= \overline{\boldsymbol{L}_1 \vee \boldsymbol{L}_2} \\ &= \overline{\boldsymbol{L}_{1,1} \vee \boldsymbol{L}_{1,2} \vee \boldsymbol{L}_{1,3} \vee \boldsymbol{L}_{2,1} \vee \boldsymbol{L}_{2,2} \vee \boldsymbol{L}_{2,3}} \\ &= \overline{(1,\ 0,\ 0,\ 0,\ 0,\ 0)^{\mathrm{T}} \vee (0,\ 1,\ 0,\ 0,\ 0,\ 0)^{\mathrm{T}} \vee (0,\ 0,\ 0,\ 1,\ 0,\ 0)^{\mathrm{T}}} \\ &\quad \overline{\vee (0,\ 0,\ 0,\ 0,\ 1,\ 0)^{\mathrm{T}} \vee (0,\ 0,\ 0,\ 0,\ 0,\ 1)^{\mathrm{T}}}\end{aligned} \tag{7.23}$$

表明 $\boldsymbol{T}_1 \cup \boldsymbol{T}_2 \neq \boldsymbol{V}$。

此时，如果直接使用交集算子，则会得到错误结果：

$$\begin{aligned}\boldsymbol{L}_{12} &= \boldsymbol{L}_1 \wedge \boldsymbol{L}_2 \\ &= [\boldsymbol{L}_{1,1},\ \boldsymbol{L}_{1,2},\ \boldsymbol{L}_{1,3},\ \boldsymbol{L}_{2,1},\ \boldsymbol{L}_{2,2},\ \boldsymbol{L}_{2,3}] \\ &= 0\end{aligned} \tag{7.24}$$

根据 7.2 节，需要向 $\boldsymbol{L}_2$ 中添加 v 个线性无关的扩张子，$v=6-r=6-5=1$，这个线性无关项为 $\boldsymbol{L}_t=(0,\ 0,\ 1,\ 0,\ 0,\ 0)^{\mathrm{T}}$。因此，修正后的 $\boldsymbol{L}_2$ 为 $\boldsymbol{L}'_2$，$\boldsymbol{L}'_2=\boldsymbol{L}_{2,1} \vee \boldsymbol{L}_{2,2} \vee \boldsymbol{L}_{2,3} \vee \boldsymbol{L}_t$。动平台上的运动空间可以通过对 $\boldsymbol{T}_1$ 和 $\boldsymbol{T}'_2$ 使用交集算子得

到,即

$$\begin{aligned}\boldsymbol{T}_{\mathrm{p}} &= \boldsymbol{T}_1 \cap \boldsymbol{T}_2' \\ &= \overline{\boldsymbol{L}_1 \wedge \boldsymbol{L}_2'} \\ &= [\boldsymbol{L}_{1,1},\ \boldsymbol{L}_{1,2},\ \boldsymbol{L}_{2,1},\ \boldsymbol{L}_{2,2},\ \boldsymbol{L}_{2,3},\ \boldsymbol{L}_t] \times \boldsymbol{L}_{1,3} \\ &\quad - [\boldsymbol{L}_{1,1},\ \boldsymbol{L}_{1,3},\ \boldsymbol{L}_{2,1},\ \boldsymbol{L}_{2,2},\ \boldsymbol{L}_{2,3},\ \boldsymbol{L}_t] \times \boldsymbol{L}_{1,2} \\ &\quad + [\boldsymbol{L}_{1,2},\ \boldsymbol{L}_{1,3},\ \boldsymbol{L}_{2,1},\ \boldsymbol{L}_{2,2},\ \boldsymbol{L}_{2,3},\ \boldsymbol{L}_t] \times \boldsymbol{L}_{1,1} \\ &= a(0,\ 0,\ 0,\ 0,\ 0,\ 1)^{\mathrm{T}}\end{aligned} \tag{7.25}$$

式中,a 为一个标量系数。

式(7.25)表示 Sarrus 机构动平台的运动空间由 1 个扩张子$(0,\ 0,\ 0,\ 0,\ 0,\ 1)^{\mathrm{T}}$张成,其具有 1 个自由度,为沿着 Z 轴方向的移动。

7.4 算例 2:2UPR-2RPU 并联机构自由度计算

图 7.5(a)所示为 2UPR-2RPU 并联机构,其每个分支运动链都由一个 U 副、一个 P 副和一个 R 副共同构成,其中 UPR 分支通过 U 副与定平台相连接,RPU 分支通过 R 副与定平台相连接,每个运动副的中心点分别由 A_i 和 B_i($i=1,\ 2,\ 3,\ 4$)表示。2UPR-2RPU 并联机构的简图如图 7.5(b)所示,平行四边形 $B_1B_3B_2B_4$ 是一个菱形,其中心点为 O,且有 $|OB_1|=|OB_2|=d_1$,$|OB_3|=|OB_4|=d_2$。相似地,平行四边形 $A_1A_3A_2A_4$ 也是一个菱形,其中心点为 o。建立如图 7.5(b)所示的固定坐标系 $O\text{-}XYZ$,其中 X 轴与 B_3B_4 重合,Y 轴与 B_1B_2 重合,Z 轴朝下。点 A_1、A_2、A_3、A_4、B_1、B_2、B_3、B_4 在固定坐标系下分别为 $A_1=(x_{A_1},y_{A_1},z_{A_1})$、$A_2=(x_{A_2},y_{A_2},z_{A_2})$、$A_3=(x_{A_3},y_{A_3},z_{A_3})$、$A_4=(x_{A_4},y_{A_4},z_{A_4})$、$B_1=(0,\ -d_1,\ 0)$、$B_2=(0,\ d_1,\ 0)$、$B_3=(-d_2,\ 0,\ 0)$、$B_4=(d_2,\ 0,\ 0)$。

第 1 个分支运动链上各个运动副的运动螺旋为

$$\begin{aligned}\boldsymbol{L}_{1,1} &= (0,\ 1,\ 0,\ 0,\ 0,\ 0)^{\mathrm{T}} \\ \boldsymbol{L}_{1,2} &= (l_{12},\ 0,\ n_{12},\ -d_1n_{12},\ 0,\ d_1l_{12})^{\mathrm{T}} \\ \boldsymbol{L}_{1,3} &= (0,\ 0,\ 0,\ n_{12},\ m_{13},\ -l_{12})^{\mathrm{T}} \\ \boldsymbol{L}_{1,4} &= (l_{12},\ 0,\ n_{12},\ n_{12}y_{A_1},\ l_{12}z_{A_1}-n_{12}x_{A_1},\ -l_{12}y_{A_1})^{\mathrm{T}}\end{aligned} \tag{7.26}$$

式中,l_{iu}、m_{iu}、n_{iu}分别表示第 i 个分支上第 u 个运动螺旋的方向余弦,$i,u=1,2,3,4$。

相似地,第 2 个、第 3 个和第 4 个分支运动链上各个运动副的运动螺旋分别为

$$\begin{aligned}\boldsymbol{L}_{2,1} &= (0,\ 1,\ 0,\ 0,\ 0,\ 0)^{\mathrm{T}} \\ \boldsymbol{L}_{2,2} &= (l_{12},\ 0,\ n_{12},\ d_1n_{12},\ 0,\ -d_1l_{12})^{\mathrm{T}} \\ \boldsymbol{L}_{2,3} &= (0,\ 0,\ 0,\ n_{12},\ m_{13},\ -l_{12})^{\mathrm{T}} \\ \boldsymbol{L}_{2,4} &= (l_{12},\ 0,\ n_{12},\ n_{12}y_{A_2},\ l_{12}z_{A_2}-n_{12}x_{A_2},\ -l_{12}y_{A_2})^{\mathrm{T}}\end{aligned} \tag{7.27}$$

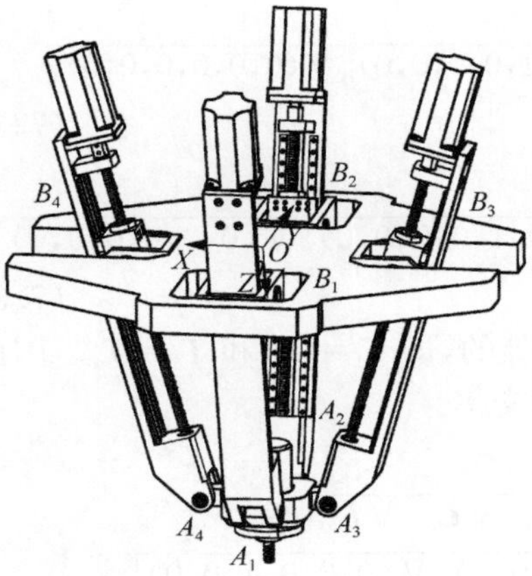

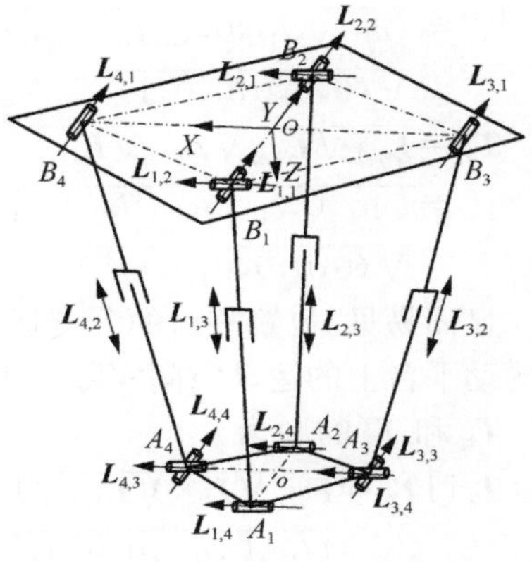

图 7.5　2UPR-2RPU 并联机构

$$
\begin{aligned}
&\boldsymbol{L}_{3,1}=(0,\ 1,\ 0,\ -z_{A_3},\ 0,\ x_{A_3})^{\mathrm{T}}\\
&\boldsymbol{L}_{3,2}=(l_{12},\ 0,\ n_{12},\ y_{A_3}n_{12},\ z_{A_3}l_{12}-x_{A_3}n_{12},\ y_{A_3}l_{12})^{\mathrm{T}}\\
&\boldsymbol{L}_{3,3}=(0,\ 0,\ 0,\ l_{33},\ 0,\ n_{33})^{\mathrm{T}}\\
&\boldsymbol{L}_{3,4}=(0,\ 1,\ 0,\ 0,\ 0,\ 0,\ -d_2)^{\mathrm{T}}
\end{aligned}
\tag{7.28}
$$

$$
\begin{aligned}
&\boldsymbol{L}_{4,1}=(0,\ 1,\ 0,\ -z_{A_4},\ 0,\ x_{A_4})^{\mathrm{T}}\\
&\boldsymbol{L}_{4,2}=(l_{12},\ 0,\ n_{12},\ y_{A_4}n_{12},\ z_{A_4}l_{12}-x_{A_4}n_{12},\ -y_{A_4}l_{12})^{\mathrm{T}}\\
&\boldsymbol{L}_{4,3}=(0,\ 0,\ 0,\ l_{33},\ 0,\ n_{33})^{\mathrm{T}}\\
&\boldsymbol{L}_{4,4}=(0,\ 1,\ 0,\ 0,\ 0,\ 0,\ d_2)^{\mathrm{T}}
\end{aligned}
\tag{7.29}
$$

第 1 个分支的分支运动空间可以通过并集算子得到，即

$$
\begin{aligned}
\boldsymbol{T}_1 &=\overline{\boldsymbol{L}_{1,1}\vee\boldsymbol{L}_{1,2}\vee\boldsymbol{L}_{1,3}\vee\boldsymbol{L}_{1,4}}\\
&=\overline{(0,1,0,0,0,0)^{\mathrm{T}}\vee(l_{12},0,n_{12},-d_1n_{12},0,d_1l_{12})^{\mathrm{T}}\vee(0,0,0,n_{12},m_{13},-l_{12})^{\mathrm{T}}}\\
&\quad\overline{\vee(l_{12},0,n_{12},n_{12}y_{A_1},l_{12}z_{A_1}-n_{12}x_{A_1},-l_{12}y_{A_1})^{\mathrm{T}}}\\
&=\overline{(l_{12},0,n_{12},0,0,0)^{\mathrm{T}}\vee(0,1,0,0,0,0)^{\mathrm{T}}\vee(0,0,0,n_{12},0,-l_{12})^{\mathrm{T}}}\\
&\quad\overline{\vee(0,0,0,0,1,0)^{\mathrm{T}}}
\end{aligned}
\tag{7.30}
$$

相似地，其他三个分支的分支运动空间为

$$
\begin{aligned}
\boldsymbol{T}_2 &=\overline{\boldsymbol{L}_{2,1}\vee\boldsymbol{L}_{2,2}\vee\boldsymbol{L}_{2,3}\vee\boldsymbol{L}_{2,4}}\\
&=\overline{(l_{12},0,n_{12},0,0,0)^{\mathrm{T}}\vee(0,1,0,0,0,0)^{\mathrm{T}}\vee(0,0,0,n_{12},0,-l_{12})^{\mathrm{T}}}\\
&\quad\overline{\vee(0,0,0,0,1,0)^{\mathrm{T}}}
\end{aligned}
\tag{7.31}
$$

$$\begin{aligned}\boldsymbol{T}_3 &= \overline{\boldsymbol{L}_{3,1}\vee\boldsymbol{L}_{3,2}\vee\boldsymbol{L}_{3,3}\vee\boldsymbol{L}_{3,4}}\\ &= \overline{(n_{12},0,l_{12},0,z_{A_3}l_{12}-x_{A_3}n_{12},0)^{\mathrm{T}}\vee(0,1,0,0,0,0)^{\mathrm{T}}\vee(0,0,0,0,0,0)^{\mathrm{T}}}\\ &\quad \overline{\vee(0,0,0,0,0,1)^{\mathrm{T}}}\end{aligned} \tag{7.32}$$

$$\begin{aligned}\boldsymbol{T}_4 &= \overline{\boldsymbol{L}_{4,1}\vee\boldsymbol{L}_{4,2}\vee\boldsymbol{L}_{4,3}\vee\boldsymbol{L}_{4,4}}\\ &= \overline{(n_{12},0,l_{12},0,z_{A_3}l_{12}-x_{A_3}n_{12},0)^{\mathrm{T}}\vee(0,1,0,0,0,0)^{\mathrm{T}}\vee(0,0,0,0,0,0)^{\mathrm{T}}}\\ &\quad \overline{\vee(0,0,0,0,0,1)^{\mathrm{T}}}\end{aligned} \tag{7.33}$$

显而易见,位置相对的分支运动空间是相等的,即 $\boldsymbol{T}_1=\boldsymbol{T}_2$ 和 $\boldsymbol{T}_3=\boldsymbol{T}_4$。因此,机构动平台上的运动空间实际上为 $\boldsymbol{T}_1$ 和 $\boldsymbol{T}_3$ 的交集。

$\boldsymbol{T}_1$ 和 $\boldsymbol{T}_3$ 的和为

$$\begin{aligned}\boldsymbol{T}_1\cup\boldsymbol{T}_3 &= \overline{\boldsymbol{L}_{1,1}\vee\boldsymbol{L}_{1,2}\vee\boldsymbol{L}_{1,3}\vee\boldsymbol{L}_{1,4}\vee\boldsymbol{L}_{3,1}\vee\boldsymbol{L}_{3,2}\vee\boldsymbol{L}_{3,3}\vee\boldsymbol{L}_{3,4}}\\ &= \overline{(l_{12},0,n_{12},0,0,0)^{\mathrm{T}}\vee(0,1,0,0,0,0)^{\mathrm{T}}\vee(0,0,0,1,0,0)^{\mathrm{T}}}\\ &\quad \overline{\vee(0,0,0,0,1,0)^{\mathrm{T}}\vee(0,0,0,0,0,1)^{\mathrm{T}}}\end{aligned} \tag{7.34}$$

这意味着 $\boldsymbol{T}_1\cup\boldsymbol{T}_3\neq\boldsymbol{V}$。如果此时直接使用交集算子,则会得到错误结果。因此,需要向 $\boldsymbol{L}_3$ 中添加 v 个线性无关的扩张子,$v=6-r=6-5=1$,这个线性无关项为$\boldsymbol{L}_t=(n_{12},0,-l_{12},0,0,0)^{\mathrm{T}}$。$\boldsymbol{L}_1$ 和修正后的 $\boldsymbol{L}_3$(即 L'_3)的交集可以使用交集算子,得到

$$\begin{aligned}\boldsymbol{L}_{13} &= \boldsymbol{L}_1\wedge\boldsymbol{L}'_3\\ &= [\boldsymbol{L}_{1,1},\boldsymbol{L}_{3,1},\boldsymbol{L}_{3,2},\boldsymbol{L}_{3,3},\boldsymbol{L}_{3,4},\boldsymbol{L}_t]\times\boldsymbol{L}_{1,2}\vee\boldsymbol{L}_{1,3}\vee\boldsymbol{L}_{1,4}\\ &\quad -[\boldsymbol{L}_{1,2},\boldsymbol{L}_{3,1},\boldsymbol{L}_{3,2},\boldsymbol{L}_{3,3},\boldsymbol{L}_{3,4},\boldsymbol{L}_t]\times\boldsymbol{L}_{1,1}\vee\boldsymbol{L}_{1,3}\vee\boldsymbol{L}_{1,4}\\ &\quad +[\boldsymbol{L}_{1,3},\boldsymbol{L}_{3,1},\boldsymbol{L}_{3,2},\boldsymbol{L}_{3,3},\boldsymbol{L}_{3,4},\boldsymbol{L}_t]\times\boldsymbol{L}_{1,1}\vee\boldsymbol{L}_{1,2}\vee\boldsymbol{L}_{1,4}\\ &\quad -[\boldsymbol{L}_{1,4},\boldsymbol{L}_{3,1},\boldsymbol{L}_{3,2},\boldsymbol{L}_{3,3},\boldsymbol{L}_{3,4},\boldsymbol{L}_t]\times\boldsymbol{L}_{1,1}\vee\boldsymbol{L}_{1,2}\vee\boldsymbol{L}_{1,3}\\ &= a(l_{12},0,n_{12},0,z_{A_3}l_{12}-x_{A_3}n_{12},0)^{\mathrm{T}}\vee(0,1,0,0,0,0)^{\mathrm{T}}\\ &\quad \vee(0,0,0,n_{12},0,-l_{12})^{\mathrm{T}}\end{aligned} \tag{7.35}$$

式中,a 是一个可以被忽略的标量系数。

动平台的运动空间可以表示为 $\boldsymbol{L}_{13}$的支集,即

$$\begin{aligned}\boldsymbol{T}_{\mathrm{p}} &= \overline{\boldsymbol{L}}_{13}\\ &= \overline{(l_{12},0,n_{12},0,z_{A_3}l_{12}-x_{A_3}n_{12},0)^{\mathrm{T}}\vee(0,1,0,0,0,0)^{\mathrm{T}}\vee(0,0,0,n_{12},0,-l_{12})^{\mathrm{T}}}\end{aligned} \tag{7.36}$$

表示 2UPR-2RPU 并联机构动平台的运动空间 $\boldsymbol{T}_{\mathrm{p}}$ 由一个 3 阶扩张子张成,其中,$(l_{12},0,n_{12},0,z_{A_3}l_{12}-x_{A_3}n_{12},0)^{\mathrm{T}}$ 为一个轴线与 A_3A_4 重合的转动自由度;$(0,1,0,0,0,0)^{\mathrm{T}}$ 为一个轴线与 Y 轴重合的转动自由度;$(0,0,0,n_{12},0,-l_{12})^{\mathrm{T}}$ 为一个沿着 Oo 方向的移动自由度。

综上所述,2UPR-2RPU 并联机构一共有三个自由度。同时,该结果显示 2UPR-2RPU 并联机构的自由度与 2-UPR-RPU 并联机构的自由度相同,这是因为 2UPR-2RPU 并联机构是向 2-UPR-RPU 并联机构中多添加一个 RPU 分支的冗余并联机构。

7.5　算例 3:3-PRRR 并联机构自由度计算

图 7.6 所示的 3-PRRR 并联机构具有三个相同的 PRRR 分支运动链,其中第 1 个 R 副与定平台相连,第 3 个 R 副与动平台相连。$A_i(i=1,2,3)$表示第 i 个分支运动链第 1 个 R 副的中心点,$M_i(i=1,2,3)$表示第 i 个分支运动链第 2 个 R 副的中心点,$B_i(i=1,2,3)$表示第 i 个分支运动链中第 3 个 R 副的中心点。建立如图 7.6 所示的固定坐标系 O-XYZ,其中 X 轴与第 1 个分支运动链的第 1 个 R 副轴线重合,Y 轴与第 2 个分支运动链的第 1 个 R 副轴线重合,Z 轴与第 3 个分支运动链的第 1 个 R 副轴线重合。点 A_1、A_2、A_3、M_1、M_2、M_3、B_1、B_2、B_3 在固定坐标系下的位置向量如表 7.1 所示。

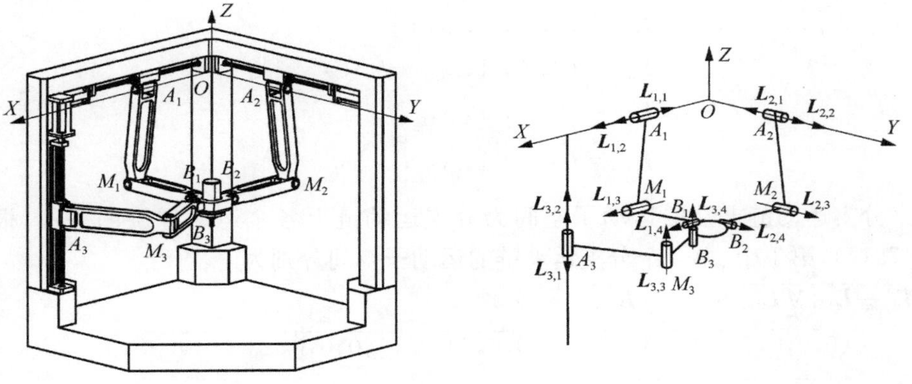

(a)　(b)

图 7.6　3-PRRR 并联机构

表 7.1　固定坐标系下的位置向量(3-PRRR 并联机构)

定坐标系原点到点的向量	点的位置向量
$\boldsymbol{OA}_1$	$(d_1,0,0)^{\mathrm{T}}$
$\boldsymbol{OA}_2$	$(0,d_2,0)^{\mathrm{T}}$
$\boldsymbol{OA}_3$	$(h,0,-d_3)^{\mathrm{T}}$
$\boldsymbol{OM}_1$	$(d_1,y_{M_1},z_{M_1})^{\mathrm{T}}$
$\boldsymbol{OM}_2$	$(x_{M_2},d_2,z_{M_2})^{\mathrm{T}}$
$\boldsymbol{OM}_3$	$(x_{M_3},y_{M_3},-d_3)^{\mathrm{T}}$
$\boldsymbol{OB}_1$	$(d_1,y_{B_1},z_{B_1})^{\mathrm{T}}$
$\boldsymbol{OB}_2$	$(x_{B_2},d_2,z_{B_2})^{\mathrm{T}}$
$\boldsymbol{OB}_3$	$(x_{B_3},y_{B_3},-d_3)^{\mathrm{T}}$

第 1 个分支运动链上各个运动副的运动螺旋为

$$
\begin{aligned}
\boldsymbol{L}_{1,1} &= (0,\ 0,\ 0,\ 1,\ 0,\ 0)^{\mathrm{T}} \\
\boldsymbol{L}_{1,2} &= (1,\ 0,\ 0,\ 0,\ 0,\ 0)^{\mathrm{T}} \\
\boldsymbol{L}_{1,3} &= (1,\ 0,\ 0,\ 0,\ z_{M_1},\ -y_{M_1})^{\mathrm{T}} \\
\boldsymbol{L}_{1,4} &= (1,\ 0,\ 0,\ 0,\ z_{B_1},\ -y_{B_1})^{\mathrm{T}}
\end{aligned}
\tag{7.37}
$$

相似地，第 2 个分支运动链和第 3 个分支运动链的运动螺旋为

$$
\begin{aligned}
\boldsymbol{L}_{2,1} &= (0,\ 0,\ 0,\ 0,\ 1,\ 0)^{\mathrm{T}} \\
\boldsymbol{L}_{2,2} &= (0,\ 1,\ 0,\ 0,\ 0,\ 0)^{\mathrm{T}} \\
\boldsymbol{L}_{2,3} &= (0,\ 1,\ 0,\ -z_{M_2},\ 0,\ x_{M_2})^{\mathrm{T}} \\
\boldsymbol{L}_{2,4} &= (0,\ 1,\ 0,\ -z_{B_2},\ 0,\ x_{B_2})^{\mathrm{T}}
\end{aligned}
\tag{7.38}
$$

$$
\begin{aligned}
\boldsymbol{L}_{3,1} &= (0,\ 0,\ 0,\ 0,\ 0,\ 1)^{\mathrm{T}} \\
\boldsymbol{L}_{3,2} &= (0,\ 0,\ 1,\ 0,\ -h,\ 0)^{\mathrm{T}} \\
\boldsymbol{L}_{3,3} &= (0,\ 0,\ 1,\ y_{M_3},\ -x_{M_3},\ 0)^{\mathrm{T}} \\
\boldsymbol{L}_{3,4} &= (0,\ 0,\ 1,\ y_{B_3},\ -x_{B_3},\ 0)^{\mathrm{T}}
\end{aligned}
\tag{7.39}
$$

分支运动链末端的运动子空间为分支运动链上各个运动螺旋的并集，根据式(7.14)，第 1 个、第 2 个分支运动链的运动子空间分别为

$$
\begin{aligned}
\boldsymbol{T}_1 &= \overline{\boldsymbol{L}_{1,1} \vee \boldsymbol{L}_{1,2} \vee \boldsymbol{L}_{1,3} \vee \boldsymbol{L}_{1,4}} \\
&= \overline{(0,0,0,1,0,0)^{\mathrm{T}} \vee (1,0,0,0,0,0)^{\mathrm{T}} \vee (1,0,0,0,z_{M_1},-y_{M_1})^{\mathrm{T}}} \\
&\quad \overline{\vee (1,0,0,0,z_{B_1},-y_{B_1})^{\mathrm{T}}} \\
&= \overline{(1,0,0,0,0,0)^{\mathrm{T}} \vee (0,0,0,1,0,0)^{\mathrm{T}} \vee (0,0,0,0,1,0)^{\mathrm{T}} \vee (0,0,0,0,0,1)^{\mathrm{T}}}
\end{aligned}
\tag{7.40}
$$

$$
\begin{aligned}
\boldsymbol{T}_2 &= \overline{\boldsymbol{L}_{2,1} \vee \boldsymbol{L}_{2,2} \vee \boldsymbol{L}_{2,3} \vee \boldsymbol{L}_{2,4}} \\
&= \overline{(0,0,0,0,1,0)^{\mathrm{T}} \vee (0,1,0,0,0,0)^{\mathrm{T}} \vee (0,1,0,-z_{M_2},0,x_{M_2})^{\mathrm{T}}} \\
&\quad \overline{\vee (0,1,0,-z_{B_2},0,x_{B_2})^{\mathrm{T}}} \\
&= \overline{(0,1,0,0,0,0)^{\mathrm{T}} \vee (0,0,0,1,0,0)^{\mathrm{T}} \vee (0,0,0,0,1,0)^{\mathrm{T}} \vee (0,0,0,0,0,1)^{\mathrm{T}}}
\end{aligned}
\tag{7.41}
$$

$\boldsymbol{T}_1$ 和 $\boldsymbol{T}_2$ 的并集为

$$
\begin{aligned}
\boldsymbol{T}_1 \cup \boldsymbol{T}_2 &= \overline{\boldsymbol{L}_1 \vee \boldsymbol{L}_2} \\
&= \overline{\boldsymbol{L}_{1,1} \vee \boldsymbol{L}_{1,2} \vee \boldsymbol{L}_{1,3} \vee \boldsymbol{L}_{1,4} \vee \boldsymbol{L}_{2,1} \vee \boldsymbol{L}_{2,2} \vee \boldsymbol{L}_{2,3} \vee \boldsymbol{L}_{2,4}} \\
&= \overline{(1,0,0,0,0,0)^{\mathrm{T}} \vee (0,1,0,0,0,0)^{\mathrm{T}} \vee (0,0,0,1,0,0)^{\mathrm{T}}} \\
&= \overline{\vee (0,0,0,0,1,0)^{\mathrm{T}} \vee (0,0,0,0,0,1)^{\mathrm{T}}}
\end{aligned}
\tag{7.42}
$$

由于式(7.40)和式(7.41)满足条件 $\boldsymbol{T}_1 \cup \boldsymbol{T}_2 \neq \boldsymbol{V}$ 且 $\boldsymbol{T}_1 \neq \boldsymbol{T}_2$，需要对 $\boldsymbol{L}_2$ 添加 v_1 个线性无关项，$v_1=6-5=1$，且这个线性无关项为 $\boldsymbol{L}_{t,1}=(0,\ 0,\ 1,\ 0,\ 0,\ 0)^{\mathrm{T}}$。此时，$\boldsymbol{L}_1$ 和修正后的 $\boldsymbol{L}_2$(即 L_2')的交集为

$$
\begin{aligned}
\boldsymbol{L}_{12} &= \boldsymbol{L}_1 \wedge \boldsymbol{L}_2' \\
&= [\boldsymbol{L}_{1,1},\ \boldsymbol{L}_{2,1},\ \boldsymbol{L}_{2,2},\ \boldsymbol{L}_{2,3},\ \boldsymbol{L}_{2,4},\ \boldsymbol{L}_{t,1}] \times \boldsymbol{L}_{1,2} \vee \boldsymbol{L}_{1,3} \vee \boldsymbol{L}_{1,4} \\
&\quad - [\boldsymbol{L}_{1,2},\ \boldsymbol{L}_{2,1},\ \boldsymbol{L}_{2,2},\ \boldsymbol{L}_{2,3},\ \boldsymbol{L}_{2,4},\ \boldsymbol{L}_{t,1}] \times \boldsymbol{L}_{1,1} \vee \boldsymbol{L}_{1,3} \vee \boldsymbol{L}_{1,4} \\
&\quad + [\boldsymbol{L}_{1,3},\ \boldsymbol{L}_{2,1},\ \boldsymbol{L}_{2,2},\ \boldsymbol{L}_{2,3},\ \boldsymbol{L}_{2,4},\ \boldsymbol{L}_{t,1}] \times \boldsymbol{L}_{1,1} \vee \boldsymbol{L}_{1,2} \vee \boldsymbol{L}_{1,4} \\
&\quad - [\boldsymbol{L}_{1,4},\ \boldsymbol{L}_{2,1},\ \boldsymbol{L}_{2,2},\ \boldsymbol{L}_{2,3},\ \boldsymbol{L}_{2,4},\ \boldsymbol{L}_{t,1}] \times \boldsymbol{L}_{1,1} \vee \boldsymbol{L}_{1,2} \vee \boldsymbol{L}_{1,3} \\
&= (x_{B_2} z_{M_2} - x_{M_2} z_{B_2})(y_{B1} z_{M_1} - y_{M_1} z_{B_1})(0,\ 0,\ 0,\ 1,\ 0,\ 0)^{\mathrm{T}} \\
&\quad \vee (0,\ 0,\ 0,\ 0,\ 1,\ 0)^{\mathrm{T}} \vee (0,\ 0,\ 0,\ 0,\ 0,\ 1)^{\mathrm{T}}
\end{aligned} \tag{7.43}
$$

动平台的运动空间是所有分支运动空间的交集，但 $\boldsymbol{T}_{12}$ 和 $\boldsymbol{T}_3$ 的并集不是 $\boldsymbol{V}$：

$$
\begin{aligned}
\boldsymbol{T}_{12} \cup \boldsymbol{T}_3 &= \overline{\boldsymbol{L}_{12} \vee \boldsymbol{L}_3} \\
&= \overline{\boldsymbol{L}_{12} \vee \boldsymbol{L}_{3,1} \vee \boldsymbol{L}_{3,2} \vee \boldsymbol{L}_{3,3} \vee \boldsymbol{L}_{3,4}} \\
&= \overline{(0,\ 0,\ 1,\ 0,\ 0,\ 0)^{\mathrm{T}} \vee (0,\ 0,\ 0,\ 1,\ 0,\ 0)^{\mathrm{T}} \vee (0,\ 0,\ 0,\ 0,\ 1,\ 0)^{\mathrm{T}}} \\
&\quad \overline{\vee (0,\ 0,\ 0,\ 0,\ 0,\ 1)^{\mathrm{T}}}
\end{aligned} \tag{7.44}
$$

因此，需要对 $\boldsymbol{L}_3$ 添加 v_2 个线性无关项，$v_2=6-4=2$，这两个线性无关项分别为 $\boldsymbol{L}_{t,2}=(1,\ 0,\ 0,\ 0,\ 0,\ 0)^{\mathrm{T}}$ 和 $\boldsymbol{L}_{t,3}=(0,\ 1,\ 0,\ 0,\ 0,\ 0)^{\mathrm{T}}$。相似地，修正后的 $\boldsymbol{L}_3$(即 L_3')可以使用交集算子进行运算：

$$
\begin{aligned}
\boldsymbol{L}_{123} &= \boldsymbol{L}_{12} \wedge \boldsymbol{L}_3' \\
&= [\boldsymbol{L}_{3,2},\ \boldsymbol{L}_{3,3},\ \boldsymbol{L}_{3,4},\ \boldsymbol{L}_{t,2},\ \boldsymbol{L}_{t,3}] \times (0,\ 0,\ 0,\ 1,\ 0,\ 0)^{\mathrm{T}} \\
&\quad \vee (0,\ 0,\ 0,\ 0,\ 1,\ 0)^{\mathrm{T}} \vee (0,\ 0,\ 0,\ 0,\ 0,\ 1)^{\mathrm{T}} \\
&= (h y_{B_3} - h y_{M_3} + x_{B_3} y_{M_3} - x_{M_3} y_{B_3})(0,\ 0,\ 0,\ 1,\ 0,\ 0)^{\mathrm{T}} \\
&\quad \vee (0,\ 0,\ 0,\ 0,\ 1,\ 0)^{\mathrm{T}} \vee (0,\ 0,\ 0,\ 0,\ 0,\ 1)^{\mathrm{T}}
\end{aligned} \tag{7.45}
$$

因此，动平台上的运动空间为

$$
\begin{aligned}
\boldsymbol{T}_{\mathrm{p}} &= \overline{\boldsymbol{L}}_{123} \\
&= \overline{(0,\ 0,\ 0,\ 1,\ 0,\ 0)^{\mathrm{T}} \vee (0,\ 0,\ 0,\ 0,\ 1,\ 0)^{\mathrm{T}} \vee (0,\ 0,\ 0,\ 0,\ 0,\ 1)^{\mathrm{T}}}
\end{aligned} \tag{7.46}
$$

表示 3-PRRR 并联机构动平台的运动空间是由一个 3 阶扩张子张成的，其中 $(0,\ 0,\ 0,\ 1,\ 0,\ 0)^{\mathrm{T}}$ 为一个沿着 X 轴移动的移动自由度，$(0,\ 0,\ 0,\ 0,\ 1,\ 0)^{\mathrm{T}}$ 为一个沿着 Y 轴移动的移动自由度，$(0,\ 0,\ 0,\ 0,\ 0,\ 1)^{\mathrm{T}}$ 为一个沿着 Z 轴方向的移动自由度。因此，3-PRRR 并联机构共有三个移动自由度。

7.6 本章小结

本章提出了一种基于 Grassmann-Cayley 代数过约束并联机构自由度计算方

法，利用扩张子和并集算子可构造出分支运动链的运动空间，利用交集算子可以得到动平台上的运动空间。该方法不需要对力空间进行分析，而是直接对运动空间进行分析，且可以得到运动空间的符号表达式。对比前面提出的几何代数框架下的自由度计算方法可以发现，Grassmann-Cayley 代数经过修正后虽然也可以用于过约束并联机构的自由度计算，但是这种方法在对并集维度不为 6 的分支运动链运动空间进行修正处理时采用了添加线性无关项的方法。该修正方法在符号表达式简单的并联机构上处理较为容易，但当并联机构的符号表达式较为复杂时，需要添加的线性相关项的求解较为复杂，不如几何代数中的计算方法逻辑严谨，也不易于通过程序实现。

参考文献

[1] Faugeras O, Papadopoulo T. Grassmann-Cayley algebra for modelling systems of cameras and the algebraic equations of the manifold of trifocal tensors[J]. Philosophical Transactions of the Royal Society of London A: Mathematical, Physical and Engineering Sciences, 1998, 356(1740): 1123-1152.

[2] Richter-Gebert J. Mechanical theorem proving in projective geometry[J]. Annals of Mathematics and Artificial Intelligence, 1995, 13(1-2): 139-172.

[3] Rota G C, Stein J. Applications of Cayley algebras[J]. Colloquio Internazionale Sulle Teorie Combinatorie Tomo II, 1976: 71-97.

[4] White N L. Grassmann-Cayley algebra and robotics[J]. Journal of Intelligent and Robotic Systems, 1994, 11(1-2): 91-107.

[5] White N L. Grassmann-Cayley algebra and robotics applications[M]//White N L. Handbook of Geometric Computing. Berlin: Springer, 2005.

[6] Ben-Horin P, Shoham M. Singularity analysis of a class of parallel robots based on Grassmann-Cayley algebra[J]. Mechanism and Machine Theory, 2006, 41(8): 958-970.

[7] Ben-Horin P, Shoham M. Singularity condition of six-degree-of-freedom three-legged parallel robots based on Grassmann-Cayley algebra[J]. IEEE Transactions on Robotics, 2006, 22(4): 577-590.

[8] Ben-Horin P, Shoham M. Application of Grassmann—Cayley algebra to geometrical interpretation of parallel robot singularities[J]. International Journal of Robotics Research, 2009, 28(1): 127-141.

[9] Amine S, Caro S, Wenger P. Constraint and singularity analysis of the Exechon[J]. Applied Mechanics and Materials, 2012, 162: 141-150.

[10] Amine S, Caro S, Wenger P, et al. Singularity analysis of the H4 robot using Grassmann-Cayley algebra[J]. Robotica, 2012, 30(7): 1109-1118.

[11] Amine S, Masouleh M T, Caro S, et al. Singularity analysis of 3T2R parallel mechanisms using Grassmann-Cayley algebra and Grassmann geometry[J]. Mechanism and Machine

Theory, 2012, 52: 326-340.

[12] Amine S, Mokhiamar O, Caro S. Classification of 3T1R parallel manipulators based on their wrench graph[J]. Journal of Mechanisms and Robotics, 2017, 9(1): 011003-1-011003-10.

[13] Staffetti E. Kinestatic analysis of robot manipulators using the Grassmann-Cayley algebra[J]. IEEE Transactions on Robotics and Automation, 2004, 20(2): 200-210.

[14] Staffetti E, Thomas F. Kinestatic analysis of serial and parallel robot manipulators using Grassmann-Cayley algebra[M]//Lenarčič J, Stannišić M M. Advances in Robot Kinematics. Dordrecht: Springer, 2000.

[15] Staffetti E. Analysis of rigid body interactions for compliant motion tasks using the Grassmann-Cayley algebra[J]. IEEE Transactions on Automation Science and Engineering, 2009, 6(1): 80-93.

第三篇

几何代数框架下的并联机构奇异分析方法

第 8 章　3-6 Stewart 并联机构奇异分析

1965 年，Stewart[1] 提出把六自由度并联机构用于制作飞行模拟器。1978 年，Hunt[2] 提出将其作为机器人机构。之后 Stewart 并联机构的应用越来越广泛，在工程实际中被用于虚拟轴机床[3]、微动机器人[4-7] 和力传感器[8] 等。Stewart 并联机构的奇异比较复杂，在实际应用前必须对其有清楚的认识，避免机构在运行中出现不稳定、失控甚至结构破坏。

Stewart 并联机构包括两种构型：3-6 Stewart 并联机构和 6-6 Stewart 并联机构。本章使用几何代数方法对 3-6 Stewart 并联机构的姿态奇异和位置奇异进行分析，并给出相应的奇异轨迹。

8.1　3-6 Stewart 并联机构位置分析

3-6 Stewart 并联机构的结构如图 8.1 所示。该机构由一个等边三角形动平台、一个半对称的六边形定平台和六条分支组成。每个分支通过两端的两个球铰（S 副）连接动、定平台，中间是一个移动副（P 副）。其中，驱动电机安装在 P 副上，通过电机运动控制动平台的运动变化。

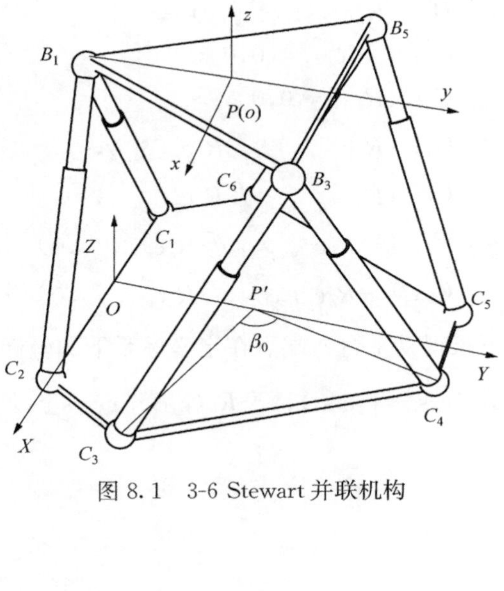

图 8.1　3-6 Stewart 并联机构

为了得到机构的运动学反解，分别在其动平台、定平台建立相应的动坐标系 $o\text{-}xyz$ 与定坐标系 $O\text{-}XYZ$。其中，动坐标系的原点 o 位于正三角形动平台的几何中心 P 处，定坐标系原点 O 在定平台边 C_1C_2 上。定平台各端点在定坐标系下的坐标为(C_{ix},C_{iy},C_{iz})。动平台各端点 $B_j(j=1,3,5)$在动坐标系下的坐标为$(B'_{jx},B'_{jy},B'_{jz})$，在定坐标系下的坐标为$(B_{jx},B_{jy},B_{jz})$，它们之间满足

$$\begin{pmatrix} B_{jx} \\ B_{jy} \\ B_{jz} \end{pmatrix} = \boldsymbol{R}\begin{pmatrix} B'_{jx} \\ B'_{jy} \\ B'_{jz} \end{pmatrix} + \boldsymbol{H} \tag{8.1}$$

式中，$\boldsymbol{R}$ 为旋转变换矩阵，$\boldsymbol{R}=\begin{bmatrix} c_\phi c_\theta c_\psi - s_\phi s_\psi & -c_\phi c_\theta s_\psi - s_\phi c_\psi & c_\phi s_\theta \\ s_\phi c_\theta c_\psi + c_\phi s_\psi & -s_\phi c_\theta s_\psi + c_\phi c_\psi & s_\phi s_\theta \\ -s_\theta c_\psi & s_\theta s_\psi & c_\theta \end{bmatrix}$，矩阵中的 ϕ、θ、ψ 为机构的 ZYZ-欧拉角；$\boldsymbol{H}$ 为动平台几何中心 P 在定坐标系下的位置矢量，$\boldsymbol{H}=(X,Y,Z)^{\mathrm{T}}$。

该并联机构的结构参数定义如下：定平台是一个半规则的六边形，外接圆半径为 R_a；动平台是一个正三角形，外接圆半径为 R_b；定平台的长边所对应的圆心角为 β_0，如图 8.1 所示。给定该机构的结构参数之后，动平台各端点在动坐标系下的坐标以及定平台各端点在定坐标系下的坐标分别为

$$B'_1:(0,-R_b,0)$$
$$B'_3:(R_b c_{\pi/6},R_b s_{\pi/6},0)$$
$$B'_5:(R_b c_{\pi/6},R_b s_{\pi/6},0)$$
$$C_1:(-R_a s_{\beta_0/2},0,0)$$
$$C_2:(R_a s_{\beta_0/2},0,0)$$
$$C_3:(R_a c_{\pi/6-\beta_0/2},\sqrt{3}R_a c_{\pi/6+\beta_0/2},0)$$
$$C_4:(R_a c_{\pi/6+\beta_0/2},\sqrt{3}R_a c_{\pi/6-\beta_0/2},0)$$
$$C_5:(-R_a c_{\pi/6+\beta_0/2},\sqrt{3}R_a c_{\pi/6-\beta_0/2},0)$$
$$C_6:(-R_a c_{\pi/6-\beta_0/2},\sqrt{3}R_a c_{\pi/6+\beta_0/2},0)$$

通过式(8.1)即可求得动平台各端点在定坐标系下的坐标，分别为

$$B_1:(X+R_b(c_\psi s_\phi + c_\phi c_\theta s_\psi),Y-R_b(c_\phi c_\psi - c_\theta s_\phi s_\psi),Z-R_b s_\psi s_\theta)$$

$$B_3:\begin{cases}X-\dfrac{R_b}{2}(c_\psi s_\phi+c_\phi c_\theta s_\psi)-\dfrac{\sqrt{3}}{2}R_b(s_\phi s_\psi-c_\phi c_\psi c_\theta),\\ Y+\dfrac{R_b}{2}(c_\psi c_\phi-c_\theta s_\phi s_\psi)+\dfrac{\sqrt{3}R_b}{2}(c_\phi s_\psi+c_\psi c_\theta s_\phi),\\ Z+\dfrac{R_b}{2}s_\psi s_\theta-\dfrac{\sqrt{3}R_b}{2}c_\psi s_\theta\end{cases}$$

$$B_5:\begin{cases}X-\dfrac{R_b}{2}(c_\psi s_\phi+c_\phi c_\theta s_\psi)+\dfrac{\sqrt{3}R_b}{2}(s_\phi s_\psi-c_\phi c_\psi c_\theta),\\ Y+\dfrac{R_b}{2}(c_\psi c_\phi-c_\theta s_\phi s_\psi)-\dfrac{\sqrt{3}R_b}{2}(c_\phi s_\psi+c_\psi c_\theta s_\phi),\\ Z+\dfrac{R_b}{2}s_\psi s_\theta+\dfrac{\sqrt{3}R_b}{2}c_\psi s_\theta\end{cases}$$

给定机构的结构参数后，各分支所在直线的线矢量可以在几何代数框架下表示出来，例如，分支 1：

$$\boldsymbol{S}_{m1}=(\boldsymbol{s}_1;\boldsymbol{r}_1\times\boldsymbol{s}_1+h\boldsymbol{s}_1) \tag{8.2}$$

$$\boldsymbol{s}_1=v_{11}\boldsymbol{e}_1+v_{12}\boldsymbol{e}_2+v_{13}\boldsymbol{e}_3 \tag{8.3}$$

$$\boldsymbol{r}_1=x_1\boldsymbol{e}_1+y_1\boldsymbol{e}_2+z_1\boldsymbol{e}_3 \tag{8.4}$$

方向向量 $\boldsymbol{s}_1$ 的参数即直线 B_1C_1 的方向参数：

$$(v_{11},v_{12},v_{13})=(B_{1x}-C_{1x},B_{1y}-C_{1y},B_{1z}-C_{1z}) \tag{8.5}$$

位置向量 $\boldsymbol{r}_1$ 的参数即 B_1 的坐标参数：

$$(x_1,y_1,z_1)=(B_{1x},B_{1y},B_{1z}) \tag{8.6}$$

因此，分支 1 所在的线矢量在几何代数框架下可表示为

$$\boldsymbol{S}_{m1}=v_{11}\boldsymbol{e}_1+v_{12}\boldsymbol{e}_2+v_{13}\boldsymbol{e}_3+b_{11}\boldsymbol{e}_4+b_{12}\boldsymbol{e}_5+b_{13}\boldsymbol{e}_6 \tag{8.7}$$

式中，$b_{11}=-C_{1z}B_{1y}+C_{1y}B_{1z}$；$b_{12}=-C_{1x}B_{1z}+C_{1z}B_{1x}$；$b_{13}=-C_{1y}B_{1x}+C_{1x}B_{1y}$。

同理，其他各个分支也可以在几何代数框架中表达出来。

8.2　3-6 Stewart 并联机构位置奇异分析

Stewart 并联机构处于奇异位形时具有显著的特征，从代数角度来看，此时机构的雅可比矩阵奇异，即它的行列式的值为零；从几何角度来看，此时机构各分支的线矢量线性相关。其物理意义为在所有驱动副都被锁住的情况下，末端执行器仍具有至少一个自由度。

给定 Stewart 并联机构的三个姿态角，机构的奇异位形由三个位置变量决定，这种只包含位置变量的奇异分析称为位置奇异分析。

当各分支所在的线矢量线性相关时，该机构就会处于奇异位形。这个特性在几何代数中的表达为

$$\boldsymbol{S}_{\mathrm{m1}} \wedge \boldsymbol{S}_{\mathrm{m2}} \wedge \boldsymbol{S}_{\mathrm{m3}} \wedge \boldsymbol{S}_{\mathrm{m4}} \wedge \boldsymbol{S}_{\mathrm{m5}} \wedge \boldsymbol{S}_{\mathrm{m6}} = 0 \tag{8.8}$$

根据几何代数的计算法则，式(8.8)的计算结果是一个 6 阶片积：

$$\boldsymbol{S}_{\mathrm{m1}} \wedge \boldsymbol{S}_{\mathrm{m2}} \wedge \boldsymbol{S}_{\mathrm{m3}} \wedge \boldsymbol{S}_{\mathrm{m4}} \wedge \boldsymbol{S}_{\mathrm{m5}} \wedge \boldsymbol{S}_{\mathrm{m6}} = Q\boldsymbol{e}_1\boldsymbol{e}_2\boldsymbol{e}_3\boldsymbol{e}_4\boldsymbol{e}_5\boldsymbol{e}_6 \tag{8.9}$$

当系数 Q 为 0 时，该表达式的值为 0，此时机构就发生奇异。因此，多项式 Q 称为奇异多项式。

系数 Q 的解析表达式包含动平台的位置参数 A、姿态参数 B 和机构的结构参数 C，可以用简单的函数表达为

$$Q(A,B,C) = 0 \tag{8.10}$$

给定机构参数和姿态参数后，便可以得到机构在三维空间中的位置奇异轨迹的符号表达式：

$$\begin{aligned} & f_1Z^3 + f_2XZ^2 + f_3YZ^2 + f_4X^2Z + f_5Y^2Z + f_6XYZ + f_7Z^2 + f_8X^2 \\ & + f_9Y^2 + f_{10}XY + f_{11}XZ + f_{12}YZ + f_{13}Z + f_{14}X + f_{15}Y + f_{16} = 0 \end{aligned} \tag{8.11}$$

式中，$f_i(i=1,2,\cdots,16)$是结构参数 R_{a}、R_{b}、β_0 和姿态参数(ϕ,β,ψ)的显式表示。

为了进一步得到 f_i 的解析表达式，令 $R_{\mathrm{a}}=2\mathrm{m}$，$R_{\mathrm{b}}=1.5\mathrm{m}$，$\beta_0=\pi/3$，$f_i$ 的具体解析表达式为

$$f_1 = \frac{729}{32}\mathrm{c}_\theta(\mathrm{c}_\phi\mathrm{c}_\psi(2+\mathrm{c}_\theta) - (1+2\mathrm{c}_\theta)\mathrm{s}_\phi\mathrm{s}_\psi)$$

$$f_2 = \frac{729}{128}\mathrm{c}_\psi(4+4\mathrm{c}_{2\phi}+\mathrm{c}_{2\phi-\theta}+6\mathrm{c}_\theta+\mathrm{c}_{2\phi+\theta}-2(1+2\mathrm{c}_\theta)\mathrm{s}_{2\phi}\mathrm{s}_\psi)\mathrm{s}_\theta$$

$$f_3 = \frac{729}{128}(2\mathrm{c}_\psi(2+\mathrm{c}_\theta)\mathrm{s}_{2\phi}+(-2+2\mathrm{c}_{2\phi}+2\mathrm{c}_{2\phi-\theta}-12\mathrm{c}_\theta+2\mathrm{c}_{2\phi+\theta})\mathrm{s}_\psi)\mathrm{s}_\theta$$

$$f_4 = \frac{729}{32}\mathrm{c}_\phi\mathrm{c}_\psi\mathrm{s}_\theta^2$$

$$f_5 = -\frac{729}{16}\mathrm{s}_\phi\mathrm{s}_\psi\mathrm{s}_\theta^2$$

$$f_6 = -\frac{729}{32}(-\mathrm{c}_\psi\mathrm{s}_\phi+2\mathrm{c}_\phi\mathrm{s}_\psi)\mathrm{s}_\theta^2$$

$$\begin{aligned} f_7 = \frac{729}{128}&(3\mathrm{c}_\psi^2\mathrm{c}_\theta(-1+2\mathrm{c}_\theta)\mathrm{s}_\phi+\mathrm{c}_\psi(2\sqrt{3}(-3+2\mathrm{c}_\theta)\mathrm{s}_{2\phi}+6\mathrm{c}_\phi(2-\mathrm{c}_\theta)\mathrm{c}_\theta\mathrm{s}_\psi) \\ & +\mathrm{s}_\psi(4\sqrt{3}+4\sqrt{3}\mathrm{c}_{2\phi}-6\mathrm{c}_\theta^2\mathrm{s}_\phi\mathrm{s}_\psi+2\mathrm{c}_\theta\mathrm{s}_\phi(6\sqrt{3}\mathrm{s}_\phi+1.5\mathrm{s}_\psi)))\mathrm{s}_\theta \end{aligned}$$

$$f_8=-\frac{2187}{64}c_\phi c_\psi s_\psi s_\theta^3$$

$$f_9=\frac{2187}{64}c_{2\psi}s_\phi s_\theta^3$$

$$f_{10}=\frac{2187}{64}(c_\phi c_{2\psi}-c_\psi s_\phi s_\psi)s_\theta^3$$

$$f_{11}=\frac{2187}{128}(c_\phi c_{2\psi}(-1+2c_\theta)s_\phi+c_\phi^2 c_\psi(4-c_\theta)s_\psi+c_\psi c_\theta(-3+s_\phi^2)s_\psi)$$

$$\begin{aligned}f_{12}=&\frac{729}{128}(-1.5c_\phi^2 c_{2\psi}(-1+2c_\theta)+1.5c_\psi^2(-1-s_\phi^2+2c_\theta(3+s_\phi^2))+12\sqrt{3}s_\phi s_\psi\\&+1.5s_\psi^2-9c_\theta s_\psi^2+1.5s_\phi^2 s_\psi^2-3c_\theta s_\phi^2 s_\psi^2+2c_\phi c_\psi(4\sqrt{3}-3c_\theta s_\phi s_\psi)+3s_{2\phi}s_{2\psi})s_\theta^2\end{aligned}$$

$$\begin{aligned}f_{13}=&\frac{729}{1024}(3\sqrt{3}c_\phi^2(3c_\theta+c_{2\psi}(16+15c_\theta))-16c_\phi c_\psi(18+3c_\theta(1.5+2\sqrt{3}s_\phi s_\psi))\\&+1.5(6\sqrt{3}(-7+c_{2\phi})c_\psi^2 c_\theta+4(c_\theta s_\psi(6s_\phi+6\sqrt{3}s_\psi+6\sqrt{3}s_\phi^2 s_\psi)-6\sqrt{3}s_{2\phi}s_{2\psi})))s_\theta^2\end{aligned}$$

$$f_{14}=-\frac{6561}{256}c_\phi(2c_\phi c_\psi-s_\phi s_\psi)s_\theta^3$$

$$f_{15}=-\frac{2187}{256}(6\sqrt{3}c_\psi^2 s_\phi+3c_\psi s_{2\phi}-3s_\phi^2 s_\psi-6\sqrt{3}s_\phi s_\psi^2+4\sqrt{3}c_\phi s_{2\psi})s_\theta^3$$

$$f_{16}=-\frac{2187}{128}c_\phi\left(3\sqrt{3}c_\phi s_\psi-3c_\psi\left(\frac{3\sqrt{3}}{2}s_\phi+6s_\psi\right)\right)s_\theta^3$$

观察式(8.11)可以发现,它是一个关于位置参数 X、Y、Z 的三元三次多项式,位置参数的最高次数只有 3。与 St-Onge 和 Gosselin[9]的研究成果对比,该式得到了极大的化简,其表达形式也相对简单。这为 3-6 Stewart 并联机构奇异轨迹的研究提供了理论依据,也为该并联机构的结构设计提供了重要的参考。

黄真等[10,11]利用运动学方法研究了 3-6 Stewart 机构处于给定姿态时,机构在三维空间中的位置奇异轨迹分布。他指出,当 $\phi=\pm30°$、$\pm90°$、$\pm150°$且 $\theta\neq0°$,$\psi\neq\pm30°$、$\pm90°$、$\pm150°$时,机构在三维空间中的位置奇异轨迹包括一个平面和一个双曲抛物面;当 $\phi=\pm30°$、$\pm90°$、$\pm150°$且 $\theta\neq0°$,$\psi=\pm30°$、$\pm90°$、$\pm150°$时,机构在三维空间中的位置奇异轨迹包括三个相交的平面;当 $\phi\neq\pm30°$、$\pm90°$、$\pm150°$且 $\theta\neq0°$,$\psi=\pm30°$、$\pm90°$、$\pm150°$时,机构在三维空间中的位置奇异轨迹同样包括一个平面和一个双曲抛物面。

为验证上述结论,给定机构的结构参数为 $R_a=2m$,$R_b=1.5m$,$\beta_0=\pi/2$,机构动平台处于不同姿态时的三维位置奇异轨迹如图 8.2~图 8.4 所示。

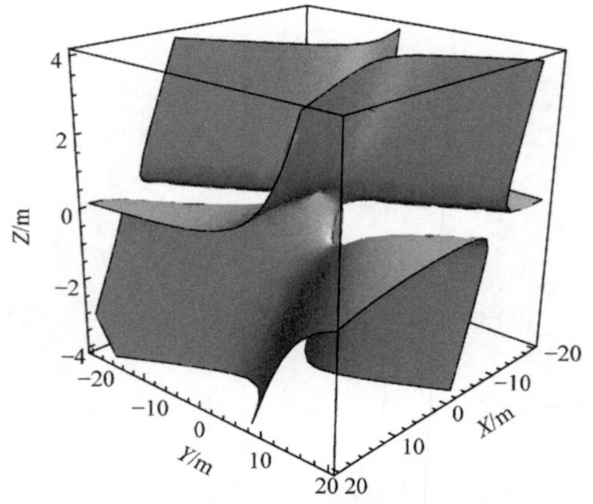

图 8.2　姿态参数为(30°,30°,45°)时的奇异轨迹

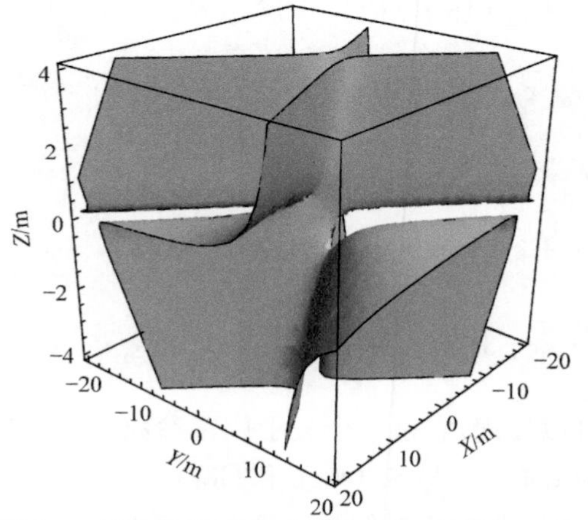

图 8.3　姿态参数为(45°,45°,30°)时的奇异轨迹

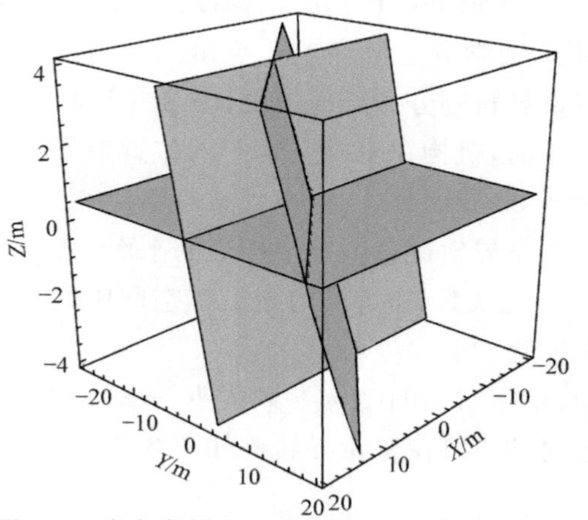

图 8.4　姿态参数为(90°,45°,30°)时的奇异轨迹

从图 8.2～图 8.4 中可以看到，机构在三维空间中的位置奇异轨迹确实遵循文献[11]所阐述的规律，这也从另一个角度验证了利用几何代数法得到的奇异多项式的正确性。此外，从图中还可以清楚地看出，该机构在三维空间中的位置奇异轨迹非常复杂，并无明显规律可循。

为了得到奇异轨迹的几何规律，可以分析 Z 截面上的奇异轨迹。从数学角度分析，一个三次多项式空间曲面与一般倾斜截面相交得到的曲线是一个三次多项式表示的曲线。例如，当给定机构的欧拉角参数$(\phi,\theta,\psi)=(30°,30°,45°)$，结构参数 $R_a=2\text{m}$、$R_b=1.5\text{m}$、$\beta_0=\pi/2$ 时，机构在空间中的位置奇异轨迹与给定倾斜截面 $Z=X/2$ 和给定倾斜截面 $Z=X/3-2Y/5+2/3$ 的方程如下：

$$a_1X^3+a_2X^2Y+a_3XY^2+a_4X^2+a_5Y^2+a_6XY+a_7X+a_8Y+a_9=0 \tag{8.12}$$

$$b_1X^3+b_2Y^3+b_3X^2Y+b_4XY^2+b_5X^2+b_6Y^2+b_7XY+b_8X+b_9Y+b_{10}=0 \tag{8.13}$$

式中，系数 $a_i(i=1,2,\cdots,9)$和 $b_j(j=1,2,\cdots,10)$均为与机构参数、姿态参数有关的具体数值。

机构在空间中的三维位置奇异轨迹与一般倾斜截面的相交线确实是三次多项式曲线，其几何性质较难分析。然而，机构在三维空间中的三维位置奇异轨迹与 Z 截面的相交线是一条二次曲线，其几何性质相对三次曲线较容易分析。

为了得到 Z 截面上的位置奇异轨迹多项式，可将奇异方程(8.11)中的 Z 项看作常数项，这样该方程中只有 X、Y 为未知变量，合并同类项，化简可得

$$aX^2+bXY+cY^2+dX+eY+f=0 \tag{8.14}$$

式中

$$\begin{aligned}
a&=f_4Z+f_8\\
b&=f_6Z+f_{10}\\
c&=f_5Z+f_9\\
d&=f_2Z^2+f_{11}Z+f_{14}\\
e&=f_3Z^2+f_{12}Z+f_{15}\\
f&=f_1Z^3+f_7Z^2+f_{13}Z+f_{16}
\end{aligned}$$

式(8.14)是一个关于 X、Y 的二元二次方程。因此，对于给定的 Z 值，3-6 Stewart 并联机构在 Z 截面的轨迹总是一个关于 X、Y 的二次多项式。

根据平面解析几何知识，机构在 Z 截面上的位置奇异轨迹方程(8.14)所表示的曲线的几何特征由以下两个判别式决定：

$$\delta=4ac-b^2 \tag{8.15}$$

$$\Delta=acf-\frac{cd^2}{4}-\frac{b^2f}{4}-\frac{ae^2}{4}+\frac{bde}{4} \tag{8.16}$$

二次曲线的性质主要有如下几种情况。

(1) 当 $\delta\neq 0$ 且 $\Delta\neq 0$ 时,式(8.14)表示双曲线束。

(2) 当 $\delta\neq 0$ 且 $\Delta=0$ 时,式(8.14)表示两条相交的直线。

(3) 当 $\delta=0$ 且 $\Delta\neq 0$ 时,式(8.14)表示一条抛物线。

(4) 当 $\delta=0$ 且 $\Delta=0$ 时,式(8.14)表示两条平行直线。

进一步研究发现,对于给定的姿态参数和结构参数,δ 和 Δ 分别是关于 Z 的二次多项式和四次多项式。关于 $\delta=0$ 的方程,Z 有一个实根,或者可以说有两个相同的实根;关于 $\Delta=0$ 的方程,Z 最多有四个不同的实根。

为了验证上述结论,可以对一个给定具体结构参数和姿态参数的 3-6 Stewart 并联机构进行分析,其参数如下:$R_a=2\text{m}$,$R_b=1.5\text{m}$,$\beta_0=\pi/2$,$(\phi,\theta,\psi)=(30°,30°,45°)$。

1. 双曲线

对于绝大部分情况下的 Z 值,满足 $\delta\neq 0$ 且 $\Delta\neq 0$,此时机构在其 Z 截面上的位置奇异轨迹为一对双曲线。例如,当 $Z=2\text{m}$ 时,有

$$14.4977X^2-31.0881XY-22.7813Y^2+159.7774X-9.7346Y+454.5750=0 \tag{8.17}$$

此时

$$\delta=-0.0097$$
$$\Delta=-2021419.6486$$

选取 Z 截面奇异轨迹上的任意点,可得此时的位置参数 (X,Y),加上已知的 Z 参数和姿态参数,可得动平台此时完整的位姿参数。通过其运动学反解即可求得各分支的长度:

$$\begin{cases}
l_1=|B_1-C_1|=\sqrt{(B_{1x}-C_{1x})^2+(B_{1y}-C_{1y})^2+(B_{1z}-C_{1z})^2}\\
l_2=|B_1-C_2|=\sqrt{(B_{1x}-C_{2x})^2+(B_{1y}-C_{2y})^2+(B_{1z}-C_{2z})^2}\\
l_3=|B_3-C_3|=\sqrt{(B_{3x}-C_{3x})^2+(B_{3y}-C_{3y})^2+(B_{3z}-C_{3z})^2}\\
l_4=|B_3-C_4|=\sqrt{(B_{3x}-C_{4x})^2+(B_{3y}-C_{4y})^2+(B_{3z}-C_{4z})^2}\\
l_5=|B_5-C_5|=\sqrt{(B_{5x}-C_{5x})^2+(B_{5y}-C_{5y})^2+(B_{5z}-C_{5z})^2}\\
l_6=|B_5-C_6|=\sqrt{(B_{5x}-C_{6x})^2+(B_{5y}-C_{6y})^2+(B_{5z}-C_{6z})^2}
\end{cases} \tag{8.18}$$

选取两个奇异点 q_1、q_2,此时处于相对应的奇异位形的机构如图 8.5 中箭头所指。

根据文献[10]所提到的求解机构处于奇异位形时的瞬时运动螺旋的方法,可以分析此时机构的瞬时运动学特性。例如,图 8.5 所示的双曲线轨迹上存在若干个 Merlet 5b 类型[12]的奇异位形,即第一类特殊线性丛奇异,如表 8.1 中的①和②点。双曲线上其他的奇异点为 Merlet 5a 类型,即一般线性丛奇异位形。

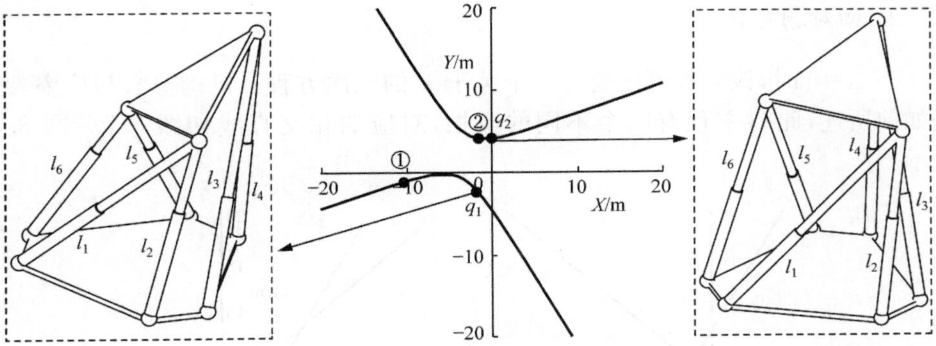

图 8.5　3-6 Stewart 并联机构姿态参数为(30°,30°,45°)且 $Z=2$m 时的奇异轨迹及奇异位形

表 8.1　当 Z=2m 时 3-6 Stewart 并联机构的第一类特殊线性丛奇异点

(X,Y)	$\boldsymbol{S}_{\mathrm{m}}$
①(−11.0009,−0.9352)	(−0.7289,−0.0965,0.2401;0,−0.5881,−0.2364)
②(−1.4504,6.3906)	(−0.0138,0.4238,0.3859;0.8187,0,0.0293)

图 8.6 所示为姿态参数为(30°,30°,45°)，位置参数 $X=-5.480934$m、$Y=-3.586674$m 时的奇异位形。

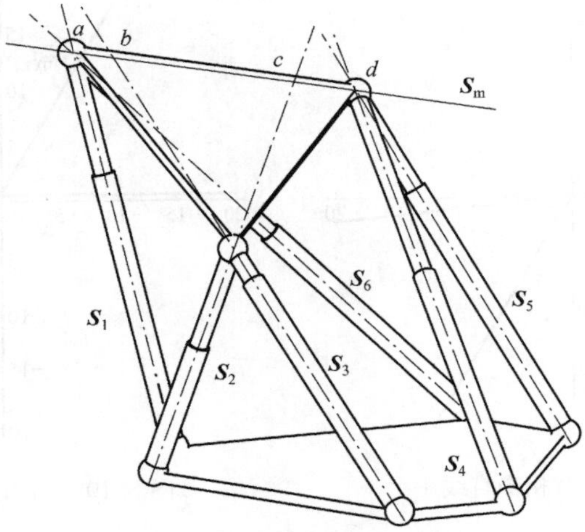

图 8.6　3-6 Stewart 并联机构第一类特殊线性丛奇异位形

($X=-5.480934$m, $Y=-3.586674$m, $\phi=30°$, $\theta=30°$, $\psi=45°$)

此时该机构的六个分支所在直线相交于同一线矢量 $\boldsymbol{S}_{\mathrm{m}}$，且机构获得一个瞬时的局部转动自由度。

2. 四对相交直线

当 $\Delta=0$ 时，该方程可化简为一个关于 Z 的四次方程。机构参数与位姿参数仍如前所述，此时方程有四个不同的实根，对应的相交直线如图 8.7～图 8.10 所示。

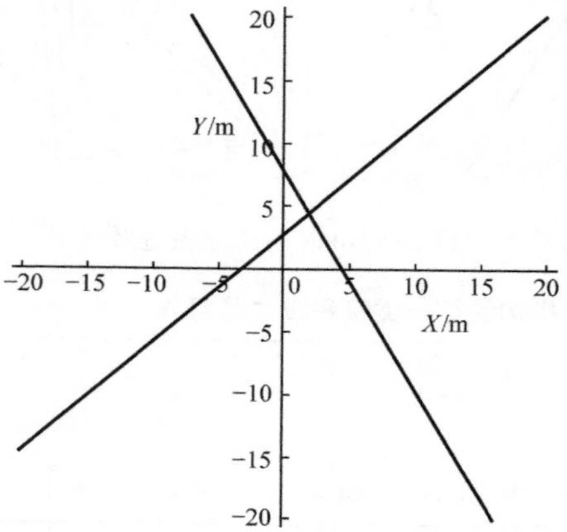

图 8.7　第一对相交直线 1

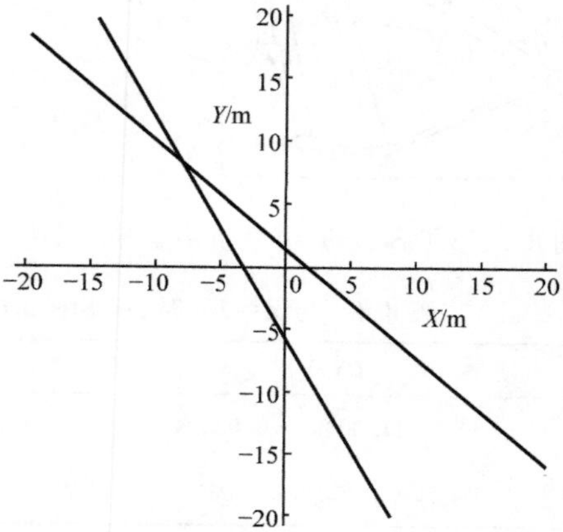

图 8.8　第二对相交直线 1

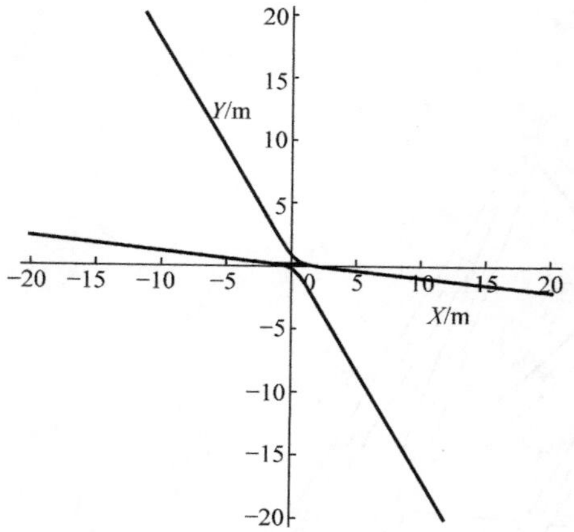

图 8.9　第三对相交直线 1

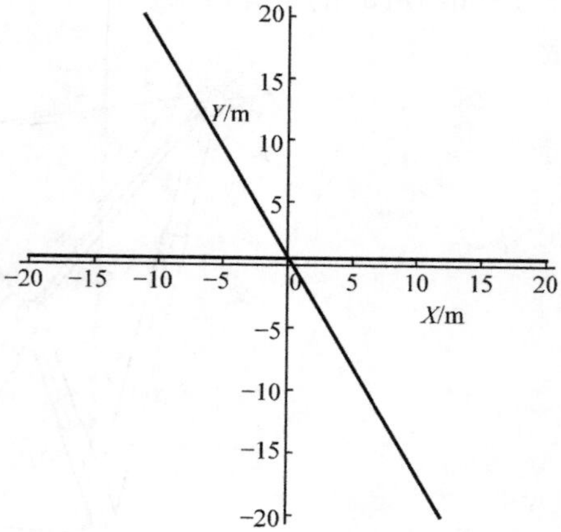

图 8.10　第四对相交直线 1

图 8.7～图 8.10 对应的位置参数 Z 分别为 −0.7244444m、0.1941143m、0.4355957m 和 0.5303301m，且图中所示奇异轨迹上的所有点均为 Merlet 5a 类型，即一般线性丛奇异。

3. 一条抛物线

当 $\delta=0$ 时，该方程可化简为一个关于 Z 的二次方程，且该方程只有两个相同的实根，即 $Z=0.11881\text{m}$，其抛物线方程为式(8.19)，对应一条抛物线如图 8.11 所示。该方程为

$$-4.0595X^2-4.6876XY-1.3533Y^2-6.2694X-12.2308Y+17.8436=0 \tag{8.19}$$

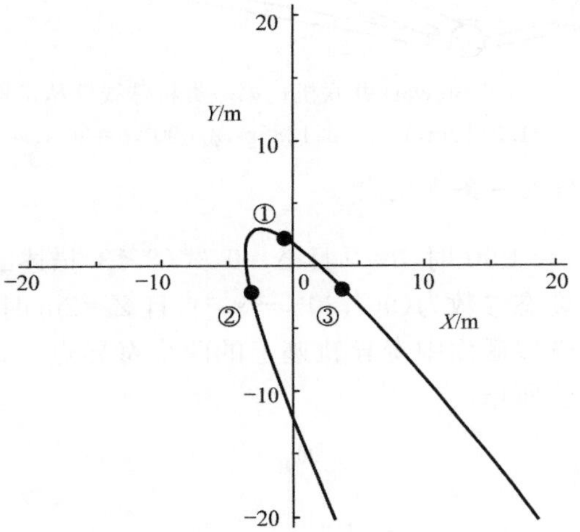

图 8.11　3-6 Stewart 并联机构抛物线情况

图 8.11 所示的抛物线奇异轨迹上也存在若干个第一类特殊线性丛奇异点，即表 8.2 的①、②和③点。

表 8.2　3-6 Stewart 并联机构抛物线上第一类特殊线性丛奇异点

(X,Y)	$\boldsymbol{S}_{\mathrm{m}}$
①(−1.3110, 2.1287)	(−0.0138, 0.4238, 0.3859; 0.8187, 0, 0.0293)
②(−2.6912, −1.8444)	(0.5118, 0.3196, 0.0570; 0, 0.1398, −0.7829)
③(3.2767, −1.8444)	(−0.0138, 0.4238, 0.3859; 0.8187, 0, 0.0293)

当 $X=-1.3110\text{m}$，$Y=-2.1287\text{m}$，机构姿态参数为(30°, 30°, 45°)时的奇异位形如图 8.12 所示。此时，该机构的六个分支所在的直线相交于同一线矢量 $\boldsymbol{S}_{\mathrm{m}}$，且机构获得一个瞬时的局部转动自由度，但动平台一部分穿过定平台，因此在实际情况中该奇异位形不会发生。

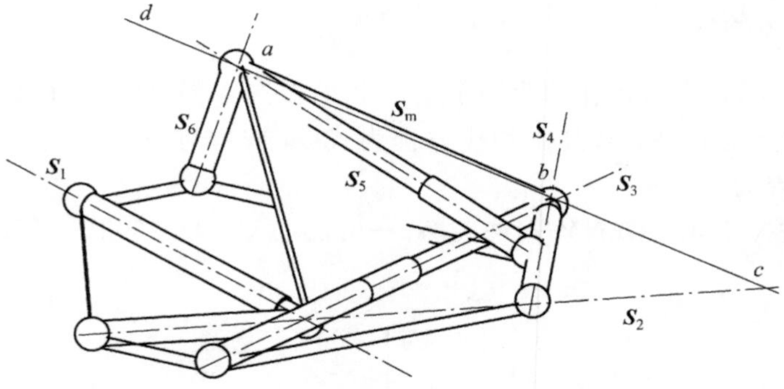

图 8.12　3-6 Stewart 并联机构第一类特殊线性丛奇异位形
($X=-1.3110$m, $Y=-2.1287$m, $\phi=30°$, $\theta=30°$, $\psi=45°$)

4. 一对平行直线及一条直线

当 $\phi=\pm 90°$ 且 $\psi=\pm 90°$ 时，$\delta=0$ 且 $\Delta=0$，式(8.13)描述的是一对平行直线或一条直线。例如，当姿态参数为(90°,30°,−90°)，且 $Z=2$m 时，其一对平行直线如图 8.13 所示。同样选取截面中奇异轨迹上的两个奇异点 t_1、t_2，对应的机构奇异位形如图 8.13 中箭头所指。

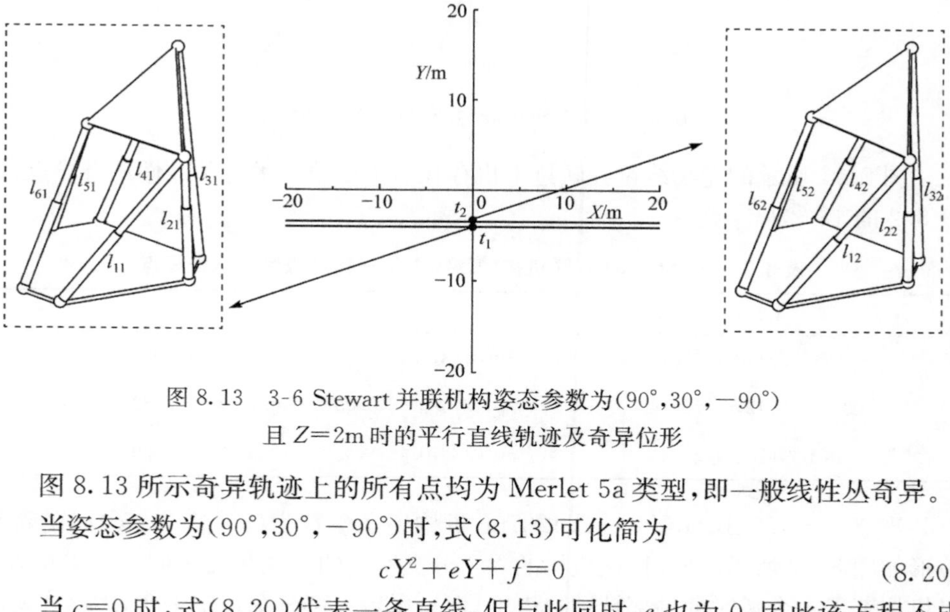

图 8.13　3-6 Stewart 并联机构姿态参数为(90°,30°,−90°)
且 $Z=2$m 时的平行直线轨迹及奇异位形

图 8.13 所示奇异轨迹上的所有点均为 Merlet 5a 类型，即一般线性丛奇异。

当姿态参数为(90°,30°,−90°)时，式(8.13)可化简为

$$cY^2+eY+f=0 \tag{8.20}$$

当 $c=0$ 时，式(8.20)代表一条直线，但与此同时，e 也为 0，因此该方程不成立，即不存在截面上只有一条直线的情况。

当 $\theta=0°$时，3-6 Stewart 并联机构的动平台与定平台平行。代入式(8.8)，计

算得到的外积系数经简化可得

$$Z^3\cos(\phi+\psi)=0 \qquad (8.21)$$

此时，机构的奇异位形有以下两种情况。

(1) 当 $\theta=0°$ 且 $Z=0$ 时，动平台所在平面与定平台所在平面同样处在同一平面。此位形下有三个瞬时自由度，分别是两个转动自由度和一个移动自由度。

(2) 当 $\theta=0°$ 且 $(\phi+\psi)=\pm 90°$ 时，机构的奇异位形就是 Fichter[13] 发现的奇异位形，如图 8.14 所示。

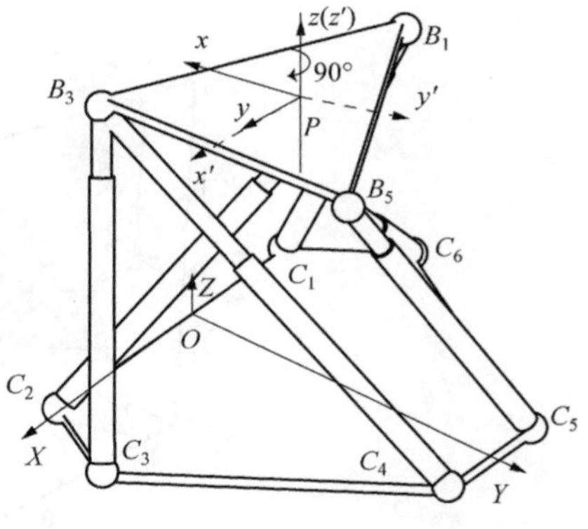

图 8.14　Fitcher 奇异位形

8.3　3-6 Stewart 并联机构姿态奇异分析

给定 Stewart 并联机构的三个位置参数，机构的奇异位形可由三个姿态变量决定，这种只包含姿态变量的奇异分析称为姿态奇异分析。

机构发生奇异时各分支所在直线发生线性相关，即各分支所在的线矢量外积为零，如式(8.8)所示。同样经过计算，化简可得式(8.10)，它是一个关于姿态变量的多项式，且三个欧拉角参数隐含于三角函数中。给出机构的结构参数后，可以得到三维姿态奇异轨迹图。例如，给定机构的结构参数为 $R_a=2\text{m}$，$R_b=1.5\text{m}$，$\beta_0=\pi/2$，机构处于不同位置时的姿态奇异轨迹如图 8.15～图 8.17 所示。

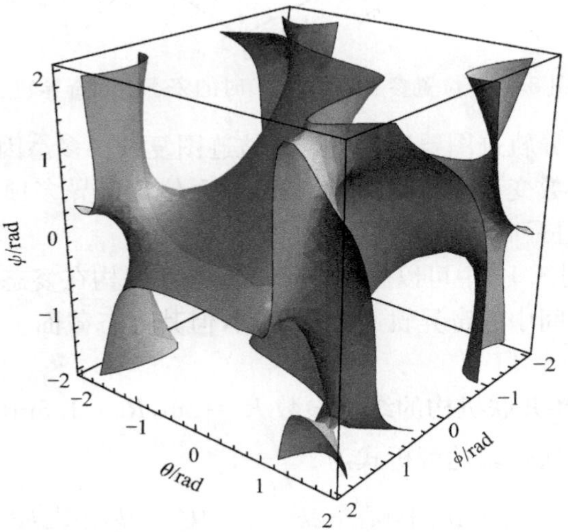

图 8.15　位置参数为(0,0,3)时的姿态空间奇异轨迹

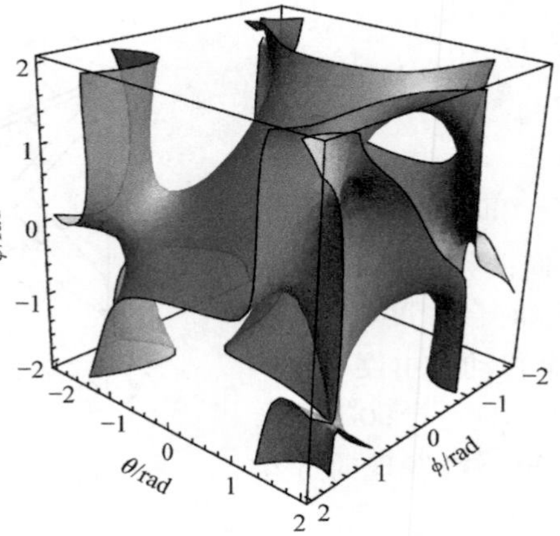

图 8.16　位置参数为(1,1,3)时的姿态空间奇异轨迹

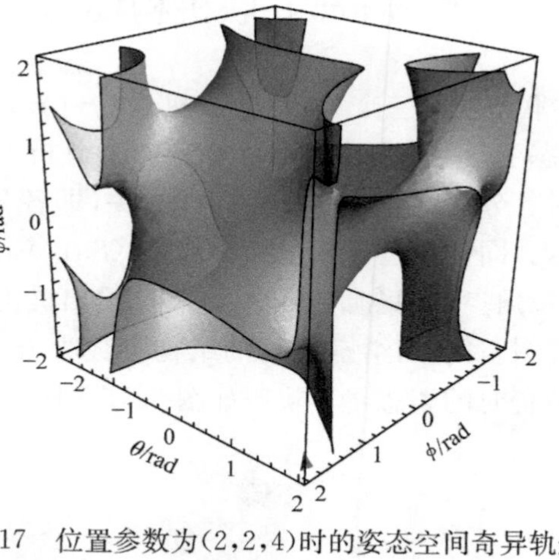

图 8.17　位置参数为(2,2,4)时的姿态空间奇异轨迹

机构的姿态奇异轨迹图要比位置奇异轨迹图复杂得多。因为机构的姿态奇异多项式中的姿态参数变量隐含于三角函数中，而位置奇异多项式的位置参数变量显含于多项式中，且最高次数只有 3 次。

从图 8.15～图 8.17 中可以看到，Stewart 并联机构在姿态空间中的奇异轨迹并无规律可循。空间中的奇异轨迹无法识别，但其姿态截面上的奇异轨迹却存在一定的关系。

取 3-6 Stewart 并联机构的结构参数 $R_a=2\text{m}$，$R_b=1.5\text{m}$，$\beta_0=\pi/2$，位置参数 $(0,\sqrt{2},2)$。其奇异轨迹表达解析式为

$$8k_1+4\sqrt{2}k_2+4k_3+4k_4+2k_5+2\sqrt{2}k_6+2k_7+\sqrt{2}k_8+k_9=0 \tag{8.22}$$

式中

$$k_1=\frac{27\sqrt{2}}{16}c_\theta(c_\phi c_\psi(2+c_\theta)-(1+2c_\theta)s_\phi s_\psi)$$

$$k_2=\frac{729\sqrt{2}}{64}c_\psi(4+4c_{2\phi}+c_{(2\phi-\theta)}+6c_\theta+c_{(2\phi+\theta)}-2(1+2c_\theta)s_{2\phi}s_\psi)s_\theta$$

$$k_3=-\frac{729\sqrt{2}}{4}s_\phi s_\psi s_\theta^2$$

$$k_4=\frac{729}{128}s_\theta\left[8c_\phi^2(4-3c_\theta)s_\psi+4c_\theta\left[\frac{3\sqrt{2}}{2}c_\psi^2(-1+2c_\theta)s_\phi+s_\psi\left[6+6s_\phi^2-\frac{3\sqrt{2}}{2}(-1+2c_\theta)s_\phi s_\psi\right]\right]\right.$$
$$\left.+c_\phi\left[c_\psi\left[16s_\phi(-3+2c_\theta)+\frac{3\sqrt{2}}{2}(-5+16c_\theta-3c_{2\theta})s_\psi\right]+\frac{3\sqrt{2}}{2}s_{2\psi}s_\theta^2\right]\right]$$

$$k_5=\frac{2187\sqrt{2}}{8}c_{2\psi}s_\phi s_\theta^3$$

$$k_6=\frac{729}{256}\left(64c_\phi c_\psi-6\sqrt{2}c_\phi^2c_{2\psi}(-1+2c_\theta)-\frac{3\sqrt{2}}{2}c_\psi^2(6-2c_{2\phi}+2c_{(2\phi-\theta)}-28c_\theta+2c_{(2\phi+\theta)}\right.$$
$$\left.+4\left(24s_\phi s_\psi-\frac{3\sqrt{2}}{2}(-1+2c_\theta)s_\phi^2s_\psi^2+\frac{3\sqrt{2}}{2}((1-6c_\theta)s_\psi^2+(2-c_\theta)s_{2\phi}s_{2\psi})\right)\right)s_\theta^2$$

$$k_7=\frac{729}{128}\left(6c_\phi^2c_{2\psi}(6+3c_\theta)-8\sqrt{2}c_\phi c_\psi\left(6+\frac{9}{4}c_\theta\right)+\frac{3}{2}\left(6(-3+c_{2\phi})c_\psi^2c_\theta-12s_{2\phi}s_{2\psi}\right.\right.$$
$$\left.\left.+c_\theta(6\sqrt{2}s_\phi s_\psi+12s_\psi^2+12s_\phi^2s_\psi^2-8s_{2\phi}s_{2\psi})\right)\right)s_\theta^2$$

$$k_8=-\frac{2187}{64}\left[2c_\phi c_\psi\left[\frac{3\sqrt{2}}{2}s_\phi+4s_\psi\right]-s_\phi\left[-6c_\psi^2+s_\psi\left[\frac{3\sqrt{2}}{2}s_\phi+6s_\psi\right]\right]\right]s_\theta^3$$

$$k_9=-\frac{2187}{32}c_\phi\left(3c_\phi s_\psi-3c_\psi\left(\frac{3}{2}s_\phi+2\sqrt{2}s_\psi\right)\right)s_\theta^3$$

当 $\phi=0°$时，其姿态截面上的奇异轨迹如图 8.18 所示。通过观察发现，截面图上的奇异轨迹关于原点中心对称。轨迹关于原点呈中心对称，说明描述该轨迹的函数为奇函数，即

$$\psi(-\theta)=-\psi(\theta) \tag{8.23}$$

在图 8.18 中的姿态奇异截面轨迹上取一对关于原点对称的奇异点 p_1、p_2，对应的机构奇异位形如图 8.18 中箭头所指。

两个位形呈对称状，它们在空间中的位置相同，姿态相反。该位形下的各分支长度如表 8.3 所示。

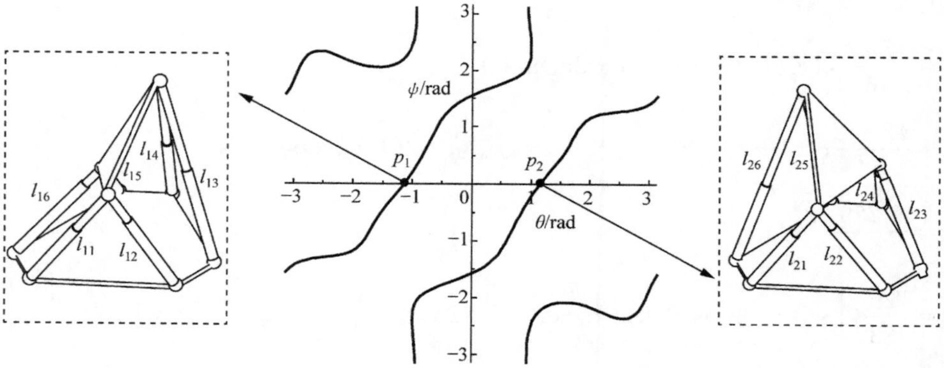

图 8.18　3-6 Stewart 并联机构 $\phi=0°$时的姿态奇异截面轨迹及奇异位形

表 8.3　图 8.18 中 p_1、p_2 两个奇异位形中的各分支长度　(单位:m)

位形点	分支 1	分支 2	分支 3	分支 4	分支 5	分支 6
p_1 点	2.4510	2.4510	4.1997	3.3783	1.0110	2.6919
p_2 点	2.4510	2.4510	2.6919	1.0110	3.3783	4.1997

通过分析发现,图 8.18 中两个奇异位形的各分支长度满足以下关系:

$$\begin{aligned} L_{l1}&=L_{r2}\\ L_{l2}&=L_{r1}\\ L_{l3}&=L_{r6}\\ L_{l4}&=L_{r5}\\ L_{l5}&=L_{r4}\\ L_{l6}&=L_{r3} \end{aligned} \tag{8.24}$$

式中,l 表示位形 p_1;r 表示位形 p_2;1～6 为各分支的编号。

综上所述,可以把空间中位置相同、各分支长度满足式(8.24)关系的奇异位形称为对称奇异位形。$\phi=0°$的姿态截面上总是存在对称奇异位形。

当 $\psi=0°$时,其姿态截面上的奇异轨迹如图 8.19 所示。截面图上的轨迹依旧关于原点中心对称,描述该轨迹的函数为奇函数,即

$$\theta(-\phi)=-\theta(\phi) \tag{8.25}$$

在图 8.19 的姿态奇异截面轨迹上取一对关于原点对称的奇异点 r_1、r_2,机构对应的奇异位形如图 8.19 中箭头所指。

图 8.19 中处于奇异位形的机构依然呈对称状,此时它们各分支的长度如表 8.4 所示。

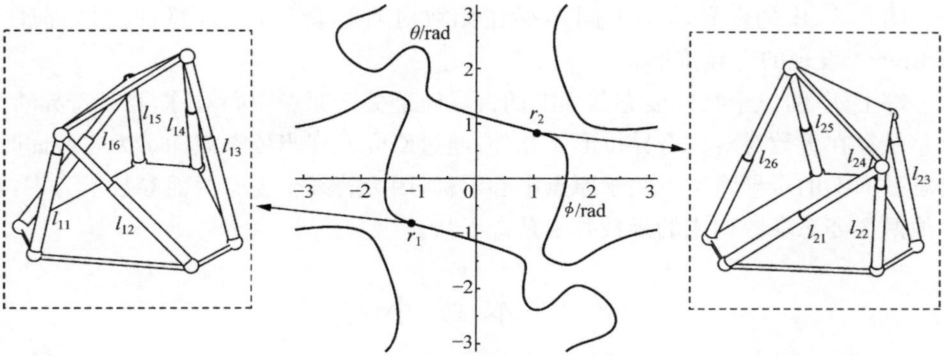

图 8.19　3-6 Stewart 并联机构 $\psi=0°$时的姿态奇异截面轨迹及奇异位形

表 8.4　图 8.19 中 r_1、r_2 两个奇异位形的各分支长度　　(单位:m)

位形点	分支 1	分支 2	分支 3	分支 4	分支 5	分支 6
r_1 点	2.1106	3.4355	3.5397	3.2566	1.3194	3.0206
r_2 点	3.4355	2.1106	3.0206	1.3194	3.2566	3.5397

通过观察发现,图 8.19 中各分支长度依旧满足式(8.24)所示的关系。

因此,该对奇异位形也是对称奇异位形,此截面上同样存在无数对这样的对称奇异位形。

最后讨论 $\theta=0°$的情况。此时 Stewart 并联机构的动平台平行于定平台,它在 $\theta=0°$的姿态截面上的轨迹方程为

$$\phi=-\psi\pm 90° \tag{8.26}$$

式(8.26)是一个非常简单的一次函数,在平面图上是两条倾斜的直线,其斜率为-1,即两条直线平行。另外,该函数也是一个奇函数,如图 8.20 所示。

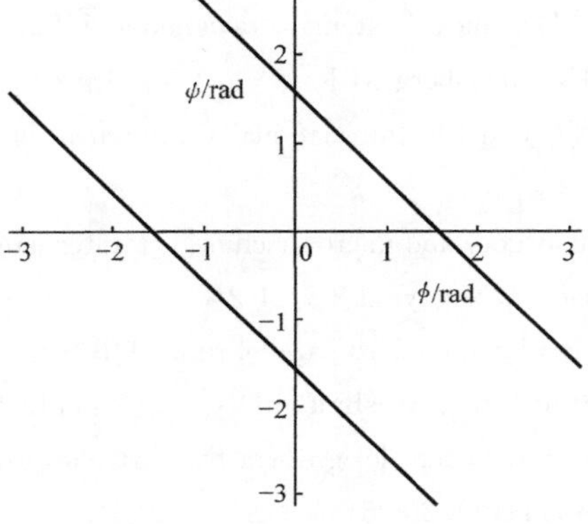

图 8.20　3-6 Stewart 并联机构 $\theta=0°$时的姿态奇异截面轨迹

图 8.20 中的奇异轨迹上同样存在无数对对称奇异位形，每种位形都属于 Fichter[13] 发现的奇异位形。

综上所述，三个特殊姿态截面上的奇异轨迹关于原点中心对称，且其奇异轨迹上总是存在无数对对称奇异位形。此外，通过研究发现当姿态截面不为零截面时，姿态截面上的奇异轨迹不关于原点中心对称，因为若某个姿态截面参数不为零，则其他两个姿态参数构成的函数并不是奇函数。

8.4 本章小结

基于几何代数的六自由度并联机构的奇异分析的原理较为简单，只要根据 3-6 Stewart 并联机构奇异发生的条件，即沿 3-6 Stewart 并联机构杆件方向上的线矢量发生线性相关，就可判断出奇异发生。使用几何代数中的外积运算可以得到用于判断机构奇异性的奇异多项式的解析表达式。本章根据奇异多项式得到了给定姿态下的三维位置奇异轨迹图和给定位置下的三维姿态奇异轨迹图，发现 3-6 Stewart 并联机构的三维奇异轨迹较为复杂，并对给定姿态下 Z 截面上的奇异轨迹和给定位置下姿态截面上的奇异轨迹进行了详细分析。

参考文献

[1] Stewart D. A platform with six degrees of freedom[J]. Proceedings of the Institution of Mechanical Engineers，1965，180(1)：371-386.

[2] Hunt K H. Kinematic Geometry of Mechanisms[M]. Oxford：Oxford University Press，1978.

[3] 赵永生，李秦川，崔云起，等. 三维移动两维转动五轴联动并联机床机构：中国，CN1371786[P]. 2002.

[4] Washizu M. Manipulation of biological objects in micromachined structures[C]. Proceedings of IEEE Micro Electro Mechanical Systems，Travemunde，1992：196-201.

[5] Grace K W，Colgate J E，Glucksberg M R，et al. A six degree of freedom micromanipulator for ophthalmic surgery[C]. IEEE International Conference on Robotics and Automation，Atlanta，1993：630-635.

[6] Dohi T. Computer aided surgery and micro machine[C]. International Symposium on MICRO Machine and Human Science，Nagoya，1995：21-24.

[7] Merlet J P. Optimal design for the micro parallel robot MIPS[C]. IEEE International Conference on Robotics and Automation，Washinton D. C. ，2002：1149-1154.

[8] Kerr D R. Analysis，properties，and design of a Stewart-platform transducer[J]. Journal of Mechanical Design，1989，111(1)：25-28.

[9] St-Onge B M，Gosselin C M. Singularity analysis and representation of the general Gough-

Stewart platform[J]. International Journal of Robotics Research, 2000, 19(3): 271-288.

[10] Huang Z, Zhao Y, Wang J, et al. Kinematic principle and geometrical condition of general-linear-complex special configuration of parallel manipulators[J]. Mechanism and Machine Theory, 1999, 34(8): 1171-1186.

[11] 黄真，杜雄. 3/6-SPS 型 Stewart 机器人的一般线性丛奇异分析[J]. 中国机械工程，1999，10(9): 997-1000.

[12] Merlet J P. Singular configurations of parallel manipulators and grassmann geometry[J]. International Journal of Robotics Research, 1989, 8(5): 45-56.

[13] Fichter E F. A Stewart platform-based manipulator: General theory and practical construction[J]. International Journal of Robotics Research, 1986, 5(2): 157-182.

第 9 章　6-6 Stewart 并联机构奇异分析

3-6 Stewart 并联机构因其动平台上的每个顶点都连着两个球铰，在结构上存在一定的局限性，实际应用场合使用更多的是 6-6 Stewart 并联机构。因此，研究 6-6 Stewart 并联机构的奇异位形对该类型并联机构的设计和运动控制具有重要意义。本章使用第 8 章的方法介绍 6-6 Stewart 并联机构的位置奇异轨迹分布和 Z 截面上的轨迹特性。

9.1　6-6 Stewart 并联机构位置分析

6-6 Stewart 并联机构如图 9.1 所示。该机构由上下两个非相似的半规则六边形平台和六个相同的 SPS 分支组成。每个分支通过两端的两个球铰（S 副）连接动平台和定平台，中间是一个移动副（P 副）。其中，驱动电机安装在 P 副上，通过电机运动控制动平台的运动变化。

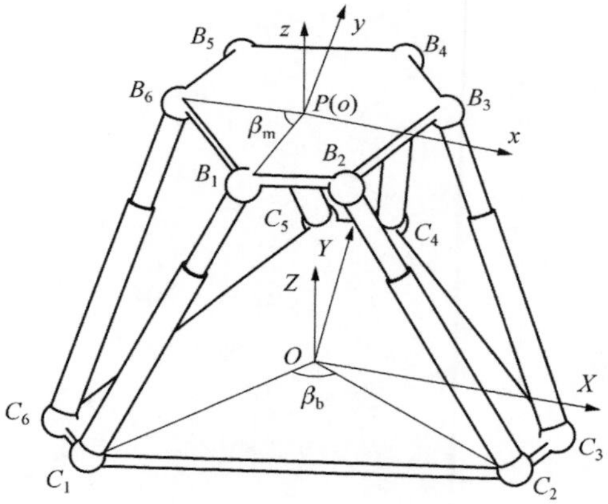

图 9.1　6-6 Stewart 并联机构

6-6 Stewart 并联机构的运动学位置分析与 3-6 Stewart 并联机构相似。同样分别在机构的动平台、定平台上建立动坐标系 o-xyz 与定坐标系 O-XYZ，但是坐标系原点位置略有不同。其中，动坐标系原点 o 在半规则六边形动平台的几何中心 P 上，定坐标系原点 O 在半规则六边形定平台的几何中心上。定平台各顶点 C_i $(i=1,2,\cdots,6)$ 在定坐标系下的坐标为 (C_{ix}, C_{iy}, C_{iz})。动平台各端点 B_j $(j=1,2,\cdots,6)$ 在动坐标系下的坐标为 $(B'_{jx}, B'_{jy}, B'_{jz})$，在定坐标系下的坐标为 $(B_{jx}, B_{jy},$

B_{jz})，它们之间同样满足

$$\begin{pmatrix} B_{jx} \\ B_{jy} \\ B_{jz} \end{pmatrix} = \boldsymbol{R} \begin{pmatrix} B'_{jx} \\ B'_{jy} \\ B'_{jz} \end{pmatrix} + \boldsymbol{H} \tag{9.1}$$

式中，$\boldsymbol{R}$ 为旋转变换矩阵，$\boldsymbol{R}=\begin{bmatrix} c_\phi c_\theta c_\psi - s_\phi s_\psi & -c_\phi c_\theta s_\psi - s_\phi c_\psi & c_\phi s_\theta \\ s_\phi c_\theta c_\psi + c_\phi s_\psi & -s_\phi c_\theta s_\psi + c_\phi c_\psi & s_\phi s_\theta \\ -s_\theta c_\psi & s_\theta s_\psi & c_\theta \end{bmatrix}$，矩阵中的 ϕ、θ、ψ 为机构的 ZYZ-欧拉角；$\boldsymbol{H}$ 为动平台几何中心 P 在定坐标系下的位置矢量，$\boldsymbol{H}=(X,Y,Z)^{\mathrm{T}}$。

6-6 Stewart 并联机构的定平台是一个半规则的六边形，它的每个角都在一个半径为 R_{b} 的外接圆上；动平台也是一个半规则的六边形，它的每个角都在一个半径为 R_{m} 的外接圆上；定平台的长边所对应的圆心角为 β_{b}，动平台的长边所对应的圆心角为 β_{m}，如图 9.1 所示。特别需要说明的是，两个半规则的六边形不能相似，否则会构成结构奇异。给定该机构的结构参数之后，动平台各端点在动坐标系下的坐标、定平台各端点在定坐标系下的坐标分别为

$$\begin{gathered}
B'_1:(-R_{\mathrm{m}}c_{\pi/6+\beta_{\mathrm{m}}/2},-R_{\mathrm{m}}s_{\pi/6+\beta_{\mathrm{m}}/2},0)\\
B'_2:(R_{\mathrm{m}}c_{\pi/6+\beta_{\mathrm{m}}/2},-R_{\mathrm{m}}s_{\pi/6+\beta_{\mathrm{m}}/2},0)\\
B'_3:(R_{\mathrm{m}}c_{\pi/6-\beta_{\mathrm{m}}/2},-R_{\mathrm{m}}s_{\pi/6-\beta_{\mathrm{m}}/2},0)\\
B'_4:(R_{\mathrm{m}}s_{\beta_{\mathrm{m}}/2},R_{\mathrm{m}}c_{\beta_{\mathrm{m}}/2},0)\\
B'_5:(-R_{\mathrm{m}}s_{\beta_{\mathrm{m}}/2},R_{\mathrm{m}}c_{\beta_{\mathrm{m}}/2},0)\\
B'_6:(-R_{\mathrm{m}}c_{\pi/6-\beta_{\mathrm{m}}/2},-R_{\mathrm{m}}s_{\pi/6-\beta_{\mathrm{m}}/2},0)\\
C_1:(-R_{\mathrm{b}}s_{\beta_{\mathrm{b}}/2},-R_{\mathrm{b}}c_{\beta_{\mathrm{b}}/2},0)\\
C_2:(R_{\mathrm{b}}s_{\beta_{\mathrm{b}}/2},-R_{\mathrm{b}}c_{\beta_{\mathrm{b}}/2},0)\\
C_3:(R_{\mathrm{b}}c_{\pi/6-\beta_{\mathrm{b}}/2},R_{\mathrm{b}}s_{\pi/6-\beta_{\mathrm{b}}/2},0)\\
C_4:(R_{\mathrm{b}}c_{\pi/6+\beta_{\mathrm{b}}/2},R_{\mathrm{b}}s_{\pi/6+\beta_{\mathrm{b}}/2},0)\\
C_5:(-R_{\mathrm{b}}c_{\pi/6+\beta_{\mathrm{b}}/2},R_{\mathrm{b}}s_{\pi/6+\beta_{\mathrm{b}}/2},0)\\
C_6:(-R_{\mathrm{b}}c_{\pi/6-\beta_{\mathrm{b}}/2},R_{\mathrm{b}}s_{\pi/6-\beta_{\mathrm{b}}/2},0)
\end{gathered}$$

通过式(9.1)即可求得动平台各端点在定坐标系下的坐标，分别为

$$\begin{aligned}
B_1:(&X+R_{\mathrm{m}}c_{\pi/6+\beta_{\mathrm{m}}/2}(s_\phi s_\psi - c_\phi c_\psi c_\theta)+R_{\mathrm{m}}s_{\pi/6+\beta_{\mathrm{m}}/2}(c_\psi s_\phi + c_\phi c_\theta s_\psi),\\
&Y-R_{\mathrm{m}}c_{\pi/6+\beta_{\mathrm{m}}/2}(c_\phi s_\psi + c_\psi c_\theta s_\phi)-R_{\mathrm{m}}s_{\pi/6+\beta_{\mathrm{m}}/2}(c_\phi c_\psi - c_\theta s_\phi s_\psi),\\
&Z+R_{\mathrm{m}}c_{\pi/6+\beta_{\mathrm{m}}/2}c_\psi s_\theta - R_{\mathrm{m}}s_{\pi/6+\beta_{\mathrm{m}}/2}s_\psi s_\theta)
\end{aligned}$$

$$B_2:(X-R_{\mathrm{m}}c_{\pi/6+\beta_{\mathrm{m}}/2}(s_\phi s_\psi-c_\phi c_\psi c_\theta)+R_{\mathrm{m}}s_{\pi/6+\beta_{\mathrm{m}}/2}(c_\psi s_\phi+c_\phi c_\theta s_\psi),$$
$$Y+R_{\mathrm{m}}c_{\pi/6+\beta_{\mathrm{m}}/2}(c_\phi s_\psi+c_\psi c_\theta s_\phi)-R_{\mathrm{m}}s_{\pi/6+\beta_{\mathrm{m}}/2}(c_\phi c_\psi-c_\theta s_\phi s_\psi),$$
$$Z-R_{\mathrm{m}}c_{\pi/6+\beta_{\mathrm{m}}/2}c_\psi s_\theta-R_{\mathrm{m}}s_{\pi/6+\beta_{\mathrm{m}}/2}s_\psi s_\theta)$$
$$B_3:(X-R_{\mathrm{m}}c_{-\pi/6+\beta_{\mathrm{m}}/2}(s_\phi s_\psi-c_\phi c_\psi c_\theta)-R_{\mathrm{m}}s_{-\pi/6+\beta_{\mathrm{m}}/2}(c_\psi s_\phi+c_\phi c_\theta s_\psi),$$
$$Y+R_{\mathrm{m}}c_{-\pi/6+\beta_{\mathrm{m}}/2}(c_\phi s_\psi+c_\psi c_\theta s_\phi)+R_{\mathrm{m}}s_{-\pi/6+\beta_{\mathrm{m}}/2}(c_\phi c_\psi-c_\theta s_\phi s_\psi),$$
$$Z-R_{\mathrm{m}}c_{-\pi/6+\beta_{\mathrm{m}}/2}c_\psi s_\theta+R_{\mathrm{m}}s_{-\pi/6+\beta_{\mathrm{m}}/2}s_\psi s_\theta)$$
$$B_4:(X-R_{\mathrm{m}}c_{\beta_{\mathrm{m}}/2}(c_\psi s_\phi+c_\phi c_\theta s_\psi)-R_{\mathrm{m}}s_{\beta_{\mathrm{m}}/2}(s_\phi s_\psi-c_\phi c_\psi c_\theta),$$
$$Y+R_{\mathrm{m}}c_{\beta_{\mathrm{m}}/2}(c_\phi c_\psi-c_\theta s_\phi s_\psi)+R_{\mathrm{m}}s_{\beta_{\mathrm{m}}/2}(c_\phi s_\psi+c_\psi c_\theta s_\phi),$$
$$Z+R_{\mathrm{m}}c_{\beta_{\mathrm{m}}/2}s_\psi s_\theta-R_{\mathrm{m}}s_{\beta_{\mathrm{m}}/2}c_\psi s_\theta)$$
$$B_5:(X-R_{\mathrm{m}}c_{\beta_{\mathrm{m}}/2}(c_\psi s_\phi+c_\phi c_\theta s_\psi)+R_{\mathrm{m}}s_{\beta_{\mathrm{m}}/2}(s_\phi s_\psi-c_\phi c_\psi c_\theta),$$
$$Y+R_{\mathrm{m}}c_{\beta_{\mathrm{m}}/2}(c_\phi c_\psi-c_\theta s_\phi s_\psi)-R_{\mathrm{m}}s_{\beta_{\mathrm{m}}/2}(c_\phi s_\psi+c_\psi c_\theta s_\phi),$$
$$Z+R_{\mathrm{m}}c_{\beta_{\mathrm{m}}/2}s_\psi s_\theta+R_{\mathrm{m}}s_{\beta_{\mathrm{m}}/2}c_\psi s_\theta)$$
$$B_6:(X+R_{\mathrm{m}}c_{-\pi/6+\beta_{\mathrm{m}}/2}(s_\phi s_\psi-c_\phi c_\psi c_\theta)-R_{\mathrm{m}}s_{-\pi/6+\beta_{\mathrm{m}}/2}(c_\psi s_\phi+c_\phi c_\theta s_\psi),$$
$$Y-R_{\mathrm{m}}c_{-\pi/6+\beta_{\mathrm{m}}/2}(c_\phi s_\psi+c_\psi c_\theta s_\phi)+R_{\mathrm{m}}s_{-\pi/6+\beta_{\mathrm{m}}/2}(c_\phi c_\psi-c_\theta s_\phi s_\psi),$$
$$Z+R_{\mathrm{m}}c_{-\pi/6+\beta_{\mathrm{m}}/2}c_\psi s_\theta+R_{\mathrm{m}}s_{-\pi/6+\beta_{\mathrm{m}}/2}s_\psi s_\theta)$$

给定机构的结构参数后，各分支所在直线的线矢量可以在几何代数框架下表示出来，例如，分支 1：

$$\boldsymbol{S}_{\mathrm{m}1}=(\boldsymbol{s}_1;\boldsymbol{r}_1\times\boldsymbol{s}_1+h\boldsymbol{s}_1) \tag{9.2}$$

$$\boldsymbol{s}_1=v_{11}\boldsymbol{e}_1+v_{12}\boldsymbol{e}_2+v_{13}\boldsymbol{e}_3 \tag{9.3}$$

$$\boldsymbol{r}_1=x_1\boldsymbol{e}_1+y_1\boldsymbol{e}_2+z_1\boldsymbol{e}_3 \tag{9.4}$$

方向向量 $\boldsymbol{s}_1$ 的参数即直线 B_1C_1 的方向参数：

$$(v_{11},v_{12},v_{13})=(B_{1x}-C_{1x},B_{1y}-C_{1y},B_{1z}-C_{1z}) \tag{9.5}$$

位置向量 $\boldsymbol{r}_1$ 的参数即 B_1 的坐标参数：

$$(x_1,y_1,z_1)=(B_{1x},B_{1y},B_{1z}) \tag{9.6}$$

因此，分支 1 所在的线矢量在几何代数的框架下可表示为

$$\boldsymbol{S}_{\mathrm{m}1}=v_{11}\boldsymbol{e}_1+v_{12}\boldsymbol{e}_2+v_{13}\boldsymbol{e}_3+b_{11}\boldsymbol{e}_4+b_{12}\boldsymbol{e}_5+b_{13}\boldsymbol{e}_6 \tag{9.7}$$

式中，$b_{11}=-C_{1z}B_{1y}+C_{1y}B_{1z}$；$b_{12}=-C_{1x}B_{1z}+C_{1z}B_{1x}$；$b_{13}=-C_{1y}B_{1x}+C_{1x}B_{1y}$。

同理，其他各个分支也可以在几何代数的框架中表达出来。

9.2　6-6 Stewart 并联机构位置奇异分析

6-6 Stewart 并联机构的奇异条件与 3-6 Stewart 并联机构相似，同样是当六个分支所在的直线发生线性相关时，机构发生奇异。在所有驱动副都被锁住的情况下，末端执行器仍具有至少一个自由度。

给定 6-6 Stewart 并联机构的三个姿态角，机构的奇异位形由三个位置变量决定，进行位置奇异分析。

当各分支所在的线矢量线性相关时，该机构就会处于奇异位形。这个特性在几何代数中的表达为

$$\boldsymbol{S}_{\mathrm{m1}} \wedge \boldsymbol{S}_{\mathrm{m2}} \wedge \boldsymbol{S}_{\mathrm{m3}} \wedge \boldsymbol{S}_{\mathrm{m4}} \wedge \boldsymbol{S}_{\mathrm{m5}} \wedge \boldsymbol{S}_{\mathrm{m6}} = 0 \tag{9.8}$$

根据几何代数的计算法则，式(9.8)的计算结果是一个 6 阶片积：

$$\boldsymbol{S}_{\mathrm{m1}} \wedge \boldsymbol{S}_{\mathrm{m2}} \wedge \boldsymbol{S}_{\mathrm{m3}} \wedge \boldsymbol{S}_{\mathrm{m4}} \wedge \boldsymbol{S}_{\mathrm{m5}} \wedge \boldsymbol{S}_{\mathrm{m6}} = Q\boldsymbol{e}_1\boldsymbol{e}_2\boldsymbol{e}_3\boldsymbol{e}_4\boldsymbol{e}_5\boldsymbol{e}_6 \tag{9.9}$$

当系数 Q 为 0 时，该表达式的值为 0，此时机构就发生奇异。Q 为奇异多项式。

表达式 Q 中包含动平台的位置参数 A、姿态参数 B 和机构的结构参数 C，可以用简单的函数表达为

$$Q(A,B,C) = 0 \tag{9.10}$$

给定机构参数和姿态参数后，便可以得到 6-6 Stewart 并联机构在三维空间中的位置奇异轨迹的符号表达式：

$$\begin{aligned} Q = {} & g_1 Z^3 + g_2 XZ^2 + g_3 YZ^2 + g_4 X^2 Z + g_5 Y^2 Z + g_6 XYZ + g_7 Z^2 + g_8 XZ \\ & + g_9 YZ + g_{10} X^2 + g_{11} XY + g_{12} Y^2 + g_{13} Z + g_{14} X + g_{15} Y + g_{16} = 0 \end{aligned} \tag{9.11}$$

式中，$g_i(i=1,2,\cdots,16)$是结构参数 R_{m}、R_{b}、β_{m}、β_{b} 和姿态参数(ϕ,β,ψ)的显式表示，具体表达式如下：

$$g_1 = 162\sqrt{3}\mathrm{c}_{\phi+\psi}\mathrm{c}_{\theta/2}^2\mathrm{c}_\theta$$

$$g_2 = \frac{81\sqrt{3}}{2}(\mathrm{c}_\psi + 3\mathrm{c}_\psi\mathrm{c}_\theta + \mathrm{c}_{2\phi+\psi}(1+\mathrm{c}_\theta))\mathrm{s}_\theta$$

$$g_3 = \frac{81\sqrt{3}}{2}(-(1+3\mathrm{c}_\theta)\mathrm{s}_\psi + (1+\mathrm{c}_\theta)\mathrm{s}_{2\phi+\psi})\mathrm{s}_\theta$$

$$g_4 = 81\sqrt{3}\mathrm{c}_\phi\mathrm{c}_\psi\mathrm{s}_\theta^2$$

$$g_5 = -81\sqrt{3}\mathrm{s}_\phi\mathrm{s}_\psi\mathrm{s}_\theta^2$$

$$g_6 = 81\sqrt{3}\mathrm{s}_{\phi-\psi}\mathrm{s}_\theta^2$$

$$g_7=\frac{81\sqrt{2}}{2}((-1+\sqrt{3})c_\theta s_{\phi-2\psi}-2(1+\sqrt{3})s_{2\phi-\psi})s_{\theta/2}^2 s_\theta$$

$$g_8=\frac{81\sqrt{2}}{8}(4(1+\sqrt{3})s_{\phi-\psi}-(-1+\sqrt{3})((-1+c_\theta)s_{2\phi-2\psi}+(1-3c_\theta)s_{2\psi}))s_\theta^2$$

$$g_9=\frac{81\sqrt{2}}{8}(4(1+\sqrt{3})c_{\phi-\psi}+(-1+\sqrt{3})(c_{2\psi}(1-3c_\theta)+c_{2\phi-2\psi}(-1+c_\theta)))s_\theta^2$$

$$g_{10}=\frac{81\sqrt{2}}{2}(-1+\sqrt{3})c_\phi c_\psi s_\psi s_\theta^3$$

$$g_{11}=-\frac{81\sqrt{2}}{4}(-1+\sqrt{3})c_{\phi+2\psi}s_\theta^3$$

$$g_{12}=-\frac{81\sqrt{2}}{4}(-1+\sqrt{3})c_{2\psi}s_\phi s_\theta^3$$

$$g_{14}=\frac{27}{4}(4\sqrt{3}c_\phi+(3-2\sqrt{3})c_\psi+3c_{2\phi+\psi}-2\sqrt{3}c_{2\phi+\psi}-2\sqrt{3}c_{\phi+2\psi})s_\theta^3$$

$$g_{15}=\frac{27}{4}(4\sqrt{3}s_\phi+(-3+2\sqrt{3})s_\psi+3s_{2\phi+\psi}-2\sqrt{3}s_{2\phi+\psi}+2\sqrt{3}s_{\phi+2\psi})s_\theta^3$$

由于 g_{13} 与 g_{16} 的解析表达式非常复杂且冗长，为简洁起见不在书中给出，读者可运用计算机符号运算软件自行计算。

观察式(9.11)可以发现，该式是一个关于位置参数 X、Y、Z 的三元三次多项式，位置参数的最高次数也只有 3。给定机构的结构参数 $R_b=2\text{m}$，$R_m=1.5\text{m}$，$\beta_m=75°$，$\beta_b=105°$，机构动平台处于不同姿态时的三维位置奇异轨迹分布如图 9.2～图 9.5 所示。

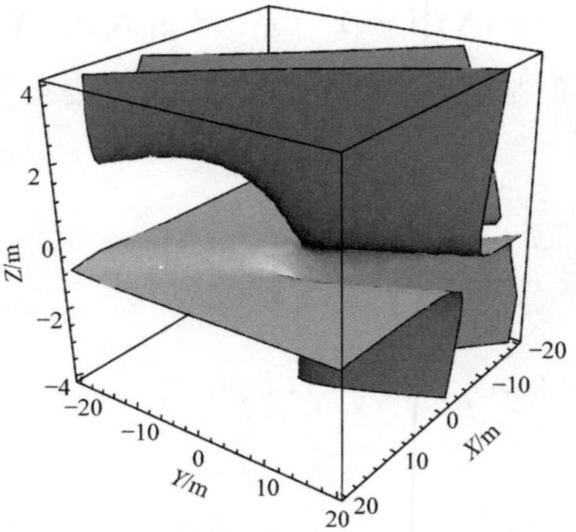

图 9.2　姿态参数为(45°,60°,−30°)时的奇异轨迹

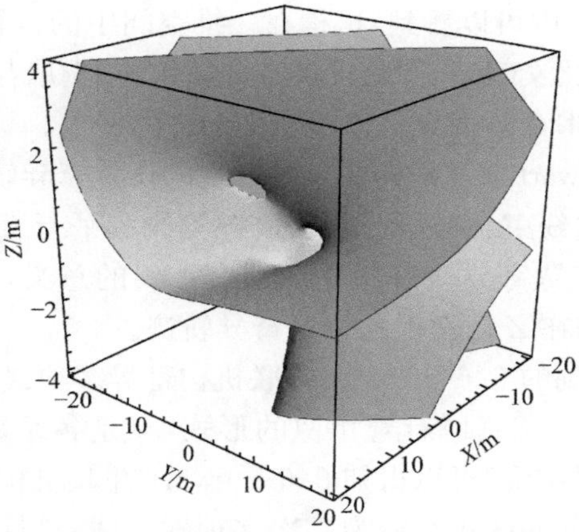

图 9.3　姿态参数为(60°,30°,−45°)时的奇异轨迹

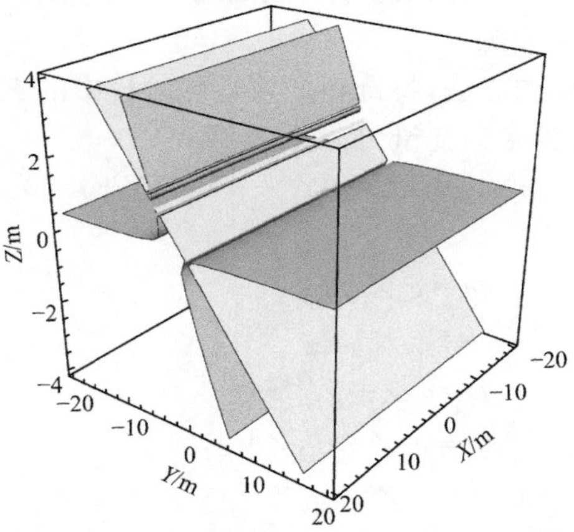

图 9.4　姿态参数为(90°,30°,−90°)时的奇异轨迹

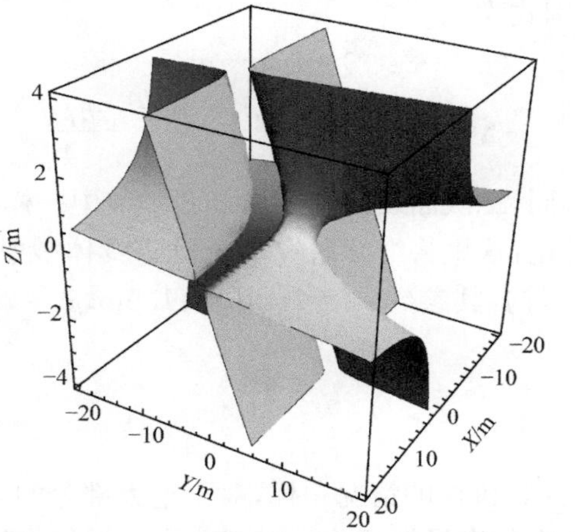

图 9.5　姿态参数为(90°,30°,0°)时的奇异轨迹

从图 9.2～图 9.5 中可以看到，机构在三维空间中的位置奇异轨迹复杂，无明显规律可循。通过对比文献[1]中的位置奇异轨迹图(选取与文献中相同的姿态参数和结构参数)发现，本章的奇异轨迹图与文献中的一致。

第 8 章中 3-6 Stewart 并联机构在 Z 截面上的位置奇异轨迹总是一个二元二次多项式，其中包含双曲线束、四对相交直线、抛物线和平行直线的情况。该结论对 Stewart 并联机构的位置奇异轨迹性质识别有重要的意义，因此本节将继续分析 6-6 Stewart 并联机构在 Z 截面上的位置奇异轨迹。

基于几何代数得到的 6-6 Stewart 并联机构奇异多项式(9.11)与 3-6 Stewart 并联机构的奇异多项式(8.11)有着相似的形式，只是各系数 f_i 和 g_i 有所不同。因此，根据第 8 章所得结论，可以得知 6-6 Stewart 并联机构在空间中的三维位置奇异轨迹与一般倾斜截面的相交线为三次多项式曲线，其性质同样较难分析。但机构在三维空间中的位置奇异轨迹与 Z 截面的相交线依然是二次曲线，其几何性质相对三次曲线更容易分析。

采用与第 8 章相同的方法，将奇异多项式(9.11)中的 Z 项看作常数项，此时，该方程同样只有 X、Y 为未知变量，合并同类项可得

$$mX^2+nXY+oY^2+pX+qY+r=0 \tag{9.12}$$

式中

$$\begin{aligned}
m&=g_4Z+g_{10}\\
n&=g_6Z+g_{11}\\
o&=g_5Z+g_{12}\\
p&=g_2Z^2+g_8Z+g_{14}\\
q&=g_3Z^2+g_9Z+g_{15}\\
r&=g_1Z^3+g_7Z^2+g_{13}Z+g_{16}
\end{aligned}$$

此时，二次曲线的判别式为

$$\delta=4mo-n^2 \tag{9.13}$$

$$\Delta=mor-\frac{op^2}{4}-\frac{n^2r}{4}-\frac{mq^2}{4}+\frac{npq}{4} \tag{9.14}$$

根据判别式的不同，二次曲线的性质与 8.2.2 节中一样有四种情况。

为了验证上述结论，这里将继续研究一个给定具体数值结构参数和姿态参数的 6-6 Stewart 并联机构，其参数 $R_a=2\text{m}$，$R_b=1.5\text{m}$，$\beta_m=75°$，$\beta_b=105°$，$(\phi,\theta,\psi)=(60°,30°,-45°)$。

1. 双曲线

同 3-6 Stewart 并联机构的情况一样，对于绝大部分的 Z 值，判别式满足 $\delta\neq0$ 且 $\Delta\neq0$，此时 Z 截面上的奇异轨迹为一对双曲线。例如，当 $Z=2\text{m}$ 时，有

$$\delta = -254.014397$$
$$\Delta = 12875.556149$$

图 9.6 所示的双曲线即 Z 截面上的奇异轨迹。

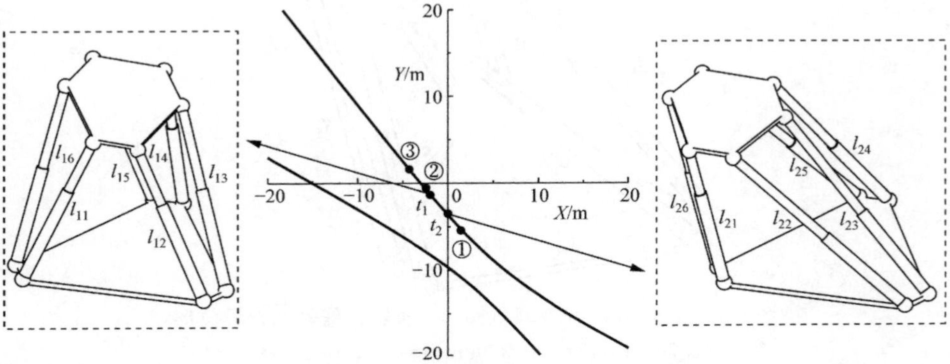

图 9.6　6-6 Stewart 并联机构姿态参数为(60°,30°,−45°)且 Z=2m 时的双曲线奇异轨迹及奇异位形

在奇异轨迹上取两个奇异点 t_1 和 t_2,对应的两个奇异位形如图 9.6 中箭头所指,均属于 Merlet 5a 类型[2],即一般线性丛奇异位形。

图 9.6 中的双曲线轨迹上还存在若干 Merlet 5b 类型[2]的奇异位形,通过文献[3]所提到的求解机构处于奇异位形时的瞬时运动螺旋的方法即可求得该位形下的 X、Y 值,如表 9.1 中①、②和③点。

表 9.1　6-6 Stewart 并联机构奇异轨迹上的第一类特殊线性丛奇异点

(X,Y)	$\boldsymbol{S}_{\mathrm{m}}$
①(1.9710,−5.8640)	(−0.1595,−0.0256,0.0531;−0.3088,−0.3818,−0.8543)
②(−2.7013,−0.3992)	(−0.7522,−0.2875,0.4835;0.1700,−0.2714,−0.1228)
③(−4.6272,2.0178)	(−0.2495,0.1723,0.0151;−0.4613,−0.3999,−0.7315)

当 X=−2.7013m、Y=−0.3992m 时机构处于姿态(60°,30°,−45°)的奇异位形如图 9.7 所示,各分支所在直线相交于同一线矢 $\boldsymbol{S}_{\mathrm{m}}$,且获得一个瞬时转动的自由度。

2. 四对相交直线

当 Δ=0 时,式(9.14)可化成一个一元四次方程。此时,该方程有四个根,其中四个根对应四对相交的直线,如图 9.8～图 9.11 所示。

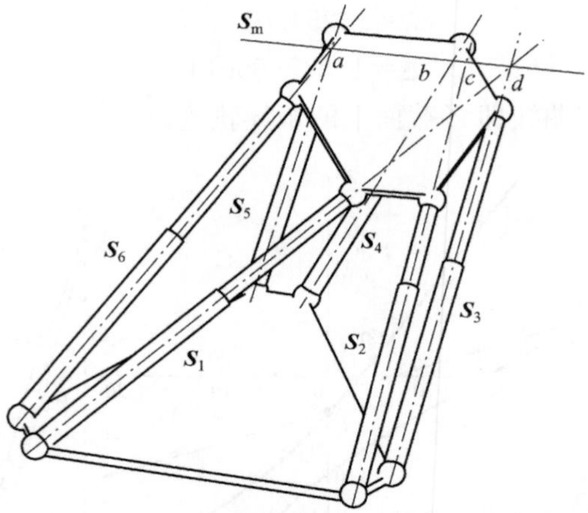

图 9.7　6-6 Stewart 并联机构第一类特殊线性丛奇异位形
（$X=-2.7013\text{m}, Y=-0.3992\text{m}, \phi=60°, \theta=30°, \psi=-45°$）

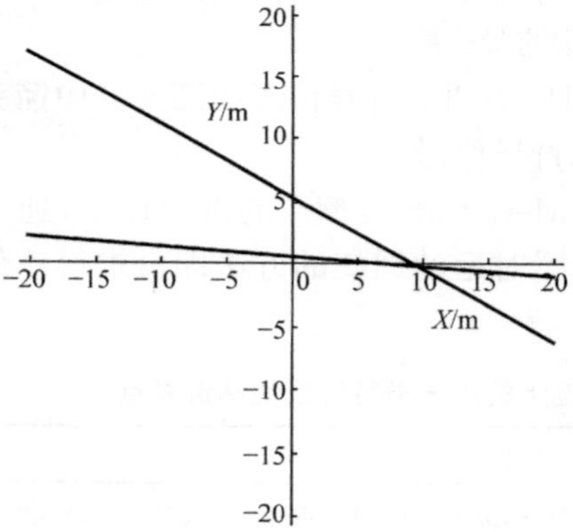

图 9.8　第一对相交直线 2

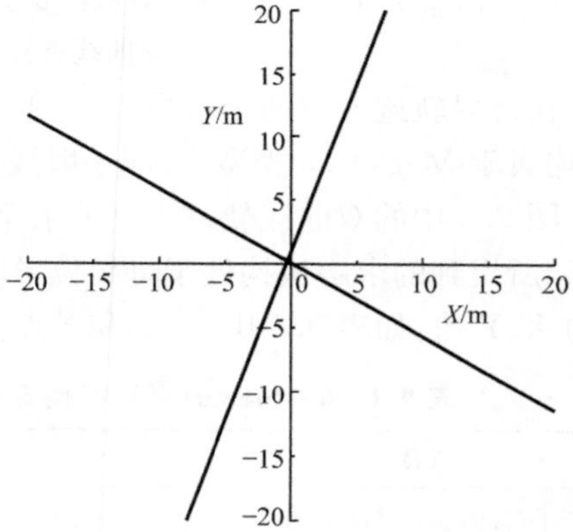

图 9.9　第二对相交直线 2

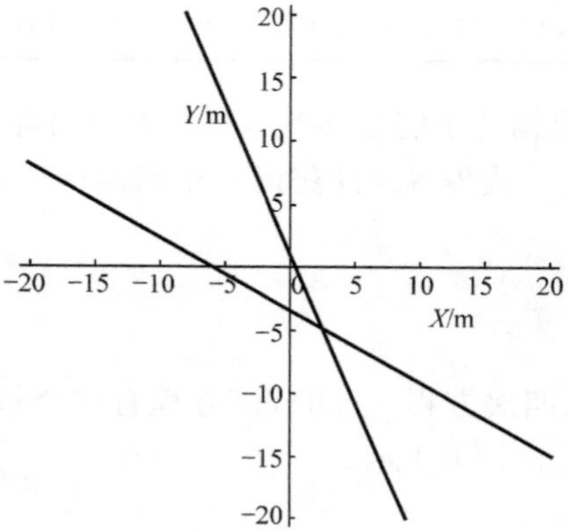

图 9.10　第三对相交直线 2

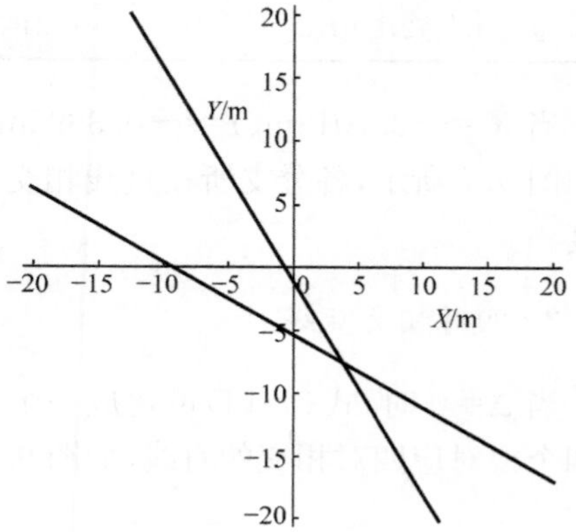

图 9.11　第四对相交直线 2

图 9.8～图 9.11 对应的位置参数 Z 分别为 -0.7617139m、-0.1918010m、0.5087621m 和 1.0111855m，且图中所示奇异轨迹上的所有点均为 Merlet 5a 类型[2]。

3. 一条抛物线

当 $\delta=0$ 时，式(9.14)可化简为一个关于 Z 的二次方程，且该方程只有两个相同的实根，对应一条抛物线。并联机构参数如前所述，此时该方程有两个相同的实根 $Z=-1.65872$m，其抛物线如图 9.12 所示。

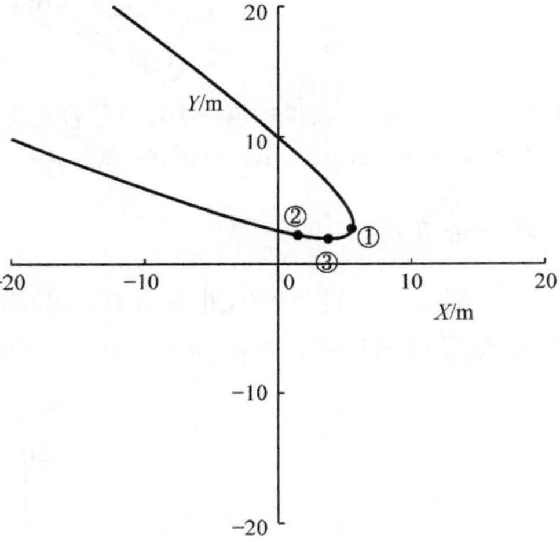

图 9.12　6-6 Stewart 并联机构奇异抛物线情况

图 9.12 所示的抛物线轨迹上也存在若干个第一类特殊线性丛奇异点，如表 9.2 中①、②和③点。

表 9.2　6-6 Stewart 并联机构抛物线上第一类特殊线性丛奇异点

(X,Y)	$\boldsymbol{S}_{\mathrm{m}}$
①(5.5590,2.5881)	(−0.2021,−0.3397,0.1092;−0.2295,−0.0731,−0.8796)
②(1.8506,2.1024)	(0.3283,0.0172,−0.0710;−0.0134,−0.5374,−0.7732)
③(4.5943,1.9669)	(0.6523,0.3637,−0.1993;0.3056,−0.5481,0.0929)

当 $X=1.8506$m、$Y=2.1024$m 时机构处于姿态(60°,30°,−45°)的奇异位形如图 9.13 所示。此时该机构的六个分支所在的直线相交于同一线矢量 $\boldsymbol{S}_{\mathrm{m}}$，且机构获得一个瞬时的局部转动自由度。但此时动平台位于定平台下方，实际应用中机构并不会产生此奇异位形。

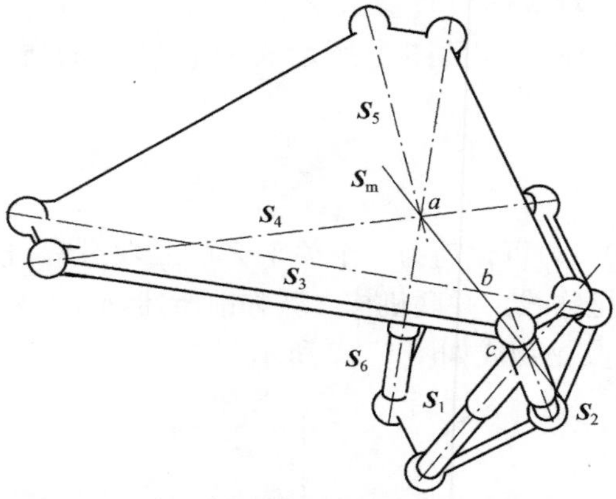

图 9.13 6-6 Stewart 并联机构第一类特殊线性丛奇异位形
(X=1.8506m,Y=2.1024m,ϕ=60°,θ=30°,ψ=−45°)

4. 一对平行直线及一条直线

当$\phi=\pm90°$、$\psi=\pm90°$时,$\delta=0$ 且 $\Delta=0$,此时式(9.12)描述的是一对平行直线或一条直线。例如,当姿态参数为(90°,30°,−90°),且 Z=2m 时,其平行直线奇异轨迹如图 9.14 所示。

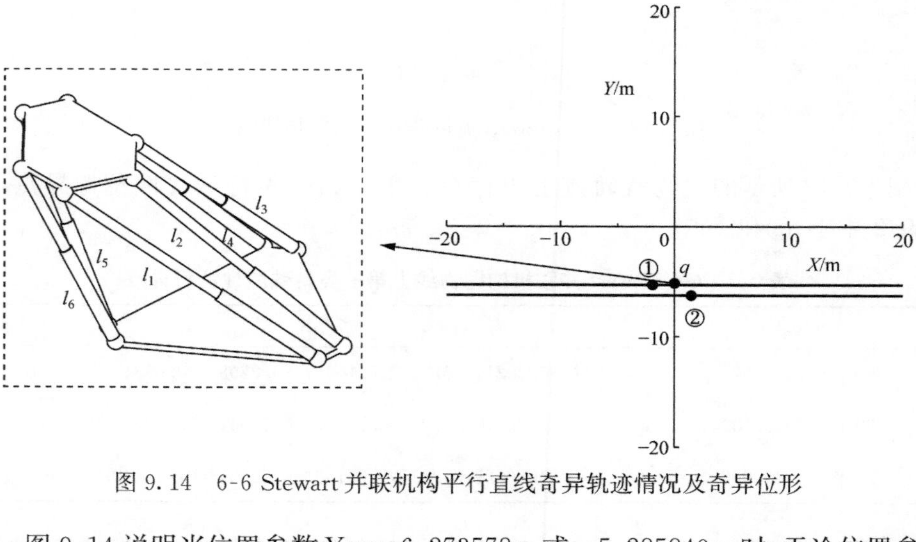

图 9.14 6-6 Stewart 并联机构平行直线奇异轨迹情况及奇异位形

图 9.14 说明当位置参数 Y=−6.273578m 或−5.285840m 时,无论位置参数 X 为多少,机构都发生奇异,在奇异轨迹上取奇异点 q,对应的奇异位形如图 9.14 中箭头所指,属于 Merlet 5a 类型[2]。处于此位形时,机构的分支穿过了动平台,因此该奇异位形也只发生在理想情况下。

平行直线奇异轨迹上也存在着若干第一类特殊线性丛奇异点，如同前面所述，当机构处于这些位姿时，机构发生第一类特殊线性丛奇异，各分支所在的直线都相交于同一线矢，如表 9.3 中①和②点。

表 9.3　6-6 Stewart 并联机构平行直线上第一类特殊线性丛奇异点

(X,Y)	$\boldsymbol{S}_{\mathrm{m}}$
①(−0.4062，−5.2858)	(0.21906，0.000001，0；−0.000001，0.3295，0.9184)
②(0.1250，−6.2735)	(0.0931，−0.6902，0.1849；0.5868，0.1169，0.3502)

当 $\theta=0°$ 时，6-6 Stewart 并联机构的动平台与定平台平行或重合。此时的奇异多项式可化简为

$$Z^3\cos(\phi+\psi)=0 \tag{9.15}$$

可以看到，奇异多项式(9.15)与 3-6 Stewart 并联机构 $\theta=0°$ 时的奇异多项式(8.21)有相同的形式。因此，它们的奇异位形也有相同的两种情况。

(1) 当 $\theta=0°$ 且 $Z=0$ 时，动平台所在平面与定平台所在平面处在同一平面。此位形下有三个瞬时自由度，分别是两个转动自由度和一个移动自由度。

(2) 当 $\theta=0°$ 且 $(\phi+\psi)=\pm 90°$ 时，奇异位形类似于 Fichter[4] 发现的奇异位形，如图 9.15 所示。

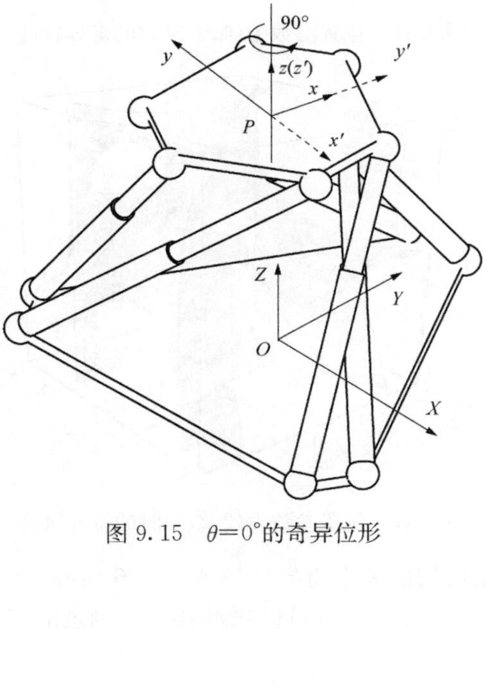

图 9.15　$\theta=0°$ 的奇异位形

9.3 6-6 Stewart 并联机构姿态奇异分析

6-6 Stewart 并联机构发生奇异时各分支所在的线矢量外积为零，根据这一特性计算可得奇异多项式(9.11)。该奇异多项式中含有六个未知参数，当给定其中三个位置参数时，便可得到姿态奇异方程。当选定机构的结构参数 $R_a=2\text{m}$、$R_b=1.5\text{m}$、$\beta_m=75°$、$\beta_b=105°$时，处于不同位置下的姿态奇异轨迹如图 9.16～图 9.19 所示。

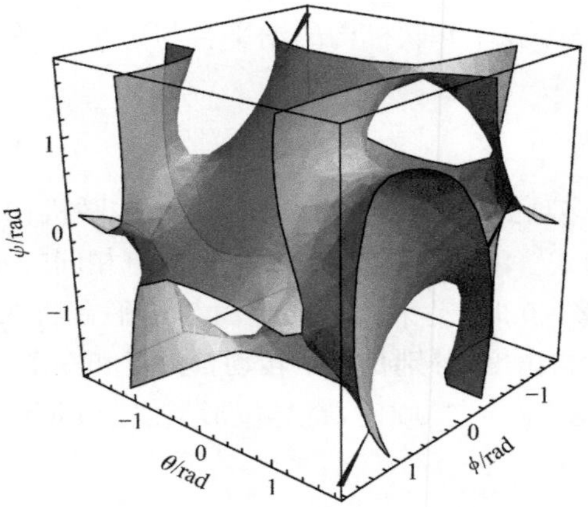

图 9.16 位置参数为(0,0,3)时的奇异轨迹

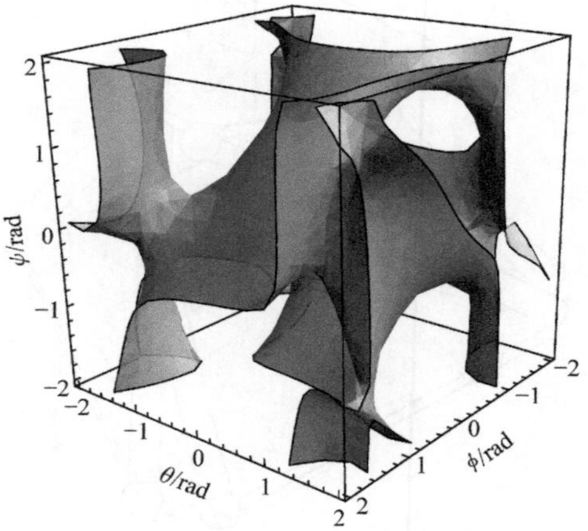

图 9.17 位置参数为(2,2,4)时的奇异轨迹

6-6 Stewart 并联机构的姿态奇异轨迹图与 3-6 Stewart 并联机构的姿态奇异轨迹图相似，都非常复杂。因为当位置参数给定时，剩余的三个姿态变量均隐含于

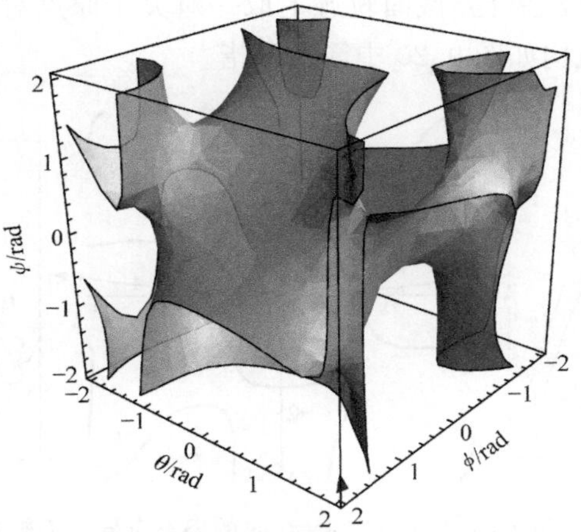

图 9.18　位置参数为(−2,2,4)时的奇异轨迹

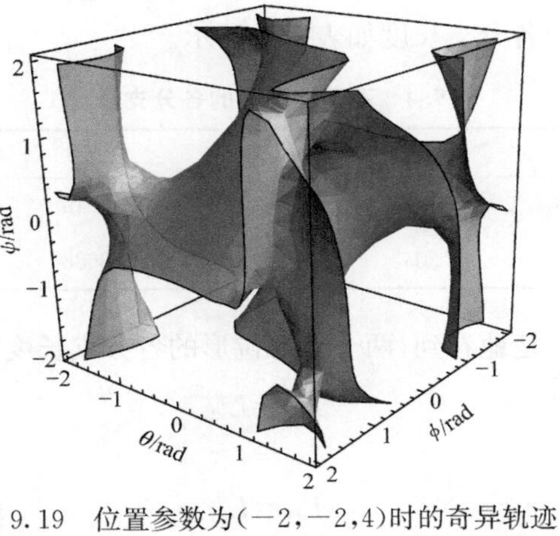

图 9.19　位置参数为(−2,−2,4)时的奇异轨迹

三角函数中，且这些三角函数的次数不只是一次，导致方程变得异常复杂。

从图 9.16～图 9.19 中可以看到，Stewart 机构在姿态空间中的奇异轨迹并无规律可循。空间中的奇异轨迹无法识别，但其姿态截面上的奇异轨迹却存在一定的关系。

取 6-6 Stewart 并联机构的结构参数 $R_a=2\text{m}$，$R_b=1.5\text{m}$，$\beta_m=75°$，$\beta_b=105°$，位置参数为(0,0,2)。当 $\phi=0°$时，其姿态奇异截面轨迹如图 9.20 所示。通过观察发现，截面图上的奇异轨迹依旧关于原点中心对称。轨迹关于原点呈中心对称，说明描述该轨迹的函数为奇函数，即

$$\psi(-\theta)=-\psi(\theta) \tag{9.16}$$

在图 9.20 中的姿态奇异截面轨迹上取一对关于原点对称的奇异点 r_1 和 r_2，对应的奇异位形的机构如图 9.20 中箭头所指。

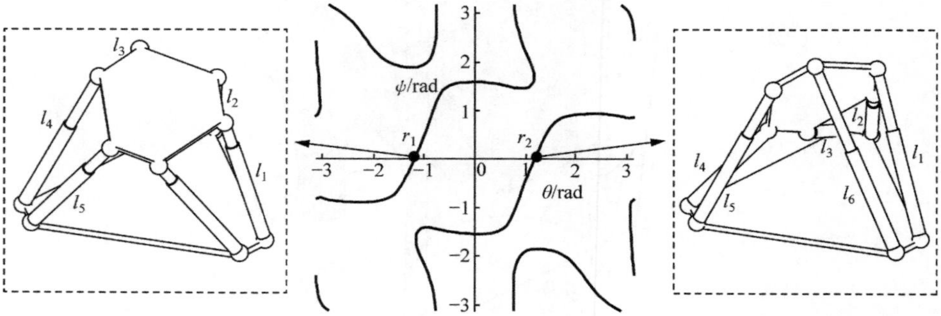

图 9.20　6-6 Stewart 并联机构 $\phi=0°$时的姿态奇异截面轨迹及奇异位形

图 9.20 中处于奇异位形的机构依旧呈对称状，它们在空间中的位置相同，姿态相反。该位形下的各分支长度如表 9.4 所示。

表 9.4　不同模型下的各分支长度 1　　(单位：m)

位形点	分支 1	分支 2	分支 3	分支 4	分支 5	分支 6
r_1 点	2.2053	2.7701	3.3744	2.8219	1.8688	2.0263
r_2 点	2.7701	2.2053	2.0263	1.8688	2.8219	3.3744

从表 9.4 可以清楚地看到，两个奇异位形的各分支长度满足以下关系：

$$
\begin{aligned}
L_{l1} &= L_{r2} \\
L_{l2} &= L_{r1} \\
L_{l3} &= L_{r6} \\
L_{l4} &= L_{r5} \\
L_{l5} &= L_{r4} \\
L_{l6} &= L_{r3}
\end{aligned}
\tag{9.17}
$$

式中，l 表示位形 r_1；r 表示位形 r_2；1～6 为各分支的编号。该对奇异位形为对称奇异位形。

$\phi=0°$的姿态截面上总是存在对称奇异位形，接下来将继续探究其他姿态截面上的情况。当 $\psi=0°$时，其姿态截面上的奇异轨迹如图 9.21 所示。截面图上的轨迹依旧关于原点中心对称，描述该轨迹的函数为奇函数，即

$$
\theta(-\phi)=-\theta(\phi) \tag{9.18}
$$

在图 9.21 所示的姿态截面奇异轨迹上取一对关于原点对称的奇异点 p_1 和 p_2，机构对应的奇异位形如图 9.21 中箭头所指。

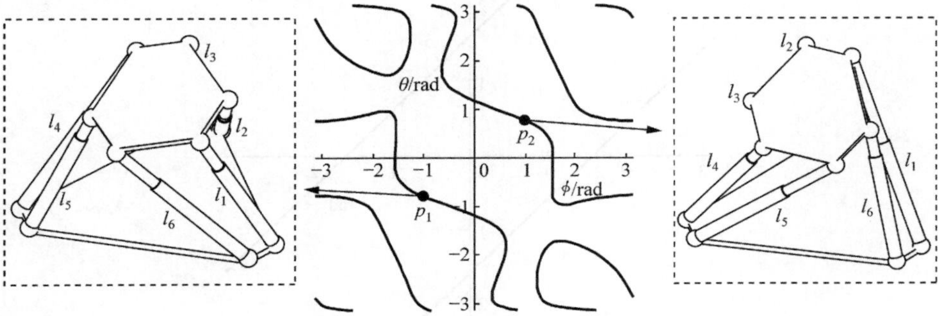

图 9.21　6-6 Stewart 并联机构 $\psi=0°$时的姿态奇异截面轨迹及奇异位形

图 9.21 中的三维奇异位形模型依然呈对称状，此时它们各分支的长度如表 9.5 所示。

表 9.5　不同模型下的各分支长度 2　（单位：m）

位形点	分支 1	分支 2	分支 3	分支 4	分支 5	分支 6
p_1 点	2.1039	3.2317	3.0222	3.1853	2.1160	2.5319
p_2 点	3.2317	2.1039	2.5319	2.1160	3.1853	3.0222

该对奇异位形也为对称奇异位形，机构处于此位形下满足式(9.17)所示的关系。此截面奇异轨迹上存在无数对这样的对称奇异位形。

最后讨论 $\theta=0°$的情况。此时 6-6 Stewart 并联机构的动平台平行于定平台，它在 $\theta=0°$的姿态截面上的轨迹方程为

$$\phi=-\psi\pm 90° \tag{9.19}$$

式(9.19)是一个非常简单的一次函数，在平面图上是两条倾斜的直线，其斜率为−1，即两条直线平行。另外，该函数也是一个奇函数，如图 9.22 所示。

图 9.22 中的奇异轨迹上同样存在无数对对称奇异位形，每种位形都类似于 Fichter[4] 发现的奇异位形。

后续的研究发现，对称奇异位形并不会出现在任意姿态截面上，只有当该姿态截面为 0 截面时，才会出现本书所提到的情况。此外，对此时该机构的位置参数也有一定的要求。只有当位置参数 $X=0$ 时，才能满足其条件。

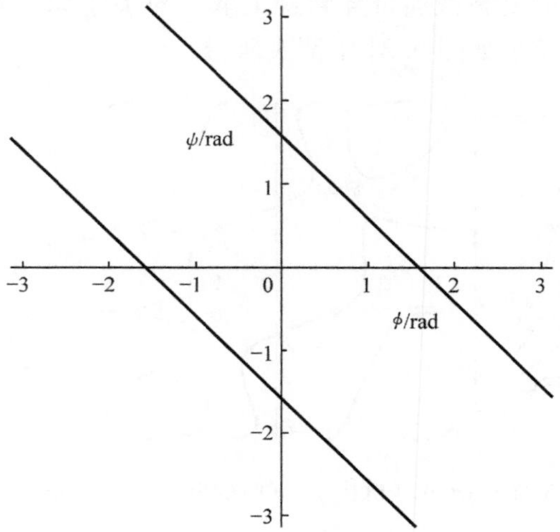

图 9.22 6-6 Stewart 并联机构 $\theta=0°$时的姿态奇异截面轨迹

9.4 本章小结

本章介绍了 6-6 Stewart 并联机构的奇异性。基于几何代数外积的性质得到了 6-6 Stewart 并联机构的奇异多项式，在此基础上分析了 6-6 Stewart 并联机构给定姿态时的三维位置奇异轨迹分布图。另外，分析了 Z 截面上的奇异轨迹性质，并给出了若干处于特殊线性丛、一般线性奇异点的奇异位形三维空间模型。接着分析了给定位置下的三维姿态奇异图，以及姿态截面上的奇异轨迹。根据第 8 章所提出的对称奇异位形的概念，找到了若干组对应的三维模型奇异位形。

参考文献

[1] 李保坤. 非相似型六自由度并联机器人奇异位形研究[D]. 无锡：江南大学，2014.

[2] Merlet J P. Singular configurations of parallel manipulators and Grassmann geometry[J]. International Journal of Robotics Research，1989，8(5)：45-56.

[3] Huang Z，Zhao Y，Wang J，et al. Kinematic principle and geometrical condition of general-linear-complex special configuration of parallel manipulators[J]. Mechanism and Machine Theory，1999，34(8)：1171-1186.

[4] Fichter E F. A Stewart platform-based manipulator：General theory and practical construction [J]. International Journal of Robotics Research，1986，5(2)：157-182.

第 10 章　三自由度平面并联机构奇异分析

三自由度平面并联机构在各领域中已得到广泛应用，例如，3-RRR 平面并联机构可以通过宏观和微观定位来实现精密定位的功能，模块化的 3-RRR 平面并联机构可以用于数控机构、机器人操作机构中，3-PRR 平面三自由度柔顺并联机构可用于微创医疗、精密制造等。三自由度平面并联机构按 R 副和 P 副的不同组合可以生成七种构型[1]：RRR、RPR、RPP、PRR、PRP、PPR 和 RRP。国内外学者对三自由度平面并联机构进行了各项深入研究，包括运动学、动力学、奇异性、精度、刚度和工作空间等。其中，奇异性是并联机构的固有性质，对机构性能和轨迹规划有重要影响。各国学者运用多种方法对三自由度平面并联机构奇异性进行了研究，如雅可比矩阵法[2-5]、螺旋理论[1,6]、几何法[7]，以及其他方法[8-10]。几何法不能直观得到机构的奇异在工作空间中的分布情况，而代数法如雅可比矩阵法等可以得到机构全部的奇异情况，但是几何意义不够明确。

本章用几何代数对三个典型的三自由度平面并联机构（3-RRR、3-RPR 和 3-PRR）的奇异性进行分析，并求出机构的全部奇异轨迹在工作空间中的分布，对于单个的奇异位形，从机构受到的约束角度分析线性相关性几何意义更加清晰。

10.1　少自由度并联机构奇异分析步骤

并联机构第 i 个分支上有 m_i 个螺旋，这 m_i 个螺旋张成的片积就是机构第 i 个分支的运动空间，称为分支运动片积（blade of limb motion）：

$$\boldsymbol{A}_i=\boldsymbol{S}_{\mathrm{m}_{i1}}\wedge\boldsymbol{S}_{\mathrm{m}_{i2}}\wedge\cdots\wedge\boldsymbol{S}_{\mathrm{m}_{im_i}} \tag{10.1}$$

假设并联机构每个分支只有一个驱动，当锁住第 i 个分支上的驱动时会产生剩余分支运动片积（reduced blade of limb motion），这可以表达为将式（10.1）中的驱动 $\boldsymbol{S}_{\mathrm{m}_{in}}$ 去除：

$$\boldsymbol{A}_i'=\boldsymbol{S}_{\mathrm{m}_{i1}}\wedge\boldsymbol{S}_{\mathrm{m}_{i2}}\wedge\cdots\wedge\boldsymbol{S}_{\mathrm{m}_{i(n-1)}}\wedge\boldsymbol{S}_{\mathrm{m}_{i(n+1)}}\wedge\cdots\wedge\boldsymbol{S}_{\mathrm{m}_{im_i}} \tag{10.2}$$

k 阶片积的对偶空间表示非退化空间中 k 阶片积的正交补空间。也就是说，分支运动片积的对偶空间 $\boldsymbol{S}_{ci}$ 表示分支 i 施加到动平台上的约束螺旋。$\boldsymbol{S}_{ci}$ 称为分支约束片积（blade of limb constraint）：

$$\boldsymbol{S}_{ci}=\Delta(\boldsymbol{A}_i\boldsymbol{I}_6^{-1})=\Delta((-1)^{m_i-(6-m_i)}\boldsymbol{I}_6^{-1}\boldsymbol{A}_i) \tag{10.3}$$

式中，$\boldsymbol{I}_6^{-1}$ 是 $\boldsymbol{I}_6$ 的逆。

当锁住机构第 i 个分支上的驱动时，可以求得扩展分支约束片积(extended blade of limb constraint)：

$$\boldsymbol{S}'_{ci}=\Delta(\boldsymbol{A}'_i\boldsymbol{I}_6^{-1})=\Delta((-1)^{m_i-(6-(m_i-1))}\boldsymbol{I}_6^{-1}\boldsymbol{A}'_i) \tag{10.4}$$

假设一 n 自由度的并联机构有 n 个驱动，在非奇异位形下动平台有$(6-n)$个线性无关的约束力扩展整个分支约束片积。如果锁住驱动，动平台受到 6 个线性无关的约束力而不能做瞬时或有限运动。但是在奇异位形下，这 6 个约束力线性相关动平台发生瞬时或有限运动。此时，6 个约束力扩展成整个扩展分支约束片积。因此，可以用外积判断这 6 个螺旋的线性相关性。奇异分析的过程包括以下步骤。

(1) 在 $\boldsymbol{G}_6$ 中表达出机构第 i 个分支上的第 j 个螺旋 $\boldsymbol{S}_{m_{ij}}$。

(2) 计算机构第 i 个分支的剩余分支运动片积 $\boldsymbol{A}'_i$。

(3) 计算机构第 i 个分支的扩展分支约束片积 $\boldsymbol{S}'_{ci}$。

(4) 对所有分支进行步骤(1)～步骤(3)的运算。

(5) 根据 4.3 节的方法，判断和去除 $\boldsymbol{S}'_{ci}$ 中冗余和相同的约束螺旋，新的扩展分支约束片积($\boldsymbol{S}'_{ci}$)记为 $\boldsymbol{S}''_{ci}$。

(6) 计算所有 $\boldsymbol{S}''_{ci}$ 的外积得到外积的系数 Q。

(7) 令外积系数 Q 为 0，画出奇异轨迹分析奇异位形。Q 为奇异多项式。

奇异多项式包含并联机构的结构参数和位姿参数，给定结构参数，满足奇异多项式为 0 的位姿就是机构的奇异点。用几何代数分析奇异性的流程如图 10.1 所示。

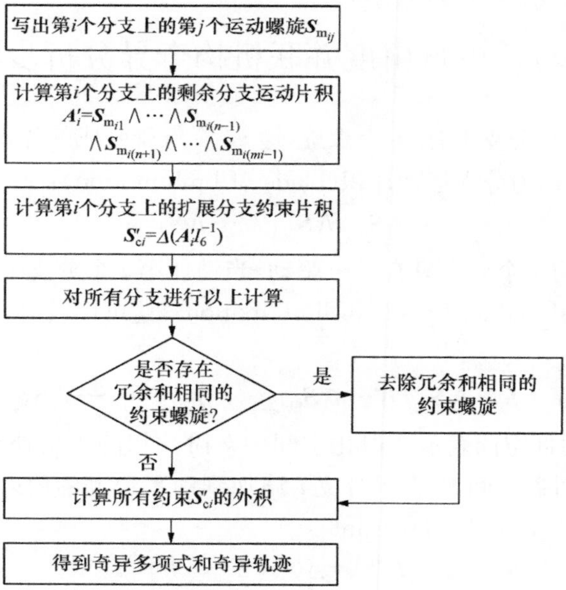

图 10.1　少自由度并联机构奇异分析流程

10.2　3-RRR 平面并联机构奇异分析

3-RRR 平面并联机构如图 10.2 所示，动平台和定平台由三个 RRR 分支相连。与定平台相连的转动副为驱动副。建立如图 10.2 所示的坐标系，定坐标系原点为 $O(O_1)$，X 轴指向 O_2，Y 轴垂直于 X 轴且向上。动坐标系建立在动平台原点 $o(B_1)$，u 轴指向 B_2，v 轴垂直于 u 轴且指向 B_3。机构分支的第 2 个关节设为 $A_i(i=1,2,3)$，连接动平台的关节点为 B_i，B_i 在动坐标系中为 $B_1'(0,0)$，$B_2'(h,0)$，$B_3'(h/2,\sqrt{3}h/2)$。u 轴与 X 轴之间的夹角为 ϕ，A_iO_i 与 X 轴之间的夹角为 θ_i，动平台边长 $B_1B_2=B_2B_3=B_3B_1=h$，定平台边长 $O_1O_2=O_2O_3=O_3O_1=H$，$O_iA_i=l_1$，$A_iB_i=l_2$。

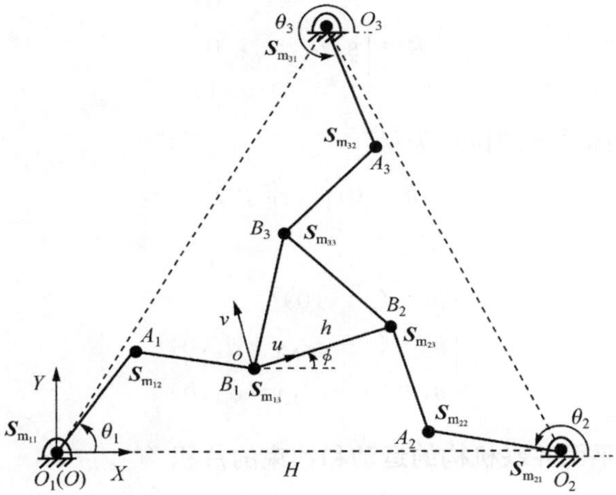

图 10.2　3-RRR 平面并联机构

设动坐标系原点 o 到定坐标系原点 O 的向量用 $\boldsymbol{p}$ 表示，$\boldsymbol{p}=(x,y,\phi)^{\mathrm{T}}$，$O$ 点到 A_i 点的位置矢量为

$$\begin{cases}\boldsymbol{a}_1=(l_1\mathrm{c}_{\theta_1},l_1\mathrm{s}_{\theta_1},0)^{\mathrm{T}}\\ \boldsymbol{a}_2=(c_2-a_2+l_1\mathrm{c}_{\theta_2},l_1\mathrm{s}_{\theta_2},0)^{\mathrm{T}}\\ \boldsymbol{a}_3=(c_3-a_3+l_1\mathrm{c}_{\theta_3},d_3-b_3+l_1\mathrm{s}_{\theta_3},0)^{\mathrm{T}}\end{cases}\tag{10.5}$$

式中，$\mathrm{s}_{\theta_i}=(p_in_i+m_i\delta_i\sqrt{t_i})/\rho_i$；$\mathrm{c}_{\theta_i}=(p_im_i-n_i\delta_i\sqrt{t_i})/\rho_i$[5]；其中，$\rho_i=m_i^2+n_i^2$，$t_i=m_i^2+n_i^2-p_i^2$，$t_i\geqslant 0$ 决定了工作空间的边界，$p_i=(m_i^2+n_i^2+l_1^2-l_2^2)/(2l_1)$，$m_i=x+a_i$，$n_i=y+b_i$，$a_i=\mathrm{c}_\phi x'_{B_i}-\mathrm{s}_\phi y'_{B_i}-x_{O_i}$，$b_i=\mathrm{s}_\phi x'_{B_i}-\mathrm{c}_\phi y'_{B_i}-y_{O_i}$，$x_{O_i}$、$y_{O_i}$ 分别是点 O_i 在定坐标系中的横纵坐标；$c_i=a_i+x_{O_i}$；$d_i=b_i+y_{O_i}$，即 $(x_{O_i},y_{O_i})=(c_i-a_i,d_i-b_i)$；$i=1,2,3$。

$\delta_i=\pm 1(i=1,2,3)$决定了机构的八个工作模式，如表 10.1 所示。

表 10.1　3-RRR 平面并联机构的八个工作模式

$\delta_i(i=1,2,3)$	模式 1	模式 2	模式 3	模式 4	模式 5	模式 6	模式 7	模式 8
δ_1	+	+	+	+	−	−	−	−
δ_2	+	−	−	+	−	+	−	+
δ_3	+	−	+	−	−	−	+	+

点 O 到点 B_i 的位置矢量可以表示为

$$\boldsymbol{b}_i=\boldsymbol{R}\boldsymbol{b}'_i+\boldsymbol{p} \tag{10.6}$$

式中

$$\boldsymbol{R}=\begin{bmatrix} c_\phi & -s_\phi & 0 \\ s_\phi & -c_\phi & 0 \\ 0 & 0 & 1 \end{bmatrix} \tag{10.7}$$

$\boldsymbol{b}'_i$为点 B_i 在动坐标系下的位置矢量：

$$\boldsymbol{b}'_i=(x'_{B_i},y'_{B_i},0)^{\mathrm{T}} \tag{10.8}$$

即

$$\begin{cases} \boldsymbol{b}_1=(x,y,0)^{\mathrm{T}} \\ \boldsymbol{b}_2=(x+c_2,y+d_2,0)^{\mathrm{T}} \\ \boldsymbol{b}_3=(x+c_3,y+d_3,0)^{\mathrm{T}} \end{cases} \tag{10.9}$$

10.2.1　3-RRR 平面并联机构的运动和约束的片积

3-RRR 平面并联机构各分支的运动和约束的片积求解如下。

分支 1 上各关节轴线方向的螺旋为

$$\begin{aligned} \boldsymbol{S}_{\mathrm{m}_{11}}&=\boldsymbol{e}_3 \\ \boldsymbol{S}_{\mathrm{m}_{12}}&=\boldsymbol{e}_3+l_1 s_{\theta_1}\boldsymbol{e}_4-l_1 c_{\theta_1}\boldsymbol{e}_5 \\ \boldsymbol{S}_{\mathrm{m}_{13}}&=\boldsymbol{e}_3+y\boldsymbol{e}_4-x\boldsymbol{e}_5 \end{aligned} \tag{10.10}$$

锁住驱动副关节 $\boldsymbol{S}_{\mathrm{m}_{11}}$ 后，分支 1 的运动空间由分支 1 上其余两个螺旋向量扩展而成，即

$$\begin{aligned} \boldsymbol{A}'_1&=\boldsymbol{S}_{\mathrm{m}_{12}}\wedge\boldsymbol{S}_{\mathrm{m}_{13}} \\ &=(y-l_1 s_{\theta_1})\boldsymbol{e}_3\boldsymbol{e}_4+(c_{\theta_1}l_1-x)\boldsymbol{e}_3\boldsymbol{e}_5+(l_1(c_{\theta_1}y-s_{\theta_1}x))\boldsymbol{e}_4\boldsymbol{e}_5 \end{aligned} \tag{10.11}$$

分支 1 运动空间的约束空间可写为

$$\begin{aligned}\boldsymbol{S}'_{c1}&=\Delta(\boldsymbol{A}'_1\boldsymbol{I}_6^{-1})\\&=(x-c_{\theta_1}l_1)\boldsymbol{e}_1\boldsymbol{e}_3\boldsymbol{e}_4\boldsymbol{e}_5+(y-l_1s_{\theta_1})\boldsymbol{e}_2\boldsymbol{e}_3\boldsymbol{e}_4\boldsymbol{e}_5+(l_1(c_{\theta_1}y-s_{\theta_1}x))\boldsymbol{e}_3\boldsymbol{e}_4\boldsymbol{e}_5\boldsymbol{e}_6\\&=\boldsymbol{S}'_{c11}\wedge\boldsymbol{S}'_{c12}\wedge\boldsymbol{S}'_{c13}\wedge\boldsymbol{S}'_{c14}\end{aligned}\tag{10.12}$$

式中

$$\begin{aligned}&\boldsymbol{S}'_{c11}=(x-c_{\theta_1}l_1)\boldsymbol{e}_1+(y-l_1s_{\theta_1})\boldsymbol{e}_2+(l_1(c_{\theta_1}y-s_{\theta_1}x))\boldsymbol{e}_6\\&\boldsymbol{S}'_{c12}=\boldsymbol{e}_3\\&\boldsymbol{S}'_{c13}=\boldsymbol{e}_4\\&\boldsymbol{S}'_{c14}=\boldsymbol{e}_5\end{aligned}\tag{10.13}$$

分支 2 上各关节轴线方向的螺旋为

$$\begin{aligned}&\boldsymbol{S}_{m_{21}}=\boldsymbol{e}_3+(d_2-b_2)\boldsymbol{e}_4+(a_2-c_2)\boldsymbol{e}_5\\&\boldsymbol{S}_{m_{22}}=\boldsymbol{e}_3+l_1s_{\theta_2}\boldsymbol{e}_4-(l_1c_{\theta_2}+c_2-a_2)\boldsymbol{e}_5\\&\boldsymbol{S}_{m_{23}}=\boldsymbol{e}_3+(d_2+y)\boldsymbol{e}_4-(x+c_2)\boldsymbol{e}_5\end{aligned}\tag{10.14}$$

锁住驱动副关节 $\boldsymbol{S}_{m_{21}}$ 后，分支 2 的运动空间由分支 2 上其余两个螺旋向量扩展而成：

$$\begin{aligned}\boldsymbol{A}'_2&=\boldsymbol{S}_{m_{22}}\wedge\boldsymbol{S}_{m_{23}}\\&=(d_2+y-l_1s_{\theta_2})\boldsymbol{e}_3\boldsymbol{e}_4+(c_{\theta_2}l_1-x-a_2)\boldsymbol{e}_3\boldsymbol{e}_5\\&\quad+((d_2+y)(c_2-a_2+c_{\theta_2}l_1)-l_1s_{\theta_2}(c_2+x))\boldsymbol{e}_4\boldsymbol{e}_5\end{aligned}\tag{10.15}$$

分支 2 运动空间的约束空间可以写为

$$\begin{aligned}\boldsymbol{S}'_{c2}&=\Delta(\boldsymbol{A}'_2\boldsymbol{I}_6^{-1})\\&=(a_2+x-c_{\theta_2}l_1)\boldsymbol{e}_1\boldsymbol{e}_3\boldsymbol{e}_4\boldsymbol{e}_5+(d_2+y-l_1s_{\theta_2})\boldsymbol{e}_2\boldsymbol{e}_3\boldsymbol{e}_4\boldsymbol{e}_5\\&\quad+((d_2+y)(c_2-a_2+c_{\theta_2}l_1)-l_1s_{\theta_2}(c_2+x))\boldsymbol{e}_3\boldsymbol{e}_4\boldsymbol{e}_5\boldsymbol{e}_6\\&=\boldsymbol{S}'_{c21}\wedge\boldsymbol{S}'_{c22}\wedge\boldsymbol{S}'_{c23}\wedge\boldsymbol{S}'_{c24}\end{aligned}\tag{10.16}$$

式中

$$\begin{aligned}&\boldsymbol{S}'_{c21}=(a_2+x-c_{\theta_2}l_1)\boldsymbol{e}_1+(d_2+y-l_1s_{\theta_2})\boldsymbol{e}_2\\&\qquad\quad+((d_2+y)(c_2-a_2+c_{\theta_2}l_1)-l_1s_{\theta_2}(c_2+x))\boldsymbol{e}_6\\&\boldsymbol{S}'_{c22}=\boldsymbol{e}_3\\&\boldsymbol{S}'_{c23}=\boldsymbol{e}_4\\&\boldsymbol{S}'_{c24}=\boldsymbol{e}_5\end{aligned}\tag{10.17}$$

分支 3 上各关节轴线方向的螺旋为

$$\begin{aligned}&\boldsymbol{S}_{m_{31}}=\boldsymbol{e}_3+(d_3-b_3)\boldsymbol{e}_4+(a_3-c_3)\boldsymbol{e}_5\\&\boldsymbol{S}_{m_{32}}=\boldsymbol{e}_3+(d_3-b_3+l_1s_{\theta_3})\boldsymbol{e}_4+(a_3-c_3-l_1c_{\theta_3})\boldsymbol{e}_5\\&\boldsymbol{S}_{m_{33}}=\boldsymbol{e}_3+(d_3+y)\boldsymbol{e}_4-(c_3+x)\boldsymbol{e}_5\end{aligned}\tag{10.18}$$

锁住驱动副关节 $\boldsymbol{S}_{m_{31}}$ 后，分支 3 的运动空间由分支 3 上其余两个螺旋向量扩展而成：

$$
\begin{aligned}
\boldsymbol{A}_3' &= \boldsymbol{S}_{\mathrm{m}_{32}} \wedge \boldsymbol{S}_{\mathrm{m}_{33}} \\
&= (b_3 + y - l_1 \mathrm{s}_{\theta_3}) \boldsymbol{e}_3 \boldsymbol{e}_4 + (\mathrm{c}_{\theta_3} l_1 - x - a_3) \boldsymbol{e}_3 \boldsymbol{e}_5 \\
&\quad + ((d_3 + y)(c_3 - a_3 + \mathrm{c}_{\theta_3} l_1) - (c_3 + x)(d_3 - b_3 + l_1 \mathrm{s}_{\theta_3})) \boldsymbol{e}_4 \boldsymbol{e}_5
\end{aligned} \tag{10.19}
$$

分支 3 运动空间的约束空间为

$$
\begin{aligned}
\boldsymbol{S}_{\mathrm{c}3}' &= \Delta(\boldsymbol{A}_3' \boldsymbol{I}_6^{-1}) \\
&= (a_3 + x - \mathrm{c}_{\theta_3} l_1) \boldsymbol{e}_1 \boldsymbol{e}_3 \boldsymbol{e}_4 \boldsymbol{e}_5 + (b_3 + y - l_1 \mathrm{s}_{\theta_3}) \boldsymbol{e}_2 \boldsymbol{e}_3 \boldsymbol{e}_4 \boldsymbol{e}_5 \\
&\quad + ((d_3 + y)(c_3 - a_3 + \mathrm{c}_{\theta_3} l_1) - (c_3 + x)(d_3 - b_3 + l_1 \mathrm{s}_{\theta_3})) \boldsymbol{e}_3 \boldsymbol{e}_4 \boldsymbol{e}_5 \boldsymbol{e}_6 \\
&= \boldsymbol{S}_{\mathrm{c}31}' \wedge \boldsymbol{S}_{\mathrm{c}32}' \wedge \boldsymbol{S}_{\mathrm{c}33}' \wedge \boldsymbol{S}_{\mathrm{c}34}'
\end{aligned} \tag{10.20}
$$

式中

$$
\begin{aligned}
\boldsymbol{S}_{\mathrm{c}31}' &= (a_3 + x - \mathrm{c}_{\theta_3} l_1) \boldsymbol{e}_1 + (b_3 + y - l_1 \mathrm{s}_{\theta_3}) \boldsymbol{e}_2 \\
&\quad + ((d_3 + y)(c_3 - a_3 + \mathrm{c}_{\theta_3} l_1) - (c_3 + x)(d_3 - b_3 + l_1 \mathrm{s}_{\theta_3})) \boldsymbol{e}_6 \\
\boldsymbol{S}_{\mathrm{c}32}' &= \boldsymbol{e}_3 \\
\boldsymbol{S}_{\mathrm{c}33}' &= \boldsymbol{e}_4 \\
\boldsymbol{S}_{\mathrm{c}34}' &= \boldsymbol{e}_5
\end{aligned} \tag{10.21}
$$

$\boldsymbol{S}_{\mathrm{c}1}'$、$\boldsymbol{S}_{\mathrm{c}2}'$和$\boldsymbol{S}_{\mathrm{c}3}'$是三个 4 阶片积，这些 4 阶片积包括两个约束力$\boldsymbol{S}_{\mathrm{c}i1}'$、$\boldsymbol{S}_{\mathrm{c}i2}'$($i=1,2,3$)和两个约束力偶$\boldsymbol{S}_{\mathrm{c}i3}'$、$\boldsymbol{S}_{\mathrm{c}i4}'$($i=1,2,3$)，在锁住驱动后共产生了 12 个约束作用到末端执行器上。实际上，分支 1、分支 2 和分支 3 上的三个约束力偶$\boldsymbol{S}_{\mathrm{c}i3}'$($i=1,2,3$)作用效果相同，可以等效为一个沿 X 轴方向的约束力偶，约束力偶$\boldsymbol{S}_{\mathrm{c}i4}'$($i=1,2,3$)可以等效为一个沿 Y 轴方向的约束力偶。三个约束力$\boldsymbol{S}_{\mathrm{c}i2}'$($i=1,2,3$)可以等效为一个沿 Z 轴方向的约束力和一个与$\boldsymbol{S}_{\mathrm{c}i3}'$或$\boldsymbol{S}_{\mathrm{c}i4}'$作用效果相同的约束力偶。综上可知，锁住驱动后作用到机构上的约束包括三个约束力和三个约束力偶。

判断和去除冗余约束得到不包含冗余约束的片积为

$$
\begin{aligned}
\boldsymbol{S}_{\mathrm{c}1}'' &= \boldsymbol{S}_{\mathrm{c}11}' \\
\boldsymbol{S}_{\mathrm{c}2}'' &= \boldsymbol{S}_{\mathrm{c}21}' \\
\boldsymbol{S}_{\mathrm{c}3}'' &= \boldsymbol{S}_{\mathrm{c}3}' = \boldsymbol{S}_{\mathrm{c}31}' \wedge \boldsymbol{S}_{\mathrm{c}32}' \wedge \boldsymbol{S}_{\mathrm{c}33}' \wedge \boldsymbol{S}_{\mathrm{c}34}'
\end{aligned} \tag{10.22}
$$

$\boldsymbol{S}_{\mathrm{c}1}''$、$\boldsymbol{S}_{\mathrm{c}2}''$、$\boldsymbol{S}_{\mathrm{c}3}''$包括锁住驱动后施加在机构上的六个约束，为了分析这六个约束之间的线性相关性，对它们进行外积运算，得到

$$
\begin{aligned}
\boldsymbol{Q} &= \boldsymbol{S}_{\mathrm{c}1}'' \wedge \boldsymbol{S}_{\mathrm{c}2}'' \wedge \boldsymbol{S}_{\mathrm{c}3}'' \\
&= Q \boldsymbol{e}_1 \boldsymbol{e}_2 \boldsymbol{e}_3 \boldsymbol{e}_4 \boldsymbol{e}_5 \boldsymbol{e}_6
\end{aligned} \tag{10.23}
$$

式中

$$
\begin{aligned}
Q = &(y - l_1 \mathrm{s}_{\theta_1})((d_2 + y)(c_2 - a_2 + \mathrm{c}_{\theta_2} l_1) - l_1 \mathrm{s}_{\theta_2}(c_2 + x))(a_3 + x - \mathrm{c}_{\theta_3} l_1) \\
&- (x - \mathrm{c}_{\theta_1} l_1)((d_2 + y)(c_2 - a_2 + \mathrm{c}_{\theta_2} l_1) - l_1 \mathrm{s}_{\theta_2}(c_2 + x))(b_3 + y - l_1 \mathrm{s}_{\theta_3}) \\
&- ((d_3 + y)(c_3 - a_3 + \mathrm{c}_{\theta_3} l_1) - (c_3 + x)(d_3 - b_3 + l_1 \mathrm{s}_{\theta_3}))(y - l_1 \mathrm{s}_{\theta_1})(a_2 + x - \mathrm{c}_{\theta_2} l_1)
\end{aligned}
$$

$$
\begin{aligned}
&+(x-c_{\theta_1}l_1)((d_3+y)(c_3-a_3+c_{\theta_3}l_1)-(c_3+x)(d_3-b_3+l_1s_{\theta_3}))(d_2+y-l_1s_{\theta_2})\\
&+l_1(c_{\theta_1}y-s_{\theta_1}x)(a_2+x-c_{\theta_2}l_1)(b_3+y-l_1s_{\theta_3})\\
&-l_1(c_{\theta_1}y-s_{\theta_1}x)(a_3+x-c_{\theta_3}l_1)(d_2+y-l_1s_{\theta_2})
\end{aligned}
\tag{10.24}
$$

实际上 3 阶片积向量 $\boldsymbol{e}_3\wedge\boldsymbol{e}_4\wedge\boldsymbol{e}_5$ 不影响 Q 值，因此也不影响机构的奇异性。3-RRR 并联机构的奇异性可以由锁住驱动后产生的三个约束向量的线性相关性判断：

$$
\begin{aligned}
\boldsymbol{Q}'&=\boldsymbol{S}''_{c1}\wedge\boldsymbol{S}''_{c2}\wedge\boldsymbol{S}'_{c31}=\boldsymbol{S}'_{c11}\wedge\boldsymbol{S}'_{c21}\wedge\boldsymbol{S}'_{c31}\\
&=Q\boldsymbol{e}_1\boldsymbol{e}_2\boldsymbol{e}_6
\end{aligned}
\tag{10.25}
$$

系数 Q 与式(10.24)中的 Q 相同，三个约束 $\boldsymbol{S}''_{c1}$、$\boldsymbol{S}''_{c2}$、$\boldsymbol{S}'_{c31}$ 分别是机构沿杆件 A_1B_1、A_2B_2、A_3B_3 方向的向量。

10.2.2　3-RRR 平面并联机构奇异轨迹

式(10.25)中的系数 Q 包括机构位姿和结构参数。给定机构的结构参数，机构处于特定的位姿状态下，$Q=0$，此时 $\boldsymbol{Q}'=0$，也就是三个沿杆件 A_1B_1、A_2B_2、A_3B_3 方向的约束向量线性相关，机构会处于奇异位置。满足奇异多项式 $Q=0$ 的机构位姿(x,y,ϕ)就是机构的奇异位形，即

$$
\begin{aligned}
&(y-l_1s_{\theta_1})((d_2+y)(c_2-a_2+c_{\theta_2}l_1)-l_1s_{\theta_2}(c_2+x))(a_3+x-c_{\theta_3}l_1)\\
&-(x-c_{\theta_1}l_1)((d_2+y)(c_2-a_2+c_{\theta_2}l_1)-l_1s_{\theta_2}(c_2+x))(b_3+y-l_1s_{\theta_3})\\
&-((d_3+y)(c_3-a_3+c_{\theta_3}l_1)-(c_3+x)(d_3-b_3+l_1s_{\theta_3}))(y-l_1s_{\theta_1})(a_2+x-c_{\theta_2}l_1)\\
&+(x-c_{\theta_1}l_1)((d_3+y)(c_3-a_3+c_{\theta_3}l_1)-(c_3+x)(d_3-b_3+l_1s_{\theta_3}))(d_2+y-l_1s_{\theta_2})\\
&+l_1(c_{\theta_1}y-s_{\theta_1}x)(a_2+x-c_{\theta_2}l_1)(b_3+y-l_1s_{\theta_3})\\
&-l_1(c_{\theta_1}y-s_{\theta_1}x)(a_3+x-c_{\theta_3}l_1)(d_2+y-l_1s_{\theta_2})=0
\end{aligned}
\tag{10.26}
$$

3-RRR 平面并联机构的第一类奇异是工作空间边界，即机构运动到极限位置时杆件呈拉直或折叠状态。第二类奇异为满足式(10.26)的位形。下面着重分析第二类奇异。给定机构的结构参数 $l_1=1\text{m}$，$l_2=0.6\text{m}$，$h=0.889\text{m}$，$H=1.741\text{m}$，$\phi=0$。3-RRR 平面并联机构八个工作模式下的奇异轨迹如图 10.3 所示，机构在工作模式[+ + −]、[− + +]和[+ − +]下的奇异轨迹是依次转过 120°的关系，机构在工作模式[− − +]、[− + −]和[+ − −]下的奇异轨迹也是依次转过 120°的关系。在工作模式[+ + +]、[+ − −]、[+ − +]和[+ + −]下的奇异轨迹上分别取一个奇异点 p_1、p_2、p_3、p_4，它们的坐标(x,y,ϕ)分别为(1,1，179974,0)、(0.8,−0.082987,0)、(1,0.904637,0)、(0.5,−0.196282,0)。奇异点对应的机构位形如图 10.4 所示，在这些位形下靠近动平台的三个杆件上的约束向量交于一点发生线性相关，即

$$
\boldsymbol{S}'_{c11}\wedge\boldsymbol{S}'_{c21}\wedge\boldsymbol{S}'_{c31}=0
\tag{10.27}
$$

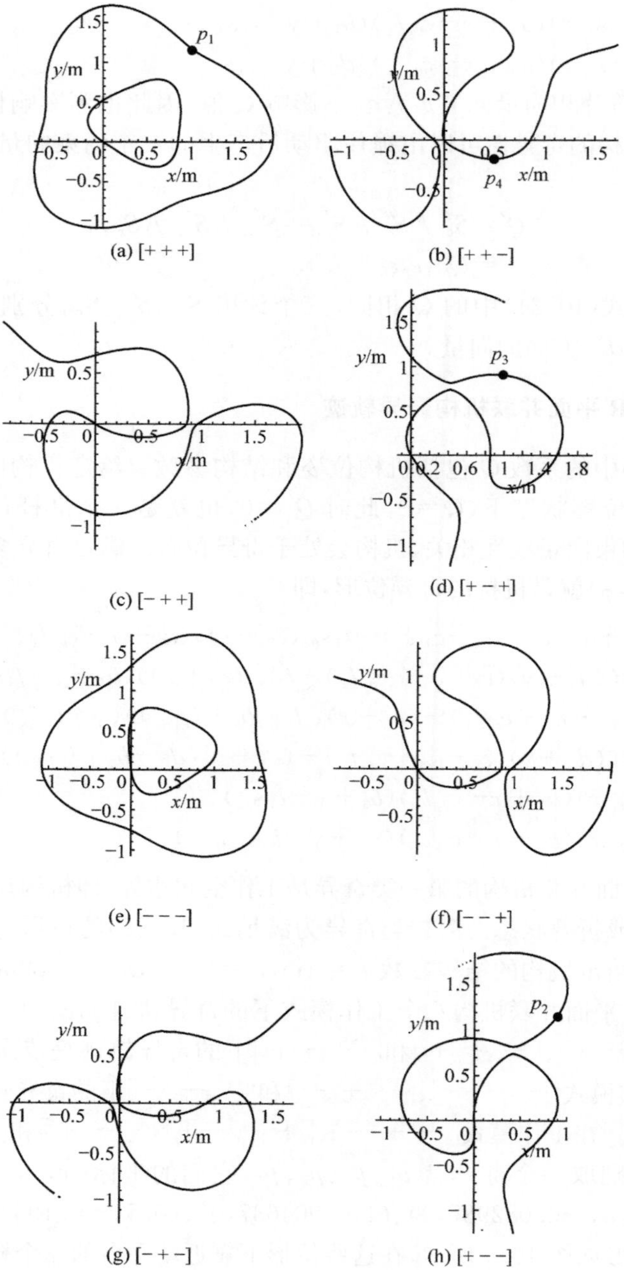

图 10.3　$\phi=0$ 时 3-RRR 平面并联机构八个工作模式下的奇异轨迹

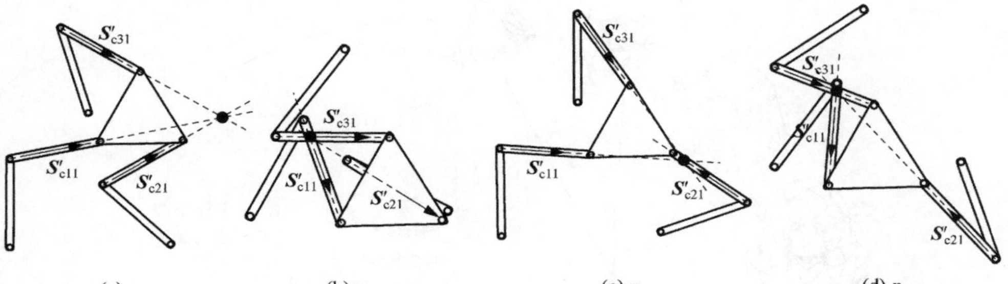

图 10.4　奇异点 p_1、p_2、p_3、p_4 对应的机构位形

在给定的机构结构参数下，动平台姿态角 ϕ 为 0 时机构全部的奇异轨迹在工作空间中的分布如图 10.5 所示，不同工作模式下的奇异轨迹在工作空间边界处相互切换。当动平台姿态角不确定时，机构的奇异轨迹在工作空间中的分布如图 10.6 所示，图中在姿态角高度方向上，随着姿态角的不同，机构在 x-y 面上的奇异轨迹也不同。姿态角越大工作空间越小，且姿态角达到一定值时机构在某些模式下工作空间内不存在奇异。图 10.6 给出了 3-RRR 平面并联机构的姿态角 $\phi=-0.79$rad、$\phi=-0.26$rad、$\phi=0$rad、$\phi=0.26$rad、$\phi=1.05$rad 和 $\phi=1.57$rad 时的奇异轨迹在工作空间中的分布。

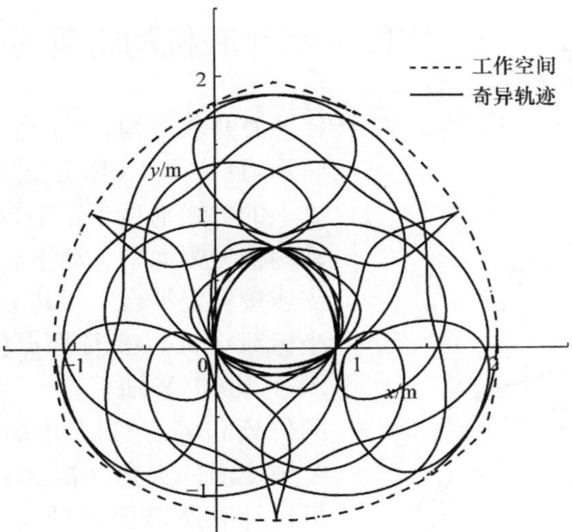

图 10.5　$\phi=0$ 时 3-RRR 平面并联机构的奇异轨迹在工作空间中的分布

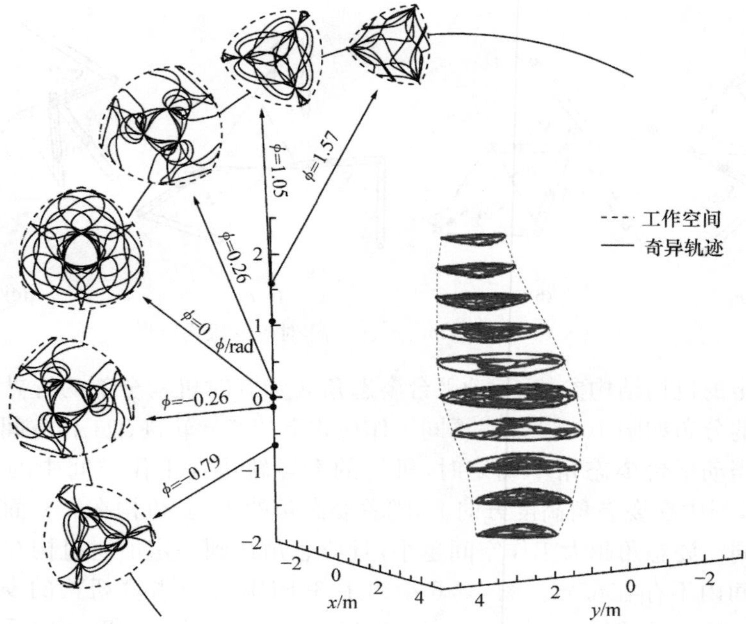

图 10.6　不同姿态角时 3-RRR 平面并联机构的奇异轨迹在工作空间中的分布

10.3　3-RPR 平面并联机构奇异分析

图 10.7 所示为一般结构的 3-RPR 平面并联机构，动平台是一个不规则的三角形，且三个 RPR 分支不对称分布。转动副上的轴线垂直于定平台和移动副，其中移动副作为驱动副。动平台通过三个 RPR 分支连接到定平台上。建立如图 10.7 所示的坐标系 O-XY，坐标原点位于 A_1 点，X 轴沿 A_1A_2 方向，Y 轴垂直于 X 轴方向。动平台的位置和姿态可以由 $B_1(x,y)$ 和 B_1B_2 与 X 轴之间的夹角 ϕ 决定。3-RPR 平面并联机构计算所需要的结构参数为 $B_1B_2=l_2$，$B_1B_3=l_3$。B_1B_2 和 B_1B_3 之间的夹角为 γ。

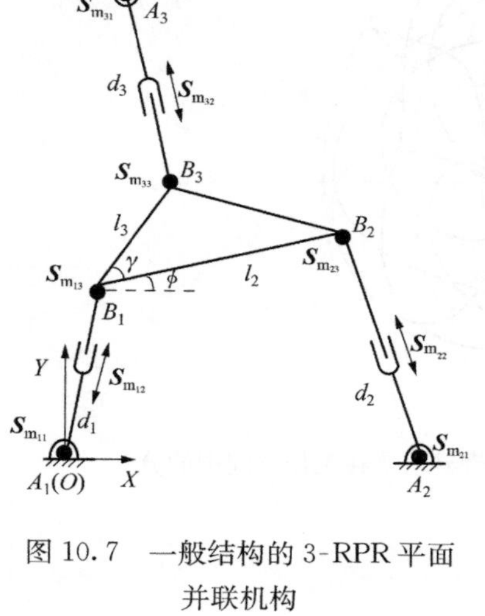

图 10.7　一般结构的 3-RPR 平面并联机构

机构中点 $A_i(i=1,2,3)$ 和 $B_i(i=1,2,3)$ 的坐标分别为

$$\begin{cases} \boldsymbol{a}_1=(0,0,0)^{\mathrm{T}} \\ \boldsymbol{a}_2=(a_2,0,0)^{\mathrm{T}} \\ \boldsymbol{a}_3=(a_3,b_3,0)^{\mathrm{T}} \end{cases}$$

$$\begin{cases} \boldsymbol{b}_1=(x,y,0)^{\mathrm{T}} \\ \boldsymbol{b}_2=(x+l_2\mathrm{c}_\phi,y+l_2\mathrm{s}_\phi,0)^{\mathrm{T}} \\ \boldsymbol{b}_3=(x+l_3\mathrm{c}_{\phi+\gamma},y+l_3\mathrm{s}_{\phi+\gamma},0)^{\mathrm{T}} \end{cases}$$

机构关节轴线方向的向量 $\boldsymbol{s}_{ij}$ 分别为 $\boldsymbol{s}_{i1}=(0,0,1)^{\mathrm{T}}$，$\boldsymbol{s}_{i2}=\boldsymbol{b}_i-\boldsymbol{a}_i$，$\boldsymbol{s}_{i3}=(0,0,1)^{\mathrm{T}}$。

10.3.1 3-RPR 平面并联机构的运动和约束的片积

3-RPR 平面并联机构各分支的运动和约束的片积求解如下。

分支 1 上各关节轴线方向的螺旋为

$$\begin{aligned} \boldsymbol{S}_{\mathrm{m}_{11}}&=\boldsymbol{e}_3 \\ \boldsymbol{S}_{\mathrm{m}_{12}}&=x\boldsymbol{e}_4+y\boldsymbol{e}_5 \\ \boldsymbol{S}_{\mathrm{m}_{13}}&=\boldsymbol{e}_3+y\boldsymbol{e}_4-x\boldsymbol{e}_5 \end{aligned} \tag{10.28}$$

锁住移动副驱动 $\boldsymbol{S}_{\mathrm{m}_{12}}$，分支 1 的运动空间由分支 1 上其余两个螺旋向量扩展而成：

$$\begin{aligned} \boldsymbol{A}_1'&=\boldsymbol{S}_{\mathrm{m}_{11}}\wedge\boldsymbol{S}_{\mathrm{m}_{13}} \\ &=y\boldsymbol{e}_3\wedge\boldsymbol{e}_4-x\boldsymbol{e}_3\wedge\boldsymbol{e}_5 \end{aligned} \tag{10.29}$$

分支 1 运动空间的约束空间可以写为

$$\begin{aligned} \boldsymbol{S}_{\mathrm{c}1}'&=\Delta(\boldsymbol{A}_1'\boldsymbol{I}_6^{-1})=x\boldsymbol{e}_1\wedge\boldsymbol{e}_3\wedge\boldsymbol{e}_4\wedge\boldsymbol{e}_5+y\boldsymbol{e}_2\wedge\boldsymbol{e}_3\wedge\boldsymbol{e}_4\wedge\boldsymbol{e}_5 \\ &=(x\boldsymbol{e}_1+y\boldsymbol{e}_2)\wedge\boldsymbol{e}_3\wedge\boldsymbol{e}_4\wedge\boldsymbol{e}_5 \\ &=\boldsymbol{S}_{\mathrm{c}11}'\wedge\boldsymbol{S}_{\mathrm{c}12}'\wedge\boldsymbol{S}_{\mathrm{c}13}'\wedge\boldsymbol{S}_{\mathrm{c}14}' \end{aligned} \tag{10.30}$$

分支 2 上各关节轴线方向的螺旋为

$$\begin{aligned} \boldsymbol{S}_{\mathrm{m}_{21}}&=\boldsymbol{e}_3-a_2\boldsymbol{e}_5 \\ \boldsymbol{S}_{\mathrm{m}_{22}}&=(x-a_2+l_2\mathrm{c}_\phi)\boldsymbol{e}_4+(y+l_2\mathrm{s}_\phi)\boldsymbol{e}_5 \\ \boldsymbol{S}_{\mathrm{m}_{23}}&=\boldsymbol{e}_3+(y+l_2\mathrm{s}_\phi)\boldsymbol{e}_4-(x+l_2\mathrm{c}_\phi)\boldsymbol{e}_5 \end{aligned} \tag{10.31}$$

锁住移动副驱动 $\boldsymbol{S}_{\mathrm{m}_{22}}$，分支 2 的运动空间由分支 2 上其余两个螺旋向量扩展而成：

$$\begin{aligned} \boldsymbol{A}_2'&=\boldsymbol{S}_{\mathrm{m}_{21}}\wedge\boldsymbol{S}_{\mathrm{m}_{23}} \\ &=(y+l_2\mathrm{s}_\phi)\boldsymbol{e}_3\wedge\boldsymbol{e}_4+(a_2-x-l_2\mathrm{c}_\phi)\boldsymbol{e}_3\wedge\boldsymbol{e}_5+(a_2(y+l_2\mathrm{s}_\phi))\boldsymbol{e}_4\wedge\boldsymbol{e}_5 \end{aligned} \tag{10.32}$$

分支 2 运动空间的约束空间可以写为

$$\begin{aligned} \boldsymbol{S}_{\mathrm{c}2}'&=\Delta(\boldsymbol{A}_2'\boldsymbol{I}_6^{-1})=(a_2-x-l_2\mathrm{c}_\phi)\boldsymbol{e}_1\wedge\boldsymbol{e}_3\wedge\boldsymbol{e}_4\wedge\boldsymbol{e}_5+(y+l_2\mathrm{s}_\phi)\boldsymbol{e}_2\wedge\boldsymbol{e}_3\wedge\boldsymbol{e}_4\wedge\boldsymbol{e}_5 \\ &\quad+(a_2(y+l_2\mathrm{s}_\phi))\boldsymbol{e}_3\wedge\boldsymbol{e}_4\wedge\boldsymbol{e}_5\wedge\boldsymbol{e}_6 \\ &=((a_2-x-l_2\mathrm{c}_\phi)\boldsymbol{e}_1+(y+l_2\mathrm{s}_\phi)\boldsymbol{e}_2-(a_2(y+l_2\mathrm{s}_\phi))\boldsymbol{e}_6)\wedge\boldsymbol{e}_3\wedge\boldsymbol{e}_4\wedge\boldsymbol{e}_5 \\ &=\boldsymbol{S}_{\mathrm{c}21}'\wedge\boldsymbol{S}_{\mathrm{c}22}'\wedge\boldsymbol{S}_{\mathrm{c}23}'\wedge\boldsymbol{S}_{\mathrm{c}24}' \end{aligned} \tag{10.33}$$

分支 3 上各关节轴线方向螺旋为

$$\begin{aligned}
\boldsymbol{S}_{\mathrm{m}_{31}} &= \boldsymbol{e}_3 + b_3\boldsymbol{e}_4 - a_3\boldsymbol{e}_5 \\
\boldsymbol{S}_{\mathrm{m}_{32}} &= (x - a_3 + l_3\mathrm{c}_{\gamma+\phi})\boldsymbol{e}_4 + (y - b_3 + l_3\mathrm{s}_{\gamma+\phi})\boldsymbol{e}_5 \\
\boldsymbol{S}_{\mathrm{m}_{33}} &= \boldsymbol{e}_3 + (y + l_3\mathrm{s}_{\gamma+\phi})\boldsymbol{e}_4 - (x + l_3\mathrm{c}_{\gamma+\phi})\boldsymbol{e}_5
\end{aligned} \tag{10.34}$$

锁住移动副驱动 $\boldsymbol{S}_{\mathrm{m}_{32}}$，分支 3 的运动空间由分支 3 上其余两个螺旋向量扩展而成：

$$\begin{aligned}
\boldsymbol{A}'_3 &= \boldsymbol{S}_{\mathrm{m}_{31}} \wedge \boldsymbol{S}_{\mathrm{m}_{33}} \\
&= (y - b_3 + l_3\mathrm{s}_{\gamma+\phi})\boldsymbol{e}_3 \wedge \boldsymbol{e}_4 + (a_3 - x - l_3\mathrm{c}_{\gamma+\phi})\boldsymbol{e}_3 \wedge \boldsymbol{e}_5 \\
&\quad + (a_3(y + l_3\mathrm{s}_{\gamma+\phi}) - b_3(x + l_3\mathrm{c}_{\gamma+\phi}))\boldsymbol{e}_4 \wedge \boldsymbol{e}_5
\end{aligned} \tag{10.35}$$

分支 3 运动空间的约束空间为

$$\begin{aligned}
\boldsymbol{S}'_{\mathrm{c}3} &= \Delta(\boldsymbol{A}'_3\boldsymbol{I}_6^{-1}) = (a_3 - x - l_3\mathrm{c}_{\gamma+\phi})\boldsymbol{e}_1 \wedge \boldsymbol{e}_3 \wedge \boldsymbol{e}_4 \wedge \boldsymbol{e}_5 \\
&\quad + (y - b_3 + l_3\mathrm{s}_{\gamma+\phi})\boldsymbol{e}_2 \wedge \boldsymbol{e}_3 \wedge \boldsymbol{e}_4 \wedge \boldsymbol{e}_5 \\
&\quad + (a_3(y + l_3\mathrm{s}_{\gamma+\phi}) - b_3(x + l_3\mathrm{c}_{\gamma+\phi}))\boldsymbol{e}_3 \wedge \boldsymbol{e}_4 \wedge \boldsymbol{e}_5 \wedge \boldsymbol{e}_6 \\
&= ((a_3 - x - l_3\mathrm{c}_{\gamma+\phi})\boldsymbol{e}_1 + (y - b_3 + l_3\mathrm{s}_{\gamma+\phi})\boldsymbol{e}_2 \\
&\quad - (a_3(y + l_3\mathrm{s}_{\gamma+\phi}) - b_3(x + l_3\mathrm{c}_{\gamma+\phi}))\boldsymbol{e}_6) \wedge \boldsymbol{e}_3 \wedge \boldsymbol{e}_4 \wedge \boldsymbol{e}_5 \\
&= \boldsymbol{S}'_{\mathrm{c}31} \wedge \boldsymbol{S}'_{\mathrm{c}32} \wedge \boldsymbol{S}'_{\mathrm{c}33} \wedge \boldsymbol{S}'_{\mathrm{c}34}
\end{aligned} \tag{10.36}$$

$\boldsymbol{S}'_{\mathrm{c}1}$、$\boldsymbol{S}'_{\mathrm{c}2}$和 $\boldsymbol{S}'_{\mathrm{c}3}$是三个 4 阶片积。它们都包含向量 $\boldsymbol{e}_3$、$\boldsymbol{e}_4$ 和 $\boldsymbol{e}_5$，向量 $\boldsymbol{e}_3$ 代表 Z 轴方向的约束力，向量 $\boldsymbol{e}_4$、$\boldsymbol{e}_5$ 代表 X-Y 平面内的两个约束力偶。因此，在 X-Y 平面内共有六个约束力偶，在 Z 轴方向有三个约束力。由于存在相同的约束，这些约束会发生线性相关。去除冗余和相同约束，新的运动空间的约束空间为

$$\begin{aligned}
\boldsymbol{S}''_{\mathrm{c}1} &= \boldsymbol{S}'_{\mathrm{c}11} \\
\boldsymbol{S}''_{\mathrm{c}2} &= \boldsymbol{S}'_{\mathrm{c}21} \\
\boldsymbol{S}''_{\mathrm{c}3} &= \boldsymbol{S}'_{\mathrm{c}31} \wedge \boldsymbol{S}'_{\mathrm{c}32} \wedge \boldsymbol{S}'_{\mathrm{c}33} \wedge \boldsymbol{S}'_{\mathrm{c}34}
\end{aligned} \tag{10.37}$$

$\boldsymbol{S}''_{\mathrm{c}1}$和 $\boldsymbol{S}''_{\mathrm{c}2}$是两个 1 阶片积，$\boldsymbol{S}''_{\mathrm{c}3}$是一个 4 阶片积，它们实际上代表锁住驱动后的六个约束。$\boldsymbol{S}''_{\mathrm{c}1}$、$\boldsymbol{S}''_{\mathrm{c}2}$和 $\boldsymbol{S}''_{\mathrm{c}3}$的外积为

$$\begin{aligned}
\boldsymbol{Q} &= \boldsymbol{S}''_{\mathrm{c}1} \wedge \boldsymbol{S}''_{\mathrm{c}2} \wedge \boldsymbol{S}''_{\mathrm{c}3} \\
&= Q\boldsymbol{e}_1 \wedge \boldsymbol{e}_2 \wedge \boldsymbol{e}_3 \wedge \boldsymbol{e}_4 \wedge \boldsymbol{e}_5 \wedge \boldsymbol{e}_6
\end{aligned} \tag{10.38}$$

式中

$$\begin{aligned}
Q &= a_2l_3y^2\mathrm{c}_{\gamma+\phi} - a_3l_2y^2\mathrm{c}_\phi - b_3l_2x^2\mathrm{s}_\phi + a_3l_2xy\mathrm{s}_\phi - a_2b_3l_3y\mathrm{c}_{\gamma+\phi} \\
&\quad + a_2a_3l_3y\mathrm{s}_{\gamma+\phi} - a_2l_3xy\mathrm{s}_{\gamma+\phi} \\
&\quad - a_2a_3l_2y\mathrm{s}_\phi + a_2b_3l_2x\mathrm{s}_\phi + b_3l_2xy\mathrm{c}_\phi + b_3l_2l_3y\mathrm{c}_{\gamma+\phi}\mathrm{c}_\phi + a_2l_2l_3y\mathrm{c}_{\gamma+\phi}\mathrm{s}_\phi \\
&\quad - a_3l_2l_3y\mathrm{s}_{\gamma+\phi}\mathrm{c}_\phi - b_3l_2l_3x\mathrm{c}_{\gamma+\phi}\mathrm{s}_\phi - a_2l_2l_3x\mathrm{s}_{\gamma+\phi}\mathrm{s}_\phi + a_3l_2l_3x\mathrm{s}_{\gamma+\phi}\mathrm{s}_\phi
\end{aligned} \tag{10.39}$$

$\boldsymbol{Q}$ 是一个 6 阶片积向量，当约束线性相关时 $\boldsymbol{Q}$ 为 0。实际上 3 阶片积向量$\boldsymbol{e}_3 \wedge \boldsymbol{e}_4 \wedge \boldsymbol{e}_5$ 不影响 Q 的值，因此也不影响机构的奇异性。这可以由从 $\boldsymbol{S}''_{\mathrm{c}3}$和式(10.38)中去除 3 阶片积向量 $\boldsymbol{e}_3 \wedge \boldsymbol{e}_4 \wedge \boldsymbol{e}_5$ 证明：

$$\boldsymbol{Q}' = \boldsymbol{S}''_{\mathrm{c}1} \wedge \boldsymbol{S}''_{\mathrm{c}2} \wedge \boldsymbol{S}'''_{\mathrm{c}3}$$

$$=\boldsymbol{S}'_{c11}\wedge\boldsymbol{S}'_{c21}\wedge\boldsymbol{S}'_{c31}$$
$$=Q\boldsymbol{e}_1\wedge\boldsymbol{e}_2\wedge\boldsymbol{e}_6 \tag{10.40}$$

式中，$\boldsymbol{S}'''_{c3}=\boldsymbol{S}'_{c31}$；系数 Q 与式(10.39)中的系数 Q 相同；三个约束 $\boldsymbol{S}''_{c1}$、$\boldsymbol{S}''_{c2}$、$\boldsymbol{S}'''_{c3}$ 分别是三个沿分支 A_1B_1、A_2B_2、A_3B_3 的向量。

10.3.2　3-RPR 平面并联机构奇异轨迹

式(10.39)中的系数 Q 是一个包含机构输出变量 x、y、ϕ 的二次多项式。由于外积计算是一个升维计算，向量系数也会累乘，所以最终系数一般会很长，它同时包含了机构的所有奇异的可能情况。需要注意的是，外积时向量的顺序不会影响最终的结果，只会影响结果的符号。奇异轨迹的性质可由奇异多项式反映出来，且相应的数值解可以通过求解这个多项式方程得到。3-RPR 平面并联机构的机构参数设为 $a_2=7\text{cm}$，$a_3=0\text{cm}$，$l_2=4\text{cm}$，$l_3=3\text{cm}$，$\gamma=\pi/6$，$b_3=6\text{cm}$。当奇异多项式为 0 时，机构的三维奇异轨迹如图 10.8 所示。三维奇异轨迹包含了所有可能的第二类奇异类型的条件。为了探索奇异轨迹的性质，需要对式(10.40)中的奇异多项式做进一步分析。

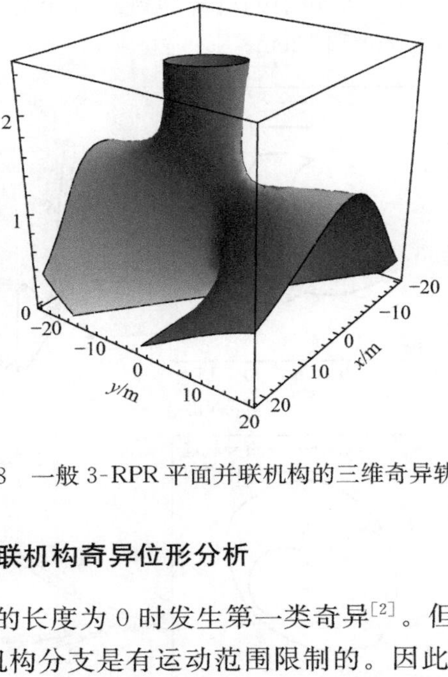

图 10.8　一般 3-RPR 平面并联机构的三维奇异轨迹

10.3.3　3-RPR 平面并联机构奇异位形分析

当机构的三个分支的长度为 0 时发生第一类奇异[2]。但是 $d_i(i=1,2,3)$ 不可能为 0，因为现实中机构分支是有运动范围限制的。因此，在这种情况下奇异会发生在工作空间的边界上，也就是当分支达到它们的极限值 $d_{i,\min}$ 或 $d_{i,\max}(i=1,2,3)$ 时。

通过分析 Q 可以得到第二类奇异[2]。式(10.40)中 Q 的解析表达式可以写为

$$Q=A_3x^2+B_3y^2+H_3xy+P_3x+D_3y \tag{10.41}$$

式中

$A_3=-b_3l_2\mathrm{s}_\phi$

$B_3=a_2l_3\mathrm{c}_{\gamma+\phi}-a_3l_2\mathrm{c}_\phi$

$H_3=a_3l_2\mathrm{s}_\phi-a_2l_3\mathrm{s}_{\gamma+\phi}+b_3l_2\mathrm{c}_\phi$

$P_3=a_2b_3l_2\mathrm{s}_\phi-b_3l_2l_3\mathrm{c}_{\gamma+\phi}\mathrm{s}_\phi-a_2l_2l_3\mathrm{s}_{\gamma+\phi}\mathrm{s}_\phi+a_3l_2l_3\mathrm{s}_{\gamma+\phi}\mathrm{s}_\phi$

$D_3=a_2a_3l_3\mathrm{s}_{\gamma+\phi}-a_2b_3l_3\mathrm{c}_{\gamma+\phi}-a_2a_3l_2\mathrm{s}_\phi+b_3l_2l_3\mathrm{c}_{\gamma+\phi}\mathrm{c}_\phi+a_2l_2l_3\mathrm{c}_{\gamma+\phi}\mathrm{s}_\phi-a_3l_2l_3\mathrm{s}_{\gamma+\phi}\mathrm{c}_\phi$

对于机构动平台的一个给定的姿态角，当 Q 等于 0 时，式(10.41)是 x-y 平面中的一条曲线，它的性质由式(10.42)的符号决定[11]：

$$\Delta'=A_3B_3-H_3^2/4 \tag{10.42}$$

式中，A_3、B_3、H_3 是与式(10.41)中相同的标量系数。

如果 $\Delta'>0$，则曲线为椭圆；如果 $\Delta'=0$，则曲线为抛物线；如果 $\Delta'<0$，则曲线为双曲线。给定结构参数（$a_2=7\text{cm}$，$a_3=0\text{cm}$，$l_2=4\text{cm}$，$l_3=3\text{cm}$，$\gamma=\pi/6$，$b_3=6\text{cm}$），Δ'的符号取决于机构姿态角 ϕ 的大小。

图 10.9 所示是 3-RPR 平面并联机构姿态角 ϕ 为 1.6rad、−0.122rad、0.75rad 和 1.099rad 时工作空间中的奇异轨迹。三个分支杆长的极限值 $d_{i,\min}$ 和 $d_{i,\max}(i=1,2,3)$分别为 4cm 和 12cm。

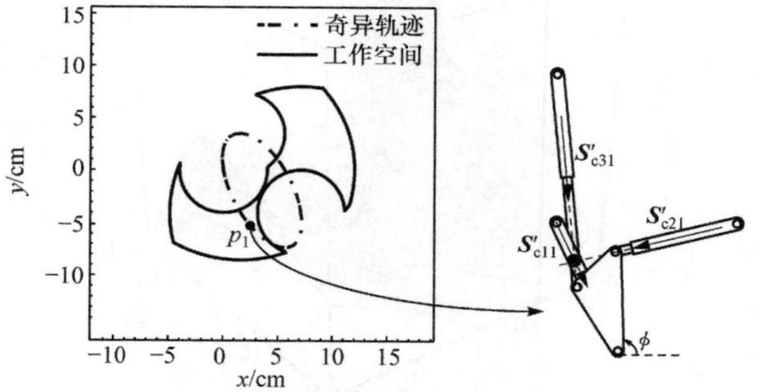

(a) ϕ=1.6rad

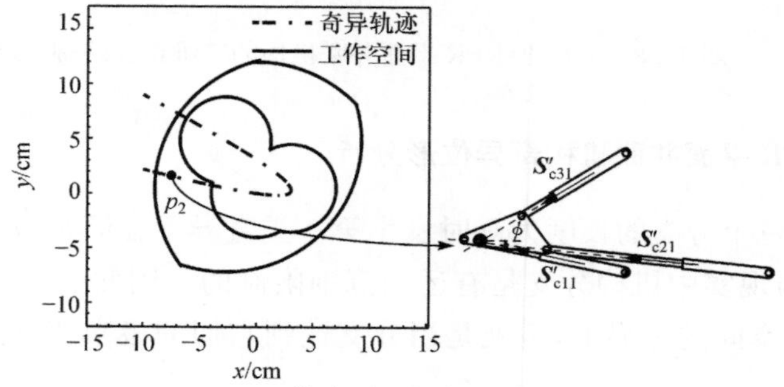

(b) ϕ=−0.122rad

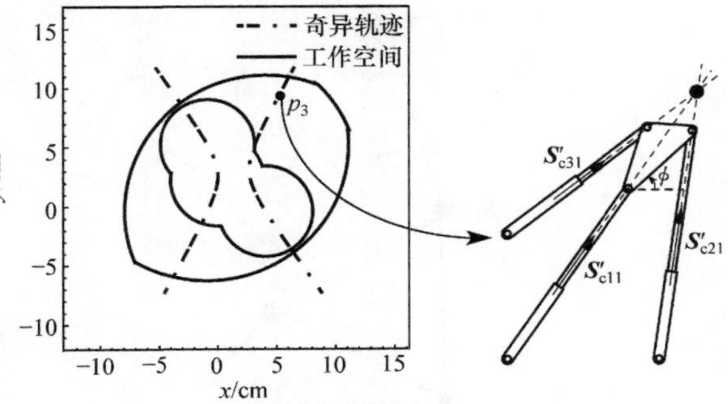

(c) ϕ=0.75rad

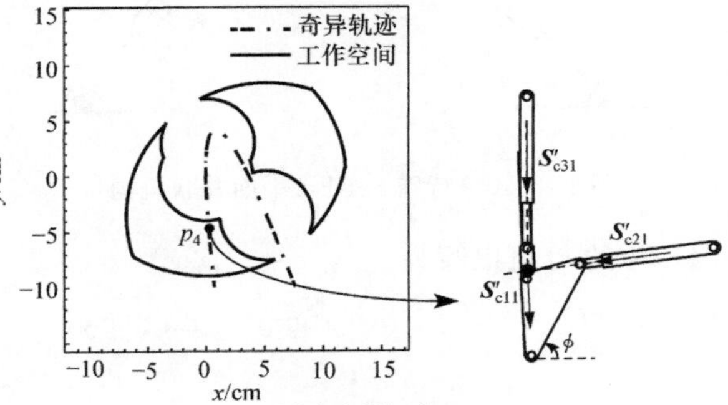

(d) ϕ=1.099rad

图 10.9　3-RPR 平面并联机构工作空间中的奇异及奇异轨迹上奇异点 p_1、p_2、p_3、p_4 的位姿

图 10.9 清楚地显示了奇异轨迹相对于工作空间的位置。p_1、p_2、p_3、p_4 分别是取自图 10.9(a)～(d)工作空间内奇异轨迹上的奇异点。这些奇异点对应的机构姿态也相应给出。奇异点 p_1、p_2、p_3、p_4 实际上是动平台上输出点 B_1 的位姿。动平台在这四个奇异位形下的输出参数(x,y,ϕ)分别是(2.4，−5.169437，1.6)、(−7.8，1.619802，−0.122)、(5.6，8.194397，0.75)和(0，−4.206601，1.099)。在这四个奇异位形下，沿着三个分支方向的约束螺旋线性相关且交于同一个点，即 $\boldsymbol{S}'_{c11}\wedge\boldsymbol{S}'_{c21}\wedge\boldsymbol{S}'_{c31}=0$。

3-RPR 平面并联机构不能达到工作空间之外的奇异位置。图 10.8 中，给定机构姿态角可以得到 x-y 平面上的任何奇异轨迹曲线。

10.3.4　特殊 3-RPR 平面并联机构奇异分析

当机构的结构参数 $a_2=2a_3$、$l_2=l_3$、$\gamma=\pi/3$ 和 $b_3=\sqrt{3}a_2/2$ 时，动平台和定平台都是等边三角形，如图 10.10 所示。

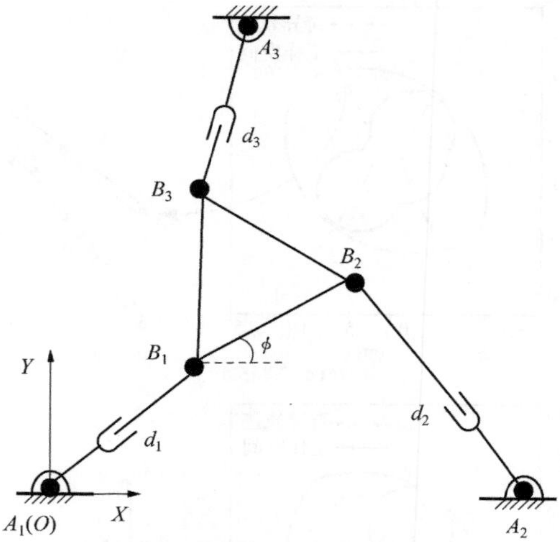

图 10.10　特殊 3-RPR 平面并联机构

此时,式(10.41)中的 Q 可以写为

$$Q=Q'=-\sqrt{3}a_3l_3\mathrm{s}_\phi(x^2+y^2+Ex+Fy) \tag{10.43}$$

式中

$$\begin{aligned} E&=\frac{\sqrt{3}}{3}(\sqrt{3}l_3\mathrm{c}_\phi-l_3\mathrm{s}_\phi-2\sqrt{3}a_3) \\ F&=\frac{\sqrt{3}}{3}(\sqrt{3}l_3\mathrm{s}_\phi+l_3\mathrm{c}_\phi-2a_3) \end{aligned} \tag{10.44}$$

为了得到第二类奇异[2],使 Q' 等于 0,则

$$\mathrm{s}_\phi=0 \tag{10.45}$$

或者

$$x^2+y^2+Ex+Fy=0 \tag{10.46}$$

式中,E、F 是与式(10.44)中相同的标量系数。

从式(10.45)中可以看出,ϕ 等于 0,机构在初始位形时就是奇异的,且式(10.46)可以重新写成如下形式:

$$\left(x+\frac{E}{2}\right)^2+\left(y+\frac{F}{2}\right)^2=\frac{E^2+F^2}{4} \tag{10.47}$$

式(10.47)表示一个半径为$\frac{\sqrt{3}}{3}\sqrt{l_3^2+4a_3^2-4a_3l_3\mathrm{c}_\phi}$的圆。该机构($a_3\neq0$)给定结构参数时,半径随机构姿态角 ϕ 的改变而改变,且圆的中心点$(-E/2,-F/2)$也随机构姿态角 ϕ 的改变而改变。

对于给定的结构参数 $a_3=5\text{cm}$，$l_3=3\text{cm}$，$\gamma=\pi/3$，机构的三维奇异轨迹包括两个关于平面 $\phi=0$ 对称的锥状圆筒，这两个锥状圆筒是由不同半径的圆组成的，如图 10.11 所示。圆的半径随着姿态角的增大而增大，当姿态角为 0 时 3-RPR 平面并联机构总是奇异的。

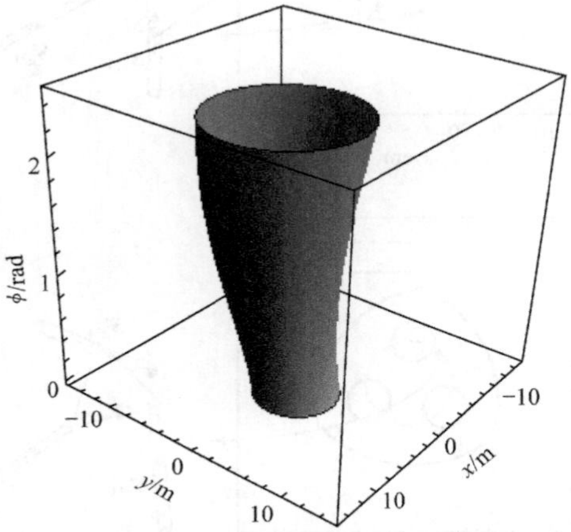

图 10.11　特殊 3-RPR 平面并联机构的三维奇异轨迹

图 10.12 所示是机构奇异轨迹相对于工作空间的位置。三个分支杆长极限值 $d_{i,\min}$ 和 $d_{i,\max}$($i=1,2,3$)分别为 2cm 和 12cm。q_1、q_2、q_3 和 q_4 分别是取自图 10.12(a)～(d)工作空间内奇异轨迹上的奇异点。奇异点 q_1、q_2、q_3 和 q_4 实际上是动平台上输出点 B_1 的位姿。动平台在这四个奇异位形下的输出参数(x,y,ϕ)分别是(3.5，−3.401446，0.8)、(0，2.658497，1.5)、(0.5，5.349054，−0.23)和(7.5，0.418771，−1.1)。在这四个奇异位形下，沿着三个分支方向的约束螺旋线性相关且交于同一个点，即 $\boldsymbol{S}'_{c11}\wedge\boldsymbol{S}'_{c21}\wedge\boldsymbol{S}'_{c31}=0$。

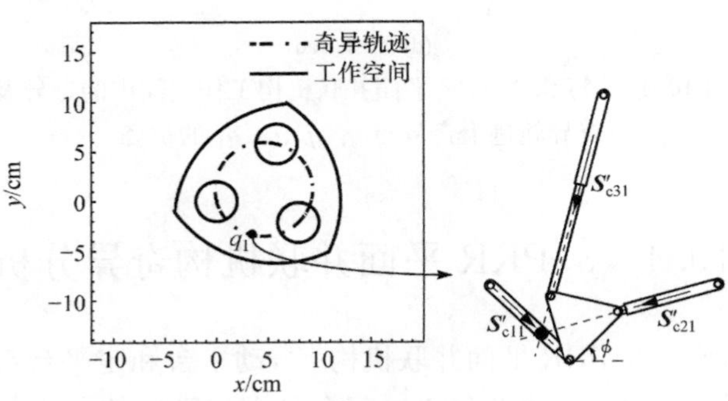

(a) ϕ=0.8rad

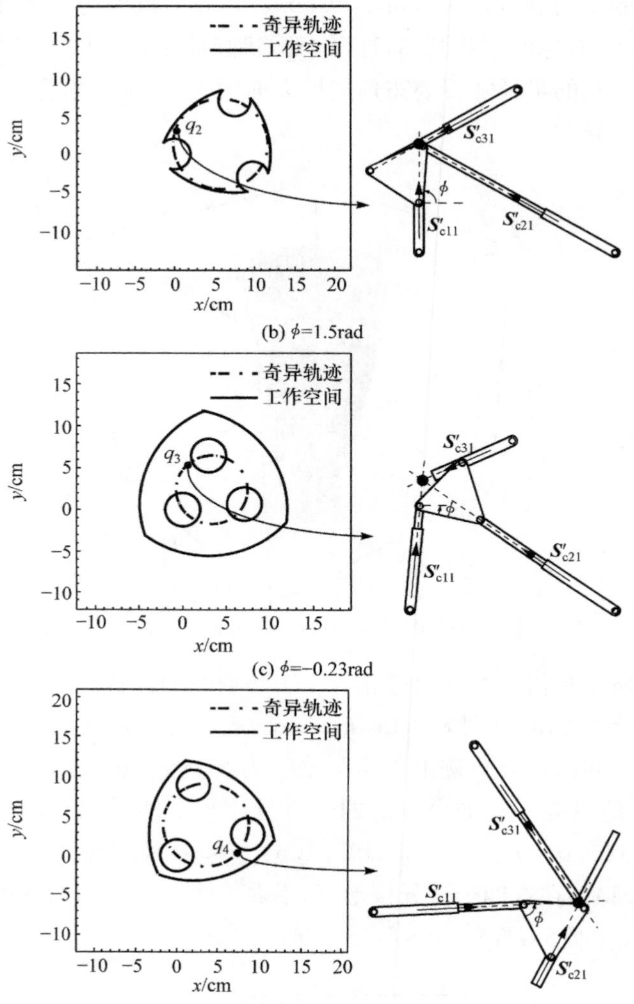

(b) ϕ=1.5rad

(c) ϕ=−0.23rad

(d) ϕ=−1.1rad

图 10.12　特殊 3-RPR 平面并联机构工作空间中的奇异及奇异轨迹上奇异点 q_1、q_2、q_3、q_4 的位姿

10.4　3-PRR 平面并联机构奇异分析

图 10.13 所示为 3-PRR 平面并联机构[12]，动平台和定平台都是等边三角形，外接圆半径分别为 R 和 r。动平台通过三个具有移动副的分支与定平台相连，三个移动副作为驱动。固定坐标系 O-XY 建立在定平台中心点。移动坐标系 o-uv

建立在动平台的中心点。$\rho_i(i=1,2,3)$代表移动副距离初始位置的长度。$\alpha_i(i=1,2,3)$定义为 OX 与三个导轨方向之间的夹角。ϕ 是 C_2C_3 与 OX 之间的夹角。动平台的位置和姿态可以由点 o 的坐标(x,y)与姿态角 ϕ 决定。B_1C_1、B_2C_2 和 B_3C_3 有相同的长度 l。

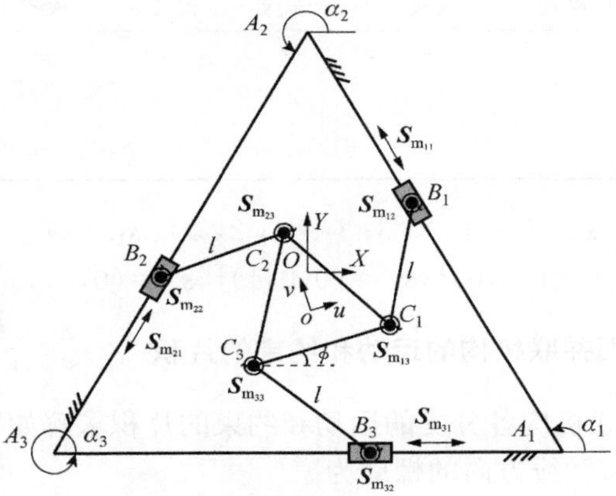

图 10.13　3-PRR 平面并联机构

A_i、B_i、$C_i(i=1,2,3)$的位置向量 $\boldsymbol{a}_i$、$\boldsymbol{b}_i$、$\boldsymbol{c}_i$ 分别为

$$\begin{cases}\boldsymbol{a}_1=\left(\dfrac{\sqrt{3}R}{2},-\dfrac{R}{2},0\right)^{\mathrm{T}}\\ \boldsymbol{a}_2=(0,R,0)^{\mathrm{T}}\\ \boldsymbol{a}_3=\left(-\dfrac{\sqrt{3}R}{2},-\dfrac{R}{2},0\right)^{\mathrm{T}}\end{cases}$$

$$\begin{cases}\boldsymbol{b}_1=\left(\dfrac{\sqrt{3}R}{2}+\rho_1\mathrm{c}_{\alpha_1},-\dfrac{R}{2}+\rho_1\mathrm{s}_{\alpha_1},0\right)^{\mathrm{T}}\\ \boldsymbol{b}_2=(\rho_2\mathrm{c}_{\alpha_2},R+\rho_2\mathrm{s}_{\alpha_2},0)^{\mathrm{T}}\\ \boldsymbol{b}_3=\left(-\dfrac{\sqrt{3}R}{2}+\rho_3,-\dfrac{R}{2},0\right)^{\mathrm{T}}\end{cases}\tag{10.48}$$

$$\begin{cases}\boldsymbol{c}_1=(0,r,0)^{\mathrm{T}}\\ \boldsymbol{c}_2=\left(-\dfrac{\sqrt{3}r}{2},-\dfrac{r}{2},0\right)^{\mathrm{T}}\\ \boldsymbol{c}_3=\left(\dfrac{\sqrt{3}r}{2},-\dfrac{r}{2},0\right)^{\mathrm{T}}\end{cases}$$

式中，$\rho_i=\dfrac{1}{2}(q_{i1}+\delta_i\sqrt{\Gamma_i})$；$q_{i2}=q_{i3}^2+q_{i4}^2-l^2$；$q_{i1}=2\mathrm{c}_{\alpha_i}q_{i3}+2\mathrm{s}_{\alpha_i}q_{i4}$；$q_{i3}=x-x_{Ai}+x_{Ci}$

$c_{\alpha_i}-y_{Ci}s_{\alpha_i}$；$q_{i4}=y-y_{Ai}+x_{Ci}s_{\alpha_i}+y_{Ci}c_{\alpha_i}$。

$\Gamma_i=q_{i1}^2-4q_{i2}$且$\Gamma_i\geqslant 0(i=1,2,3)$定义了机构的工作空间，也就是三个平行曲面围成的区域。$\delta_i=\pm 1(i=1,2,3)$决定了机构的八个工作模式，如表 10.2 所示。

表 10.2　3-PRR 平面并联机构的八个工作模式

$\delta_i(i=1,2,3)$	模式 1	模式 2	模式 3	模式 4	模式 5	模式 6	模式 7	模式 8
δ_1	+	+	−	+	+	−	−	−
δ_2	−	+	−	+	−	+	−	+
δ_3	+	+	−	−	−	+	+	−

分支方向向量 $\boldsymbol{s}_{ij}$ $(i=1,2,3;j=1,2,3)$：$\boldsymbol{s}_{11}=(-c_{\alpha_1},s_{\alpha_1},0)^{\mathrm{T}}$，$\boldsymbol{s}_{21}=(-c_{\alpha_2},-s_{\alpha_2},0)^{\mathrm{T}}$，$\boldsymbol{s}_{31}=(1,0,0)^{\mathrm{T}}$，$\boldsymbol{s}_{i2}=(0,0,1)^{\mathrm{T}}$，$\boldsymbol{s}_{i3}=(0,0,1)^{\mathrm{T}}$。

10.4.1　3-PRR 平面并联机构的运动和约束的片积

3-PRR 平面并联机构各分支的运动和约束的片积求解如下。

分支 1 上各关节轴线方向的螺旋为

$$\begin{aligned}
\boldsymbol{S}_{\mathrm{m}_{11}}&=-c_{\alpha_1}\boldsymbol{e}_4+s_{\alpha_1}\boldsymbol{e}_5\\
\boldsymbol{S}_{\mathrm{m}_{12}}&=\boldsymbol{e}_3+\left(\frac{\sqrt{3}}{2}\rho_1-\frac{1}{2}R\right)\boldsymbol{e}_4+\left(\frac{1}{2}\rho_1-\frac{\sqrt{3}}{2}R\right)\boldsymbol{e}_5\\
\boldsymbol{S}_{\mathrm{m}_{13}}&=\boldsymbol{e}_3+(y+rc_\phi)\boldsymbol{e}_4+(rs_\phi-x)\boldsymbol{e}_5
\end{aligned}\tag{10.49}$$

锁住分支 1 上的移动副驱动 $\boldsymbol{S}_{\mathrm{m}_{11}}$，分支的运动空间由其余两个被动螺旋向量扩展而成：

$$\begin{aligned}
\boldsymbol{A}_1'&=\boldsymbol{S}_{\mathrm{m}_{12}}\wedge\boldsymbol{S}_{\mathrm{m}_{13}}\\
&=\left(\frac{1}{2}R+y-\frac{\sqrt{3}}{2}\rho_1+rc_\phi\right)\boldsymbol{e}_3\wedge\boldsymbol{e}_4+\left(\frac{\sqrt{3}}{2}R-x-\frac{1}{2}\rho_1+rs_\phi\right)\boldsymbol{e}_3\wedge\boldsymbol{e}_5\\
&\quad+\left(\left(\frac{1}{2}R-\frac{\sqrt{3}}{2}\rho_1\right)(x-rs_\phi)-\left(\frac{1}{2}\rho_1-\frac{\sqrt{3}}{2}R\right)(y+rc_\phi)\right)\boldsymbol{e}_4\wedge\boldsymbol{e}_5
\end{aligned}\tag{10.50}$$

分支 1 运动空间的约束空间为

$$\begin{aligned}
\boldsymbol{S}_{\mathrm{c}1}'=\Delta(\boldsymbol{A}_1'\boldsymbol{I}_6^{-1})&=\left(\frac{1}{2}\rho_1+x-\frac{\sqrt{3}}{2}R-rs_\phi\right)\boldsymbol{e}_1\wedge\boldsymbol{e}_3\wedge\boldsymbol{e}_4\wedge\boldsymbol{e}_5\\
&\quad+\left(\frac{1}{2}R+y-\frac{\sqrt{3}}{2}\rho_1+rc_\phi\right)\boldsymbol{e}_2\wedge\boldsymbol{e}_3\wedge\boldsymbol{e}_4\wedge\boldsymbol{e}_5\\
&\quad-\left(\left(\frac{1}{2}R-\frac{\sqrt{3}}{2}\rho_1\right)(x-rs_\phi)-\left(\frac{1}{2}\rho_1-\frac{\sqrt{3}}{2}R\right)(y+rc_\phi)\right)\boldsymbol{e}_3\wedge\boldsymbol{e}_4\wedge\boldsymbol{e}_5\wedge\boldsymbol{e}_6\\
&=\left(\left(\frac{1}{2}\rho_1+x-\frac{\sqrt{3}}{2}R-rs_\phi\right)\boldsymbol{e}_1+\left(\frac{1}{2}R+y-\frac{\sqrt{3}}{2}\rho_1+rc_\phi\right)\boldsymbol{e}_2\right.
\end{aligned}$$

$$+\left(\left(\frac{1}{2}R-\frac{\sqrt{3}}{2}\rho_1\right)(x-rs_\phi)-\left(\frac{1}{2}\rho_1-\frac{\sqrt{3}}{2}R\right)(y+rc_\phi)\right)\boldsymbol{e}_6\Bigg)\wedge\boldsymbol{e}_3\wedge\boldsymbol{e}_4\wedge\boldsymbol{e}_5$$
$$=\boldsymbol{S}'_{c11}\wedge\boldsymbol{S}'_{c12}\wedge\boldsymbol{S}'_{c13}\wedge\boldsymbol{S}'_{c14} \tag{10.51}$$

式中

$$\boldsymbol{S}'_{c11}=\left(\left(\frac{1}{2}\rho_1+x-\frac{\sqrt{3}}{2}R-rs_\phi\right)\boldsymbol{e}_1+\left(\frac{1}{2}R+y-\frac{\sqrt{3}}{2}\rho_1+rc_\phi\right)\boldsymbol{e}_2\right.$$
$$\left.+\left(\left(\frac{1}{2}R-\frac{\sqrt{3}}{2}\rho_1\right)(x-rs_\phi)-\left(\frac{1}{2}\rho_1-\frac{\sqrt{3}}{2}R\right)(y+rc_\phi)\right)\boldsymbol{e}_6\right) \tag{10.52}$$

$$\boldsymbol{S}'_{c12}=\boldsymbol{e}_3$$
$$\boldsymbol{S}'_{c13}=\boldsymbol{e}_4$$
$$\boldsymbol{S}'_{c14}=\boldsymbol{e}_5$$

分支 2 上各关节轴线方向的螺旋为

$$\begin{aligned}\boldsymbol{S}_{m_{21}}&=-c_{\alpha_2}\boldsymbol{e}_4-s_{\alpha_2}\boldsymbol{e}_5\\ \boldsymbol{S}_{m_{22}}&=\boldsymbol{e}_3+\left(R-\frac{\sqrt{3}}{2}\rho_2\right)\boldsymbol{e}_4+\left(\frac{1}{2}\rho_2\right)\boldsymbol{e}_5\\ \boldsymbol{S}_{m_{23}}&=\boldsymbol{e}_3+\left(y-\frac{1}{2}rc_\phi-\frac{\sqrt{3}}{2}rs_\phi\right)\boldsymbol{e}_4+\left(\frac{\sqrt{3}}{2}rc_\phi-\frac{1}{2}rs_\phi-x\right)\boldsymbol{e}_5\end{aligned} \tag{10.53}$$

锁住分支 2 上的移动副驱动 $\boldsymbol{S}_{m_{21}}$，分支运动空间由其余两个被动螺旋向量扩展而成：

$$\boldsymbol{A}'_2=\boldsymbol{S}_{m_{22}}\wedge\boldsymbol{S}_{m_{23}}$$
$$=\left(y-R+\frac{\sqrt{3}}{2}\rho_2-\frac{1}{2}rc_\phi-\frac{\sqrt{3}}{2}rs_\phi\right)\boldsymbol{e}_3\wedge\boldsymbol{e}_4+\left(\frac{\sqrt{3}}{2}rc_\phi-x-\frac{1}{2}rs_\phi-\frac{1}{2}\rho_2\right)\boldsymbol{e}_3\wedge\boldsymbol{e}_5$$
$$+\left(\frac{1}{2}\left(\rho_2\left(\frac{1}{2}rc_\phi-y+\frac{\sqrt{3}}{2}rs_\phi\right)\right)-\left(R-\frac{\sqrt{3}}{2}\rho_2\right)\left(x+\frac{1}{2}rs_\phi-\frac{\sqrt{3}}{2}rc_\phi\right)\right)\boldsymbol{e}_4\wedge\boldsymbol{e}_5 \tag{10.54}$$

分支 2 运动空间的约束空间为

$$\boldsymbol{S}'_{c2}=\Delta(\boldsymbol{A}'_2\boldsymbol{I}_6^{-1})=\left(\frac{1}{2}\rho_2+x+\frac{1}{2}rs_\phi-\frac{\sqrt{3}}{2}rc_\phi\right)\boldsymbol{e}_1\wedge\boldsymbol{e}_3\wedge\boldsymbol{e}_4\wedge\boldsymbol{e}_5$$
$$+\left(y-R+\frac{\sqrt{3}}{2}\rho_2-\frac{1}{2}rc_\phi-\frac{\sqrt{3}}{2}rs_\phi\right)\boldsymbol{e}_2\wedge\boldsymbol{e}_3\wedge\boldsymbol{e}_4\wedge\boldsymbol{e}_5$$
$$-\left(\frac{1}{2}\rho_2\left(\frac{1}{2}rc_\phi-y+\frac{\sqrt{3}}{2}rs_\phi\right)-\left(R-\frac{\sqrt{3}}{2}\rho_2\right)\left(x+\frac{1}{2}rs_\phi-\frac{\sqrt{3}}{2}rc_\phi\right)\right)\boldsymbol{e}_3\wedge\boldsymbol{e}_4\wedge\boldsymbol{e}_5\wedge\boldsymbol{e}_6$$
$$=\left(\left(\frac{1}{2}\rho_2+x+\frac{1}{2}rs_\phi-\frac{\sqrt{3}}{2}rc_\phi\right)\boldsymbol{e}_1+\left(y-R+\frac{\sqrt{3}}{2}\rho_2-\frac{1}{2}rc_\phi-\frac{\sqrt{3}}{2}rs_\phi\right)\boldsymbol{e}_2\right.$$

$$+\left(\frac{1}{2}\left(\rho_2\left(\frac{1}{2}rc_\phi-y+\frac{\sqrt{3}}{2}rs_\phi\right)\right)\right.$$

$$\left.-\left(R-\frac{\sqrt{3}}{2}\rho_2\right)\left(x+\frac{1}{2}rs_\phi-\frac{\sqrt{3}}{2}rc_\phi\right)\right)\boldsymbol{e}_6)\wedge\boldsymbol{e}_3\wedge\boldsymbol{e}_4\wedge\boldsymbol{e}_5$$

$$=\boldsymbol{S}'_{c21}\wedge\boldsymbol{S}'_{c22}\wedge\boldsymbol{S}'_{c23}\wedge\boldsymbol{S}'_{c24} \tag{10.55}$$

式中

$$\boldsymbol{S}'_{c21}=\left(\left(\frac{1}{2}\rho_2+x+\frac{1}{2}rs_\phi-\frac{\sqrt{3}}{2}rc_\phi\right)\boldsymbol{e}_1+\left(y-R+\frac{\sqrt{3}}{2}\rho_2-\frac{1}{2}rc_\phi-\frac{\sqrt{3}}{2}rs_\phi\right)\boldsymbol{e}_2\right.$$
$$\left.+\left(\frac{1}{2}\rho_2\left(\frac{1}{2}rc_\phi-y+\frac{\sqrt{3}}{2}rs_\phi\right)-\left(R-\frac{\sqrt{3}}{2}\rho_2\right)\left(x+\frac{1}{2}rs_\phi-\frac{\sqrt{3}}{2}rc_\phi\right)\right)\boldsymbol{e}_6\right.$$

$$\boldsymbol{S}'_{c22}=\boldsymbol{e}_3$$
$$\boldsymbol{S}'_{c23}=\boldsymbol{e}_4$$
$$\boldsymbol{S}'_{c24}=\boldsymbol{e}_5 \tag{10.56}$$

分支 3 上各关节轴线方向的螺旋为

$$\begin{aligned}\boldsymbol{S}_{m_{31}}&=\boldsymbol{e}_4\\ \boldsymbol{S}_{m_{32}}&=\boldsymbol{e}_3+\frac{R}{2}\boldsymbol{e}_4+\left(\frac{\sqrt{3}}{2}R-\rho_3\right)\boldsymbol{e}_5\\ \boldsymbol{S}_{m_{33}}&=\boldsymbol{e}_3+\left(y-\frac{1}{2}rc_\phi+\frac{\sqrt{3}}{2}rs_\phi\right)\boldsymbol{e}_4+\left(-x-\frac{1}{2}rs_\phi-\frac{\sqrt{3}}{2}rc_\phi\right)\boldsymbol{e}_5\end{aligned} \tag{10.57}$$

锁住分支 3 上的移动副驱动 $\boldsymbol{S}_{m_{31}}$，分支的运动空间由其余两个被动螺旋向量扩展而成：

$$\begin{aligned}\boldsymbol{A}'_3&=\boldsymbol{S}_{m_{32}}\wedge\boldsymbol{S}_{m_{33}}\\ &=\left(\frac{1}{2}R+y-\frac{1}{2}rc_\phi+\frac{\sqrt{3}}{2}rs_\phi\right)\boldsymbol{e}_3\wedge\boldsymbol{e}_4\\ &\quad+\left(\rho_3-x-\frac{\sqrt{3}}{2}R-\frac{1}{2}rs_\phi-\frac{\sqrt{3}}{2}rc_\phi\right)\boldsymbol{e}_3\wedge\boldsymbol{e}_5\\ &\quad+\left(\frac{1}{2}R\left(x+\frac{1}{2}rs_\phi+\frac{\sqrt{3}}{2}rc_\phi\right)+\left(\rho_3-\frac{\sqrt{3}}{2}R\right)\left(y-\frac{1}{2}rc_\phi+\frac{\sqrt{3}}{2}rs_\phi\right)\right)\boldsymbol{e}_4\wedge\boldsymbol{e}_5\end{aligned} \tag{10.58}$$

分支 3 运动空间的约束空间为

$$\boldsymbol{S}'_{c3}=\Delta(\boldsymbol{A}'_3\boldsymbol{I}_6^{-1})=\left(x-\rho_3+\frac{\sqrt{3}}{2}R+\frac{1}{2}rs_\phi+\frac{\sqrt{3}}{2}rc_\phi\right)\boldsymbol{e}_1\wedge\boldsymbol{e}_3\wedge\boldsymbol{e}_4\wedge\boldsymbol{e}_5$$

$$+\left(\frac{1}{2}R+y-\frac{1}{2}rc_\phi+\frac{\sqrt{3}}{2}rs_\phi\right)\boldsymbol{e}_2\wedge\boldsymbol{e}_3\wedge\boldsymbol{e}_4\wedge\boldsymbol{e}_5$$

$$-\left(\frac{1}{2}\left(R\left(x+\frac{1}{2}rs_\phi+\frac{\sqrt{3}}{2}rc_\phi\right)\right)+\left(\rho_3-\frac{\sqrt{3}}{2}R\right)\left(y-\frac{1}{2}rc_\phi+\frac{\sqrt{3}}{2}rs_\phi\right)\right)\boldsymbol{e}_3\wedge\boldsymbol{e}_4\wedge\boldsymbol{e}_5\wedge\boldsymbol{e}_6$$

$$=\left(\left(x-\rho_3+\frac{\sqrt{3}}{2}R+\frac{1}{2}rs_\phi+\frac{\sqrt{3}}{2}rc_\phi\right)\boldsymbol{e}_1+\left(\frac{1}{2}R+y-\frac{1}{2}rc_\phi+\frac{\sqrt{3}}{2}rs_\phi\right)\boldsymbol{e}_2\right.$$
$$\left.+\left(\frac{1}{2}R\left(x+\frac{1}{2}rs_\phi+\frac{\sqrt{3}}{2}rc_\phi\right)+\left(\rho_3-\frac{\sqrt{3}}{2}R\right)\left(y-\frac{1}{2}rc_\phi+\frac{\sqrt{3}}{2}rs_\phi\right)\right)\boldsymbol{e}_6\right)\wedge\boldsymbol{e}_3\wedge\boldsymbol{e}_4\wedge\boldsymbol{e}_5$$
$$=\boldsymbol{S}'_{c31}\wedge\boldsymbol{S}'_{c32}\wedge\boldsymbol{S}'_{c33}\wedge\boldsymbol{S}'_{c34} \tag{10.59}$$

式中

$$\boldsymbol{S}'_{c31}=\left(\left(x-\rho_3+\frac{\sqrt{3}}{2}R+\frac{1}{2}rs_\phi+\frac{\sqrt{3}}{2}rc_\phi\right)\boldsymbol{e}_1+\left(\frac{1}{2}R+y-\frac{1}{2}rc_\phi+\frac{\sqrt{3}}{2}rs_\phi\right)\boldsymbol{e}_2\right.$$
$$\left.+\left(\frac{1}{2}\left(R\left(x+\frac{1}{2}rs_\phi+\frac{\sqrt{3}}{2}rc_\phi\right)\right)+\left(\rho_3-\frac{\sqrt{3}}{2}R\right)\left(y-\frac{1}{2}rc_\phi+\frac{\sqrt{3}}{2}rs_\phi\right)\right)\boldsymbol{e}_6\right)$$
$$\boldsymbol{S}'_{c32}=\boldsymbol{e}_3$$
$$\boldsymbol{S}'_{c33}=\boldsymbol{e}_4$$
$$\boldsymbol{S}'_{c34}=\boldsymbol{e}_5 \tag{10.60}$$

$\boldsymbol{S}'_{c1}$、$\boldsymbol{S}'_{c2}$、$\boldsymbol{S}'_{c3}$ 是三个 4 阶片积，都包含 $\boldsymbol{e}_3$、$\boldsymbol{e}_4$、$\boldsymbol{e}_5$ 三个约束向量。向量 $\boldsymbol{e}_3$ 代表一个沿 Z 轴方向的约束力。向量 $\boldsymbol{e}_4$、$\boldsymbol{e}_5$ 代表 X-Y 平面上的两个约束力偶。因此，在 X-Y 平面上共有六个约束力偶，在 Z 轴方向有三个约束力。由于存在相同或冗余的约束，这九个向量线性相关，判断和去除相同或冗余的约束后新的运动空间的约束空间为

$$\boldsymbol{S}''_{c1}=\left(\left(\frac{1}{2}\rho_1+x-\frac{\sqrt{3}}{2}R-rs_\phi\right)\boldsymbol{e}_1+\left(\frac{1}{2}R+y-\frac{\sqrt{3}}{2}\rho_1+rc_\phi\right)\boldsymbol{e}_2\right.$$
$$\left.+\left(\left(\frac{1}{2}R-\frac{\sqrt{3}}{2}\rho_1\right)(x-rs_\phi)-\left(\frac{1}{2}\rho_1-\frac{\sqrt{3}}{2}R\right)(y+rc_\phi)\right)\boldsymbol{e}_6\right)\wedge\boldsymbol{e}_3\wedge\boldsymbol{e}_4\wedge\boldsymbol{e}_5$$

$$\boldsymbol{S}''_{c2}=\left(\frac{1}{2}\rho_2+x+\frac{1}{2}rs_\phi-\frac{\sqrt{3}}{2}rc_\phi\right)\boldsymbol{e}_1+\left(y-R+\frac{\sqrt{3}}{2}\rho_2\right.$$
$$\left.-\frac{1}{2}rc_\phi-\frac{\sqrt{3}}{2}rs_\phi\right)\boldsymbol{e}_2+\left(\frac{1}{2}\left(\rho_2\left(\frac{1}{2}rc_\phi-y+\frac{\sqrt{3}}{2}rs_\phi\right)\right)\right.$$
$$\left.-\left(R-\frac{\sqrt{3}}{2}\rho_2\right)\left(x+\frac{1}{2}rs_\phi-\frac{\sqrt{3}}{2}rc_\phi\right)\right)\boldsymbol{e}_6 \tag{10.61}$$

$$\boldsymbol{S}''_{c3}=\left(x-\rho_3+\frac{\sqrt{3}}{2}R+\frac{1}{2}rs_\phi+\frac{\sqrt{3}}{2}rc_\phi\right)\boldsymbol{e}_1+\left(\frac{1}{2}R\right.$$
$$\left.+y-\frac{1}{2}rc_\phi+\frac{\sqrt{3}}{2}rs_\phi\right)\boldsymbol{e}_2+\left(\frac{1}{2}\left(R\left(x+\frac{1}{2}rs_\phi\right.\right.\right.$$
$$\left.\left.\left.+\frac{\sqrt{3}}{2}rc_\phi\right)\right)+\left(\rho_3-\frac{\sqrt{3}}{2}R\right)\left(y-\frac{1}{2}rc_\phi+\frac{\sqrt{3}}{2}rs_\phi\right)\right)\boldsymbol{e}_6$$

$\boldsymbol{S}''_{c2}$和$\boldsymbol{S}''_{c3}$是两个1阶片积。注意，3阶片积$\boldsymbol{e}_3\boldsymbol{e}_4\boldsymbol{e}_5$可以与其他三个约束力中的任何一个并在一起，它们不影响奇异分析。$\boldsymbol{S}''_{c1}$、$\boldsymbol{S}''_{c2}$和$\boldsymbol{S}''_{c3}$是机构驱动锁住时的六个约束螺旋。

与前面两个平面机构类似，3阶片积向量$\boldsymbol{e}_3\wedge\boldsymbol{e}_4\wedge\boldsymbol{e}_5$不影响机构的奇异性。3-PRR平面并联机构的奇异性可以由锁住驱动后产生的三个约束向量的线性相关性判断：

$$\begin{aligned}\boldsymbol{Q}&=\boldsymbol{S}'_{c11}\wedge\boldsymbol{S}'_{c21}\wedge\boldsymbol{S}'_{c31}\\&=Q\boldsymbol{e}_1\boldsymbol{e}_2\boldsymbol{e}_6\end{aligned}\tag{10.62}$$

三个约束$\boldsymbol{S}'_{c11}$、$\boldsymbol{S}'_{c21}$、$\boldsymbol{S}'_{c31}$分别是机构沿杆件B_1C_1、B_2C_2、B_3C_3方向的向量。

10.4.2 3-PRR平面并联机构奇异分析

当机构的一个或两个分支与滑轨垂直时，机构到达工作空间的边界，这属于3-PRR平面并联机构的第一类奇异。机构经过分支垂直状态由一种工作模式转换到另一种工作模式。第二类奇异为满足奇异多项式为0的位形。

为分析3-PRR平面并联机构的第二类奇异就要分析约束螺旋的线性相关性。式(10.62)中，$\boldsymbol{Q}$是一个系数为Q的3阶片积。当Q为0时，$\boldsymbol{Q}$为0，三个约束向量$\boldsymbol{S}'_{c11}$、$\boldsymbol{S}'_{c21}$和$\boldsymbol{S}'_{c31}$发生线性相关。

系数Q通常是比较长的关于x、y和ϕ的三次多项式，计算可在符号运算软件中进行。当分支运动空间的约束空间线性相关时，一些位形下的输出变量使得多项式Q为0，这些位形就是机构的奇异位形。

给定3-PRR平面并联机构的结构参数$l=0.13\text{m}$，$\alpha_1=2\pi/3$，$\alpha_2=4\pi/3$，$\alpha_3=0$，$r=0.064\text{m}$，$R=0.1408\text{m}$，姿态角$\phi=\pi/35$，此时3-PRR平面并联机构的八个工作模式下的奇异轨迹如图10.14所示，其中工作模式[＋＋－]、[－＋＋]、[＋－＋]下的奇异轨迹是转动120°的关系。在工作模式[＋＋＋]、[＋＋－]、[＋－＋]、[－－－]下的奇异轨迹上分别取一个奇异点p_1、p_2、p_3、p_4，它们的坐标(x,y,ϕ)分别为$(-0.01,0.058788,\pi/35)$、$(-0.08,0.026334,\pi/35)$、$(-0.04,-0.056103,\pi/35)$和$(0.015,-0.115701,\pi/35)$。奇异点p_1、p_2、p_3、p_4对应的机构位形如图10.15所示，p_1点位形分支1、3上沿杆件方向的约束力平行，与分支2上沿杆件方向的约束力相交。p_2点位形分支2、3上沿杆件方向的约束力平行，与分支1上沿杆件方向的约束力相交。p_3点位形分支2、3上沿杆件方向的约束力平行，与分支1上沿杆件方向的约束力相交。p_4点位形分支1、3上沿杆件方向的约束力平

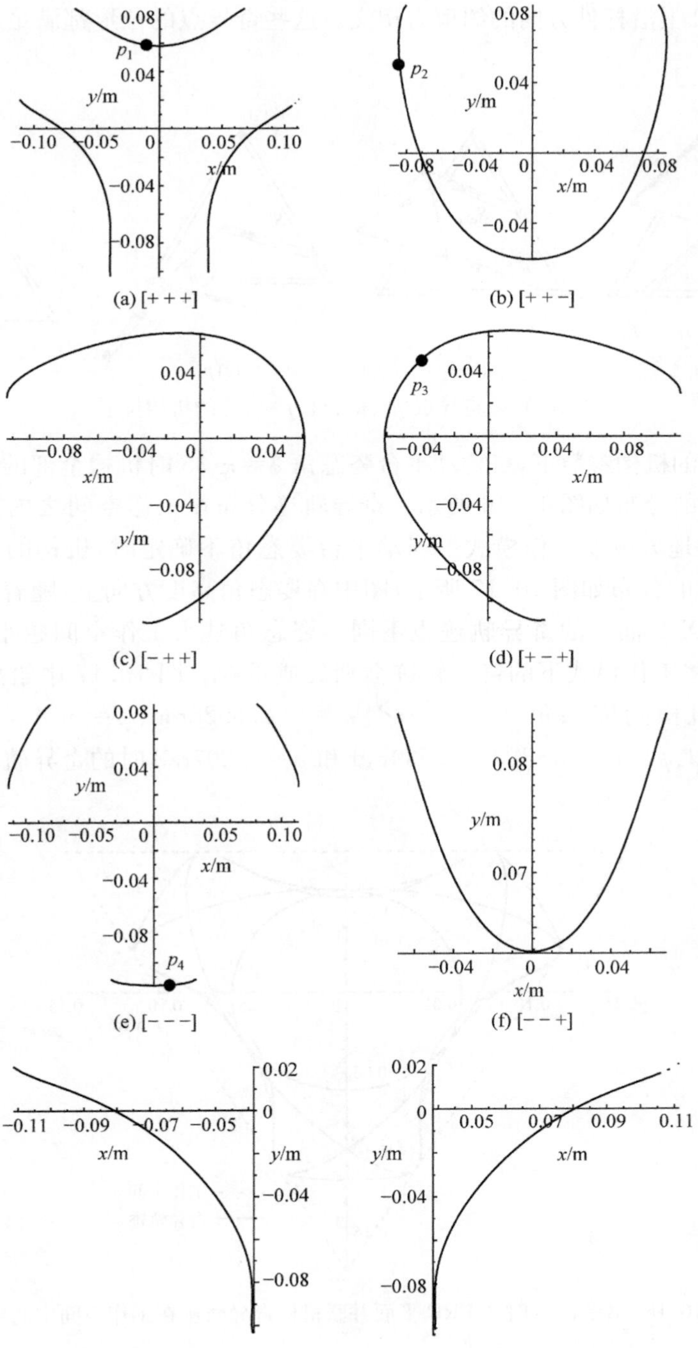

图 10.14　$\phi=\pi/35$ 时 3-PRR 平面并联机构在八个工作模式下的奇异轨迹

行，与分支 2 上沿杆件方向的约束力相交。这些奇异点的位形都满足 $S'_{c11} \wedge S'_{c21} \wedge S'_{c31} = 0$。

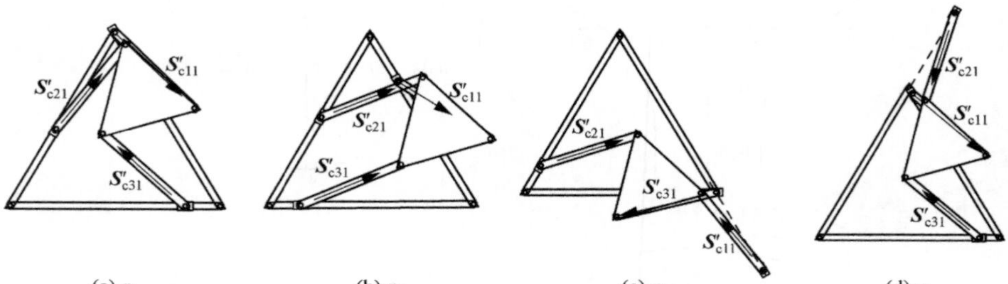

图 10.15　奇异点 p_1、p_2、p_3、p_4 对应的机构位形

在给定的机构参数下，机构动平台姿态角 $\phi=\pi/35$ 时机构全部的奇异轨迹在工作空间中的分布如图 10.16 所示。奇异轨迹分布在工作空间之内且在与工作空间相交的地方改变工作模式。当动平台姿态角不确定时，机构的奇异轨迹在工作空间中的分布如图 10.17 所示，图中在姿态角高度方向上，随着姿态角的不同，机构在 X-Y 面上的奇异轨迹也不同。姿态角越大工作空间越小，随着姿态角增加，某些工作模式下的奇异轨迹会消失或重叠。图 10.17 中给出了 3-PRR 平面并联机构的姿态角 $\phi=-3\text{rad}$、$\phi=-2.6928\text{rad}$、$\phi=-1.7952\text{rad}$、$\phi=-0.7181\text{rad}$、$\phi=0.179\text{rad}$、$\phi=0.539\text{rad}$ 和 $\phi=0.897\text{rad}$ 时的奇异轨迹在工作空间中的分布。

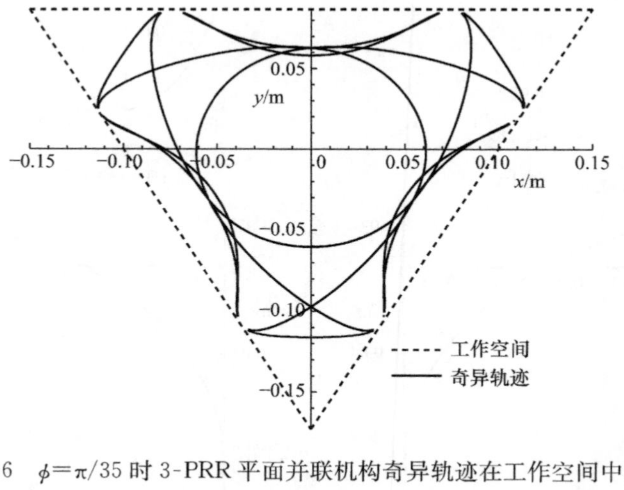

图 10.16　$\phi=\pi/35$ 时 3-PRR 平面并联机构奇异轨迹在工作空间中的分布

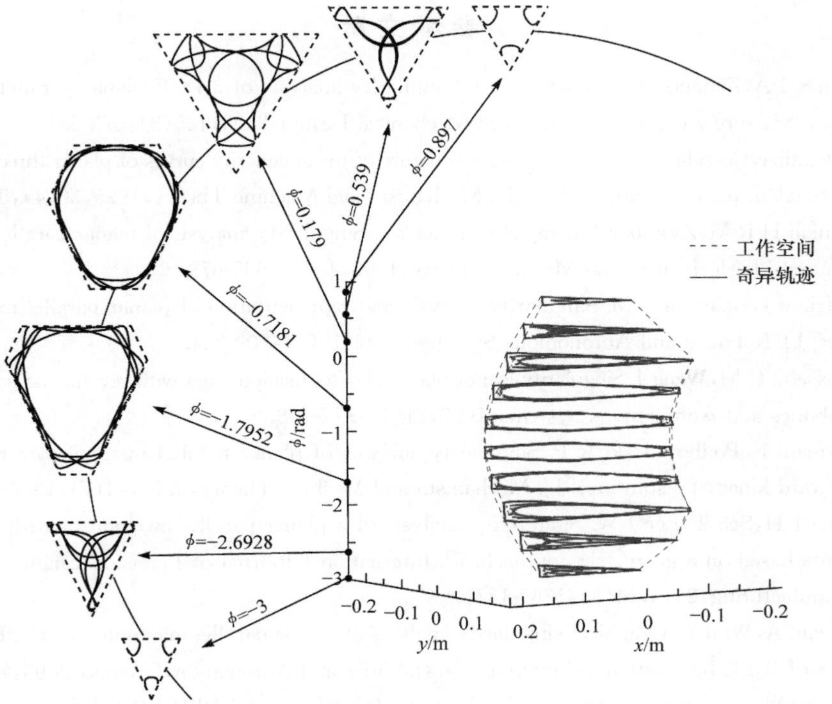

图 10.17 不同姿态角 ϕ 时 3-PRR 平面并联机构奇异轨迹在工作空间中的分布

10.5 本章小结

基于几何代数的少自由度并联机构的奇异分析是根据机构在锁住驱动时受到的六个约束之间的线性相关性判断的。相对于六自由度并联机构的奇异分析,少自由度并联机构的奇异分析需要求解机构锁住驱动情况下的约束力(力偶)螺旋并分析约束螺旋之间的线性相关性。

本章给出了少自由度并联机构奇异分析的步骤,并分析了少自由度并联机构中几个经典平面并联机构的奇异性,包括 3-RRR、3-RPR 和 3-PRR 平面并联机构。根据研究结果可以发现,平面并联机构的奇异性只由锁住驱动后产生的约束(沿杆件方向)决定,而与 X-Y 平面内的约束力偶和 Z 方向的约束力无关。由于平面并联机构只在二维平面内运动,奇异轨迹在给定动平台姿态角时是二维轨迹。为了给出一个全面的分析,本章给出了平面并联机构关于位置参数 x、y 和动平台姿态参数 ϕ 的三维奇异轨迹及奇异轨迹在工作空间中的分布。

参 考 文 献

[1] Bonev I A,Zlatanov D,Gosselin C M. Singularity analysis of 3-DOF planar parallel mechanisms via screw theory[J]. Journal of Mechanical Design,2003,125(3):573-581.

[2] Sefrioui J,Gosselin C M. On the quadratic nature of the singularity curves of planar three-degree-of-freedom parallel manipulators[J]. Mechanism and Machine Theory,1995,30(4):533-551.

[3] Daniali H R M,Zsombor-Murray P J,Angeles J. Singularity analysis of planar parallel manipulators[J]. Mechanism and Machine Theory,1995,30(5):665-678.

[4] Sefrioui J,Gosselin C M. Singularity analysis and representation of planar parallel manipulators[J]. Robotics and Autonomous Systems,1992,10(4):209-224.

[5] Gosselin C M,Wang J. Singularity loci of planar parallel manipulators with revolute actuators[J]. Robotics and Autonomous Systems,1997,21(4):377-398.

[6] Firmani F,Podhorodeski R P. Singularity analysis of planar parallel manipulators based on forward kinematic solutions[J]. Mechanism and Machine Theory,2009,44(7):1386-1399.

[7] Choi J H,Seo T,Lee J W. Singularity analysis of a planar parallel mechanism with revolute joints based on a geometric approach[J]. International Journal of Precision Engineering and Manufacturing,2013,14(8):1369-1375.

[8] Degani A,Wolf A. Graphical singularity analysis of planar parallel manipulators[C]. Proceedings of IEEE International Conference on Robotics and Automation,Orlando,2006:751-756.

[9] Husty M,Gosselin C M. On the singularity surface of planar 3-RPR parallel mechanisms[J]. Mechanics Based Design of Structures and Machines,2008,36(4):411-425.

[10] Wenger P,Chablat D. Kinematic analysis of a class of analytic planar 3-RPR parallel manipulators[M]//Kecskeméthy A,Müller A. Computational Kinematics. Berlin:Springer,2009.

[11] Jones A C. An Introduction to Algebraical Geometry[M]. Oxford:Clarendon Press,1912.

[12] Gosselin C M,Lemieux S,Merlet J P. A new architecture of planar three-degree-of-freedom parallel manipulator[C]. Proceedings of IEEE International Conference on Robotics and Automation,Minneapolis,1996:3738-3743.

第 11 章　两转一移三自由度空间并联机构奇异分析

两转一移($2R1T$)三自由度并联机构是少自由度并联机构中重要的一类。自 Hunt[1]提出 3-RPS 并联机构以来，$2R1T$ 三自由度并联机构因其特有的自由度特性已被用于诸多领域，如基于 3-PRS 并联机构[2]的 Z3 主轴头、Exechon 五轴混联加工中心的并联定位模块[3]和运动模拟器[4]等。各国研究者对该类并联机构开展了大量研究，在运动学分析[5]、尺寸综合[6]、奇异分析[7]和伴随运动[8]等方面取得了重要进展。

第 10 章介绍了基于几何代数的少自由度并联机构的奇异分析步骤，并分析了平面并联机构的奇异性。本章将几何代数方法应用于空间少自由度并联机构的奇异分析，对几种典型的两转一移($2R1T$)三自由度并联机构进行奇异分析，包括 3-RPS 并联机构、2-UPR-RPU 并联机构、2-UPR-SPR 并联机构和 Tex3 并联机构。另外，给出机构的全部奇异轨迹在工作空间中的分布情况，分析单个奇异位形下机构的约束向量线性相关性，给出线性相关约束的几何解释。

11.1　3-RPS 并联机构奇异分析

图 11.1 所示为 3-RPS 并联机构[1]，它能实现两个转动和一个移动，动平台上三个球副中心是 $A_i(i=1,2,3)$，定平台上三个 R 副中心由 $B_i(i=1,2,3)$表示，S 副和 R 副之间由 P 副连接，机构由 P 副驱动。定平台上$\triangle A_1A_2A_3$ 和动平台$\triangle B_1B_2B_3$ 是相似的等边三角形，外接圆半径分别为 $r_a=a, r_b=b$。建立如图 11.1 所示的定坐标系 $O\text{-}XYZ$ 和动坐标系 $o\text{-}uvw$。原点 O 位于定平台的中心点，X 轴指向 A_1 点，Y 轴平行于 A_3A_2，Z 轴方向向上。原点 o 位于动平台的中心点，u 轴指向 B_1 点，v 轴平行于 B_3B_2，w 轴方向向上。

动坐标系 $o\text{-}uvw$ 相对于固定坐标系 $O\text{-}XYZ$ 的变换采用 T&T 角[9]的方法。姿态角分别是方位角 ϕ、倾斜角 θ 和扭转角 σ，其中 $\sigma=0$ 或 π。3-RPS 并联机构的旋转变换矩阵为

$$\boldsymbol{R}(\phi,\theta,\sigma)=\begin{bmatrix} c_\phi c_\theta c_{\sigma-\phi}-s_\phi s_{\sigma-\phi} & -c_\phi c_\theta s_{\sigma-\phi}-s_\phi c_{\sigma-\phi} & c_\phi s_\theta \\ s_\phi c_\theta c_{\sigma-\phi}+c_\phi s_{\sigma-\phi} & -s_\phi c_\theta s_{\sigma-\phi}+c_\phi c_{\sigma-\phi} & s_\phi s_\theta \\ -s_\theta c_{\sigma-\phi} & s_\theta s_{\sigma-\phi} & c_\theta \end{bmatrix} \tag{11.1}$$

点 o 相对于点 O 的位置用向量 $\boldsymbol{p}=(x,y,z)^{\mathrm{T}}$ 表示，其中伴随运动的两个分

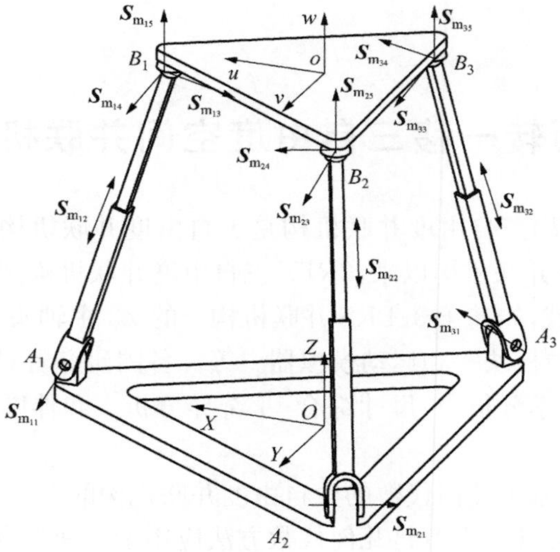

图 11.1 3-RPS 并联机构

量为

$$
x=\frac{1}{2}\zeta b\mathrm{c}_{2\phi}(\mathrm{c}_\theta-1)
$$

$$
y=-\frac{1}{2}\zeta b\mathrm{s}_{2\phi}(\mathrm{c}_\theta-1) \tag{11.2}
$$

式中，$\zeta=\pm1$，这里取 $\zeta=1$，即不存在扭转 $\sigma=0$ 进行分析。

点 O 到点 A_i 的位置矢量为

$$
\begin{cases}
\boldsymbol{a}_1=(a,0,0)^{\mathrm{T}}\\
\boldsymbol{a}_2=\left(-\dfrac{a}{2},\dfrac{\sqrt{3}a}{2},0\right)^{\mathrm{T}}\\
\boldsymbol{a}_3=\left(-\dfrac{a}{2},-\dfrac{\sqrt{3}a}{2},0\right)^{\mathrm{T}}
\end{cases} \tag{11.3}
$$

点 O 到点 B_i 的位置矢量可以表示为

$$
\boldsymbol{b}_i=\boldsymbol{R}\boldsymbol{b}'_i+\boldsymbol{p} \tag{11.4}
$$

式中，$\boldsymbol{b}'_i$ 为点 B_i 在动坐标系下的位置矢量，即

$$
\begin{cases}
\boldsymbol{b}'_1=(b,0,0)^{\mathrm{T}}\\
\boldsymbol{b}'_2=\left(-\dfrac{b}{2},\dfrac{\sqrt{3}b}{2},0\right)^{\mathrm{T}}\\
\boldsymbol{b}'_3=\left(-\dfrac{b}{2},-\dfrac{\sqrt{3}b}{2},0\right)^{\mathrm{T}}
\end{cases} \tag{11.5}
$$

11.1.1　3-RPS 并联机构的运动和约束的片积

3-RPS 并联机构各分支的运动和约束的片积求解如下。

分支 1 上各关节轴线方向的螺旋为

$$
\begin{aligned}
&\boldsymbol{S}_{\mathrm{m}_{11}}=\boldsymbol{e}_2+a\boldsymbol{e}_6\\
&\boldsymbol{S}_{\mathrm{m}_{12}}=\frac{1}{\sqrt{(J_1-a)^2+L_1^2}}((J_1-a)\boldsymbol{e}_4+L_1\boldsymbol{e}_6)\\
&\boldsymbol{S}_{\mathrm{m}_{13}}=\boldsymbol{e}_1+L_1\boldsymbol{e}_5\\
&\boldsymbol{S}_{\mathrm{m}_{14}}=\boldsymbol{e}_2-L_1\boldsymbol{e}_4+J_1\boldsymbol{e}_6\\
&\boldsymbol{S}_{\mathrm{m}_{15}}=\boldsymbol{e}_3-J_1\boldsymbol{e}_5
\end{aligned}
\tag{11.6}
$$

式中，$J_1=-\dfrac{1}{2}b(\mathrm{c}_\theta+4\mathrm{c}_\phi^2-4\mathrm{c}_\phi^2\mathrm{c}_\theta-3)$；$L_1=z-b\mathrm{c}_\phi\mathrm{s}_\theta$。

锁住驱动副移动关节 $\boldsymbol{S}_{\mathrm{m}_{12}}$ 后，分支 1 的运动空间由分支 1 上其余四个螺旋向量扩展而成：

$$
\begin{aligned}
\boldsymbol{A}_1'=&\boldsymbol{S}_{\mathrm{m}_{11}}\wedge\boldsymbol{S}_{\mathrm{m}_{13}}\wedge\boldsymbol{S}_{\mathrm{m}_{14}}\wedge\boldsymbol{S}_{\mathrm{m}_{15}}\\
=&-L_1\boldsymbol{e}_1\boldsymbol{e}_2\boldsymbol{e}_3\boldsymbol{e}_4+(J_1-a)\boldsymbol{e}_1\boldsymbol{e}_2\boldsymbol{e}_3\boldsymbol{e}_6-J_1L_1\boldsymbol{e}_1\boldsymbol{e}_2\boldsymbol{e}_4\boldsymbol{e}_5\\
&-J_1(J_1-a)\boldsymbol{e}_1\boldsymbol{e}_2\boldsymbol{e}_5\boldsymbol{e}_6-L_1a\boldsymbol{e}_1\boldsymbol{e}_3\boldsymbol{e}_4\boldsymbol{e}_6-J_1L_1a\boldsymbol{e}_1\boldsymbol{e}_4\boldsymbol{e}_5\boldsymbol{e}_6\\
&+L_1^2\boldsymbol{e}_2\boldsymbol{e}_3\boldsymbol{e}_4\boldsymbol{e}_5+L_1(J_1-a)\boldsymbol{e}_2\boldsymbol{e}_3\boldsymbol{e}_5\boldsymbol{e}_6-L_1^2a\boldsymbol{e}_3\boldsymbol{e}_4\boldsymbol{e}_5\boldsymbol{e}_6
\end{aligned}
\tag{11.7}
$$

分支 1 运动空间的约束空间可以写为

$$
\begin{aligned}
\boldsymbol{S}_{\mathrm{c}1}'=&\Delta(\boldsymbol{A}_1'\boldsymbol{I}_6^{-1})\\
=&-(J_1-a)\boldsymbol{e}_1\boldsymbol{e}_2+L_1(J_1-a)\boldsymbol{e}_1\boldsymbol{e}_4-J_1(J_1-a)\boldsymbol{e}_1\boldsymbol{e}_6\\
&+L_1\boldsymbol{e}_2\boldsymbol{e}_3-L_1a\boldsymbol{e}_2\boldsymbol{e}_5+L_1^2\boldsymbol{e}_3\boldsymbol{e}_4-J_1L_1\boldsymbol{e}_3\boldsymbol{e}_6\\
&+L_1^2a\boldsymbol{e}_4\boldsymbol{e}_5+J_1L_1a\boldsymbol{e}_5\boldsymbol{e}_6\\
=&\boldsymbol{S}_{\mathrm{c}11}'\wedge\boldsymbol{S}_{\mathrm{c}12}'
\end{aligned}
\tag{11.8}
$$

式中

$$
\begin{aligned}
&\boldsymbol{S}_{\mathrm{c}11}'=(a-J_1)\boldsymbol{e}_1-L_1\boldsymbol{e}_3-L_1a\boldsymbol{e}_5\\
&\boldsymbol{S}_{\mathrm{c}12}'=\boldsymbol{e}_2-L_1\boldsymbol{e}_4+J_1\boldsymbol{e}_6
\end{aligned}
\tag{11.9}
$$

分支 2 上各关节轴线方向的螺旋为

$$
\begin{aligned}
&\boldsymbol{S}_{\mathrm{m}_{21}}=-\frac{\sqrt{3}}{2}\boldsymbol{e}_1-\frac{1}{2}\boldsymbol{e}_2+a\boldsymbol{e}_6\\
&\boldsymbol{S}_{\mathrm{m}_{22}}=\frac{1}{M_{22}}\left[\left(J_2+\frac{1}{2}a\right)\boldsymbol{e}_4-\left(\sqrt{3}J_2+\frac{\sqrt{3}}{2}a\right)\boldsymbol{e}_5+L_2\boldsymbol{e}_6\right]\\
&\boldsymbol{S}_{\mathrm{m}_{23}}=-\frac{1}{2}\boldsymbol{e}_1+\frac{\sqrt{3}}{2}\boldsymbol{e}_2-\frac{\sqrt{3}}{2}L_2\boldsymbol{e}_4-\frac{L_2}{2}\boldsymbol{e}_5\\
&\boldsymbol{S}_{\mathrm{m}_{24}}=-\frac{\sqrt{3}}{2}\boldsymbol{e}_1-\frac{1}{2}\boldsymbol{e}_2+\frac{L_2}{2}\boldsymbol{e}_4-\frac{\sqrt{3}}{2}L_2\boldsymbol{e}_5-2J_2\boldsymbol{e}_6\\
&\boldsymbol{S}_{\mathrm{m}_{25}}=\boldsymbol{e}_3-\sqrt{3}J_2\boldsymbol{e}_4-J_2\boldsymbol{e}_5
\end{aligned}
\tag{11.10}
$$

式中，$J_2=-\frac{1}{2}b(\mathrm{c}_\theta+\mathrm{c}_\phi^2-\mathrm{c}_\phi^2\mathrm{c}_\theta+\sqrt{3}\mathrm{c}_\phi\mathrm{s}_\phi-\sqrt{3}\mathrm{c}_\phi\mathrm{c}_\theta\mathrm{s}_\phi)$；$L_2=z+\frac{1}{2}b\mathrm{c}_\phi\mathrm{s}_\theta-\frac{\sqrt{3}}{2}b\mathrm{s}_\phi\mathrm{s}_\theta$；$M_{22}=\sqrt{\left(J_2+\frac{1}{2}a\right)^2-\left(\sqrt{3}J_2+\frac{\sqrt{3}}{2}a\right)^2+L_2^2}$。

锁住驱动副移动关节 $\boldsymbol{S}_{\mathrm{m}_{22}}$ 后，分支 2 的运动空间由分支 2 上其余四个螺旋向量扩展而成：

$$
\begin{aligned}
\boldsymbol{A}_2'=&\boldsymbol{S}_{\mathrm{m}_{21}}\wedge\boldsymbol{S}_{\mathrm{m}_{23}}\wedge\boldsymbol{S}_{\mathrm{m}_{24}}\wedge\boldsymbol{S}_{\mathrm{m}_{25}}\\
=&\frac{1}{2}L_2\boldsymbol{e}_1\boldsymbol{e}_2\boldsymbol{e}_3\boldsymbol{e}_4-\frac{\sqrt{3}}{2}L_2\boldsymbol{e}_1\boldsymbol{e}_2\boldsymbol{e}_3\boldsymbol{e}_5-(2J_2+a)\boldsymbol{e}_1\boldsymbol{e}_2\boldsymbol{e}_3\boldsymbol{e}_6+2J_2L_2\boldsymbol{e}_1\boldsymbol{e}_2\boldsymbol{e}_4\boldsymbol{e}_5\\
&+\sqrt{3}J_2(2J_2+a)\boldsymbol{e}_1\boldsymbol{e}_2\boldsymbol{e}_4\boldsymbol{e}_6+J_2(2J_2+a)\boldsymbol{e}_1\boldsymbol{e}_2\boldsymbol{e}_5\boldsymbol{e}_6-\frac{\sqrt{3}}{2}L_2^2\boldsymbol{e}_1\boldsymbol{e}_3\boldsymbol{e}_4\boldsymbol{e}_5\\
&-\frac{L_2(3J_2+2a)}{2}\boldsymbol{e}_1\boldsymbol{e}_3\boldsymbol{e}_4\boldsymbol{e}_6-\frac{\sqrt{3}}{2}J_2L_2\boldsymbol{e}_1\boldsymbol{e}_3\boldsymbol{e}_5\boldsymbol{e}_6-J_2L_2a\boldsymbol{e}_1\boldsymbol{e}_4\boldsymbol{e}_5\boldsymbol{e}_6-\frac{L_2^2}{2}\boldsymbol{e}_2\boldsymbol{e}_3\boldsymbol{e}_4\boldsymbol{e}_5\\
&-\frac{\sqrt{3}}{2}J_2L_2\boldsymbol{e}_2\boldsymbol{e}_3\boldsymbol{e}_4\boldsymbol{e}_6-\frac{L_2(J_2+2a)}{2}\boldsymbol{e}_2\boldsymbol{e}_3\boldsymbol{e}_5\boldsymbol{e}_6+\sqrt{3}J_2L_2a\boldsymbol{e}_2\boldsymbol{e}_4\boldsymbol{e}_5\boldsymbol{e}_6-L_2^2a\boldsymbol{e}_3\boldsymbol{e}_4\boldsymbol{e}_5\boldsymbol{e}_6
\end{aligned}
\tag{11.11}
$$

分支 2 运动空间的约束空间可以写为

$$
\begin{aligned}
\boldsymbol{S}_{\mathrm{c}2}'=&\Delta(\boldsymbol{A}_2'\boldsymbol{I}_6^{-1})\\
=&(2J_2+a)\boldsymbol{e}_1\boldsymbol{e}_2-\frac{\sqrt{3}}{2}L_2\boldsymbol{e}_1\boldsymbol{e}_3-\frac{L_2(J_2+2a)}{2}\boldsymbol{e}_1\boldsymbol{e}_4+\frac{\sqrt{3}}{2}J_2L_2\boldsymbol{e}_1\boldsymbol{e}_5\\
&+J_2(2J_2+a)\boldsymbol{e}_1\boldsymbol{e}_6-\frac{L_2}{2}\boldsymbol{e}_2\boldsymbol{e}_3+\frac{\sqrt{3}}{2}J_2L_2\boldsymbol{e}_2\boldsymbol{e}_4-\frac{L_2(3J_2+2a)}{2}\boldsymbol{e}_2\boldsymbol{e}_5\\
&-\sqrt{3}J_2(2J_2+a)\boldsymbol{e}_2\boldsymbol{e}_6-\frac{L_2^2}{2}\boldsymbol{e}_3\boldsymbol{e}_4+\frac{\sqrt{3}}{2}L_2^2\boldsymbol{e}_3\boldsymbol{e}_5+2J_2L_2\boldsymbol{e}_3\boldsymbol{e}_6
\end{aligned}
$$

$$+L_2^2 a\boldsymbol{e}_4\boldsymbol{e}_5+\sqrt{3}J_2L_2a\boldsymbol{e}_4\boldsymbol{e}_6+J_2L_2a\boldsymbol{e}_5\boldsymbol{e}_6$$
$$=\boldsymbol{S}'_{c21}\wedge\boldsymbol{S}'_{c22} \tag{11.12}$$

式中

$$\begin{aligned}\boldsymbol{S}'_{c21}&=(2J_2+a)\boldsymbol{e}_1+\frac{L_2}{2}\boldsymbol{e}_3-\frac{\sqrt{3}}{2}J_2L_2\boldsymbol{e}_4+\frac{1}{2}L_2(3J_2+2a)\boldsymbol{e}_5+\sqrt{3}J_2(2J_2+a)\boldsymbol{e}_6\\ \boldsymbol{S}'_{c22}&=\sqrt{3}\boldsymbol{e}_1+\boldsymbol{e}_2-L_2\boldsymbol{e}_4+\sqrt{3}L_2\boldsymbol{e}_5+4J_2\boldsymbol{e}_6\end{aligned} \tag{11.13}$$

分支 3 上各关节轴线方向的螺旋为

$$\begin{aligned}\boldsymbol{S}_{m_{31}}&=\frac{\sqrt{3}}{2}\boldsymbol{e}_1-\frac{1}{2}\boldsymbol{e}_2+a\boldsymbol{e}_6\\ \boldsymbol{S}_{m_{32}}&=\frac{1}{M_{32}}\left[\left(J_3+\frac{a}{2}\right)\boldsymbol{e}_4+\left(\sqrt{3}J_3+\frac{\sqrt{3}}{2}a\right)\boldsymbol{e}_5+L_3\boldsymbol{e}_6\right]\\ \boldsymbol{S}_{m_{33}}&=-\frac{1}{2}\boldsymbol{e}_1-\frac{\sqrt{3}}{2}\boldsymbol{e}_2+\frac{\sqrt{3}}{2}L_3\boldsymbol{e}_4-\frac{L_3}{2}\boldsymbol{e}_5\\ \boldsymbol{S}_{m_{34}}&=\frac{\sqrt{3}}{2}\boldsymbol{e}_1-\frac{1}{2}\boldsymbol{e}_2+\frac{L_3}{2}\boldsymbol{e}_4+\frac{\sqrt{3}}{2}L_3\boldsymbol{e}_5-2J_3\boldsymbol{e}_6\\ \boldsymbol{S}_{m_{35}}&=\boldsymbol{e}_3+\sqrt{3}J_3\boldsymbol{e}_4-J_3\boldsymbol{e}_5\end{aligned} \tag{11.14}$$

式中，$J_3=-\frac{1}{2}b(\mathrm{c}_\theta+\mathrm{c}_\phi^2-\mathrm{c}_\phi^2\mathrm{c}_\theta-\sqrt{3}\,\mathrm{c}_\phi\mathrm{s}_\phi+\sqrt{3}\,\mathrm{c}_\phi\mathrm{c}_\theta\mathrm{s}_\phi)$；$L_3=z+\frac{b\mathrm{c}_\phi\mathrm{s}_\theta}{2}+\frac{\sqrt{3}}{2}b\mathrm{s}_\phi\mathrm{s}_\theta$；

$M_{32}=\sqrt{\left(J_3+\frac{1}{2}a\right)^2+\left(\sqrt{3}J_3+\frac{\sqrt{3}}{2}a\right)^2+L_3^2}$。

锁住驱动副移动关节 $\boldsymbol{S}_{m_{32}}$ 后，分支 3 的运动空间由分支 3 上其余四个螺旋向量扩展而成：

$$\begin{aligned}\boldsymbol{A}'_3&=\boldsymbol{S}_{m_{31}}\wedge\boldsymbol{S}_{m_{33}}\wedge\boldsymbol{S}_{m_{34}}\wedge\boldsymbol{S}_{m_{35}}\\ &=\frac{L_3}{2}\boldsymbol{e}_1\boldsymbol{e}_2\boldsymbol{e}_3\boldsymbol{e}_4+\frac{\sqrt{3}}{2}L_3\boldsymbol{e}_1\boldsymbol{e}_2\boldsymbol{e}_3\boldsymbol{e}_5-(2J_3+a)\boldsymbol{e}_1\boldsymbol{e}_2\boldsymbol{e}_3\boldsymbol{e}_6+2J_3L_3\boldsymbol{e}_1\boldsymbol{e}_2\boldsymbol{e}_4\boldsymbol{e}_5\\ &\quad-\sqrt{3}J_3(2J_3+a)\boldsymbol{e}_1\boldsymbol{e}_2\boldsymbol{e}_4\boldsymbol{e}_6+J_3(2J_3+a)\boldsymbol{e}_1\boldsymbol{e}_2\boldsymbol{e}_5\boldsymbol{e}_6+\frac{\sqrt{3}}{2}L_3^2\boldsymbol{e}_1\boldsymbol{e}_3\boldsymbol{e}_4\boldsymbol{e}_5\\ &\quad-\frac{L_3(3J_3+2a)}{2}\boldsymbol{e}_1\boldsymbol{e}_3\boldsymbol{e}_4\boldsymbol{e}_6+\frac{\sqrt{3}}{2}J_3L_3\boldsymbol{e}_1\boldsymbol{e}_3\boldsymbol{e}_5\boldsymbol{e}_6-J_3L_3a\boldsymbol{e}_1\boldsymbol{e}_4\boldsymbol{e}_5\boldsymbol{e}_6-\frac{L_3^2}{2}\boldsymbol{e}_2\boldsymbol{e}_3\boldsymbol{e}_4\boldsymbol{e}_5\\ &\quad+\frac{\sqrt{3}}{2}J_3L_3\boldsymbol{e}_2\boldsymbol{e}_3\boldsymbol{e}_4\boldsymbol{e}_6-\frac{L_3(J_3+2a)}{2}\boldsymbol{e}_2\boldsymbol{e}_3\boldsymbol{e}_5\boldsymbol{e}_6-\sqrt{3}J_3L_3a\boldsymbol{e}_2\boldsymbol{e}_4\boldsymbol{e}_5\boldsymbol{e}_6-L_3^2a\boldsymbol{e}_3\boldsymbol{e}_4\boldsymbol{e}_5\boldsymbol{e}_6\end{aligned} \tag{11.15}$$

分支 3 运动空间的约束空间为

$$
\begin{aligned}
\boldsymbol{S}'_{c3} &= \Delta(\boldsymbol{A}'_3 \boldsymbol{I}_6^{-1}) \\
&= (2J_3+a)\boldsymbol{e}_1\boldsymbol{e}_2 + \frac{\sqrt{3}}{2}L_3\boldsymbol{e}_1\boldsymbol{e}_3 - \frac{L_3(J_3+2a)}{2}\boldsymbol{e}_1\boldsymbol{e}_4 - \frac{\sqrt{3}}{2}J_3L_3\boldsymbol{e}_1\boldsymbol{e}_5 \\
&\quad + J_3(2J_3+a)\boldsymbol{e}_1\boldsymbol{e}_6 - \frac{L_3}{2}\boldsymbol{e}_2\boldsymbol{e}_3 - \frac{\sqrt{3}}{2}J_3L_3\boldsymbol{e}_2\boldsymbol{e}_4 - \frac{L_3(3J_3+2a)}{2}\boldsymbol{e}_2\boldsymbol{e}_5 \\
&\quad + \sqrt{3}J_3(2J_3+a)\boldsymbol{e}_2\boldsymbol{e}_6 - \frac{L_3^2}{2}\boldsymbol{e}_3\boldsymbol{e}_4 - \frac{\sqrt{3}}{2}L_3^2\boldsymbol{e}_3\boldsymbol{e}_5 + 2J_3L_3\boldsymbol{e}_3\boldsymbol{e}_6 \\
&\quad + L_3^2 a\boldsymbol{e}_4\boldsymbol{e}_5 - \sqrt{3}J_3L_3 a\boldsymbol{e}_4\boldsymbol{e}_6 + J_3L_3 a\boldsymbol{e}_5\boldsymbol{e}_6 \\
&= \boldsymbol{S}'_{c31} \wedge \boldsymbol{S}'_{c32}
\end{aligned}
\tag{11.16}
$$

式中

$$
\begin{aligned}
\boldsymbol{S}'_{c31} &= (2J_3+a)\boldsymbol{e}_1 + \frac{L_3}{2}\boldsymbol{e}_3 + \frac{\sqrt{3}}{2}J_3L_3\boldsymbol{e}_4 + \frac{L_3(3J_3+2a)}{2}\boldsymbol{e}_5 - \sqrt{3}J_3(2J_3+a)\boldsymbol{e}_6 \\
\boldsymbol{S}'_{c32} &= -\sqrt{3}\boldsymbol{e}_1 + \boldsymbol{e}_2 - L_3\boldsymbol{e}_4 - \sqrt{3}L_3\boldsymbol{e}_5 + 4J_3\boldsymbol{e}_6
\end{aligned}
\tag{11.17}
$$

$\boldsymbol{S}'_{c1}$、$\boldsymbol{S}'_{c2}$ 和 $\boldsymbol{S}'_{c3}$ 是三个 2 阶片积，这些 2 阶片积包括两个约束力 $\boldsymbol{S}'_{ci1}$、$\boldsymbol{S}'_{ci2}$（$i=1,2,3$），因此在锁住驱动后共产生了 6 个约束作用到末端执行器上。其中，向量 $\boldsymbol{S}'_{ci2}$ 是各分支上过球铰中心点并平行于对应分支上 R 副的约束力；向量 $\boldsymbol{S}'_{ci1}$ 是各分支上沿对应分支方向的约束力。$\boldsymbol{S}'_{c1}$、$\boldsymbol{S}'_{c2}$ 和 $\boldsymbol{S}'_{c3}$ 包括了锁住驱动后施加在机构上的 6 个约束，为了分析这 6 个约束之间的线性相关性，对它们进行外积运算，得

$$
\begin{aligned}
\boldsymbol{Q} &= \boldsymbol{S}'_{c1} \wedge \boldsymbol{S}'_{c2} \wedge \boldsymbol{S}'_{c3} \\
&= Q\boldsymbol{e}_1\boldsymbol{e}_2\boldsymbol{e}_3\boldsymbol{e}_4\boldsymbol{e}_5\boldsymbol{e}_6
\end{aligned}
\tag{11.18}
$$

式中，$\boldsymbol{Q}$ 是一个 6 阶片积向量。满足奇异多项式 $Q=0$ 的机构位姿(θ,ϕ,z)就是机构的奇异位形。

化简 Q 并令其为 0，有

$$
P_1z^3 + P_2z^2 + P_3z + P_0 = 0 \tag{11.19}
$$

式中，系数 P_1、P_2、P_3 和 P_0 是含有机构姿态和结构参数的多项式。

11.1.2 3-RPS 并联机构奇异轨迹

由式(11.19)可得，当给定机构结构参数，且姿态 θ、ϕ 确定时，式(11.19)是一个关于 z 的三次方程。

对于 3-RPS 并联机构，机构参数设置为 $a=5\text{cm}$，$b=3\text{cm}$，可得关于机构三个自由度 θ、ϕ、z 的三维奇异轨迹，如图 11.2 所示。图中给出了 ϕ、θ 在$[-\pi/4,\pi/4]$的奇异轨迹。

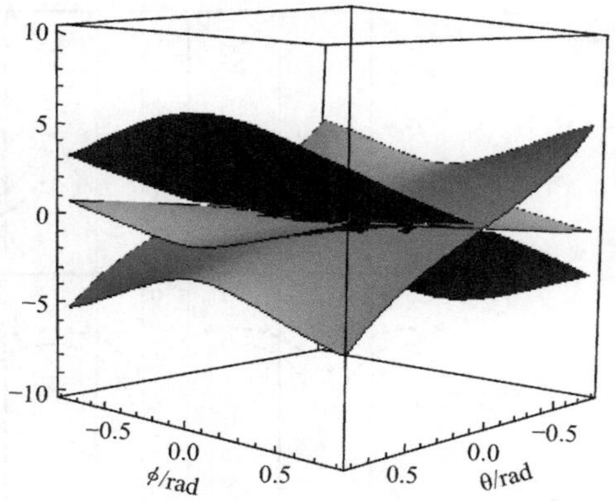

图 11.2　3-RPS 并联机构关于参数 θ、ϕ、z 的三维奇异轨迹

由两个伴随运动得到 ϕ、θ 关于 x、y 的表达式：

$$\begin{aligned}\phi&=\frac{1}{2}\arctan\left(-\frac{y}{x}\right)\\ \theta&=\arccos\left(1-\frac{2}{b}\sqrt{x^2+y^2}\right)\end{aligned}\tag{11.20}$$

将式(11.20)代入奇异多项式得到机构末端执行器关于位置变量的三维奇异轨迹，如图 11.3 所示。

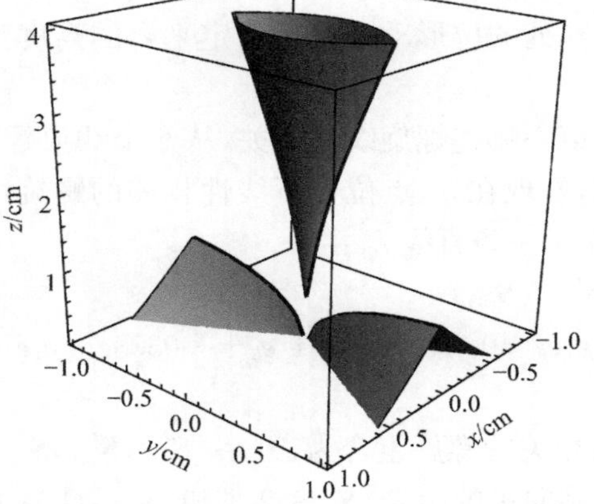

图 11.3　3-RPS 并联机构关于参数 x、y、z 的三维奇异轨迹

11.1.3　3-RPS 并联机构奇异位形分析

为便于分析，在图 11.2 所示的 θ 轴和 z 轴上分别取截面，如图 11.4(a)和(b)所示，ϕ 的范围取$[-\pi/3,\pi/3]$和$[-\pi,\pi]$。

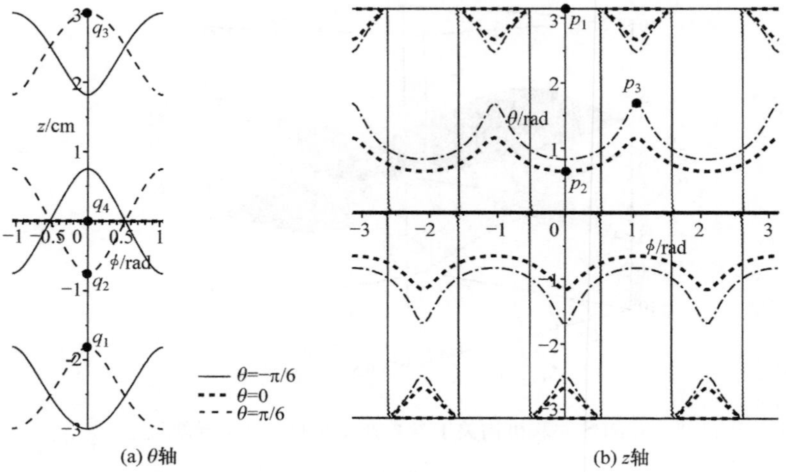

图 11.4　图 11.2 在 θ 轴和 z 轴上的截面

从图 11.4(a)可以看到，当 $z\neq0$ 时，每个动平台姿态角(θ,ϕ)对应三个高度值 z，即每个平行于 Z 轴的线上存在三个高度对应于同一个动平台姿态。当 $\theta=\pi/6$ 时，若取 $\phi=0$，即姿态角(θ,ϕ)取($\pi/6,0$)，图 11.4(a)所示的奇异轨迹上奇异点 $q_1(\pi/6,0,z_{q_1})$、$q_2(\pi/6,0,z_{q_2})$、$q_3(\pi/6,0,z_{q_3})$ 对应的三个高度分别为 $z_{q_1}=-1.8218\text{cm}$、$z_{q_2}=-0.75\text{cm}$、$z_{q_3}=3.0028\text{cm}$。当 $\theta=0$，机构发生奇异时无论 ϕ 取何值，高度 z 都为 0，奇异点 q_4 就是这种奇异。q_1、q_2、q_3 和 q_4 对应的奇异位形如图 11.5 所示。q_1 和 q_2 处的位形动平台距离定平台的高度为负，实际中不会出现这种位形。

为了分析 6 个约束中哪些螺旋线性相关，从 6 个约束螺旋中选取 $C_6^i(i=2,3,4,5)$ 个螺旋进行外积，发现在 q_1 点位姿下线性相关的螺旋组合为 $\{\boldsymbol{S}'_{c21},\boldsymbol{S}'_{c31},\boldsymbol{S}'_{c12},\boldsymbol{S}'_{c22},\boldsymbol{S}'_{c32}\}$，约束向量交于一条直线 l_{q1}：

$$\begin{aligned}&\boldsymbol{S}'_{c21}\wedge\boldsymbol{S}'_{c31}\wedge\boldsymbol{S}'_{c12}\wedge\boldsymbol{S}'_{c22}\wedge\boldsymbol{S}'_{c32}\\&=10^{-13}(0.711\boldsymbol{e}_1\boldsymbol{e}_2\boldsymbol{e}_3\boldsymbol{e}_4\boldsymbol{e}_6-0.8527\boldsymbol{e}_1\boldsymbol{e}_2\boldsymbol{e}_4\boldsymbol{e}_5\boldsymbol{e}_6+0.0308\boldsymbol{e}_1\boldsymbol{e}_3\boldsymbol{e}_4\boldsymbol{e}_5\boldsymbol{e}_6+0.3427\boldsymbol{e}_2\boldsymbol{e}_3\boldsymbol{e}_4\boldsymbol{e}_5\boldsymbol{e}_6)\\&\approx0\end{aligned}\tag{11.21}$$

q_2 点位姿下线性相关的螺旋组合为 $\Omega_{q_2}=\{\boldsymbol{S}'_{c21},\boldsymbol{S}'_{c31},\boldsymbol{S}'_{c22},\boldsymbol{S}'_{c32}\}$，其外积近似为 0，因此包含这四个螺旋向量的组合 $\{\boldsymbol{S}'_{c12},\Omega_{q_2}\}$ 和 $\{\boldsymbol{S}'_{c11},\Omega_{q_2}\}$ 也线性相关，即这两个组合各自的外积近似为 0，约束向量交于一条直线 l_{q2}：

$$\begin{aligned}&\boldsymbol{S}'_{c21}\wedge\boldsymbol{S}'_{c31}\wedge\boldsymbol{S}'_{c22}\wedge\boldsymbol{S}'_{c32}\\&=10^{-14}(-0.1998\boldsymbol{e}_1\boldsymbol{e}_2\boldsymbol{e}_3\boldsymbol{e}_6-0.2998\boldsymbol{e}_1\boldsymbol{e}_2\boldsymbol{e}_5\boldsymbol{e}_6)\approx0\\&\boldsymbol{S}'_{c21}\wedge\boldsymbol{S}'_{c31}\wedge\boldsymbol{S}'_{c12}\wedge\boldsymbol{S}'_{c22}\wedge\boldsymbol{S}'_{c32}\\&=10^{-14}(0.4496\boldsymbol{e}_1\boldsymbol{e}_2\boldsymbol{e}_3\boldsymbol{e}_4\boldsymbol{e}_6-0.6745\boldsymbol{e}_1\boldsymbol{e}_2\boldsymbol{e}_4\boldsymbol{e}_5\boldsymbol{e}_6)\approx0\end{aligned}$$

$$\boldsymbol{S}'_{c11}\wedge\boldsymbol{S}'_{c21}\wedge\boldsymbol{S}'_{c31}\wedge\boldsymbol{S}'_{c22}\wedge\boldsymbol{S}'_{c32}=10^{-13}(-0.2923\boldsymbol{e}_1\boldsymbol{e}_2\boldsymbol{e}_3\boldsymbol{e}_5\boldsymbol{e}_6)\approx 0 \tag{11.22}$$

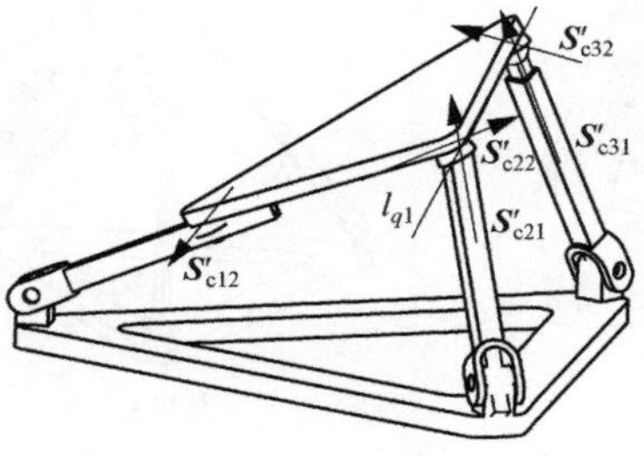

(a) q_1

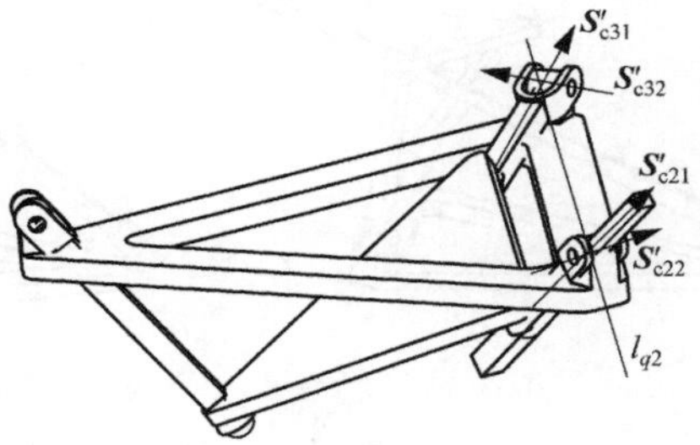

(b) q_2

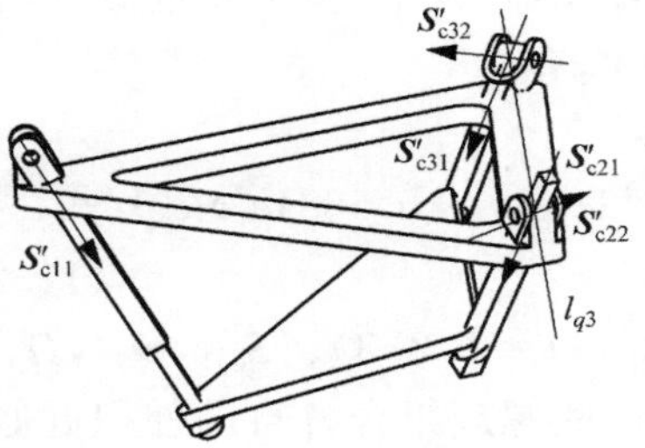

(c) q_3

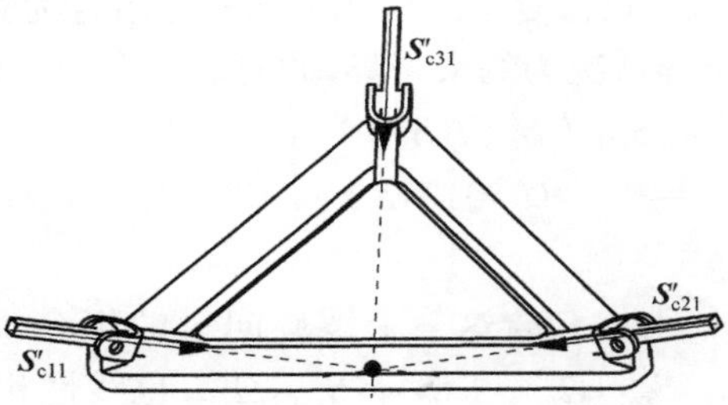

(d) q_4

图 11.5　奇异点 $q_i(i=1,2,3,4)$对应的机构位形

q_3 点位姿下线性相关的螺旋组合为$\{\boldsymbol{S}'_{c11},\boldsymbol{S}'_{c21},\boldsymbol{S}'_{c31},\boldsymbol{S}'_{c22},\boldsymbol{S}'_{c32}\}$，其外积近似为0，约束向量交于一条平行于 l_{q3}的直线：

$$\boldsymbol{S}'_{c11}\wedge\boldsymbol{S}'_{c21}\wedge\boldsymbol{S}'_{c31}\wedge\boldsymbol{S}'_{c22}\wedge\boldsymbol{S}'_{c32}=10^{-12}(0.1705\boldsymbol{e}_1\boldsymbol{e}_2\boldsymbol{e}_3\boldsymbol{e}_4\boldsymbol{e}_5)\approx 0 \tag{11.23}$$

q_4 点位姿下，动平台和定平台重合，沿杆件方向的三个约束向量 $\Omega_{q_4}=\{\boldsymbol{S}'_{c11},\boldsymbol{S}'_{c21},\boldsymbol{S}'_{c31}\}$交于一点，含有这三个向量的螺旋组合$\{\boldsymbol{S}'_{ci2},\Omega_{q_4}\}(i=1,2,3)$、$\{\boldsymbol{S}'_{c12},\boldsymbol{S}'_{c22},\Omega_{q_4}\}$、$\{\boldsymbol{S}'_{c12},\boldsymbol{S}'_{c32},\Omega_{q_4}\}$和$\{\boldsymbol{S}'_{c22},\boldsymbol{S}'_{c32},\Omega_{q_4}\}$也线性相关。

图 11.4(b)是对图 11.2 在三个高度($z=0$、$z=4$cm 和 $z=6$cm)上的截面，轨迹上点对应的坐标为(ϕ,θ,z)。可以看到，高度 z 越大，奇异轨迹线越远离 $\theta=0$ 和 $\theta=\pi$ 线。当 $z=0$ 时，若 $\theta=0$，则无论 ϕ 取何值机构总是奇异的，这与上述 θ 轴截面上的对应。当 $\theta=\pi$ 时，无论 z 和 ϕ 取何值，奇异轨迹都重合于 $\theta=\pi$ 这条线上，这种情况下机构总是奇异的，p_1 点属于这个奇异情况。当 $z\neq 0$ 时，相同高度 z 的奇异轨迹上每个 ϕ 值对应五个 θ 值。$p_2(0,0.6463,4)$、$p_3(1.038,1.68936,6)$分别是高度 $z=4$cm 和 $z=6$cm 的奇异轨迹上的一点。奇异点 p_1、p_2 和 p_3 处对应的机构位形如图 11.6 所示。

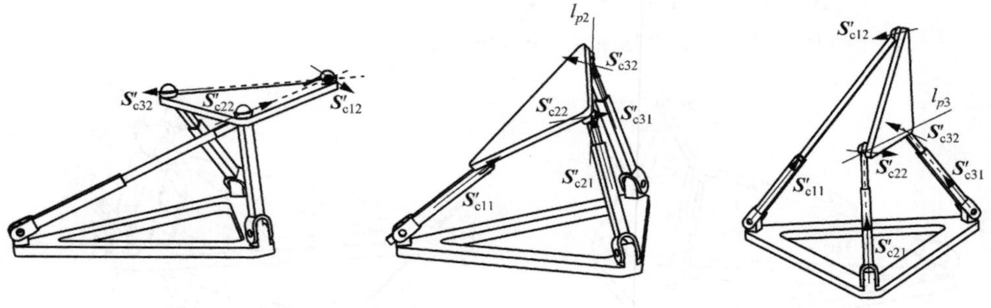

图 11.6　奇异点 $p_i(i=1,2,3)$对应的机构位形

p_1 点位姿下线性相关的螺旋组合为$\Omega_{p_1}=\{\boldsymbol{S}'_{c12},\boldsymbol{S}'_{c22},\boldsymbol{S}'_{c32}\}$，其外积近似为 0，这种奇异情况为约束奇异，此时动平台向下翻转 180°，有

$$\begin{aligned}&\boldsymbol{S}'_{c12}\wedge\boldsymbol{S}'_{c22}\wedge\boldsymbol{S}'_{c32}\\&=10^{-13}(0.0154\boldsymbol{e}_1\boldsymbol{e}_2\boldsymbol{e}_4+0.1421\boldsymbol{e}_1\boldsymbol{e}_4\boldsymbol{e}_6+0.0711\boldsymbol{e}_2\boldsymbol{e}_4\boldsymbol{e}_5-0.5684\boldsymbol{e}_4\boldsymbol{e}_5\boldsymbol{e}_6)\approx 0\end{aligned}\tag{11.24}$$

因此，包含这三个螺旋向量的组合$\{\boldsymbol{S}'_{ci1},\Omega_{p_1}\}(i=1,2,3)$、$\{\boldsymbol{S}'_{c11},\boldsymbol{S}'_{c21},\Omega_{p_1}\}$、$\{\boldsymbol{S}'_{c11},\boldsymbol{S}'_{c31},\Omega_{p_1}\}$和$\{\boldsymbol{S}'_{c21},\boldsymbol{S}'_{c31},\Omega_{p_1}\}$也线性相关，即这些螺旋组合各自的外积近似为 0，约束向量交于一点。

p_2 点位姿下线性相关的螺旋组合为$\{\boldsymbol{S}'_{c11},\boldsymbol{S}'_{c21},\boldsymbol{S}'_{c31},\boldsymbol{S}'_{c22},\boldsymbol{S}'_{c32}\}$，其外积近似为 0，约束向量交于一条直线 l_{p2}：

$$\begin{aligned}&\boldsymbol{S}'_{c11}\wedge\boldsymbol{S}'_{c21}\wedge\boldsymbol{S}'_{c31}\wedge\boldsymbol{S}'_{c22}\wedge\boldsymbol{S}'_{c32}\\&=10^{-10}(0.025\boldsymbol{e}_1\boldsymbol{e}_2\boldsymbol{e}_3\boldsymbol{e}_4\boldsymbol{e}_5+0.025\boldsymbol{e}_1\boldsymbol{e}_2\boldsymbol{e}_3\boldsymbol{e}_5\boldsymbol{e}_6+0.307\boldsymbol{e}_1\boldsymbol{e}_3\boldsymbol{e}_4\boldsymbol{e}_5\boldsymbol{e}_6)\approx 0\end{aligned}\tag{11.25}$$

p_3 点位姿下线性相关的螺旋组合为$\{\boldsymbol{S}'_{c11},\boldsymbol{S}'_{c21},\boldsymbol{S}'_{c31},\boldsymbol{S}'_{c12},\boldsymbol{S}'_{c22},\boldsymbol{S}'_{c32}\}$，六个约束向量的外积为 0 且交于一条平行于 l_{p3}的直线。

下面分析 3-RPS 并联机构奇异轨迹在工作空间中的分布情况。3-RPS 并联机构的工作空间，即工具末端的可达工作空间。机构必须满足以下几个条件的限制：各驱动杆自身长度，$q_{i\min}\leqslant q_i\leqslant q_{i\max}$，$q_{i\max}$和 $q_{i\min}$分别为第 i 个分支的驱动杆长的最大值和最小值；运动副转动角，$\theta_{Ti}=\arccos(\boldsymbol{q}_i\boldsymbol{n}_{T_i}/|\boldsymbol{q}_i|)\leqslant\theta_{Ti\max}$，其中 $\boldsymbol{n}_{T_i}$ 是关节相对于平台的姿态向量，θ_{Ti} 为转动副和球铰的转动角，$\theta_{Ti\max}$为最大转动角。机构参数给定为 $a=5$cm，$b=3$cm，图 11.7 和图 11.8 是两种限制条件下的工作空间和奇异轨迹在工作空间中的分布。

(1) $q_{i\max}$取 5cm、$q_{i\min}$取 2cm 和 $\theta_{Ti\max}$取 80°，不考虑干涉。机构工作空间及其俯视图如图 11.7(a)所示，由图 11.7(b)可以看出工作空间中存在部分奇异。

(2) 缩小限制条件的范围，杆长条件 $q_{i\max}$取 5cm、$q_{i\min}$取 3cm、$\theta_{Ti\max}$取 55°。同样机构参数下得到的工作空间及其俯视图如图 11.8(a)所示。3-RPS 并联机构奇

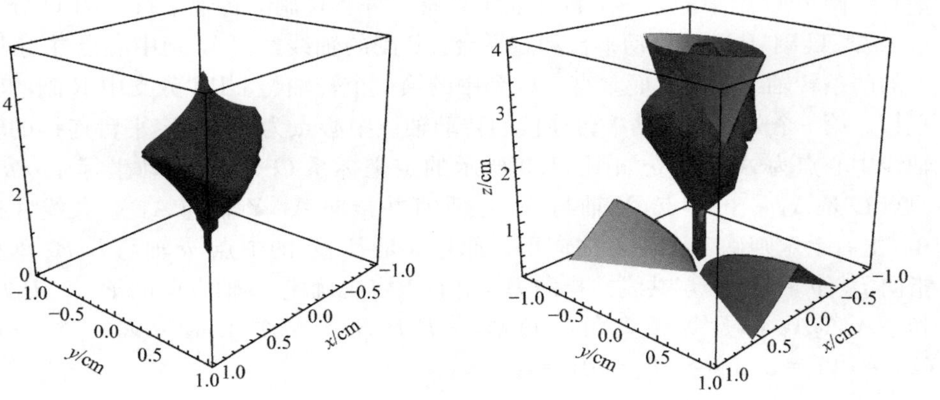

图 11.7　3-RPS 并联机构在条件(1)下的工作空间及奇异轨迹与工作空间的位置关系

异轨迹与工作空间的位置关系如图 11.8(b)所示，这种情况较上一种情况杆长最小值增大，动平台转动角范围减小，机构工作空间整体上移，工作空间中没有奇异轨迹。因此，3-RPS 并联机构在一定限制条件的约束下得到的工作空间可以避免奇异位形。

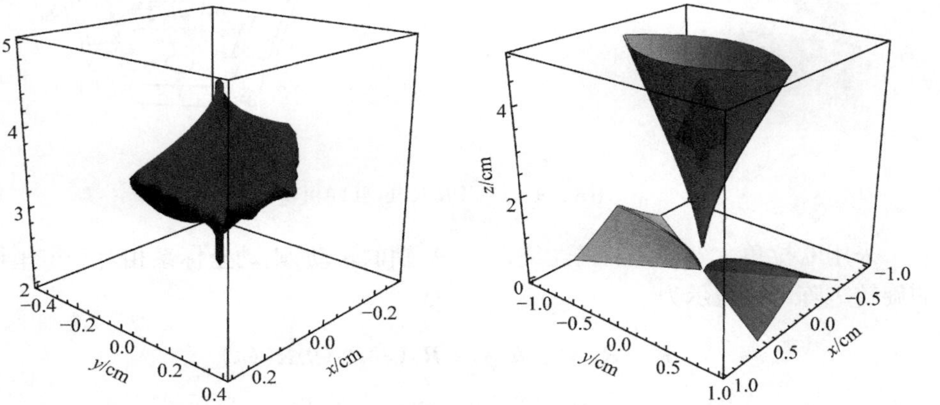

图 11.8　3-RPS 并联机构在条件(2)下的工作空间及奇异轨迹与工作空间的位置关系

11.2　2-UPR-RPU 并联机构奇异分析

2-UPR-RPU 并联机构[10] 如图 11.9 所示，该机构具有两个转动和一个移动自由度，两条 UPR 分支对称分布，由虎克铰（U 副）、转动副（R 副）、移动副（P 副）连接动平台和定平台，P 副的轴线通过 U 副中心点且与两条转动轴线组成的平面垂直。两个 U 副中的第一个转动轴线共线。两个 R 副的转轴平行。RPU 分支通过 R 副、U 副、P 副连接动平台和定平台。P 副的轴线经过 U 副中心点并与 U 副中的两条转轴组成的平面垂直。U 副中的第一个转轴与 UPR 分支中 R 副的轴线平行。第 i 个分支上与动平台连接的转动轴线中心点为 B_i，与定平台连接的转动轴线中心点为 A_i。建立如图 11.9 所示的定坐标系 O-XYZ 和动坐标系 o-uvw。原点 O 是 A_1A_2 的中点，X 轴与 A_1A_2 垂直并指向 A_3，Y 轴与 A_1A_2 共线并指向 A_2，由右手定则确定 Z 轴方向向下。原点 o 是 B_1B_2 的中点，u 轴与 B_1B_2 垂直并指向 B_3，v 轴与 B_1B_2 共线并指向 B_2，由右手定则确定 w 轴方向向下。$\triangle B_1B_2B_3$ 和 $\triangle A_1A_2A_3$ 都是等腰直角三角形，$\angle B_1B_2B_3=\angle A_1A_2A_3=90°$。令 $OA_1=OA_2=OA_3=a$，$oB_1=oB_2=oB_3=b$。

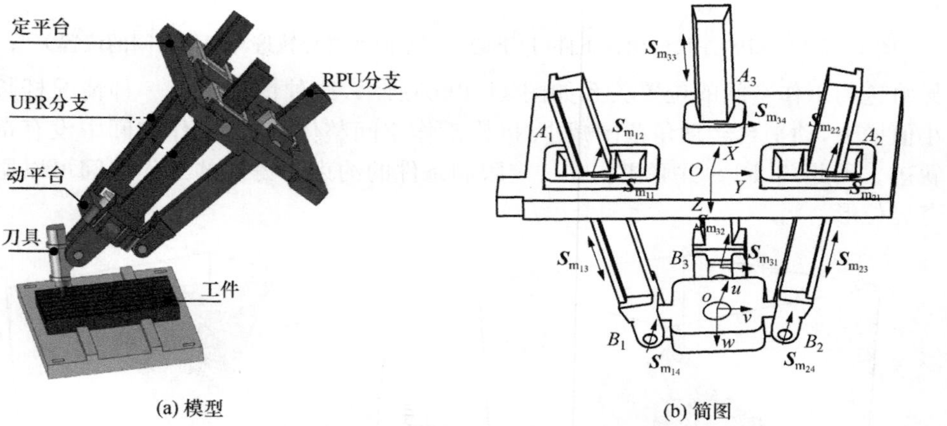

图 11.9 2-UPR-RPU 并联机构

采用欧拉角 ϕ、θ、ψ 分别描述绕 Z、Y、X 轴的转动，则动坐标系相对于定坐标系的旋转矩阵可以表示为

$$\boldsymbol{R}=\boldsymbol{R}_{XYZ}(\psi,\theta,\phi)=\boldsymbol{R}_Z(\phi)\boldsymbol{R}_Y(\theta)\boldsymbol{R}_X(\psi)$$
$$=\begin{bmatrix} c_\phi c_\theta & c_\phi s_\theta s_\psi - s_\phi c_\psi & c_\phi s_\theta c_\psi + s_\phi s_\psi \\ s_\phi c_\theta & s_\phi s_\theta s_\psi + c_\phi c_\psi & s_\phi s_\theta c_\psi - c_\phi s_\psi \\ -s_\theta & c_\theta s_\psi & c_\theta c_\psi \end{bmatrix} \tag{11.26}$$

点 o 相对于点 O 的位置用向量 $\boldsymbol{p}=(x_o,y_o,z_o)^{\mathrm{T}}$ 表示，点 O 到点 A_i 的位置矢量为

$$\begin{cases} \boldsymbol{a}_1=(0,-a,0)^{\mathrm{T}} \\ \boldsymbol{a}_2=(0,a,0)^{\mathrm{T}} \\ \boldsymbol{a}_3=(a,0,0)^{\mathrm{T}} \end{cases} \tag{11.27}$$

点 O 到点 B_i 的位置矢量可以表示为

$$\boldsymbol{b}_i=\boldsymbol{R}\boldsymbol{b}_i'+\boldsymbol{p} \tag{11.28}$$

式中，$\boldsymbol{b}_i'$为点 B_i 在动坐标系下的位置矢量：

$$\begin{cases}\boldsymbol{b}_1'=(0,-b,0)^{\mathrm{T}}\\ \boldsymbol{b}_2'=(0,b,0)^{\mathrm{T}}\\ \boldsymbol{b}_3'=(b,0,0)^{\mathrm{T}}\end{cases} \tag{11.29}$$

关节 B_i 的 R 副轴线的方向矢量可以表示为 $\boldsymbol{c}_i=\boldsymbol{R}\boldsymbol{c}_i'$，其中 $\boldsymbol{c}_i'$是 $\boldsymbol{c}_i$ 在动坐标系 $o\text{-}uvw$ 下的方向矢量：

$$\begin{cases}\boldsymbol{c}_1'=(1,0,0)^{\mathrm{T}}\\ \boldsymbol{c}_2'=(1,0,0)^{\mathrm{T}}\\ \boldsymbol{c}_3'=(0,1,0)^{\mathrm{T}}\end{cases} \tag{11.30}$$

根据机构的约束条件：第一个约束条件为 $\boldsymbol{c}_i$ 与 $\boldsymbol{p}-\boldsymbol{b}_i$ 垂直；第二个约束条件为原点 O 到第三分支上 U 副中心点的矢量 $\boldsymbol{l}_3$ 的 Y 坐标值是零，这是因为第三分支上 U 副中心点 B_3 总是在平面 OB_3o 上。由约束条件

$$\begin{aligned}&(\boldsymbol{p}-\boldsymbol{b}_1)^{\mathrm{T}}\boldsymbol{c}_1=0\\ &(\boldsymbol{p}-\boldsymbol{b}_2)^{\mathrm{T}}\boldsymbol{c}_2=0\\ &l_{3y}=0\end{aligned} \tag{11.31}$$

可得

$$\begin{cases}x_0=z_o\tan\theta\\ y_o=0\\ \phi=0\end{cases} \tag{11.32}$$

或者

$$\begin{cases}x_o=-z_o\tan\theta\\ y_o=0\\ \phi=\pi\end{cases} \tag{11.33}$$

根据矢量闭环式，可以在给定动平台的姿态和位置参量 θ、ψ、z_o 的情况下，确定两组不同的 $\boldsymbol{q}_i$ 值，以 $\phi=0$ 时为例，$\boldsymbol{q}_i$ 表示如下：

$$\begin{cases}\boldsymbol{q}_1=(z_o\mathrm{t}_\theta-a\mathrm{s}_\theta\mathrm{s}_\psi,b-a\mathrm{c}_\psi,z_o-a\mathrm{c}_\theta\mathrm{s}_\psi)^{\mathrm{T}}\\ \boldsymbol{q}_2=(z_o\mathrm{t}_\theta+a\mathrm{s}_\theta\mathrm{s}_\psi,-b+a\mathrm{c}_\psi,z_o+a\mathrm{c}_\theta\mathrm{s}_\psi)^{\mathrm{T}}\\ \boldsymbol{q}_3=(z_o\mathrm{t}_\theta-b+a\mathrm{c}_\theta,0,z_o-a\mathrm{s}_\theta)^{\mathrm{T}}\end{cases} \tag{11.34}$$

机构的位置反解为

$$\begin{cases} q_1=\sqrt{(z_o\mathrm{t}_\theta-a\mathrm{s}_\theta\mathrm{s}_\psi)^2+(b-a\mathrm{c}_\psi)^2+(z_o-a\mathrm{c}_\theta\mathrm{s}_\psi)^2} \\ q_2=\sqrt{(z_o\mathrm{t}_\theta+a\mathrm{s}_\theta\mathrm{s}_\psi)^2+(-b+a\mathrm{c}_\psi)^2+(z_o+a\mathrm{c}_\theta\mathrm{s}_\psi)^2} \\ q_3=\sqrt{(z_o\mathrm{t}_\theta-b+a\mathrm{c}_\theta)^2+(z_o-a\mathrm{s}_\theta)^2} \end{cases} \tag{11.35}$$

刀具末端到动坐标系原点的距离为 H，即在动坐标系下刀具末端点的坐标表示为 $\boldsymbol{G}'=(0,0,H)^{\mathrm{T}}$。由变换

$$\boldsymbol{G}=\boldsymbol{p}+\boldsymbol{R}\boldsymbol{G}'=\begin{bmatrix} x_o \\ 0 \\ z_o \end{bmatrix}+\begin{bmatrix} \mathrm{c}_\theta & \mathrm{s}_\theta\mathrm{s}_\psi & \mathrm{s}_\theta\mathrm{c}_\psi \\ 0 & \mathrm{c}_\psi & -\mathrm{s}_\psi \\ -\mathrm{s}_\theta & \mathrm{c}_\theta\mathrm{s}_\psi & \mathrm{c}_\theta\mathrm{c}_\psi \end{bmatrix}\begin{bmatrix} 0 \\ 0 \\ H \end{bmatrix} \tag{11.36}$$

可得刀具末端的坐标为

$$\begin{cases} x=x_o+H\mathrm{s}_\theta\mathrm{c}_\psi \\ y=-H\mathrm{s}_\psi \\ z=z_o+H\mathrm{c}_\theta\mathrm{c}_\psi \end{cases} \tag{11.37}$$

11.2.1 2-UPR-RPU 并联机构的运动和约束的片积

2-UPR-RPU 并联机构各分支的运动和约束的片积求解如下。

分支 1 上各关节轴线方向的螺旋为

$$\begin{aligned} \boldsymbol{S}_{\mathrm{m}_{11}}&=\boldsymbol{e}_2 \\ \boldsymbol{S}_{\mathrm{m}_{12}}&=\mathrm{c}_\theta\,\boldsymbol{e}_1-\mathrm{s}_\theta\,\boldsymbol{e}_3+a\mathrm{s}_\theta\,\boldsymbol{e}_4+a\mathrm{c}_\theta\,\boldsymbol{e}_6 \\ \boldsymbol{S}_{\mathrm{m}_{13}}&=L_1\mathrm{t}_\theta\,\boldsymbol{e}_4+M_1\boldsymbol{e}_5+L_1\boldsymbol{e}_6 \\ \boldsymbol{S}_{\mathrm{m}_{14}}&=\mathrm{c}_\theta\,\boldsymbol{e}_1-\mathrm{s}_\theta\,\boldsymbol{e}_3+N_1\boldsymbol{e}_4+K_1\boldsymbol{e}_5+P_1\boldsymbol{e}_6 \end{aligned} \tag{11.38}$$

式中，$L_1=z_o-b\mathrm{c}_\theta\mathrm{s}_\psi$；$M_1=a-b\mathrm{c}_\psi$；$N_1=b\mathrm{c}_\psi\mathrm{s}_\theta$；$K_1=\dfrac{z_o}{\mathrm{c}_\theta}-b\mathrm{s}_\psi$；$P_1=b\mathrm{c}_\psi\mathrm{c}_\theta$。

锁住驱动副移动关节 $\boldsymbol{S}_{\mathrm{m}_{13}}$ 后，分支 1 的运动空间由分支 1 上其余三个螺旋向量扩展而成：

$$\begin{aligned} \boldsymbol{A}_1'&=\boldsymbol{S}_{\mathrm{m}_{11}}\wedge\boldsymbol{S}_{\mathrm{m}_{12}}\wedge\boldsymbol{S}_{\mathrm{m}_{14}} \\ &=\left(\frac{a\mathrm{s}_{2\theta}}{2}-N_1\mathrm{c}_\theta\right)\boldsymbol{e}_1\boldsymbol{e}_2\boldsymbol{e}_4-K_1\mathrm{c}_\theta\,\boldsymbol{e}_1\boldsymbol{e}_2\boldsymbol{e}_5-(\mathrm{c}_\theta(P_1-a\mathrm{c}_\theta))\boldsymbol{e}_1\boldsymbol{e}_2\boldsymbol{e}_6 \\ &\quad-(\mathrm{s}_\theta(N_1-a\mathrm{s}_\theta))\boldsymbol{e}_2\boldsymbol{e}_3\boldsymbol{e}_4-K_1\mathrm{s}_\theta\,\boldsymbol{e}_2\boldsymbol{e}_3\boldsymbol{e}_5+\left(\frac{a\mathrm{s}_{2\theta}}{2}-P_1\mathrm{s}_\theta\right)\boldsymbol{e}_2\boldsymbol{e}_3\boldsymbol{e}_6 \\ &\quad-K_1a\mathrm{s}_\theta\,\boldsymbol{e}_2\boldsymbol{e}_4\boldsymbol{e}_5-a(N_1\mathrm{c}_\theta-P_1\mathrm{s}_\theta)\boldsymbol{e}_2\boldsymbol{e}_4\boldsymbol{e}_6-K_1a\mathrm{c}_\theta\,\boldsymbol{e}_2\boldsymbol{e}_5\boldsymbol{e}_6 \end{aligned} \tag{11.39}$$

分支 1 运动空间的约束空间可以写为

$$\begin{aligned} \boldsymbol{S}_{\mathrm{c}1}'&=\Delta(\boldsymbol{A}_1'\boldsymbol{I}_6^{-1}) \\ &=\left(P_1\mathrm{s}_\theta-\frac{a\mathrm{s}_{2\theta}}{2}\right)\boldsymbol{e}_1\boldsymbol{e}_2\boldsymbol{e}_4+(\mathrm{c}_\theta(P_1-a\mathrm{c}_\theta))\boldsymbol{e}_1\boldsymbol{e}_2\boldsymbol{e}_6-K_1\mathrm{s}_\theta\,\boldsymbol{e}_1\boldsymbol{e}_3\boldsymbol{e}_4-K_1\mathrm{c}_\theta\,\boldsymbol{e}_1\boldsymbol{e}_3\boldsymbol{e}_6 \end{aligned}$$

$$+(K_1 a c_\theta)\boldsymbol{e}_1\boldsymbol{e}_4\boldsymbol{e}_6+(s_\theta(N_1-as_\theta))\boldsymbol{e}_2\boldsymbol{e}_3\boldsymbol{e}_4+\left(N_1 c_\theta-\frac{as_{2\theta}}{2}\right)\boldsymbol{e}_2\boldsymbol{e}_3\boldsymbol{e}_6$$

$$-a(N_1 c_\theta-P_1 s_\theta)\boldsymbol{e}_2\boldsymbol{e}_4\boldsymbol{e}_6-K_1 a s_\theta\,\boldsymbol{e}_3\boldsymbol{e}_4\boldsymbol{e}_6$$

$$=\boldsymbol{S}'_{c11}\wedge\boldsymbol{S}'_{c12}\wedge\boldsymbol{S}'_{c13} \tag{11.40}$$

式中

$$\begin{aligned}
\boldsymbol{S}'_{c11}&=(P_1-ac_\theta)\boldsymbol{e}_1-(N_1-as_\theta)\boldsymbol{e}_3\\
\boldsymbol{S}'_{c12}&=\boldsymbol{e}_2-\frac{K_1}{P_1-ac_\theta}\boldsymbol{e}_3-\frac{K_1 a c_\theta}{s_\theta(P_1-ac_\theta)}\boldsymbol{e}_6\\
\boldsymbol{S}'_{c13}&=s_\theta\,\boldsymbol{e}_4+c_\theta\,\boldsymbol{e}_6
\end{aligned} \tag{11.41}$$

分支 2 上各关节轴线方向的螺旋为

$$\begin{aligned}
\boldsymbol{S}_{m_{21}}&=\boldsymbol{e}_2\\
\boldsymbol{S}_{m_{22}}&=c_\theta\,\boldsymbol{e}_1-s_\theta\,\boldsymbol{e}_3-as_\theta\,\boldsymbol{e}_4-ac_\theta\,\boldsymbol{e}_6\\
\boldsymbol{S}_{m_{23}}&=L_2 t_\theta\,\boldsymbol{e}_4-M_1\boldsymbol{e}_5+L_2\boldsymbol{e}_6\\
\boldsymbol{S}_{m_{24}}&=c_\theta\,\boldsymbol{e}_1-s_\theta\,\boldsymbol{e}_3-N_1\boldsymbol{e}_4+K_2\boldsymbol{e}_5-P_1\boldsymbol{e}_6
\end{aligned} \tag{11.42}$$

式中，M_1、N_1、P_1 与式(11.38)中的相同；$L_2=z_o+bc_\theta s_\psi$；$K_2=\dfrac{z_o}{c_\theta}+bs_\psi$。

锁住驱动副移动关节 $\boldsymbol{S}_{m_{23}}$ 后，分支 2 的运动空间由分支 2 上其余三个螺旋向量扩展而成：

$$\boldsymbol{A}'_2=\boldsymbol{S}_{m_{21}}\wedge\boldsymbol{S}_{m_{22}}\wedge\boldsymbol{S}_{m_{24}}$$

$$=\left(N_1 c_\theta-\frac{as_{2\theta}}{2}\right)\boldsymbol{e}_1\boldsymbol{e}_2\boldsymbol{e}_4-K_2 c_\theta\,\boldsymbol{e}_1\boldsymbol{e}_2\boldsymbol{e}_5+(c_\theta(P_1-ac_\theta))\boldsymbol{e}_1\boldsymbol{e}_2\boldsymbol{e}_6$$

$$+(s_\theta(N_1-as_\theta))\boldsymbol{e}_2\boldsymbol{e}_3\boldsymbol{e}_4-K_2 s_\theta\,\boldsymbol{e}_2\boldsymbol{e}_3\boldsymbol{e}_5+\left(P_1 s_\theta-\frac{as_{2\theta}}{2}\right)\boldsymbol{e}_2\boldsymbol{e}_3\boldsymbol{e}_6$$

$$-K_2 a s_\theta\,\boldsymbol{e}_2\boldsymbol{e}_4\boldsymbol{e}_5-a(N_1 c_\theta-P_1 s_\theta)\boldsymbol{e}_2\boldsymbol{e}_4\boldsymbol{e}_6-K_2 a c_\theta\,\boldsymbol{e}_2\boldsymbol{e}_5\boldsymbol{e}_6 \tag{11.43}$$

分支 2 运动空间的约束空间可以写为

$$\boldsymbol{S}'_{c2}=\Delta(\boldsymbol{A}'_2\boldsymbol{I}_6^{-1})$$

$$=\left(\frac{as_{2\theta}}{2}-P_1 s_\theta\right)\boldsymbol{e}_1\boldsymbol{e}_2\boldsymbol{e}_4-(c_\theta(P_1-ac_\theta))\boldsymbol{e}_1\boldsymbol{e}_2\boldsymbol{e}_6-K_2 s_\theta\,\boldsymbol{e}_1\boldsymbol{e}_3\boldsymbol{e}_4-K_2 c_\theta\,\boldsymbol{e}_1\boldsymbol{e}_3\boldsymbol{e}_6$$

$$-(K_2 a c_\theta)\boldsymbol{e}_1\boldsymbol{e}_4\boldsymbol{e}_6-(s_\theta(N_1-as_\theta))\boldsymbol{e}_2\boldsymbol{e}_3\boldsymbol{e}_4+\left(\frac{as_{2\theta}}{2}-N_1 c_\theta\right)\boldsymbol{e}_2\boldsymbol{e}_3\boldsymbol{e}_6$$

$$-a(N_1 c_\theta-P_1 s_\theta)\boldsymbol{e}_2\boldsymbol{e}_4\boldsymbol{e}_6-K_2 a s_\theta\,\boldsymbol{e}_3\boldsymbol{e}_4\boldsymbol{e}_6$$

$$=\boldsymbol{S}'_{c21}\wedge\boldsymbol{S}'_{c22}\wedge\boldsymbol{S}'_{c23} \tag{11.44}$$

式中

$$
\begin{aligned}
\boldsymbol{S}'_{c21} &= (a\mathrm{c}_\theta - P_1)\boldsymbol{e}_1 + (N_1 - a\mathrm{s}_\theta)\boldsymbol{e}_3 \\
\boldsymbol{S}'_{c22} &= \boldsymbol{e}_2 - \frac{K_2}{a\mathrm{c}_\theta - P_1}\boldsymbol{e}_3 + \frac{K_2 a\mathrm{c}_\theta}{\mathrm{s}_\theta(a\mathrm{c}_\theta - P_1)}\boldsymbol{e}_6 \\
\boldsymbol{S}'_{c23} &= \mathrm{s}_\theta \boldsymbol{e}_4 + \mathrm{c}_\theta \boldsymbol{e}_6
\end{aligned}
\tag{11.45}
$$

分支 3 上各关节轴线方向的螺旋为

$$
\begin{aligned}
\boldsymbol{S}_{\mathrm{m}_{31}} &= \boldsymbol{e}_2 + L_3\boldsymbol{e}_4 + J_3\boldsymbol{e}_6 \\
\boldsymbol{S}_{\mathrm{m}_{32}} &= \mathrm{c}_\theta \boldsymbol{e}_1 - \mathrm{s}_\theta \boldsymbol{e}_3 + K_3\boldsymbol{e}_5 \\
\boldsymbol{S}_{\mathrm{m}_{33}} &= (a - J_3)\boldsymbol{e}_4 + L_3\boldsymbol{e}_6 \\
\boldsymbol{S}_{\mathrm{m}_{34}} &= \boldsymbol{e}_2 + a\boldsymbol{e}_6
\end{aligned}
\tag{11.46}
$$

式中，$L_3 = b\mathrm{s}_\theta - z_o$；$J_3 = b\mathrm{c}_\theta + z_o\mathrm{t}_\theta$；$K_3 = z_o/\mathrm{c}_\theta$。

锁住驱动副移动关节 $\boldsymbol{S}_{\mathrm{m}_{33}}$ 后，分支 3 的运动空间由分支 3 上其余三个螺旋向量扩展而成：

$$
\begin{aligned}
\boldsymbol{A}'_3 &= \boldsymbol{S}_{\mathrm{m}_{31}} \wedge \boldsymbol{S}_{\mathrm{m}_{32}} \wedge \boldsymbol{S}_{\mathrm{m}_{34}} \\
&= L_3\mathrm{c}_\theta \boldsymbol{e}_1\boldsymbol{e}_2\boldsymbol{e}_4 + \mathrm{c}_\theta(J_3 - a)\boldsymbol{e}_1\boldsymbol{e}_2\boldsymbol{e}_6 - L_3 a\mathrm{c}_\theta \boldsymbol{e}_1\boldsymbol{e}_4\boldsymbol{e}_6 \\
&\quad + L_3\mathrm{s}_\theta \boldsymbol{e}_2\boldsymbol{e}_3\boldsymbol{e}_4 + \mathrm{s}_\theta(J_3 - a)\boldsymbol{e}_2\boldsymbol{e}_3\boldsymbol{e}_6 + K_3L_3\boldsymbol{e}_2\boldsymbol{e}_4\boldsymbol{e}_5 - K_3(J_3 - a)\boldsymbol{e}_2\boldsymbol{e}_5\boldsymbol{e}_6 \\
&\quad + L_3 a\mathrm{s}_\theta \boldsymbol{e}_3\boldsymbol{e}_4\boldsymbol{e}_6 + K_3L_3 a\boldsymbol{e}_4\boldsymbol{e}_5\boldsymbol{e}_6
\end{aligned}
\tag{11.47}
$$

分支 3 运动空间的约束空间为

$$
\begin{aligned}
\boldsymbol{S}'_{c3} &= \Delta(\boldsymbol{A}'_3\boldsymbol{I}_6^{-1}) \\
&= -\mathrm{s}_\theta(J_3 - a)\boldsymbol{e}_1\boldsymbol{e}_2\boldsymbol{e}_4 - \mathrm{c}_\theta(J_3 - a)\boldsymbol{e}_1\boldsymbol{e}_2\boldsymbol{e}_6 + K_3(J_3 - a)\boldsymbol{e}_1\boldsymbol{e}_4\boldsymbol{e}_6 \\
&\quad - L_3\mathrm{s}_\theta \boldsymbol{e}_2\boldsymbol{e}_3\boldsymbol{e}_4 - L_3\mathrm{c}_\theta \boldsymbol{e}_2\boldsymbol{e}_3\boldsymbol{e}_6 - L_3 a\mathrm{s}_\theta \boldsymbol{e}_2\boldsymbol{e}_4\boldsymbol{e}_6 + L_3 a\mathrm{c}_\theta \boldsymbol{e}_2\boldsymbol{e}_5\boldsymbol{e}_6 \\
&\quad - K_3L_3\boldsymbol{e}_3\boldsymbol{e}_4\boldsymbol{e}_6 - K_3L_3 a\boldsymbol{e}_4\boldsymbol{e}_5\boldsymbol{e}_6 \\
&= \boldsymbol{S}'_{c31} \wedge \boldsymbol{S}'_{c32} \wedge \boldsymbol{S}'_{c33}
\end{aligned}
\tag{11.48}
$$

式中

$$
\begin{aligned}
\boldsymbol{S}'_{c31} &= -(J_3 - a)\boldsymbol{e}_1 + L_3\boldsymbol{e}_3 - aL_3\boldsymbol{e}_5 \\
\boldsymbol{S}'_{c32} &= \boldsymbol{e}_2 - \frac{K_3}{\mathrm{c}_\theta}\boldsymbol{e}_4 \\
\boldsymbol{S}'_{c33} &= \mathrm{s}_\theta \boldsymbol{e}_4 + \mathrm{c}_\theta \boldsymbol{e}_6
\end{aligned}
\tag{11.49}
$$

$\boldsymbol{S}'_{c1}$、$\boldsymbol{S}'_{c2}$和 $\boldsymbol{S}'_{c3}$ 是三个 3 阶片积，这些 3 阶片积包括两个约束力 $\boldsymbol{S}'_{ci1}$、$\boldsymbol{S}'_{ci2}$$(i=1,2,3)$和一个约束力偶 $\boldsymbol{S}'_{ci3}$$(i=1,2,3)$，因此在锁住驱动后共产生了 9 个约束作用到末端执行器上。分支 1、分支 2 和分支 3 上的三个约束力偶 $\boldsymbol{S}'_{ci3}$$(i=1,2,3)$作用效果相同，可以等效为一个垂直于 U 副的约束力偶，分支 1 和分支 2 上两个约束力 $\boldsymbol{S}'_{c11}$和 $\boldsymbol{S}'_{c21}$平行且可以等效为一个约束力和一个垂直于 U 副的约束力偶，这个新产生的约束力偶与原约束力偶作用效果相同。综上，锁住驱动后作用到机构上的约束包括五个约束力和一个垂直于 U 副的约束力偶。

判断和去除冗余约束最终得到不包含冗余约束的片积为

$$\begin{aligned}&\boldsymbol{S}''_{c1}=\boldsymbol{S}'_{c12}\\&\boldsymbol{S}''_{c2}=\boldsymbol{S}'_{c2}=\boldsymbol{S}'_{c21}\wedge\boldsymbol{S}'_{c22}\wedge\boldsymbol{S}'_{c23}\\&\boldsymbol{S}''_{c3}=\boldsymbol{S}'_{c3}=\boldsymbol{S}'_{c31}\wedge\boldsymbol{S}'_{c32}\end{aligned}\tag{11.50}$$

$\boldsymbol{S}''_{c1}$、$\boldsymbol{S}''_{c2}$和 $\boldsymbol{S}''_{c3}$包括了锁住驱动后施加在机构上的 6 个约束，为了分析这 6 个约束之间的线性相关性，对它们进行外积运算，得

$$\begin{aligned}\boldsymbol{Q}&=\boldsymbol{S}''_{c1}\wedge\boldsymbol{S}''_{c2}\wedge\boldsymbol{S}''_{c3}\\&=Q\boldsymbol{e}_1\boldsymbol{e}_2\boldsymbol{e}_3\boldsymbol{e}_4\boldsymbol{e}_5\boldsymbol{e}_6\end{aligned}\tag{11.51}$$

式中

$$Q=2ab\,\frac{(z_o^2\mathrm{c}_\psi-ab\mathrm{c}_\theta^2\mathrm{s}_\psi^2)(z_o-b\mathrm{s}_\theta)}{\mathrm{c}_\theta^2(a-b\mathrm{c}_\psi)}\tag{11.52}$$

11.2.2　2-UPR-RPU 并联机构奇异轨迹

式(11.51)中 $\boldsymbol{Q}$ 是一个 6 阶片积向量。满足奇异多项式 $Q=0$ 的机构位姿(θ, ψ, z_o)就是机构的奇异位形，即

$$2ab\,\frac{(z_o^2\mathrm{c}_\psi-ab\mathrm{c}_\theta^2\mathrm{s}_\psi^2)(z_o-b\mathrm{s}_\theta)}{\mathrm{c}_\theta^2(a-b\mathrm{c}_\psi)}=0\tag{11.53}$$

可得当给定机构结构参数且姿态 θ、ψ 确定时，式(11.53)是一个关于 z_o 的三次方程。奇异解为

$$z_o=b\mathrm{s}_\theta\tag{11.54}$$

或者

$$z_o=\pm\mathrm{c}_\theta\mathrm{s}_\psi\sqrt{\frac{ab}{\mathrm{c}_\psi}}\tag{11.55}$$

式(11.55)中，若 $\psi=0$，则 $z_o=0$，动平台中心点位于定平台中心，机构不能到达这种位置；若 $\psi\neq0$，则 z_o 与 θ 和 ψ 的取值都有关系，其中舍去 z_o 为负的值。

当式(11.54)和式(11.55)中的 z_o 与 θ 相同时，两种奇异同时存在。每种奇异又对应两种反解的情况，具体分析如下。

对于 2-UPR-RPU 并联机构，机构参数设置为 $a=50\mathrm{cm}$，$b=25\mathrm{cm}$，由式(11.53)可得关于机构三个自由度 θ、ψ、z_o 的三维奇异轨迹，如图 11.10 所示。

根据 2-UPR-RPU 并联机构的运动特性，动平台中心点始终在平面 OB_3o 上运动，y_o 始终为 0，末端加上长度 $H=27\mathrm{cm}$ 的刀具后会在 y 方向上产生分运动，由式(11.37)可得

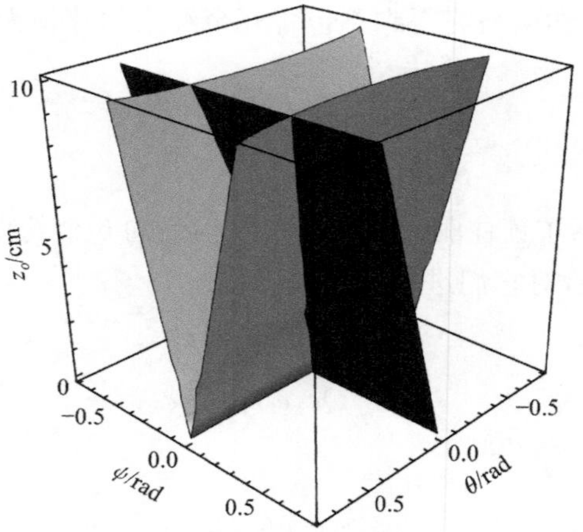

图 11.10　2-UPR-RPU 并联机构关于变量 θ、ψ、z_o 的三维奇异轨迹

$$
\begin{aligned}
\theta &= \arctan \frac{x}{z} \\
\psi &= -\arcsin \frac{y}{H} \\
z_o &= z - H c_\theta c_\psi
\end{aligned}
\tag{11.56}
$$

代入奇异多项式(11.53),可得到机构末端执行器关于位置变量 x、y、z 的三维奇异轨迹,如图 11.11 所示。

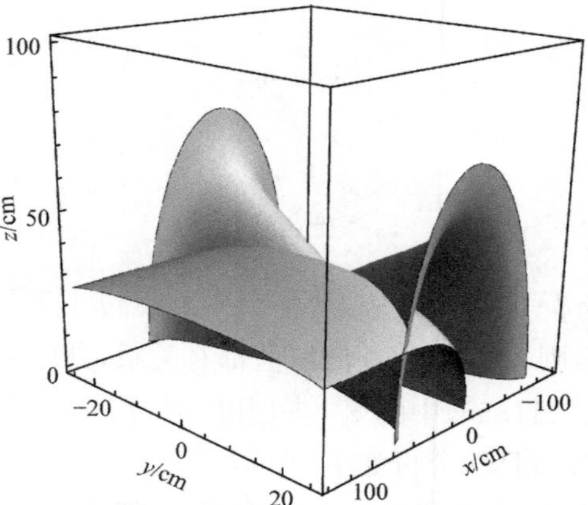

图 11.11　2-UPR-RPU 并联机构末端执行器关于位置变量 x、y、z 的三维奇异轨迹

11.2.3　2-UPR-RPU 并联机构奇异位形分析

为了便于分析 2-UPR-RPU 并联机构的奇异位形,取 $z_o = 25\sqrt{3}/2\text{m}$ 得到二维

奇异轨迹，如图 11.12 所示。

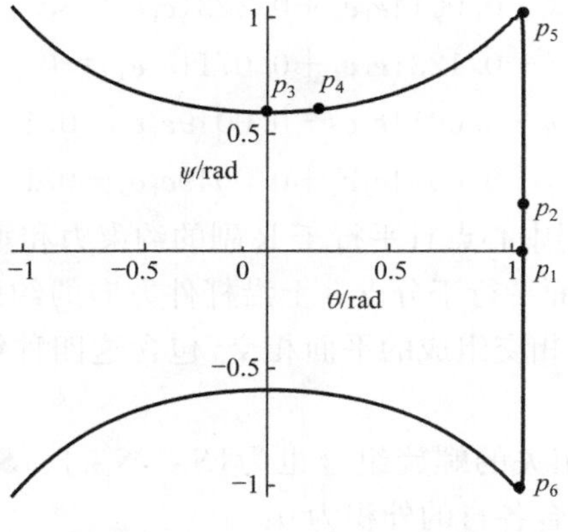

图 11.12　图 11.10 中 $z_o=25\sqrt{3}/2\mathrm{m}$ 时的二维奇异轨迹

2-UPR-RPU 并联机构的奇异可以分为以下几种情况。

第一类奇异，即式(11.54)成立，包括 $\psi=0$ 和 $\psi\neq0$ 两种情况。

(1) $\psi=0$ 时，图 11.12 中 $p_1(\pi/3,0)$ 点对应的奇异位形如图 11.13(a)所示，其中分支 3 上 U 副的转动轴线与分支 3 上和动平台相连的转动副重合，且分支 3 垂直于分支 1 和分支 2 组成的约束平面。在图 11.13(a)所示的两种情况下分支 3 退化成 RPR 分支，此时 2-UPR-RPU 并联机构变为 2-UPR-RPR 并联机构，机构属性会发生改变，因此应避免这类奇异位形。

(2) $\psi\neq0$ 时，图 11.12 中 $p_2(\pi/3,\pi/15)$ 点对应的奇异位形如图 11.13(b)所示，其位形与图 11.13(a)中类似，只是动平台绕 u 轴旋转了一个角度。

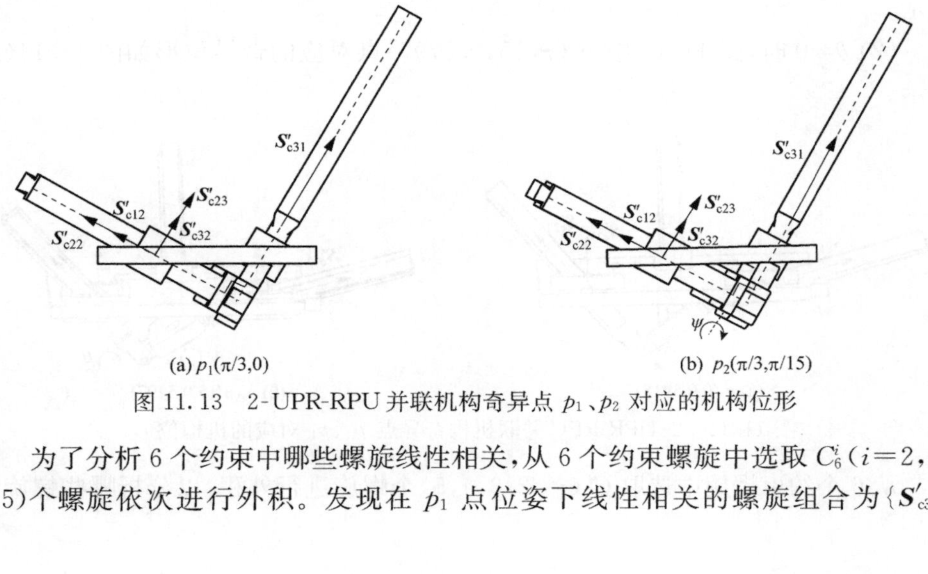

(a) $p_1(\pi/3,0)$　(b) $p_2(\pi/3,\pi/15)$

图 11.13　2-UPR-RPU 并联机构奇异点 p_1、p_2 对应的机构位形

为了分析 6 个约束中哪些螺旋线性相关，从 6 个约束螺旋中选取 C_6^i ($i=2,3,4,5$)个螺旋依次进行外积。发现在 p_1 点位姿下线性相关的螺旋组合为{$\boldsymbol{S}'_{c32}$，

$\boldsymbol{S}'_{c31}\}$、$\{\boldsymbol{S}'_{c23},\boldsymbol{S}'_{c31}\}$、$\{\boldsymbol{S}'_{c12},\boldsymbol{S}'_{c31}\}$和$\{\boldsymbol{S}'_{c22},\boldsymbol{S}'_{c31}\}$，即这几个组合各自的外积为 0：

$$\begin{aligned}
&\boldsymbol{S}'_{c32}\wedge\boldsymbol{S}'_{c31}=10^{-11}(-0.0014\boldsymbol{e}_1\boldsymbol{e}_2+0.1231\boldsymbol{e}_1\boldsymbol{e}_4)\approx 0\\
&\boldsymbol{S}'_{c23}\wedge\boldsymbol{S}'_{c31}=10^{-13}(-0.1231\boldsymbol{e}_1\boldsymbol{e}_4+0.0711\boldsymbol{e}_1\boldsymbol{e}_6)\approx 0\\
&\boldsymbol{S}'_{c12}\wedge\boldsymbol{S}'_{c31}=10^{-11}(-0.0014\boldsymbol{e}_1\boldsymbol{e}_2-0.0049\boldsymbol{e}_1\boldsymbol{e}_3-0.1421\boldsymbol{e}_1\boldsymbol{e}_6)\approx 0\\
&\boldsymbol{S}'_{c22}\wedge\boldsymbol{S}'_{c31}=10^{-11}(-0.0014\boldsymbol{e}_1\boldsymbol{e}_2+0.0049\boldsymbol{e}_1\boldsymbol{e}_3-0.1421\boldsymbol{e}_1\boldsymbol{e}_6)\approx 0
\end{aligned}\tag{11.57}$$

分支 1、2 上过 U 副中心点且平行于 R 副的约束力和垂直于 U 副方向的约束力偶 $\boldsymbol{S}'_{c32}$、$\boldsymbol{S}'_{c23}$组成的平面平行于分支 3 上沿杆件方向的约束力 $\boldsymbol{S}'_{c31}$，且与分支 1、2 上沿杆件方向的约束力相交组成的平面相交，包含这四种组合的螺旋向量组合都线性相关。

p_2 点位姿下线性相关的螺旋组合也为$\{\boldsymbol{S}'_{c32},\boldsymbol{S}'_{c31}\}$、$\{\boldsymbol{S}'_{c23},\boldsymbol{S}'_{c31}\}$、$\{\boldsymbol{S}'_{c12},\boldsymbol{S}'_{c31}\}$和$\{\boldsymbol{S}'_{c22},\boldsymbol{S}'_{c31}\}$，即这几个组合各自的外积为 0：

$$\begin{aligned}
&\boldsymbol{S}'_{c32}\wedge\boldsymbol{S}'_{c31}=10^{-11}(-0.0014\boldsymbol{e}_1\boldsymbol{e}_2+0.1231\boldsymbol{e}_1\boldsymbol{e}_4)\approx 0\\
&\boldsymbol{S}'_{c23}\wedge\boldsymbol{S}'_{c31}=10^{-13}(-0.1231\boldsymbol{e}_1\boldsymbol{e}_4-0.0711\boldsymbol{e}_1\boldsymbol{e}_6)\approx 0\\
&\boldsymbol{S}'_{c12}\wedge\boldsymbol{S}'_{c31}=10^{-11}(-0.0014\boldsymbol{e}_1\boldsymbol{e}_2-0.0042\boldsymbol{e}_1\boldsymbol{e}_3-0.1224\boldsymbol{e}_1\boldsymbol{e}_6)\approx 0\\
&\boldsymbol{S}'_{c22}\wedge\boldsymbol{S}'_{c31}=10^{-11}(-0.0014\boldsymbol{e}_1\boldsymbol{e}_2+0.0054\boldsymbol{e}_1\boldsymbol{e}_3-0.1558\boldsymbol{e}_1\boldsymbol{e}_6)\approx 0
\end{aligned}\tag{11.58}$$

同 p_1 点的情况，分支 1、2 上过 U 副中心点且平行于 R 副的约束力和垂直于 U 副方向的约束力偶 $\boldsymbol{S}'_{c32}$、$\boldsymbol{S}'_{c23}$组成的平面平行于分支 3 上沿杆件方向的约束力 $\boldsymbol{S}'_{c31}$，且 $\boldsymbol{S}'_{c31}$与分支 1、2 上沿杆件方向的约束力组成的平面相交，包含这四种组合的螺旋向量组合都线性相关。

第二类奇异，即式(11.55)成立，可以分为 $\theta=0$ 和 $\theta\neq 0$ 两种情况。

(1) $\theta=0$ 时，图 11.12 中 $p_3(0,0.5918)$点对应的奇异位形如图 11.14(a)所示。

(2) $\theta\neq 0$ 时，图 11.12 中 $p_4(\pi/15,0.5797)$点对应的奇异位形如图 11.14(b)所示。

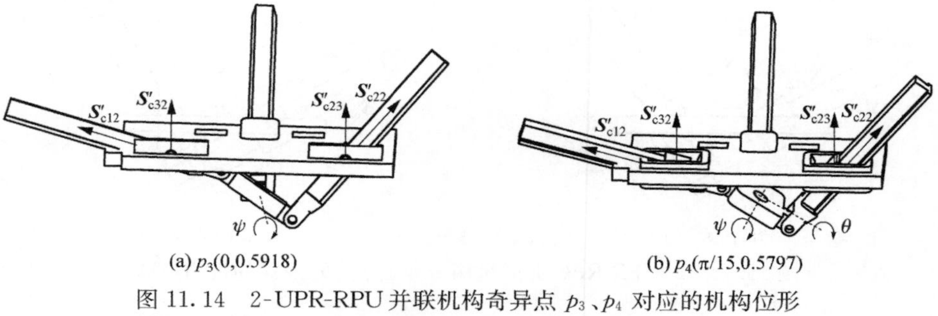

(a) $p_3(0,0.5918)$　　(b) $p_4(\pi/15,0.5797)$

图 11.14　2-UPR-RPU 并联机构奇异点 p_3、p_4 对应的机构位形

从 6 个约束螺旋中选取 $C_6^i(i=2,3,4,5)$个螺旋进行外积，以分析哪些螺旋线

性相关。发现在 p_3 点位姿下线性相关的螺旋组合为 $\Omega_{p_3}=\{\boldsymbol{S}'_{c32},\boldsymbol{S}'_{c23},\boldsymbol{S}'_{c12},\boldsymbol{S}'_{c22}\}$，即它们的外积为 0：

$$\boldsymbol{S}'_{c32}\wedge\boldsymbol{S}'_{c23}\wedge\boldsymbol{S}'_{c12}\wedge\boldsymbol{S}'_{c22}=10^{-14}(0.8503\boldsymbol{e}_2\boldsymbol{e}_3\boldsymbol{e}_4\boldsymbol{e}_6)\approx 0 \tag{11.59}$$

分支 1 上过 U 副中心点且平行于该分支 R 副的约束力 $\boldsymbol{S}'_{c32}$ 和分支 2 上垂直于 U 副的约束力组成的平面，与分支 1、2 上沿杆件方向的约束力组成的平面相交，包含这四个螺旋向量的组合 $\{\boldsymbol{S}'_{c21},\Omega_{p_3}\}$、$\{\boldsymbol{S}'_{c31},\Omega_{p_3}\}$ 也线性相关。

p_4 点位姿下线性相关的螺旋组合为 $\Omega_{p_4}=\Omega_{p_3}=\{\boldsymbol{S}'_{c32},\boldsymbol{S}'_{c23},\boldsymbol{S}'_{c12},\boldsymbol{S}'_{c22}\}$，即它们的外积为 0：

$$\boldsymbol{S}'_{c32}\wedge\boldsymbol{S}'_{c23}\wedge\boldsymbol{S}'_{c12}\wedge\boldsymbol{S}'_{c22}=0 \tag{11.60}$$

同 p_3 点位姿，分支 1 上过 U 副中心点且平行于该分支 R 副的约束力 $\boldsymbol{S}'_{c32}$ 和分支 2 上垂直于 U 副的约束力组成的平面，与分支 1、2 上沿杆件方向的约束力组成的平面相交，包含这四个螺旋向量的组合 $\{\boldsymbol{S}'_{c21},\Omega_{p_3}\}$、$\{\boldsymbol{S}'_{c31},\Omega_{p_3}\}$ 也线性相关。

第三类奇异，即式(11.54)和式(11.55)同时成立。

图 11.12 中奇异点 $p_5(\pi/3,\pi/3)$ 和 $p_6(\pi/3,-\pi/3)$ 的位形如图 11.15(a)和(b)所示，这两个位形动平台姿态在 ψ 角度上相反。

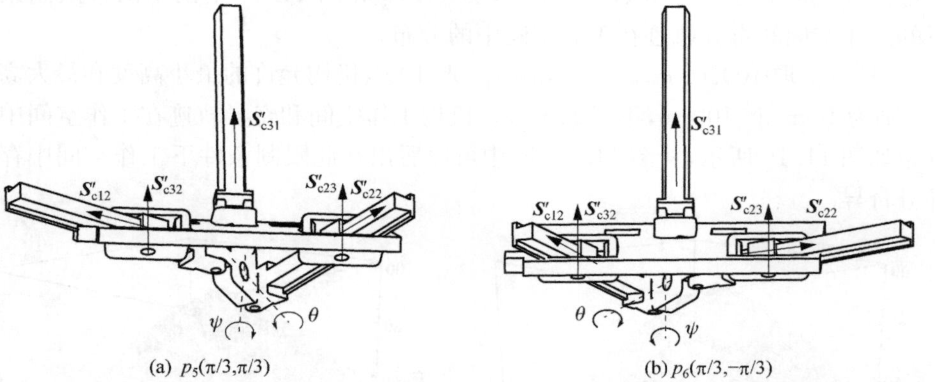

图 11.15　2-UPR-RPU 并联机构奇异点 p_5、p_6 对应的机构位形

p_5 点位姿下线性相关的螺旋组合与第一类奇异中的相同，为 $\{\boldsymbol{S}'_{c32},\boldsymbol{S}'_{c31}\}$、$\{\boldsymbol{S}'_{c23},\boldsymbol{S}'_{c31}\}$、$\{\boldsymbol{S}'_{c12},\boldsymbol{S}'_{c31}\}$ 和 $\{\boldsymbol{S}'_{c22},\boldsymbol{S}'_{c31}\}$，即这几个组合各自的外积为 0：

$$\begin{aligned}
&\boldsymbol{S}'_{c32}\wedge\boldsymbol{S}'_{c31}=10^{-11}(-0.0014\boldsymbol{e}_1\boldsymbol{e}_2+0.1231\boldsymbol{e}_1\boldsymbol{e}_4)\approx 0\\
&\boldsymbol{S}'_{c23}\wedge\boldsymbol{S}'_{c31}=10^{-13}(-0.1231\boldsymbol{e}_1\boldsymbol{e}_4-0.0711\boldsymbol{e}_1\boldsymbol{e}_6)\approx 0\\
&\boldsymbol{S}'_{c12}\wedge\boldsymbol{S}'_{c31}=10^{-12}(-0.0142\boldsymbol{e}_1\boldsymbol{e}_2-0.0164\boldsymbol{e}_1\boldsymbol{e}_3-0.4737\boldsymbol{e}_1\boldsymbol{e}_6)\approx 0\\
&\boldsymbol{S}'_{c22}\wedge\boldsymbol{S}'_{c31}=10^{-11}(-0.0014\boldsymbol{e}_1\boldsymbol{e}_2+0.0049\boldsymbol{e}_1\boldsymbol{e}_3-0.1421\boldsymbol{e}_1\boldsymbol{e}_6)\approx 0
\end{aligned} \tag{11.61}$$

分支 1、2 上过 U 副中心点且平行于该分支 R 副的约束力和垂直于 U 副方向的约束力偶 $\boldsymbol{S}'_{c32}$、$\boldsymbol{S}'_{c23}$ 组成的平面平行于分支 3 上沿杆件方向的约束力 $\boldsymbol{S}'_{c31}$，且与分支 1、2 上沿杆件方向的约束力相交组成的平面相交，包含这四种组合的螺旋向量组合都线性相关。

p_6 点位姿下线性相关的螺旋组合也与第一类奇异中的相同，为 $\{\boldsymbol{S}'_{c32}, \boldsymbol{S}'_{c31}\}$、$\{\boldsymbol{S}'_{c23}, \boldsymbol{S}'_{c31}\}$、$\{\boldsymbol{S}'_{c12}, \boldsymbol{S}'_{c31}\}$、$\{\boldsymbol{S}'_{c22}, \boldsymbol{S}'_{c31}\}$，即这几个组合各自的外积为 0：

$$\begin{aligned}
&\boldsymbol{S}'_{c32} \wedge \boldsymbol{S}'_{c31} = 10^{-11}(-0.0014\boldsymbol{e}_1\boldsymbol{e}_2 + 0.1231\boldsymbol{e}_1\boldsymbol{e}_4) \approx 0 \\
&\boldsymbol{S}'_{c23} \wedge \boldsymbol{S}'_{c31} = 10^{-13}(-0.1231\boldsymbol{e}_1\boldsymbol{e}_4 - 0.0711\boldsymbol{e}_1\boldsymbol{e}_6) \approx 0 \\
&\boldsymbol{S}'_{c12} \wedge \boldsymbol{S}'_{c31} = 10^{-11}(-0.0014\boldsymbol{e}_1\boldsymbol{e}_2 - 0.0049\boldsymbol{e}_1\boldsymbol{e}_3 - 0.1421\boldsymbol{e}_1\boldsymbol{e}_6) \approx 0 \\
&\boldsymbol{S}'_{c22} \wedge \boldsymbol{S}'_{c31} = 10^{-12}(-0.0142\boldsymbol{e}_1\boldsymbol{e}_2 + 0.0164\boldsymbol{e}_1\boldsymbol{e}_3 - 0.4737\boldsymbol{e}_1\boldsymbol{e}_6) \approx 0
\end{aligned} \tag{11.62}$$

同 p_5 点位姿，分支 1、2 上过 U 副中心点且平行于该分支 R 副的约束力和垂直于 U 副方向的约束力偶 $\boldsymbol{S}'_{c32}$、$\boldsymbol{S}'_{c23}$ 组成的平面平行于分支 3 上沿杆件方向的约束力 $\boldsymbol{S}'_{c31}$，且与分支 1、2 上沿杆件方向的约束力组成的平面相交，包含这四种组合的螺旋向量组合都线性相关。

接下来分析 2-UPR-RPU 并联机构奇异轨迹在工作空间中的分布情况。2-UPR-RPU 并联机构的工作空间主要受以下几个条件的限制：各驱动杆自身长度，$q_{i\min} \leqslant q_i \leqslant q_{i\max}$；运动副转动角，$\theta_{Ti} = \arccos(\boldsymbol{q}_i \boldsymbol{n}_{Ti}/|\boldsymbol{q}_i|) \leqslant \theta_{T i\max}$。机构结构参数给定为 a=50cm、b=25cm、H=27cm，图 11.16 和图 11.17 给出了两种限制条件下的工作空间和奇异轨迹在工作空间中的分布。

（1）$q_{i\max}$ 取 100cm，$q_{i\min}$ 取 30cm，$\theta_{T i\max}$ 取 100°，机构允许的最小高度和最大高度 z 分别为 10cm 和 100cm，不考虑干涉。机构工作空间和奇异轨迹在工作空间中的分布如图 11.16 所示，从图 11.16(b)中可以看出在此限制条件下工作空间中存在部分奇异。

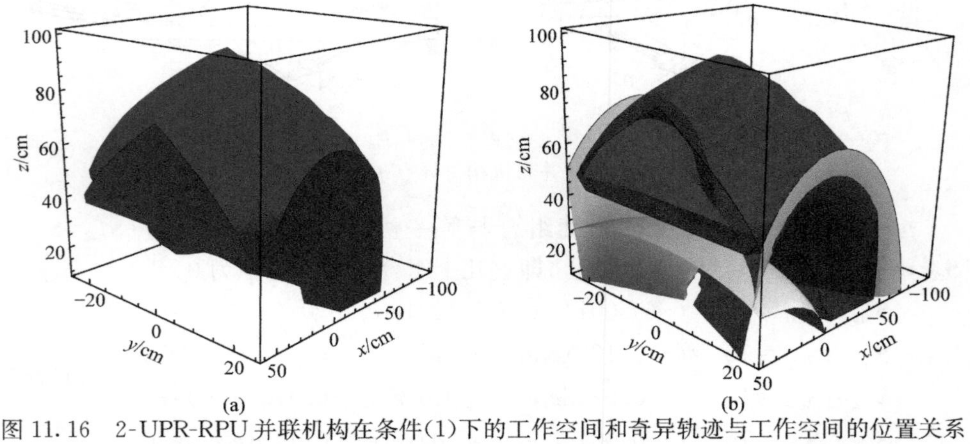

图 11.16　2-UPR-RPU 并联机构在条件(1)下的工作空间和奇异轨迹与工作空间的位置关系

（2）缩小限制条件的范围，$q_{i\max}$ 取 100cm，$q_{i\min}$ 取 30cm，$\theta_{T i\max}$ 取 60°，机构允许的最小高度和最大高度 z 分别为 10cm 和 100cm。机构工作空间和奇异轨迹在工作空间中的分布如图 11.17 所示，从图 11.17(b)中可以看出在此限制条件下得到的工作空间可以避免奇异位形。

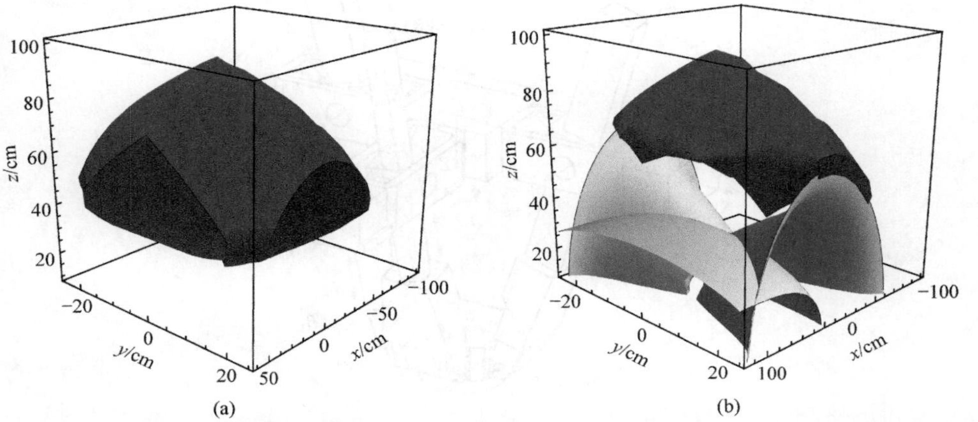

图 11.17　2-UPR-RPU 并联机构在条件(2)下的工作空间和奇异轨迹与工作空间的位置关系

11.3　2-UPR-SPR 并联机构奇异分析

Exechon 机器人[3,11]被广泛应用于高端制造业，其由具有三个自由度的 2-UPR-SPR 并联机构和 RR 串联头组成。其中 U 代表虎克铰，P 代表移动副，R 代表转动副，S 代表球副。2-UPR-SPR 可用作 Exechon 五轴混联加工中心的定位模块，以极其简单的结构实现了两个转动自由度和一个移动自由度。2-UPR-SPR 的奇异位形对 Exechon 机器人的应用和路径规划有重要影响，因此要加以避免。Amine 等[12]运用螺旋理论对 2-UPR-SPR 并联机构进行了约束和奇异分析，画出了力作用图且构造了括号来分析机构奇异的几何条件。Zlatanov 等[13]根据输入输出速度关系将 Exechon 并联机构的奇异分为 6 种类型进行了分析。

2-UPR-SPR 并联机构如图 11.18 所示，动平台与定平台由三个分支连接。分支 1 与分支 2 为对称 UPR 构型，两个 U 副位于定平台上，它们有两个转动轴线方向共线且保持不变，另外两个转动轴线方向平行且平行于各自分支上的 R 副转动轴线方向。三个分支上 P 副移动方向垂直于 U 副两个转轴所构成的平面。分支 3 为 SPR 构型，S 副可以看作 3 个转轴方向两两正交的转动副。P 副方向穿过 S 副中心，且垂直于末端执行器上的 R 副转动轴线方向。$\boldsymbol{S}_{m_{ij}}$ 表示第 i 个分支中的第 j 个运动副的运动螺旋。

在定平台上建立固定坐标系 O-XYZ，O 位于 A_1A_2 连线中点，定义 X 轴方向指向 A_3 点，Y 轴垂直于 X 轴指向 A_2 点，Z 轴根据右手定则确定指向定平台下方。

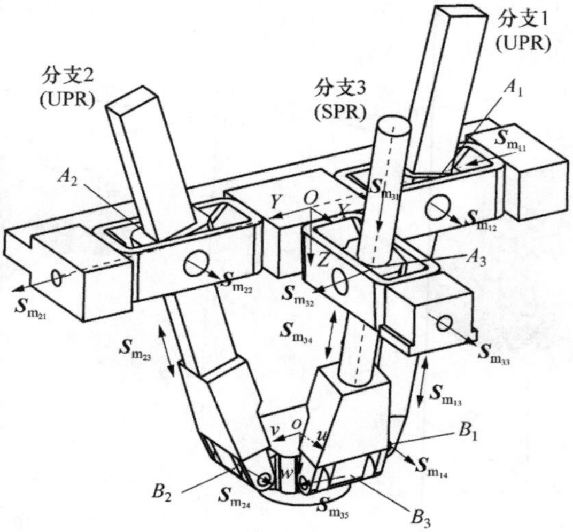

图 11.18　2-UPR-SPR 并联机构

动坐标系 $o\text{-}uvw$ 建立在定平台上，o 位于 B_1B_2 连线中点，u 轴指向 B_3 点，v 轴垂直于 u 轴指向 B_2 点，w 轴由右手定则确定指向动平台下方。$\triangle A_1A_2A_3$ 与 $\triangle B_1B_2B_3$ 均为等腰直角三角形，外接圆半径分别为 $OA_1=OA_3=a$，$oB_1=oB_3=b$。动坐标系相对于定坐标系的姿态变换可以表示为

$$\begin{aligned}\boldsymbol{R}&=\boldsymbol{R}_Z(\phi)\boldsymbol{R}_Y(\theta)\boldsymbol{R}_X(\psi)\\&=\begin{bmatrix}c_\theta c_\phi & s_\psi s_\theta c_\phi - c_\psi s_\phi & c_\psi s_\theta c_\phi + s_\psi s_\phi\\ c_\theta s_\phi & s_\psi s_\theta s_\phi + c_\psi c_\phi & c_\psi s_\theta s_\phi - s_\psi c_\phi\\ -s_\theta & s_\psi c_\theta & c_\psi c_\theta\end{bmatrix}\end{aligned}\tag{11.63}$$

式中，旋转矩阵 $\boldsymbol{R}(\phi)$、$\boldsymbol{R}(\theta)$ 与 $\boldsymbol{R}(\psi)$ 分别表示绕 Z 轴、Y 轴和 X 轴的旋转。

o 点相对于固定坐标系的位置矢量表示为 $\boldsymbol{p}=(x,y,z)^{\mathrm{T}}$，$O$ 点到 A_i 点的位置矢量为

$$\begin{cases}\boldsymbol{a}_1=(0,-a,0)^{\mathrm{T}}\\ \boldsymbol{a}_2=(0,a,0)^{\mathrm{T}}\\ \boldsymbol{a}_3=(a,0,0)^{\mathrm{T}}\end{cases}\tag{11.64}$$

O 点到 B_i 点的位置矢量可以表示为

$$\boldsymbol{b}_i=\boldsymbol{R}\boldsymbol{b}'_i+\boldsymbol{p}\tag{11.65}$$

式中，$\boldsymbol{b}'_i$ 为点 B_i 在动坐标系下的位置矢量：

$$\begin{cases}\boldsymbol{b}'_1=(0,-b,0)^{\mathrm{T}}\\ \boldsymbol{b}'_2=(0,b,0)^{\mathrm{T}}\\ \boldsymbol{b}'_3=(b,0,0)^{\mathrm{T}}\end{cases}\tag{11.66}$$

关节 B_i 的 R 副轴线的方向矢量可以表示为 $\boldsymbol{c}_i=\boldsymbol{R}\boldsymbol{c}'_i$，其中 $\boldsymbol{c}'_i$ 是 $\boldsymbol{c}_i$ 在动坐标系 $o\text{-}uvw$ 下的方向矢量：

$$\begin{cases}\boldsymbol{c}'_1=(1,0,0)^{\mathrm{T}}\\ \boldsymbol{c}'_2=(1,0,0)^{\mathrm{T}}\\ \boldsymbol{c}'_3=(0,1,0)^{\mathrm{T}}\end{cases} \tag{11.67}$$

末端执行器工作情况下，各分支上的 R 副轴线始终与 $\boldsymbol{p}-\boldsymbol{a}_i$ 垂直，有

$$\boldsymbol{c}_i^{\mathrm{T}}(\boldsymbol{p}-\boldsymbol{a}_i)=0 \tag{11.68}$$

考虑运动副约束，可得

$$\begin{cases}\phi=0\\ x=z\mathrm{t}_\theta\\ y=-\mathrm{t}_\psi(\mathrm{s}_\theta(x-a)+z\mathrm{c}_\theta)\end{cases} \tag{11.69}$$

11.3.1　2-UPR-SPR 并联机构的运动和约束的片积

2-UPR-SPR 并联机构各分支的运动和约束的片积求解如下。

分支 1 上各关节轴线方向的螺旋为

$$\begin{aligned}&\boldsymbol{S}_{\mathrm{m}_{11}}=\boldsymbol{e}_1\\ &\boldsymbol{S}_{\mathrm{m}_{12}}=m_{12}\boldsymbol{e}_1-n_{12}\boldsymbol{e}_3+an_{12}\boldsymbol{e}_4+am_{12}\boldsymbol{e}_6\\ &\boldsymbol{S}_{\mathrm{m}_{13}}=n_{12}\boldsymbol{e}_4+l_{12}\boldsymbol{e}_5+m_{12}\boldsymbol{e}_6\\ &\boldsymbol{S}_{\mathrm{m}_{14}}=m_{12}\boldsymbol{e}_1-n_{12}\boldsymbol{e}_3-Bn_{12}\boldsymbol{e}_4+(An_{12}+Cm_{12})\boldsymbol{e}_5-Bm_{12}\boldsymbol{e}_6\end{aligned} \tag{11.70}$$

式中，$A=x-b\mathrm{s}_\psi\mathrm{s}_\theta$；$B=y-b\mathrm{c}_\psi$；$C=z-b\mathrm{c}_\theta\mathrm{s}_\psi$；$m_{12}=\mathrm{c}_\theta$；$n_{12}=\mathrm{s}_\theta$。

锁住驱动副移动关节 $\boldsymbol{S}_{\mathrm{m}_{13}}$ 后，分支 1 的运动空间由分支 1 上剩余的三个螺旋向量扩展而成：

$$\begin{aligned}\boldsymbol{A}'_1=&\boldsymbol{S}_{\mathrm{m}_{11}}\wedge\boldsymbol{S}_{\mathrm{m}_{12}}\wedge\boldsymbol{S}_{\mathrm{m}_{14}}\\ =&m_{12}n_{12}(B+a)\boldsymbol{e}_1\boldsymbol{e}_2\boldsymbol{e}_4-m_{12}(An_{12}+Cm_{12})\boldsymbol{e}_1\boldsymbol{e}_2\boldsymbol{e}_5+m_{12}^2(B+a)\boldsymbol{e}_1\boldsymbol{e}_2\boldsymbol{e}_6\\ &+n_{12}^2(B+a)\boldsymbol{e}_2\boldsymbol{e}_3\boldsymbol{e}_4-n_{12}(An_{12}+Cm_{12})\boldsymbol{e}_2\boldsymbol{e}_3\boldsymbol{e}_5+m_{12}n_{12}(B+a)\boldsymbol{e}_2\boldsymbol{e}_3\boldsymbol{e}_6\\ &+an_{12}(An_{12}+Cm_{12})\boldsymbol{e}_2\boldsymbol{e}_4\boldsymbol{e}_5-am_{12}(An_{12}+Cm_{12})\boldsymbol{e}_2\boldsymbol{e}_5\boldsymbol{e}_6\end{aligned} \tag{11.71}$$

分支 1 运动空间的约束空间可以写为

$$\begin{aligned}\boldsymbol{S}'_{\mathrm{c}1}=&\Delta(\boldsymbol{A}'_1\boldsymbol{I}_6^{-1})\\ =&-m_{12}n_{12}(B+a)\boldsymbol{e}_1\boldsymbol{e}_2\boldsymbol{e}_4-m_{12}^2(B+a)\boldsymbol{e}_1\boldsymbol{e}_2\boldsymbol{e}_6-n_{12}(An_{12}+Cm_{12})\boldsymbol{e}_1\boldsymbol{e}_3\boldsymbol{e}_4\\ &-m_{12}(An_{12}+Cm_{12})\boldsymbol{e}_1\boldsymbol{e}_3\boldsymbol{e}_6+am_{12}(An_{12}+Cm_{12})\boldsymbol{e}_1\boldsymbol{e}_4\boldsymbol{e}_6-n_{12}^2(B+a)\boldsymbol{e}_2\boldsymbol{e}_3\boldsymbol{e}_4\\ &-m_{12}n_{12}(B+a)\boldsymbol{e}_2\boldsymbol{e}_3\boldsymbol{e}_6-an_{12}(An_{12}+Cm_{12})\boldsymbol{e}_3\boldsymbol{e}_4\boldsymbol{e}_6\\ =&\boldsymbol{S}'_{\mathrm{c}11}\wedge\boldsymbol{S}'_{\mathrm{c}12}\wedge\boldsymbol{S}'_{\mathrm{c}13}\end{aligned} \tag{11.72}$$

式中

$$
\begin{aligned}
&\boldsymbol{S}'_{c11}=m_{12}\boldsymbol{e}_1-n_{12}\boldsymbol{e}_3\\
&\boldsymbol{S}'_{c12}=(B+a)\boldsymbol{e}_2+\frac{An_{12}+Cm_{12}}{m_{12}}\boldsymbol{e}_3-\frac{a(An_{12}+Cm_{12})}{m_{13}}\boldsymbol{e}_4\\
&\boldsymbol{S}'_{c13}=-n_{12}\boldsymbol{e}_4-m_{12}\boldsymbol{e}_6
\end{aligned}
\tag{11.73}
$$

分支 2 上各关节轴线方向的螺旋为

$$
\begin{aligned}
&\boldsymbol{S}_{m_{21}}=\boldsymbol{e}_2\\
&\boldsymbol{S}_{m_{22}}=m_{12}\boldsymbol{e}_1-n_{12}\boldsymbol{e}_3-an_{12}\boldsymbol{e}_4-am_{12}\boldsymbol{e}_6\\
&\boldsymbol{S}_{m_{23}}=n_{12}\boldsymbol{e}_4+l_{12}\boldsymbol{e}_5+m_{12}\boldsymbol{e}_6\\
&\boldsymbol{S}_{m_{24}}=m_{12}\boldsymbol{e}_1-n_{12}\boldsymbol{e}_3-B_1n_{12}\boldsymbol{e}_4+(A_1n_{12}+C_1m_{12})\boldsymbol{e}_5-B_1m_{12}\boldsymbol{e}_6
\end{aligned}
\tag{11.74}
$$

式中，$A_1=x+bs_{\psi}s_{\theta}$；$B_1=y+bc_{\psi}$；$C_1=z+bc_{\theta}s_{\psi}$；$m_{12}=c_{\theta}$；$n_{12}=s_{\theta}$。

锁住驱动副移动关节 $\boldsymbol{S}_{m_{23}}$ 后，分支 2 的运动空间由分支 2 上其余三个螺旋向量扩展而成：

$$
\begin{aligned}
\boldsymbol{A}'_2=&\boldsymbol{S}_{m_{21}}\wedge\boldsymbol{S}_{m_{22}}\wedge\boldsymbol{S}_{m_{24}}\\
=&m_{12}n_{12}(B_1-a)\boldsymbol{e}_1\boldsymbol{e}_2\boldsymbol{e}_4-m_{12}(A_1n_{12}+C_1m_{12})\boldsymbol{e}_1\boldsymbol{e}_2\boldsymbol{e}_5+m_{12}^2(B_1-a)\boldsymbol{e}_1\boldsymbol{e}_2\boldsymbol{e}_6\\
&+n_{12}^2(B_1-a)\boldsymbol{e}_2\boldsymbol{e}_3\boldsymbol{e}_4-n_{12}(A_1n_{12}+C_1m_{12})\boldsymbol{e}_2\boldsymbol{e}_3\boldsymbol{e}_5+m_{12}n_{12}(B_1-a)\boldsymbol{e}_2\boldsymbol{e}_3\boldsymbol{e}_6\\
&-an_{12}(A_1n_{12}+C_1m_{12})\boldsymbol{e}_2\boldsymbol{e}_4\boldsymbol{e}_5+am_{12}(A_1n_{12}+C_1m_{12})\boldsymbol{e}_2\boldsymbol{e}_5\boldsymbol{e}_6
\end{aligned}
\tag{11.75}
$$

分支 2 运动空间的约束空间可以写为

$$
\begin{aligned}
\boldsymbol{S}'_{c2}=&\Delta(\boldsymbol{A}'_2\boldsymbol{I}_6^{-1})\\
=&-m_{12}n_{12}(B_1-a)\boldsymbol{e}_1\boldsymbol{e}_2\boldsymbol{e}_4-m_{12}^2(B_1-a)\boldsymbol{e}_1\boldsymbol{e}_2\boldsymbol{e}_6-n_{12}(A_1n_{12}+C_1m_{12})\boldsymbol{e}_1\boldsymbol{e}_3\boldsymbol{e}_4\\
&-m_{12}(A_1n_{12}+C_1m_{12})\boldsymbol{e}_1\boldsymbol{e}_3\boldsymbol{e}_6-am_{12}(A_1n_{12}+C_1m_{12})\boldsymbol{e}_1\boldsymbol{e}_4\boldsymbol{e}_6-n_{12}^2(B_1-a)\boldsymbol{e}_2\boldsymbol{e}_3\boldsymbol{e}_4\\
&-m_{12}n_{12}(B_1-a)\boldsymbol{e}_2\boldsymbol{e}_3\boldsymbol{e}_6+an_{12}(A_1n_{12}+C_1m_{12})\boldsymbol{e}_3\boldsymbol{e}_4\boldsymbol{e}_6\\
=&\boldsymbol{S}'_{c21}\wedge\boldsymbol{S}'_{c22}\wedge\boldsymbol{S}'_{c23}
\end{aligned}
\tag{11.76}
$$

式中

$$
\begin{aligned}
&\boldsymbol{S}'_{c21}=m_{12}\boldsymbol{e}_1-n_{12}\boldsymbol{e}_3\\
&\boldsymbol{S}'_{c22}=(B_1-a)\boldsymbol{e}_2+\frac{A_1n_{12}+C_1m_{12}}{m_{12}}\boldsymbol{e}_3+\frac{a(A_1n_{12}+C_1m_{12})}{m_{12}}\boldsymbol{e}_4\\
&\boldsymbol{S}'_{c23}=-n_{12}\boldsymbol{e}_4-m_{12}\boldsymbol{e}_6
\end{aligned}
\tag{11.77}
$$

分支 3 上各关节轴线方向的螺旋为

$$
\begin{aligned}
&\boldsymbol{S}_{m_{31}}=l_{32}\boldsymbol{e}_1+n_{32}\boldsymbol{e}_2-m_{32}\boldsymbol{e}_3+a_1m_{32}\boldsymbol{e}_5+a_1n_{32}\boldsymbol{e}_6\\
&\boldsymbol{S}_{m_{32}}=m_{32}\boldsymbol{e}_2+n_{32}\boldsymbol{e}_3-a_1n_{32}\boldsymbol{e}_5+a_1m_{32}\boldsymbol{e}_6\\
&\boldsymbol{S}_{m_{33}}=(-m_{32}^2-n_{32}^2)\boldsymbol{e}_1+l_{32}n_{32}\boldsymbol{e}_2-l_{32}m_{32}\boldsymbol{e}_3+a_1l_{32}m_{32}\boldsymbol{e}_5+a_1l_{32}n_{32}\boldsymbol{e}_6\\
&\boldsymbol{S}_{m_{34}}=l_{32}\boldsymbol{e}_4+n_{32}\boldsymbol{e}_5-m_{32}\boldsymbol{e}_6\\
&\boldsymbol{S}_{m_{35}}=m_{32}\boldsymbol{e}_2+n_{32}\boldsymbol{e}_3+(n_{32}y-Em_{32})\boldsymbol{e}_4-D_1n_{32}\boldsymbol{e}_5+D_1m_{32}\boldsymbol{e}_6
\end{aligned}
\tag{11.78}
$$

式中，$D_1=x+bc_\theta$；$E=z-bs_\theta$；$m_{32}=c_\psi$；$n_{32}=s_\psi$。

锁住驱动副移动关节 $\boldsymbol{S}_{m_{34}}$ 后，分支 3 的运动空间由分支 3 上其余四个螺旋向量扩展而成：

$$\begin{aligned}\boldsymbol{A}_3'&=\boldsymbol{S}_{m_{31}}\wedge\boldsymbol{S}_{m_{32}}\wedge\boldsymbol{S}_{m_{33}}\wedge\boldsymbol{S}_{m_{35}}\\&=\lambda((Em_{32}-n_{32}y)\boldsymbol{e}_1\boldsymbol{e}_2\boldsymbol{e}_3\boldsymbol{e}_4+n_{32}(D_1-a)\boldsymbol{e}_1\boldsymbol{e}_2\boldsymbol{e}_3\boldsymbol{e}_5-m_{32}(D_1-a)\boldsymbol{e}_1\boldsymbol{e}_2\boldsymbol{e}_3\boldsymbol{e}_6\\&\quad+a(Em_{32}-n_{32}y)\boldsymbol{e}_1\boldsymbol{e}_2\boldsymbol{e}_4\boldsymbol{e}_5+am_{32}(D_1-a)\boldsymbol{e}_1\boldsymbol{e}_2\boldsymbol{e}_5\boldsymbol{e}_6+a(Em_{32}-n_{32}y)\boldsymbol{e}_1\boldsymbol{e}_3\boldsymbol{e}_4\boldsymbol{e}_6\\&\quad+an_{32}(D_1-a)\boldsymbol{e}_1\boldsymbol{e}_3\boldsymbol{e}_5\boldsymbol{e}_6+a^2(Em_{32}-n_{32}y)\boldsymbol{e}_1\boldsymbol{e}_4\boldsymbol{e}_5\boldsymbol{e}_6)\end{aligned}\tag{11.79}$$

式中，$\lambda=(m_{32}^2+n_{32}^2)(l_{32}^2+m_{32}^2+n_{32}^2)$。

分支 3 运动空间的约束空间为

$$\begin{aligned}\boldsymbol{S}_{c3}'&=\Delta(\boldsymbol{A}_3'\boldsymbol{I}_6^{-1})\\&=\lambda(m_{32}(D_1-a)\boldsymbol{e}_1\boldsymbol{e}_2+n_{32}(D_1-a)\boldsymbol{e}_1\boldsymbol{e}_3-an_{32}(D_1-a)\boldsymbol{e}_1\boldsymbol{e}_5\\&\quad+am_{32}(D_1-a)\boldsymbol{e}_1\boldsymbol{e}_6-(Em_{32}-n_{32}y)\boldsymbol{e}_2\boldsymbol{e}_3+a(Em_{32}-n_{32}y)\boldsymbol{e}_2\boldsymbol{e}_5\\&\quad+a(Em_{32}-n_{32}y)\boldsymbol{e}_3\boldsymbol{e}_6-a^2(Em_{32}-n_{32}y)\boldsymbol{e}_5\boldsymbol{e}_6)\\&=\lambda\boldsymbol{S}_{c31}'\wedge\boldsymbol{S}_{c32}'\end{aligned}\tag{11.80}$$

式中

$$\begin{aligned}\boldsymbol{S}_{c31}'&=m_{32}\boldsymbol{e}_2+n_{32}\boldsymbol{e}_3-an_{32}\boldsymbol{e}_5+am_{32}\boldsymbol{e}_6\\\boldsymbol{S}_{c32}'&=(D_1-a)\boldsymbol{e}_1+\frac{Em_{32}-n_{32}y}{m_{32}}\boldsymbol{e}_3-\frac{a(Em_{32}-n_{32}y)}{m_{32}}\boldsymbol{e}_5\end{aligned}\tag{11.81}$$

$\boldsymbol{S}_{c1}'$ 和 $\boldsymbol{S}_{c2}'$ 是两个 3 阶片积，这两个 3 阶片积包括两个约束力 $\boldsymbol{S}_{c11}'$、$\boldsymbol{S}_{c12}'$（$\boldsymbol{S}_{c21}'$、$\boldsymbol{S}_{c22}'$）和一个约束力偶 $\boldsymbol{S}_{c13}'$（$\boldsymbol{S}_{c23}'$）；$\boldsymbol{S}_{c3}'$ 是一个 2 阶片积，该 2 阶片积包括两个约束力 $\boldsymbol{S}_{c31}'$、$\boldsymbol{S}_{c32}'$，在锁住驱动后共产生了八个约束作用到末端执行器上。分支 1 和分支 2 上的两个约束力偶 $\boldsymbol{S}_{c13}'$ 和 $\boldsymbol{S}_{c23}'$ 作用效果相同，可以等效为一个垂直于 U 副方向的约束力偶，分支 1、分支 2 上两个分别过点 A_1 和点 A_2 的约束力 $\boldsymbol{S}_{c11}'$ 和 $\boldsymbol{S}_{c21}'$ 平行，可以等效为一个约束力和一个约束力偶，这个新产生的约束力偶与原约束力偶作用效果相同。综上，锁住驱动后作用到机构上的约束包括五个约束力和一个约束力偶。

判断和去除冗余约束得到不包含冗余约束的片积为

$$\begin{aligned}\boldsymbol{S}_{c1}''&=\boldsymbol{S}_{c12}'\\\boldsymbol{S}_{c2}''&=\boldsymbol{S}_{c2}'=\boldsymbol{S}_{c21}'\wedge\boldsymbol{S}_{c22}'\wedge\boldsymbol{S}_{c23}'\\\boldsymbol{S}_{c3}''&=\boldsymbol{S}_{c3}'=\boldsymbol{S}_{c31}'\wedge\boldsymbol{S}_{c32}'\end{aligned}\tag{11.82}$$

$\boldsymbol{S}_{c1}''$、$\boldsymbol{S}_{c2}''$、$\boldsymbol{S}_{c3}''$ 包括了锁住驱动后施加在机构上的 6 个约束，为分析它们的线性相关性对它们进行外积运算，得

$$\begin{aligned}\boldsymbol{Q}&=\boldsymbol{S}_{c1}''\wedge\boldsymbol{S}_{c2}''\wedge\boldsymbol{S}_{c3}''\\&=Q\boldsymbol{e}_1\boldsymbol{e}_2\boldsymbol{e}_3\boldsymbol{e}_4\boldsymbol{e}_5\boldsymbol{e}_6\end{aligned}\tag{11.83}$$

式中，系数 Q 经过化简有以下形式：

$$Q=P_3z^3+P_2z^2+P_1z+P_0 \tag{11.84}$$

11.3.2 2-UPR-SPR 并联机构奇异轨迹

式(11.83)中 $\boldsymbol{Q}$ 是一个 6 阶片积向量，Q 是其系数，包括机构位姿和结构参数，P_3、P_2、P_1、P_0 是关于变量 θ、ψ 的函数。满足奇异多项式 $Q=0$ 的机构位姿(θ,ψ,z)就是机构的奇异位形，即

$$P_3z^3+P_2z^2+P_1z+P_0=0 \tag{11.85}$$

可得当给定机构结构参数且姿态 θ、ψ 确定时，$P_i(i=0,1,2,3)$是常数。式(11.85)是一个关于 z 的三次方程，z 至多有三个解。因此，对于机构的任何姿态最多有三个奇异位置。

对于 2-UPR-SPR 并联机构，机构参数设置为 $a=0.5\text{m}$，$b=0.25\text{m}$。由式(11.85)和式(11.69)可得关于机构三个自由度 θ、ψ、z 的三维奇异轨迹如图 11.19 所示，这里给出 θ、ψ 范围为[−0.4,0.4]的奇异轨迹，在这个范围内的奇异轨迹是三个空间曲面。

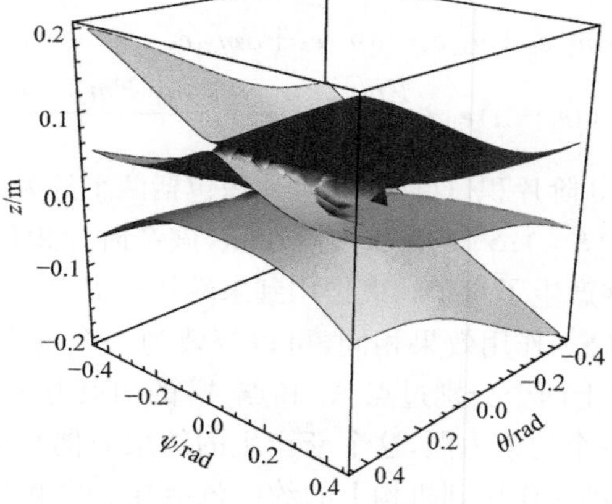

图 11.19 2-UPR-SPR 并联机构关于变量 θ、ψ、z 的三维奇异轨迹

同时，由式(11.69)和式(11.85)可以看到两个姿态角与高度 z 之间存在耦合关系：

$$\begin{cases}\theta=\arctan\dfrac{x}{z}\\[2ex]\psi=-\arctan\dfrac{y}{s_\theta(x-a)+zc_\theta}\end{cases} \tag{11.86}$$

代入式(11.85)中得到关于位置空间 x、y、z 的奇异多项式，其三维奇异轨迹如图 11.20 所示。

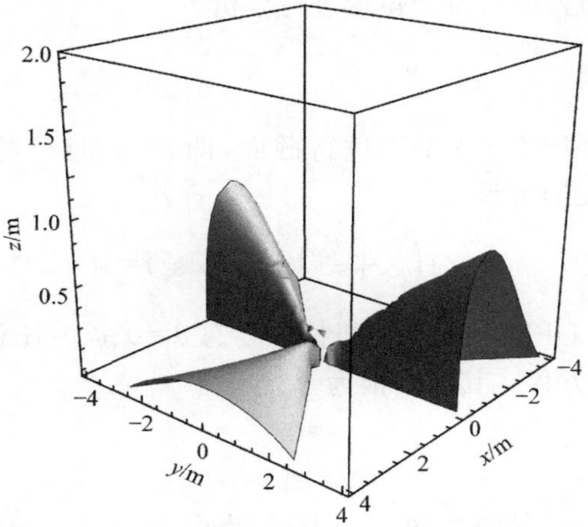

图 11.20　2-UPR-SPR 并联机构关于位置变量 x、y、z 的三维奇异轨迹

11.3.3　2-UPR-SPR 并联机构奇异位形分析

为了分析 2-UPR-SPR 并联机构的奇异位形和奇异位形下六个约束之间的线性关系，在图 11.19 所示三维奇异轨迹的三个坐标轴上分别作截面取奇异点进行分析。在高度 $z=0.2\text{m}$、$z=0.5\text{m}$、$z=1\text{m}$ 上的截面轨迹如图 11.21 所示。值得注意的是图 11.21 和图 11.20 之间的关系，从图 11.20 可以看出关于位置变量的三维奇异轨迹图上动平台距离定平台的高度 z 为 $-0.2\sim0.2\text{m}$ 时，在 X 轴正负方向都存在奇异。动平台距离定平台的高度 z 大于 0.2m 时，只在 X 轴负方向存在奇异，这是因为在图 11.19 上高度 z 大于 0.2m 时 θ 为负值，由式(11.69)可知 x 为负值。

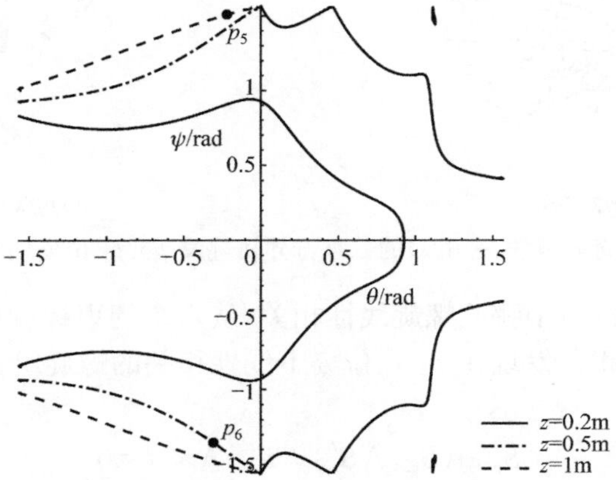

图 11.21　在图 11.19 中高度 $z=0.2\text{m}$、$z=0.5\text{m}$、$z=1\text{m}$ 上的截面轨迹图

下面根据截面轨迹图对奇异位形进行分析。

1. $\theta=0$ 的截面轨迹

在图 11.19 中平行于 z-ψ 平面进行截面，即 $\theta=0$ 时有奇异点(θ,ψ,z)为$(0,\pi/6,z)$，代入式(11.85)可得

$$2a^2z\left(\mathrm{c}_\psi+\frac{\mathrm{s}_\psi^2}{\mathrm{c}_\psi}\right)(z^2-b^2\mathrm{s}_\psi^2)=0 \tag{11.87}$$

式(11.87)为 2-UPR-SPR 并联机构在姿态 $\theta=0$、ψ 为任意值时的奇异轨迹方程，是关于 z 的三次方程。其三个根为

$$\begin{aligned}&z=0\\&z=\pm b\mathrm{s}_\psi\end{aligned} \tag{11.88}$$

$\theta=0$ 时的二维奇异轨迹如图 11.22(a)所示，当 $\psi=\pm\pi/2$ 时无论 z 为何值机构都处于奇异状态；当 $\psi\neq\pm\pi/2$ 时机构奇异只发生在一个小范围高度 z 上。当 $z=0$ 时，无论 ψ 取何值机构总是处于奇异位形；当 $z\neq0$ 时，ψ 与 z 满足 $z=\pm b\mathrm{s}_\psi$。令 $\psi=\pi/6$，此时记为奇异点 $p_1(0,\pi/6,0.125)$或 $p_2(0,\pi/6,-0.125)$，对应的机构位形如图 11.22(b)和(c)所示。

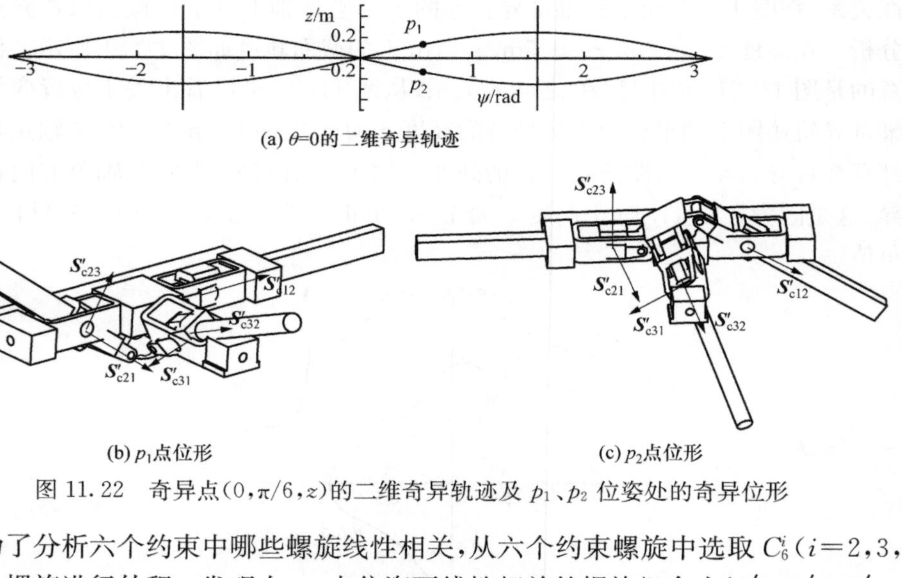

图 11.22　奇异点$(0,\pi/6,z)$的二维奇异轨迹及 p_1、p_2 位姿处的奇异位形

为了分析六个约束中哪些螺旋线性相关，从六个约束螺旋中选取 $C_6^i(i=2,3,4,5)$个螺旋进行外积。发现在 p_1 点位姿下线性相关的螺旋组合为$\{\boldsymbol{S}'_{\mathrm{c}21},\boldsymbol{S}'_{\mathrm{c}23},\boldsymbol{S}'_{\mathrm{c}31},\boldsymbol{S}'_{\mathrm{c}12},\boldsymbol{S}'_{\mathrm{c}32}\}$：

$$\boldsymbol{S}'_{\mathrm{c}21}\wedge\boldsymbol{S}'_{\mathrm{c}23}\wedge\boldsymbol{S}'_{\mathrm{c}31}\wedge\boldsymbol{S}'_{\mathrm{c}12}\wedge\boldsymbol{S}'_{\mathrm{c}32}=0 \tag{11.89}$$

$\boldsymbol{S}'_{\mathrm{c}23}$为分支 2 上垂直于 U 副的约束力偶，$\boldsymbol{S}'_{\mathrm{c}12}$、$\boldsymbol{S}'_{\mathrm{c}32}$为沿分支 1、3 杆件方向的约

束力，$\boldsymbol{S}'_{c21}$、$\boldsymbol{S}'_{c31}$ 为分支 2、3 上过 U 副中心点且平行于 R 副的约束力。

p_2 点位姿与 p_1 点位姿对称，线性相关的螺旋组合也为$\{\boldsymbol{S}'_{c21},\boldsymbol{S}'_{c23},\boldsymbol{S}'_{c31},\boldsymbol{S}'_{c12},\boldsymbol{S}'_{c32}\}$。螺旋之间的几何关系同 p_1 点。

2. $\psi=0$ 的截面轨迹

在图 11.19 中平行于 z-θ 平面进行截面，即 $\psi=0$ 时有奇异点(θ,ψ,z)为$(\pi/6,0,z)$，由式(11.85)可得

$$\frac{2a^2z}{c_\theta^2(z^2-z(bs_\theta+c_\theta s_\theta(a-b))+bs_\theta^2c_\theta(a-b))}=0 \tag{11.90}$$

式(11.90)为 2-UPR-SPR 并联机构在姿态 $\psi=0$、θ 为任意值时的奇异轨迹方程，是关于 z 的三次方程。其三个根为

$$\begin{aligned}&z=0\\&z=bs_\theta\\&z=c_\theta s_\theta(a-b)\end{aligned} \tag{11.91}$$

$\psi=0$ 时的二维奇异轨迹如图 11.23(a)所示，机构奇异只发生在一个小范围高度 z 上。当 $z=0$ 时，无论 θ 取何值机构总是处于奇异位形。当 $z\neq0$ 时，令 $\theta=\pi/6$，此时记为奇异点 $p_3(\pi/6,0,0.125)$或 $p_4(\pi/6,0,0.1083)$，p_3、p_4 点对应的机构的两个奇异位形如图 11.22(b)和(c)所示。

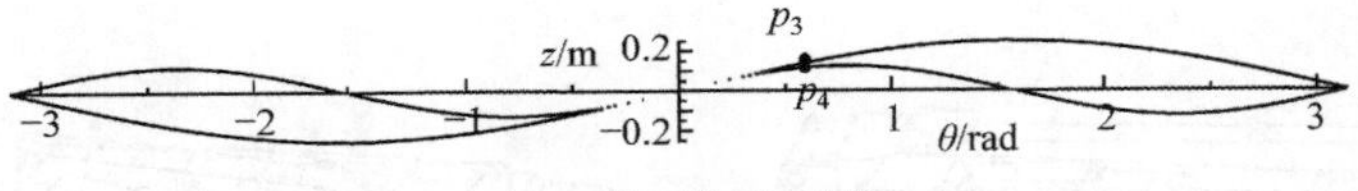

(a) ψ=0的二维奇异轨迹

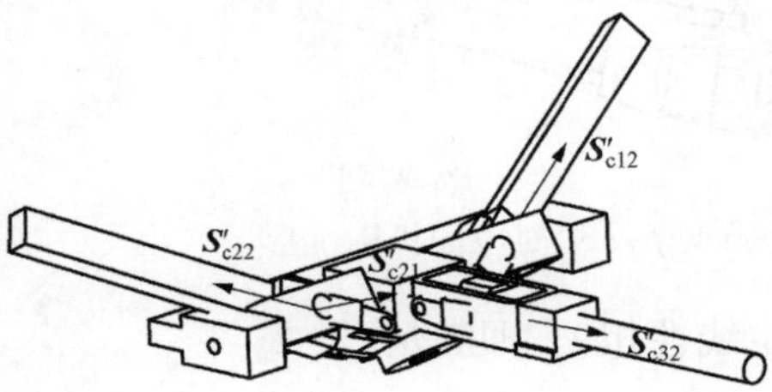

(b) p_3点位形

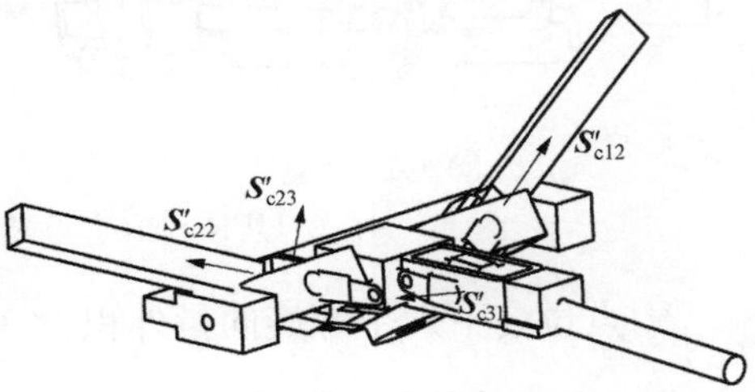

(c) p_4点位形

图 11.23　奇异点$(\pi/6,0,z)$的二维奇异轨迹及 p_3、p_4 位姿处的奇异位形

同样，从六个约束螺旋中选取 $C_6^i\,(i=2,3,4,5)$个螺旋进行外积。发现在 p_3 点位姿下线性相关的螺旋组合 $\Omega_{p_3}=\{\boldsymbol{S}'_{c21},\boldsymbol{S}'_{c12},\boldsymbol{S}'_{c22},\boldsymbol{S}'_{c32}\}$外积为 0，即

$$\boldsymbol{S}'_{c21}\wedge\boldsymbol{S}'_{c12}\wedge\boldsymbol{S}'_{c22}\wedge\boldsymbol{S}'_{c32}=0 \tag{11.92}$$

$\boldsymbol{S}'_{c12}$、$\boldsymbol{S}'_{c22}$、$\boldsymbol{S}'_{c32}$为分支 1、2、3 上沿杆件方向的约束力，$\boldsymbol{S}'_{c21}$为分支 2 上过 U 副中心点且平行于 R 副的约束力。

因此，包含这四个螺旋的组合$\{\boldsymbol{S}'_{c31},\Omega_{p_3}\}$和$\{\boldsymbol{S}'_{c23},\Omega_{p_3}\}$也线性相关，即外积也为 0：

$$\begin{aligned}&\boldsymbol{S}'_{c21}\wedge\boldsymbol{S}'_{c31}\wedge\boldsymbol{S}'_{c12}\wedge\boldsymbol{S}'_{c22}\wedge\boldsymbol{S}'_{c32}=0\\&\boldsymbol{S}'_{c21}\wedge\boldsymbol{S}'_{c23}\wedge\boldsymbol{S}'_{c12}\wedge\boldsymbol{S}'_{c22}\wedge\boldsymbol{S}'_{c32}=0\end{aligned}\tag{11.93}$$

p_4 点位姿下螺旋组合外积 $\Omega_{p_4}=\{\boldsymbol{S}'_{c23},\boldsymbol{S}'_{c31},\boldsymbol{S}'_{c12},\boldsymbol{S}'_{c22}\}$为 0 发生线性相关，即

$$\boldsymbol{S}'_{c23}\wedge\boldsymbol{S}'_{c31}\wedge\boldsymbol{S}'_{c12}\wedge\boldsymbol{S}'_{c22}=10^{-17}(0.3469\boldsymbol{e}_2\boldsymbol{e}_3\boldsymbol{e}_4\boldsymbol{e}_6)\approx0\tag{11.94}$$

$\boldsymbol{S}'_{c12}$、$\boldsymbol{S}'_{c22}$为分支 1、2 上沿杆件方向的约束力，$\boldsymbol{S}'_{c23}$为分支 2 上垂直于 U 副的约束力偶，$\boldsymbol{S}'_{c31}$为分支 3 上过 U 副中心点且平行于 R 副的约束力。

因此，包含这四个螺旋的组合$\{\boldsymbol{S}'_{c21},\Omega_{p_4}\}$和$\{\boldsymbol{S}'_{c32},\Omega_{p_4}\}$也线性相关，即外积也为 0：

$$\begin{aligned}&\boldsymbol{S}'_{c21}\wedge\boldsymbol{S}'_{c23}\wedge\boldsymbol{S}'_{c31}\wedge\boldsymbol{S}'_{c12}\wedge\boldsymbol{S}'_{c22}=10^{-18}(0.8674\boldsymbol{e}_1\boldsymbol{e}_2\boldsymbol{e}_3\boldsymbol{e}_4\boldsymbol{e}_6)\approx0\\&\boldsymbol{S}'_{c23}\wedge\boldsymbol{S}'_{c31}\wedge\boldsymbol{S}'_{c12}\wedge\boldsymbol{S}'_{c22}\wedge\boldsymbol{S}'_{c32}=-10^{-19}(0.2711\boldsymbol{e}_2\boldsymbol{e}_3\boldsymbol{e}_4\boldsymbol{e}_5\boldsymbol{e}_6)\approx0\end{aligned}\tag{11.95}$$

3. 高度 z 方向上的截面轨迹

图 11.21 中取奇异点 $p_5(-\pi/15,1.51169,1)$或 $p_6(-\pi/10,-1.34924,0.5)$，$p_5$、$p_6$ 点对应的机构的两个奇异位形如图 11.24 所示，注意此时未考虑机构干涉。

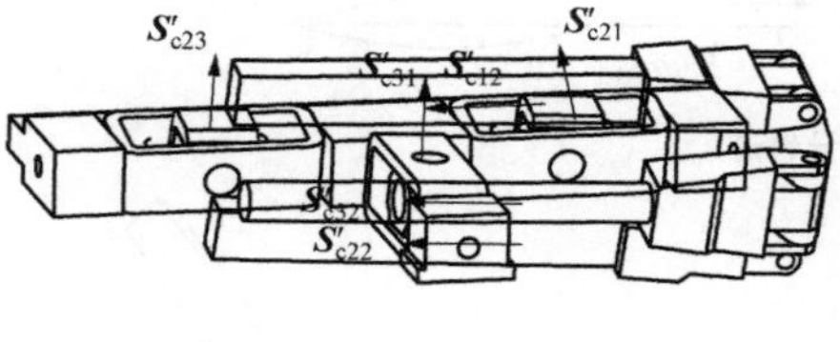

(a) p_5点位形

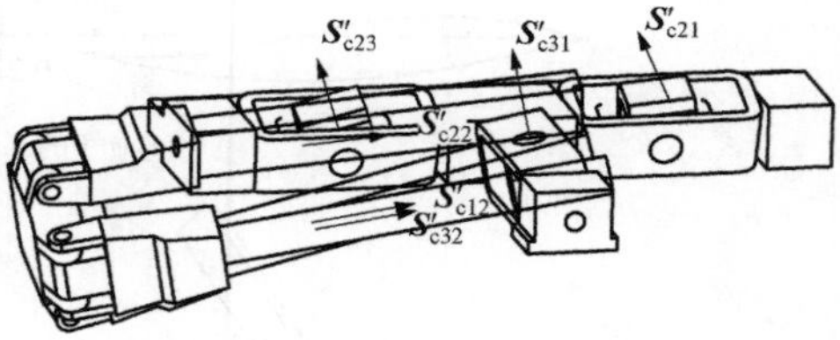

(b) p_6点位形

图 11.24 2-UPR-SPR 并联机构奇异点 p_5、p_6 对应的机构位形

p_5 点位姿下六个螺旋向量外积为 0 发生线性相关，即满足

$$\boldsymbol{S}'_{c21}\wedge\boldsymbol{S}'_{c23}\wedge\boldsymbol{S}'_{c31}\wedge\boldsymbol{S}'_{c12}\wedge\boldsymbol{S}'_{c22}\wedge\boldsymbol{S}'_{c32}=10^{-14}(0.95479\boldsymbol{e}_1\boldsymbol{e}_2\boldsymbol{e}_3\boldsymbol{e}_4\boldsymbol{e}_5\boldsymbol{e}_6)\approx0\tag{11.96}$$

此时分支 1、2、3 上沿杆件方向的约束力 $\boldsymbol{S}'_{c12}$、$\boldsymbol{S}'_{c22}$、$\boldsymbol{S}'_{c32}$和分支 2 上过 U 副中心点且平行于 R 副的约束力 $\boldsymbol{S}'_{c21}$在同一个平面上，分支 3 上过 U 副中心点且平行于 R 副的约束力 $\boldsymbol{S}'_{c31}$和分支 2 上垂直于 U 副的约束力偶组成的平面与约束力 $\boldsymbol{S}'_{c12}$、$\boldsymbol{S}'_{c22}$、$\boldsymbol{S}'_{c32}$ 组成的平面交于一条直线。这种位形在实际情况中不可能达到。

p_6 点位姿下六个螺旋向量外积为 0 发生线性相关，即满足

$$\boldsymbol{S}'_{c21} \wedge \boldsymbol{S}'_{c23} \wedge \boldsymbol{S}'_{c31} \wedge \boldsymbol{S}'_{c12} \wedge \boldsymbol{S}'_{c22} \wedge \boldsymbol{S}'_{c32} = -10^{-15}(0.16653\boldsymbol{e}_1\boldsymbol{e}_2\boldsymbol{e}_3\boldsymbol{e}_4\boldsymbol{e}_5\boldsymbol{e}_6) \approx 0 \tag{11.97}$$

在这个位形下，约束的几何关系同 p_5 点。这种位形在实际情况中同样不可能达到。

接下来分析 2-UPR-SPR 并联机构奇异轨迹在工作空间中的分布情况。2-UPR-SPR 并联机构的工作空间主要受到以下几个条件的限制：各驱动杆自身长度，$q_{i\min} \leqslant q_i \leqslant q_{i\max}$；运动副转动角，$\theta_{Ti} = \arccos(\boldsymbol{q}_i \boldsymbol{n}_{Ti} / |\boldsymbol{q}_i|) \leqslant \theta_{Ti\max}$。机构参数给定为 $a=0.5\text{m}$，$b=0.25\text{m}$。图 11.25 和图 11.26 是两种限制条件下的工作空间和奇异轨迹在工作空间中的分布。

(1) $q_{i\max}$ 取 2m，$q_{i\min}$ 取 0.05m，$\theta_{Ti\max}$ 取 70°，且动平台到定平台的距离范围为 0～2m。2-UPR-SPR 并联机构的工作空间如图 11.25(a)所示，机构奇异轨迹与工作空间的位置关系如图 11.25(b)所示，工作空间中有部分奇异轨迹。

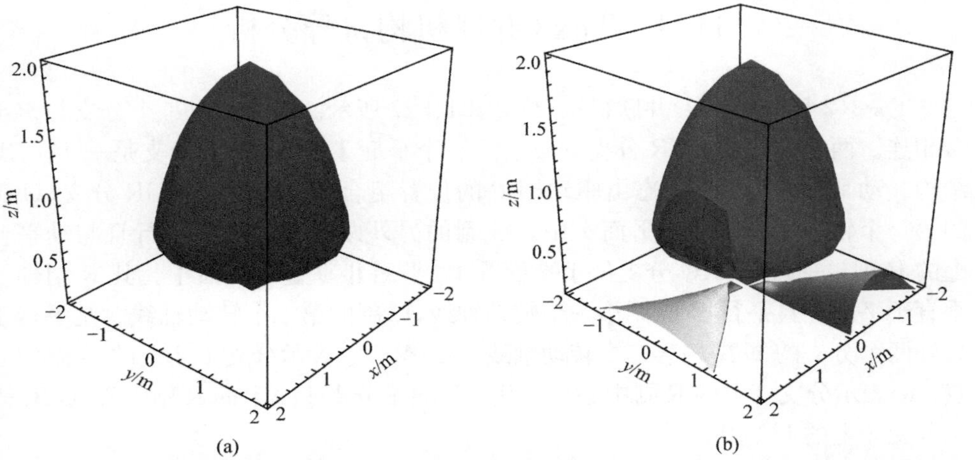

图 11.25　2-UPR-SPR 并联机构在条件(1)下的工作空间和奇异轨迹与工作空间的位置关系

(2) $q_{i\max}$ 取 2m，$q_{i\min}$ 取 0.3m，$\theta_{Ti\max}$ 取 45°，且动平台到定平台的距离范围为 0～2m。2-UPR-SPR 并联机构的工作空间如图 11.26(a)所示，机构奇异轨迹与工作空间的位置关系如图 11.26(b)所示，工作空间中没有奇异轨迹。

通过以上分析可知，将 2-UPR-SPR 并联机构动平台到定平台的距离设置得很小时，工作空间中才有奇异轨迹，实际上这种位形下存在机构干涉。因此，在设置合理的限制条件后，2-UPR-SPR 并联机构可以实现工作空间零奇异。

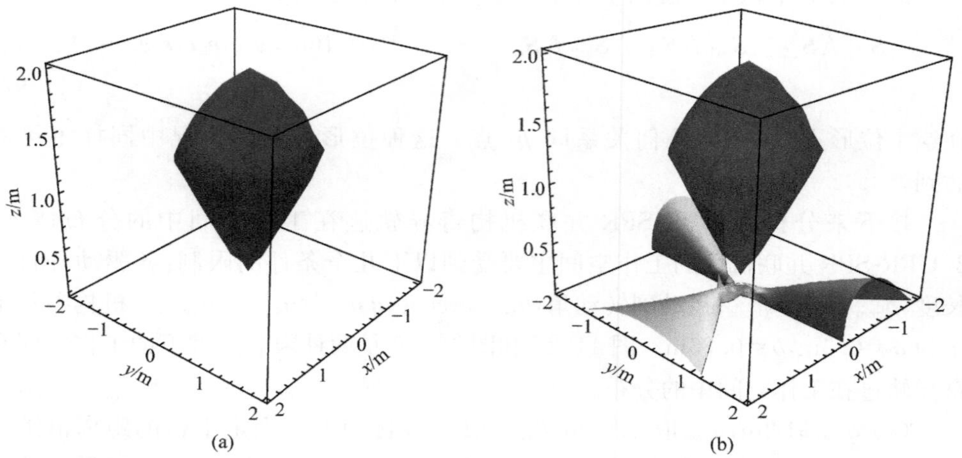

图 11.26　2-UPR-SPR 并联机构在条件(2)下的工作空间和奇异轨迹与工作空间的位置关系

11.4　Tex3 并联机构奇异分析

Tex3(2-PUR-PRU)并联机构[14]如图 11.27 所示。动平台由三个分支与定平台相连。两个对称的 PUR 分支分布于同一个平面Ⅰ上，第三个分支是一个 PRU 结构。动平台的位置和姿态由驱动副 P 的位置组合决定。对于 PUR 分支，U 副的第一个转动轴线重合于平面Ⅰ中。U 副的另外两个转动轴线平行且与动平台上的 R 副也平行。PRU 分支位于平面Ⅱ上，平面Ⅱ垂直于平面Ⅰ。其 R 副轴线垂直于平面Ⅱ且平行于 U 副第一个转动轴线，U 副的第二个转动轴线总是平行于另外两个分支的 U 副的第二个转动轴线。令 A_1、A_2 表示分支 1、2 上的 U 副中心点，A_3 表示分支 3 上的 R 副中心点。B_1、B_2 表示分支 1、2 上的 R 副中心点，B_3 表示分支 3 上的 U 副中心点。

建立如图 11.27(b)所示的定坐标系 O-XYZ 和动坐标系 o-uvw。原点 O 是 A_1A_2 的中点，Y 轴与 A_1A_2 垂直且指向 A_3，X 轴与 A_1A_2 共线且指向 A_1，由右手定则确定 Z 轴方向向下。原点 o 是 B_1B_2 的中点，v 轴与 B_1B_2 垂直且指向 B_3，u 轴与 B_1B_2 共线且指向 B_1，由右手定则确定 w 轴方向向下。$\triangle B_1B_2B_3$ 和 $\triangle A_1A_2A_3$ 都是等腰三角形。A_1、A_2、A_3 相对于定坐标系的位置向量分别为$(q_1,0,0)^{\mathrm{T}}$、$(-q_2,0,0)^{\mathrm{T}}$、$(0,q_3,0)^{\mathrm{T}}$，$q_i(i=1,2,3)$代表分支 i 上点 O 到 P 副中心的距离。令 $oB_1=oB_2=l_1$，$oB_3=l_2$，$A_1B_1=A_2B_2=l_3$，$A_3B_3=l_4$，$oo'=H$。另外，建立局部坐标系 A_1-$x_1y_1z_1$、A_2-$x_2y_2z_2$ 和 A_3-$x_3y_3z_3$ 如图 11.27(b)所示。

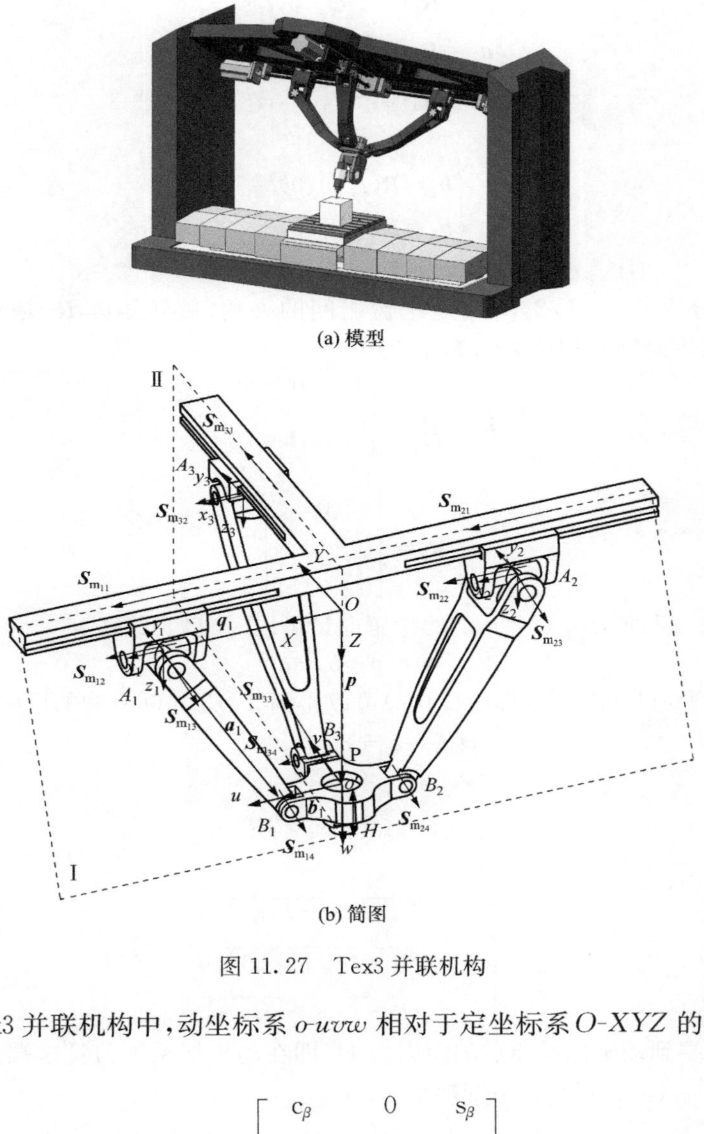

(a) 模型

(b) 简图

图 11.27　Tex3 并联机构

在 Tex3 并联机构中，动坐标系 $o\text{-}uvw$ 相对于定坐标系 $O\text{-}XYZ$ 的姿态可以表示为

$$\boldsymbol{R}=\begin{bmatrix} c_\beta & 0 & s_\beta \\ -s_\alpha s_\beta & c_\alpha & s_\alpha c_\beta \\ -c_\alpha s_\beta & -s_\alpha & c_\alpha c_\beta \end{bmatrix} \tag{11.98}$$

式中，α、β 分别是绕 X 轴和 v 轴的旋转角。

点 A_i 到点 O 的位置向量用 $\boldsymbol{q}_i(i=1,2,3)$ 表示。$\boldsymbol{p}=(0,z_o s_\alpha,z_o c_\alpha)^{\mathrm{T}}$ 代表点 o 相对于定坐标系的位置向量。相对于定坐标系的位置向量 $\boldsymbol{A}_i\boldsymbol{B}_i$ 和 $\boldsymbol{oB}_i$ 分别用 $\boldsymbol{a}_i$ 和 $\boldsymbol{b}_i(i=1,2,3)$ 表示，有

$$\begin{cases}\boldsymbol{a}_1=\boldsymbol{R}_1(-l_3\mathrm{c}_{\theta_1},0,l_3\mathrm{s}_{\theta_1})^{\mathrm{T}}\\ \boldsymbol{a}_2=\boldsymbol{R}_2(l_3\mathrm{c}_{\theta_2},0,l_3\mathrm{s}_{\theta_2})^{\mathrm{T}}\\ \boldsymbol{a}_3=\boldsymbol{R}_3(0,-l_4\mathrm{c}_{\theta_3},l_4\mathrm{s}_{\theta_3})^{\mathrm{T}}\end{cases}\tag{11.99}$$

和

$$\begin{cases}\boldsymbol{b}_1=\boldsymbol{R}(l_1,0,0)^{\mathrm{T}}\\ \boldsymbol{b}_2=\boldsymbol{R}(-l_1,0,0)^{\mathrm{T}}\\ \boldsymbol{b}_3=\boldsymbol{R}(0,l_2,0)^{\mathrm{T}}\end{cases}\tag{11.100}$$

式中，θ_i 是分支 $i(i=1,2,3)$ 与定平台之间的夹角；旋转矩阵 $\boldsymbol{R}_i$ 是分支坐标系 $A_i\text{-}x_iy_iz_i$ 与定坐标系 $O\text{-}XYZ$ 之间的映射：

$$\boldsymbol{R}_1=\boldsymbol{R}_2=\begin{bmatrix}1&0&0\\0&\mathrm{c}_\alpha&\mathrm{s}_\alpha\\0&-\mathrm{s}_\alpha&\mathrm{c}_\alpha\end{bmatrix}$$
$$\boldsymbol{R}_3=\begin{bmatrix}1&0&0\\0&1&0\\0&0&1\end{bmatrix}\tag{11.101}$$

如图 11.27 所示，$\boldsymbol{q}_i(i=1,2,3)$位置向量可以写成如下形式：

$$\boldsymbol{q}_i=\boldsymbol{p}+\boldsymbol{b}_i-\boldsymbol{a}_i\tag{11.102}$$

通过方程(11.98)～方程(11.102)可以得到 Tex3 并联机构的反解：

$$\begin{cases}q_1=c_1+l_1\mathrm{c}_\beta\\ q_2=c_2+l_1\mathrm{c}_\beta\\ q_3=c_3+z_o\mathrm{s}_\alpha+l_2\mathrm{c}_\alpha\end{cases}\tag{11.103}$$

式中

$$\begin{cases}c_1=\sqrt{l_3^2-(z_o-l_1\mathrm{s}_\beta)^2}\\ c_2=\sqrt{l_3^2-(z_o+l_1\mathrm{s}_\beta)^2}\\ c_3=\sqrt{l_4^2-(z_o\mathrm{c}_\alpha-l_2\mathrm{s}_\alpha)^2}\end{cases}\tag{11.104}$$

刀具末端到动坐标系原点的距离为 H，即在动坐标系下刀具末端点的坐标可以表示为 $\boldsymbol{G}'=(0,0,H)^{\mathrm{T}}$。由变换

$$\boldsymbol{G}=\boldsymbol{p}+\boldsymbol{R}\boldsymbol{G}'=\begin{bmatrix}0\\0\\z_o\end{bmatrix}+\begin{bmatrix}\mathrm{c}_\beta&0&\mathrm{s}_\beta\\-\mathrm{s}_\alpha\mathrm{s}_\beta&\mathrm{c}_\alpha&\mathrm{s}_\alpha\mathrm{c}_\beta\\-\mathrm{c}_\alpha\mathrm{s}_\beta&-\mathrm{s}_\alpha&\mathrm{c}_\alpha\mathrm{c}_\beta\end{bmatrix}\begin{bmatrix}0\\0\\H\end{bmatrix}\tag{11.105}$$

可知刀具末端的坐标为

$$\begin{cases}x=H\mathrm{s}_\beta\\ y=z_o\mathrm{s}_\alpha+H\mathrm{c}_\beta\mathrm{s}_\alpha\\ z=z_o\mathrm{c}_\alpha+H\mathrm{c}_\alpha\mathrm{c}_\beta\end{cases}\tag{11.106}$$

11.4.1 Tex3 并联机构的运动和约束的片积

Tex3 并联机构各分支的运动和约束的片积求解如下。

分支 1 上各关节轴线方向的螺旋为

$$\begin{aligned}\boldsymbol{S}_{\mathrm{m}_{11}}&=\boldsymbol{e}_4\\\boldsymbol{S}_{\mathrm{m}_{12}}&=\boldsymbol{e}_1\\\boldsymbol{S}_{\mathrm{m}_{13}}&=\mathrm{c}_\alpha\boldsymbol{e}_2-\mathrm{s}_\alpha\boldsymbol{e}_3+q_1\mathrm{s}_\alpha\boldsymbol{e}_5+q_1\mathrm{c}_\alpha\boldsymbol{e}_6\\\boldsymbol{S}_{\mathrm{m}_{14}}&=\mathrm{c}_\alpha\boldsymbol{e}_2-\mathrm{s}_\alpha\boldsymbol{e}_3+M_1\boldsymbol{e}_4+l_1\mathrm{c}_\beta\mathrm{s}_\alpha\boldsymbol{e}_5+l_1\mathrm{c}_\alpha\mathrm{c}_\beta\boldsymbol{e}_6\end{aligned}\tag{11.107}$$

式中，$M_1=l_1\mathrm{s}_\beta-z_o$。

锁住驱动副移动关节 $\boldsymbol{S}_{\mathrm{m}_{11}}$ 后，分支 1 的运动空间由分支 1 上其余三个螺旋向量扩展而成：

$$\begin{aligned}\boldsymbol{A}_1'&=\boldsymbol{S}_{\mathrm{m}_{12}}\wedge\boldsymbol{S}_{\mathrm{m}_{13}}\wedge\boldsymbol{S}_{\mathrm{m}_{14}}\\&=M_1\mathrm{c}_\alpha\boldsymbol{e}_1\boldsymbol{e}_2\boldsymbol{e}_4-\frac{\mathrm{s}_{2\alpha}(q_1-l_1\mathrm{c}_\beta)}{2}\boldsymbol{e}_1\boldsymbol{e}_2\boldsymbol{e}_5-\mathrm{c}_\alpha^2(q_1-l_1\mathrm{c}_\beta)\boldsymbol{e}_1\boldsymbol{e}_2\boldsymbol{e}_6\\&\quad-M_1\mathrm{s}_\alpha\boldsymbol{e}_1\boldsymbol{e}_3\boldsymbol{e}_4+\mathrm{s}_\alpha^2(q_1-l_1\mathrm{c}_\beta)\boldsymbol{e}_1\boldsymbol{e}_3\boldsymbol{e}_5+\frac{\mathrm{s}_{2\alpha}(q_1-l_1\mathrm{c}_\beta)}{2}\boldsymbol{e}_1\boldsymbol{e}_3\boldsymbol{e}_6\\&\quad-M_1q_1\mathrm{s}_\alpha\boldsymbol{e}_1\boldsymbol{e}_4\boldsymbol{e}_5-M_1q_1\mathrm{c}_\alpha\boldsymbol{e}_1\boldsymbol{e}_4\boldsymbol{e}_6\end{aligned}\tag{11.108}$$

分支 1 运动空间的约束空间可以写为

$$\begin{aligned}\boldsymbol{S}_{\mathrm{c}1}'&=\Delta(\boldsymbol{A}_1'\boldsymbol{I}_6^{-1})\\&=\frac{\mathrm{s}_{2\alpha}(q_1-l_1\mathrm{c}_\beta)}{2}\boldsymbol{e}_1\boldsymbol{e}_2\boldsymbol{e}_5+\mathrm{c}_\alpha^2(q_1-l_1\mathrm{c}_\beta)\boldsymbol{e}_1\boldsymbol{e}_2\boldsymbol{e}_6-\mathrm{s}_\alpha^2(q_1-l_1\mathrm{c}_\beta)\boldsymbol{e}_1\boldsymbol{e}_3\boldsymbol{e}_5\\&\quad-\frac{\mathrm{s}_{2\alpha}(q_1-l_1\mathrm{c}_\beta)}{2}\boldsymbol{e}_1\boldsymbol{e}_3\boldsymbol{e}_6-M_1\mathrm{s}_\alpha\boldsymbol{e}_2\boldsymbol{e}_3\boldsymbol{e}_5-M_1\mathrm{c}_\alpha\boldsymbol{e}_2\boldsymbol{e}_3\boldsymbol{e}_5\\&\quad+M_1q_1\mathrm{c}_\alpha\boldsymbol{e}_2\boldsymbol{e}_5\boldsymbol{e}_6-M_1q_1\mathrm{s}_\alpha\boldsymbol{e}_3\boldsymbol{e}_5\boldsymbol{e}_6\\&=\boldsymbol{S}_{\mathrm{c}11}'\wedge\boldsymbol{S}_{\mathrm{c}12}'\wedge\boldsymbol{S}_{\mathrm{c}13}'\end{aligned}\tag{11.109}$$

式中

$$\begin{aligned}\boldsymbol{S}_{\mathrm{c}11}'&=(q_1-l_1\mathrm{c}_\beta)\boldsymbol{e}_1+\frac{M_1}{\mathrm{c}_\alpha}\boldsymbol{e}_3-\frac{M_1q_1}{\mathrm{c}_\alpha}\boldsymbol{e}_3\\\boldsymbol{S}_{\mathrm{c}12}'&=\mathrm{c}_\alpha\boldsymbol{e}_2-\mathrm{s}_\alpha\boldsymbol{e}_3\\\boldsymbol{S}_{\mathrm{c}13}'&=\mathrm{s}_\alpha\boldsymbol{e}_5+\mathrm{c}_\alpha\boldsymbol{e}_6\end{aligned}\tag{11.110}$$

分支 2 上各关节轴线方向的螺旋为

$$\begin{aligned}\boldsymbol{S}_{\mathrm{m}_{21}}&=\boldsymbol{e}_4\\\boldsymbol{S}_{\mathrm{m}_{22}}&=\boldsymbol{e}_1\\\boldsymbol{S}_{\mathrm{m}_{23}}&=\mathrm{c}_\alpha\boldsymbol{e}_2-\mathrm{s}_\alpha\boldsymbol{e}_3-q_2\mathrm{s}_\alpha\boldsymbol{e}_5-q_2\mathrm{c}_\alpha\boldsymbol{e}_6\\\boldsymbol{S}_{\mathrm{m}_{24}}&=\mathrm{c}_\alpha\boldsymbol{e}_2-\mathrm{s}_\alpha\boldsymbol{e}_3+M_2\boldsymbol{e}_4-l_1\mathrm{c}_\beta\mathrm{s}_\alpha\boldsymbol{e}_5-l_1\mathrm{c}_\alpha\mathrm{c}_\beta\boldsymbol{e}_6\end{aligned}\tag{11.111}$$

式中，$M_2=-z_o-l_1 s_\beta$。

锁住驱动副移动关节 $\boldsymbol{S}_{m_{21}}$ 后，分支 2 的运动空间由分支 2 上其余三个螺旋向量扩展而成：

$$
\begin{aligned}
\boldsymbol{A}_2' &= \boldsymbol{S}_{m_{22}} \wedge \boldsymbol{S}_{m_{23}} \wedge \boldsymbol{S}_{m_{24}} \\
&= M_2 c_\alpha \boldsymbol{e}_1\boldsymbol{e}_2\boldsymbol{e}_4 + \frac{s_{2\alpha}(q_2-l_1 c_\beta)}{2}\boldsymbol{e}_1\boldsymbol{e}_2\boldsymbol{e}_5 + c_\alpha^2(q_2-l_1 c_\beta)\boldsymbol{e}_1\boldsymbol{e}_2\boldsymbol{e}_6 \\
&\quad - M_2 s_\alpha \boldsymbol{e}_1\boldsymbol{e}_3\boldsymbol{e}_4 - s_\alpha^2(q_2-l_1 c_\beta)\boldsymbol{e}_1\boldsymbol{e}_3\boldsymbol{e}_5 - \frac{s_{2\alpha}(q_2-l_1 c_\beta)}{2}\boldsymbol{e}_1\boldsymbol{e}_3\boldsymbol{e}_6 \\
&\quad + M_2 q_2 s_\alpha \boldsymbol{e}_1\boldsymbol{e}_4\boldsymbol{e}_5 + M_2 q_2 c_\alpha \boldsymbol{e}_1\boldsymbol{e}_4\boldsymbol{e}_6
\end{aligned} \tag{11.112}
$$

分支 2 运动空间的约束空间可以写为

$$
\begin{aligned}
\boldsymbol{S}_{c2}' &= \Delta(\boldsymbol{A}_2'\boldsymbol{I}_6^{-1}) \\
&= -\frac{s_{2\alpha}(q_2-l_1 c_\beta)}{2}\boldsymbol{e}_1\boldsymbol{e}_2\boldsymbol{e}_5 - c_\alpha^2(q_2-l_1 c_\beta)\boldsymbol{e}_1\boldsymbol{e}_2\boldsymbol{e}_6 + s_\alpha^2(q_2-l_1 c_\beta)\boldsymbol{e}_1\boldsymbol{e}_3\boldsymbol{e}_5 \\
&\quad + \frac{s_{2\alpha}(q_2-l_1 c_\beta)}{2}\boldsymbol{e}_1\boldsymbol{e}_3\boldsymbol{e}_6 - M_2 s_\alpha \boldsymbol{e}_2\boldsymbol{e}_3\boldsymbol{e}_5 - M_2 c_\alpha \boldsymbol{e}_2\boldsymbol{e}_3\boldsymbol{e}_5 \\
&\quad - M_2 q_2 c_\alpha \boldsymbol{e}_2\boldsymbol{e}_5\boldsymbol{e}_6 + M_2 q_2 s_\alpha \boldsymbol{e}_3\boldsymbol{e}_5\boldsymbol{e}_6 \\
&= \boldsymbol{S}_{c21}' \wedge \boldsymbol{S}_{c22}' \wedge \boldsymbol{S}_{c23}'
\end{aligned} \tag{11.113}
$$

式中

$$
\begin{aligned}
\boldsymbol{S}_{c21}' &= -(q_2-l_1 c_\beta)\boldsymbol{e}_1 + \frac{M_2}{c_\alpha}\boldsymbol{e}_3 - \frac{M_2 q_2}{c_\alpha}\boldsymbol{e}_3 \\
\boldsymbol{S}_{c22}' &= c_\alpha \boldsymbol{e}_2 - s_\alpha \boldsymbol{e}_3 \\
\boldsymbol{S}_{c23}' &= s_\alpha \boldsymbol{e}_5 + c_\alpha \boldsymbol{e}_6
\end{aligned} \tag{11.114}
$$

分支 3 上各关节轴线方向的螺旋为

$$
\begin{aligned}
\boldsymbol{S}_{m_{31}} &= \boldsymbol{e}_5 \\
\boldsymbol{S}_{m_{32}} &= \boldsymbol{e}_1 - q_3\boldsymbol{e}_6 \\
\boldsymbol{S}_{m_{33}} &= \boldsymbol{e}_1 + K_1\boldsymbol{e}_5 + L_1\boldsymbol{e}_6 \\
\boldsymbol{S}_{m_{34}} &= c_\alpha \boldsymbol{e}_2 - s_\alpha \boldsymbol{e}_3 - z_o \boldsymbol{e}_4
\end{aligned} \tag{11.115}
$$

式中，$K_1=z_o c_\alpha - l_2 s_\alpha$；$L_1=-l_2 c_\alpha - z_o s_\alpha$。

锁住驱动副移动关节 $\boldsymbol{S}_{m_{31}}$ 后，分支 3 的运动空间由分支 3 上其余三个螺旋向量扩展而成：

$$
\begin{aligned}
\boldsymbol{A}_3' &= \boldsymbol{S}_{m_{32}} \wedge \boldsymbol{S}_{m_{33}} \wedge \boldsymbol{S}_{m_{34}} \\
&= -K_1 c_\alpha \boldsymbol{e}_1\boldsymbol{e}_2\boldsymbol{e}_5 - c_\alpha(L_1+q_3)\boldsymbol{e}_1\boldsymbol{e}_2\boldsymbol{e}_6 + K_1 s_\alpha \boldsymbol{e}_1\boldsymbol{e}_3\boldsymbol{e}_5 + s_\alpha(L_1+q_3)\boldsymbol{e}_1\boldsymbol{e}_3\boldsymbol{e}_6 \\
&\quad + K_1 z_o \boldsymbol{e}_1\boldsymbol{e}_4\boldsymbol{e}_5 + z_o(L_1+q_3)\boldsymbol{e}_1\boldsymbol{e}_4\boldsymbol{e}_6 + K_1 q_3 c_\alpha \boldsymbol{e}_2\boldsymbol{e}_5\boldsymbol{e}_6 \\
&\quad - K_1 q_3 s_\alpha \boldsymbol{e}_3\boldsymbol{e}_5\boldsymbol{e}_6 - K_1 q_3 z_o \boldsymbol{e}_4\boldsymbol{e}_5\boldsymbol{e}_6
\end{aligned} \tag{11.116}
$$

分支 3 运动空间的约束空间为

$$\begin{aligned}\boldsymbol{S}'_{c3}&=\Delta(\boldsymbol{A}'_3\boldsymbol{I}_6^{-1})\\&=s_\alpha(L_1+q_3)\boldsymbol{e}_1\boldsymbol{e}_2\boldsymbol{e}_4+c_\alpha(L_1+q_3)\boldsymbol{e}_1\boldsymbol{e}_2\boldsymbol{e}_6-K_1s_\alpha\boldsymbol{e}_1\boldsymbol{e}_4\boldsymbol{e}_6-K_1c_\alpha\boldsymbol{e}_2\boldsymbol{e}_3\boldsymbol{e}_4\\&\quad-K_1q_3s_\alpha\boldsymbol{e}_2\boldsymbol{e}_3\boldsymbol{e}_6-K_1q_3c_\alpha\boldsymbol{e}_2\boldsymbol{e}_4\boldsymbol{e}_6-z_o(L_1+q_3)\boldsymbol{e}_2\boldsymbol{e}_5\boldsymbol{e}_6\\&\quad+K_1z_o\boldsymbol{e}_3\boldsymbol{e}_4\boldsymbol{e}_6+K_1q_3z_o\boldsymbol{e}_4\boldsymbol{e}_5\boldsymbol{e}_6\\&=\boldsymbol{S}'_{c31}\wedge\boldsymbol{S}'_{c32}\wedge\boldsymbol{S}'_{c33}\end{aligned}\tag{11.117}$$

式中

$$\begin{aligned}\boldsymbol{S}'_{c31}&=\boldsymbol{e}_1+\frac{z_o}{c_\alpha}\boldsymbol{e}_5\\\boldsymbol{S}'_{c32}&=(L_1+q_3)\boldsymbol{e}_2-K_1\boldsymbol{e}_3-K_1q_3\boldsymbol{e}_4\\\boldsymbol{S}'_{c33}&=s_\alpha\boldsymbol{e}_5+c_\alpha\boldsymbol{e}_6\end{aligned}\tag{11.118}$$

$\boldsymbol{S}'_{c1}$、$\boldsymbol{S}'_{c2}$ 和 $\boldsymbol{S}'_{c3}$ 是三个 3 阶片积，这三个 3 阶片积包括两个约束力 $\boldsymbol{S}'_{ci1}$、$\boldsymbol{S}'_{ci2}$（$i=1,2,3$）和一个约束力偶 $\boldsymbol{S}'_{ci3}$（$i=1,2,3$），因此在锁住驱动后共产生了九个约束作用到末端执行器上。

约束力过点 A_i（$i=1,2,3$）且平行于 R 副。分支 1、分支 2 和分支 3 上的三个约束力偶 $\boldsymbol{S}'_{ci3}$（$i=1,2,3$）作用效果相同且可以等效为一个垂直于 U 副方向的约束力偶，分支 1 和分支 2 上的两个约束力 $\boldsymbol{S}'_{c12}$ 和 $\boldsymbol{S}'_{c22}$ 平行且可以等效为一个约束力和一个约束力偶，这个新产生的约束力偶与原约束力偶作用效果相同。综上，锁住驱动后作用到机构上的约束包括五个约束力和一个垂直于 U 副方向的约束力偶。

判断和去除冗余约束得到不包含冗余约束的片积为

$$\begin{aligned}\boldsymbol{S}''_{c1}&=\boldsymbol{S}'_{c11}\\\boldsymbol{S}''_{c2}&=\boldsymbol{S}'_{c2}=\boldsymbol{S}'_{c21}\wedge\boldsymbol{S}'_{c22}\wedge\boldsymbol{S}'_{c23}\\\boldsymbol{S}''_{c3}&=\boldsymbol{S}'_{c3}=\boldsymbol{S}'_{c31}\wedge\boldsymbol{S}'_{c32}\end{aligned}\tag{11.119}$$

$\boldsymbol{S}''_{c1}$、$\boldsymbol{S}''_{c2}$、$\boldsymbol{S}''_{c3}$ 包括了锁住驱动后施加在机构上的六个约束，为了分析这六个约束之间的线性相关性，对它们进行外积运算，可得

$$\begin{aligned}\boldsymbol{Q}&=\boldsymbol{S}''_{c1}\wedge\boldsymbol{S}''_{c2}\wedge\boldsymbol{S}''_{c3}\\&=Q\boldsymbol{e}_1\boldsymbol{e}_2\boldsymbol{e}_3\boldsymbol{e}_4\boldsymbol{e}_5\boldsymbol{e}_6\end{aligned}\tag{11.120}$$

式中

$$Q=-K_1q_3(M_1M_2q_1+M_1M_2q_2+M_1c_2z_o+M_2c_1z_o)\tag{11.121}$$

11.4.2 Tex3 并联机构奇异轨迹

式(11.120)中 $\boldsymbol{Q}$ 是一个 6 阶片积向量，满足奇异多项式 $Q=0$ 的机构位姿（α，β，z_o）就是机构的奇异位形，即

$$-K_1q_3(M_1M_2q_1+M_1M_2q_2+M_1c_2z_o+M_2c_1z_o)=0\tag{11.122}$$

则有

$$M_1M_2q_1+M_1M_2q_2+M_1c_2z_o+M_2c_1z_o=0 \tag{11.123}$$

或

$$K_1=0 \tag{11.124}$$

或

$$q_3=0 \tag{11.125}$$

或式(11.123)、式(11.124)和式(11.125)同时为0。

对于Tex3并联机构，机构参数设置为$l_1=l_2=20\text{cm}$，$l_3=38\text{cm}$，$l_4=34\text{cm}$，$H=3\text{cm}$。由式(11.122)可得，关于机构三个自由度α、β、z_o的三维奇异轨迹如图11.28所示，这里给出了α、β在范围(−1,1)内的奇异轨迹。

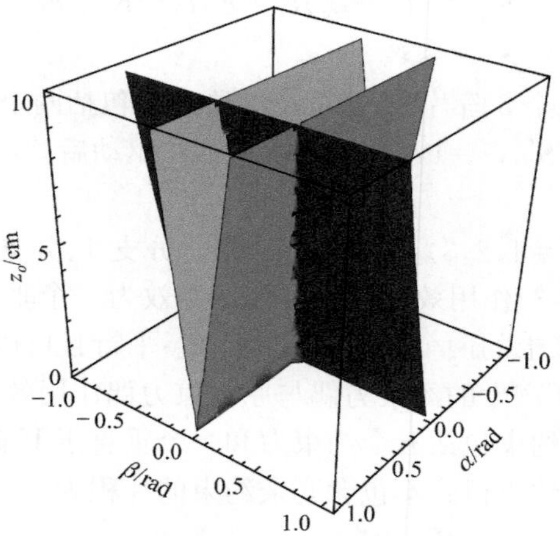

图11.28　Tex3并联机构关于变量α、β、z_o的三维奇异轨迹

根据Tex3并联机构的运动特性，动平台中心点始终在Y-Z平面上运动，x_o始终为0，末端加上长度$H=3\text{cm}$的刀具后会在X方向上产生分运动，由式(11.106)可得

$$\begin{aligned}\alpha&=\arctan\frac{y}{z}\\ \beta&=-\arcsin\frac{x}{H}\\ z_o&=\frac{z}{c_\alpha}-c_\beta H\end{aligned} \tag{11.126}$$

代入奇异多项式(11.122)得到机构末端执行器关于位置变量的三维奇异轨迹，如图11.29所示。

11.4.3　Tex3并联机构奇异位形分析

为了便于说明Tex3并联机构的奇异位形，在图11.28的高度$z_o=20\text{cm}$和

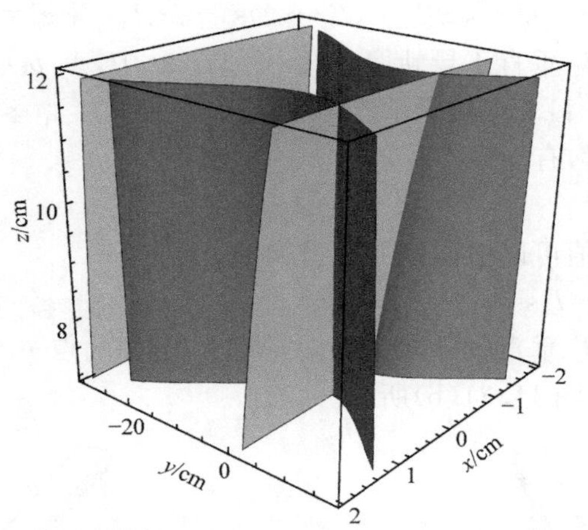

图 11.29　Tex3 并联机构关于变量 x、y、z 的三维奇异轨迹

$z_o=27.4955\text{cm}$ 上对 Tex3 并联机构的三维奇异轨迹做截面得到二维奇异轨迹，如图 11.30 所示。二维奇异轨迹上的每一个点都是一个奇异位形点。

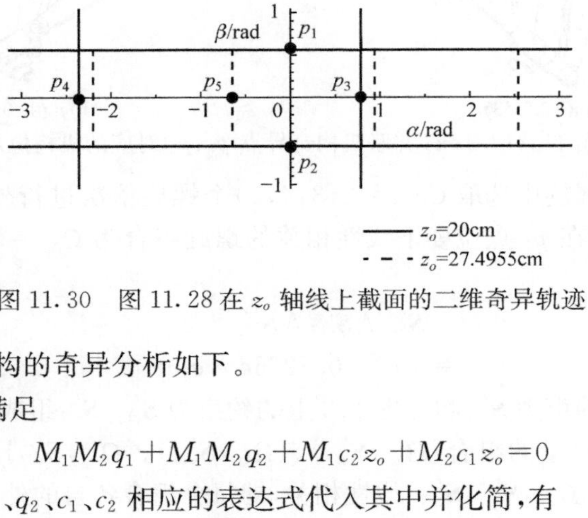

图 11.30　图 11.28 在 z_o 轴线上截面的二维奇异轨迹

Tex3 并联机构的奇异分析如下。

第一类奇异满足

$$M_1M_2q_1+M_1M_2q_2+M_1c_2z_o+M_2c_1z_o=0$$

将参数 M_1、M_2、q_1、q_2、c_1、c_2 相应的表达式代入其中并化简，有

$$l_1\text{s}_\beta\left(\sqrt{l_3^2-(z_o+l_1\text{s}_\beta)^2}(z_o-l_1\text{s}_\beta)-\sqrt{l_3^2-(z_o-l_1\text{s}_\beta)^2}(z_o+l_1\text{s}_\beta)\right)$$
$$+2l_1\text{c}_\beta(z_o-l_1\text{s}_\beta)(z_o+l_1\text{s}_\beta)=0 \tag{11.127}$$

可以看出，$c_2=\sqrt{l_3^2-(z_o+l_1\text{s}_\beta)^2}$ 与 $c_1=\sqrt{l_3^2-(z_o-l_1\text{s}_\beta)^2}$ 不可能同时为 0，因此第一类奇异情况下包括两种奇异。

(1) 当 $c_2=0$ 时，有

$$l_3=|z_o+l_1\text{s}_\beta| \tag{11.128}$$

代入式(11.127)，β 值可以根据以下方程求得：

$$-l_1^2 s_\beta^4 + s_\beta^3 z_o l_1 + (l_1^2 - z_o^2) s_\beta^2 - 2 z_o l_1 s_\beta + z_o^2 = 0 \tag{11.129}$$

此时，杆件 A_1B_1 垂直于导轨 A_1A_2。图 11.30 中，点 $p_1(0, 0.5653)$ 属于这种奇异，机构位形如图 11.31(a)所示。

(2) 当 $c_1=0$ 时，有

$$l_3 = |z_o - l_1 s_\beta| \tag{11.130}$$

代入式(11.127)，β 值可以根据以下方程求得：

$$-l_1^2 s_\beta^4 - s_\beta^3 z_o l_1 + (l_1^2 - z_o^2) s_\beta^2 + 2 z_o l_1 s_\beta + z_o^2 = 0 \tag{11.131}$$

此时，杆件 A_2B_2 垂直于导轨 A_1A_2。图 11.30 中的点 $p_2(0, -0.5653)$ 属于这种奇异，机构位形如图 11.31(b)所示。

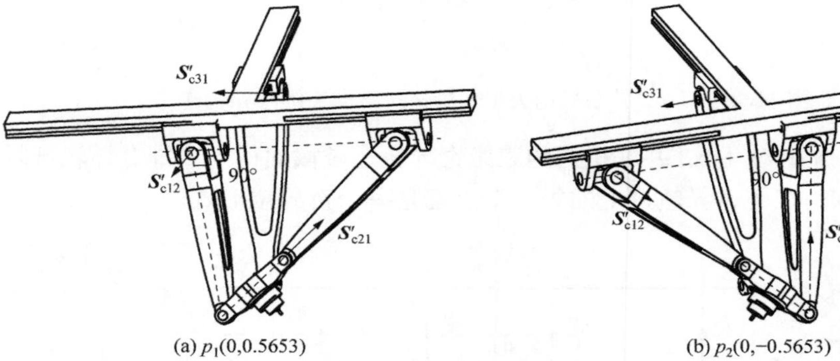

图 11.31　Tex3 并联机构奇异点 p_1、p_2 对应的机构位形

从六个约束螺旋中选取 $C_6^i(i=2,3,4,5)$ 个螺旋依次进行外积以分析哪些螺旋线性相关，发现在 p_1 点位姿下线性相关的螺旋组合为 $\Omega_{p_1}=\{\boldsymbol{S}'_{c31}, \boldsymbol{S}'_{c12}, \boldsymbol{S}'_{c21}\}$，其外积为

$$\begin{aligned}&\boldsymbol{S}'_{c31} \wedge \boldsymbol{S}'_{c12} \wedge \boldsymbol{S}'_{c21}\\&= 10^{-11}(0.7276 \boldsymbol{e}_1 \boldsymbol{e}_3 \boldsymbol{e}_5) \approx 0\end{aligned} \tag{11.132}$$

分支 2 上的约束力 $\boldsymbol{S}'_{c21}$ 和分支 1、2 上的约束力 $\boldsymbol{S}'_{c12}$、$\boldsymbol{S}'_{c31}$ 组成的平面交于一点。包含这三个螺旋向量的组合 $\{\Omega_{p_1}, \boldsymbol{S}'_{c22}\}$、$\{\Omega_{p_1}, \boldsymbol{S}'_{c23}\}$、$\{\Omega_{p_1}, \boldsymbol{S}'_{c32}\}$、$\{\Omega_{p_1}, \boldsymbol{S}'_{c22}, \boldsymbol{S}'_{c23}\}$、$\{\Omega_{p_1}, \boldsymbol{S}'_{c22}, \boldsymbol{S}'_{c32}\}$ 和 $\{\Omega_{p_1}, \boldsymbol{S}'_{c23}, \boldsymbol{S}'_{c32}\}$ 线性相关，即每个组合各自的外积近似为 0。

p_2 点位姿与 p_1 点位姿对称，线性相关的螺旋组合与 p_1 点的相同，$\Omega_{p_2}=\Omega_{p_1}=\{\boldsymbol{S}'_{c31}, \boldsymbol{S}'_{c12}, \boldsymbol{S}'_{c21}\}$，其外积近似为 0，即

$$\begin{aligned}&\boldsymbol{S}'_{c31} \wedge \boldsymbol{S}'_{c12} \wedge \boldsymbol{S}'_{c21}\\&= 10^{-11}(0.6366 \boldsymbol{e}_1 \boldsymbol{e}_3 \boldsymbol{e}_5) \approx 0\end{aligned} \tag{11.133}$$

分支 2 上的约束力 $\boldsymbol{S}'_{c21}$ 和分支 1、2 上的约束力 $\boldsymbol{S}'_{c12}$、$\boldsymbol{S}'_{c31}$ 组成的平面交于一点。包含这三个螺旋向量的组合 $\{\Omega_{p_2}, \boldsymbol{S}'_{c22}\}$、$\{\Omega_{p_2}, \boldsymbol{S}'_{c23}\}$、$\{\Omega_{p_2}, \boldsymbol{S}'_{c32}\}$、$\{\Omega_{p_2}, \boldsymbol{S}'_{c22}, \boldsymbol{S}'_{c23}\}$、$\{\Omega_{p_2}, \boldsymbol{S}'_{c22}, \boldsymbol{S}'_{c32}\}$ 和 $\{\Omega_{p_2}, \boldsymbol{S}'_{c23}, \boldsymbol{S}'_{c32}\}$ 也线性相关，即每个组合各自的外积近似为 0。

第二类奇异满足

$$K_1 = z_o c_\alpha - l_2 s_\alpha = 0$$

可得

$$\alpha = \arctan \frac{z_o}{l_2} \tag{11.134}$$

或者

$$\alpha = \arctan \frac{z_o}{l_2} - \pi \tag{11.135}$$

此时机构的分支 3 平行于定平台。图 11.30 中的奇异点 $p_3(\pi/4, 0)$、$p_4(-3\pi/4, 0)$属于这种奇异，对应的机构位形如图 11.32(a)和(b)所示。

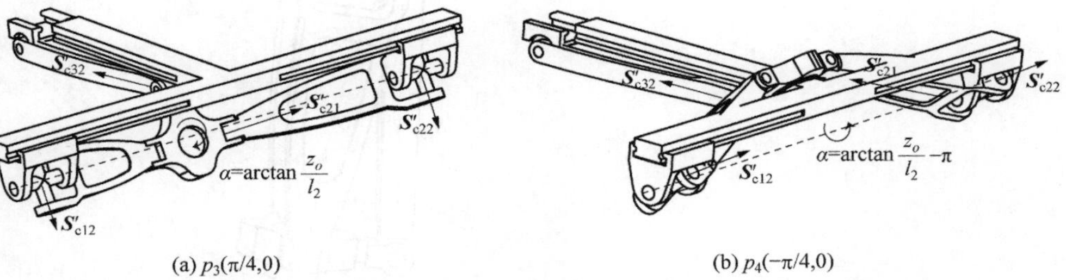

图 11.32　Tex3 并联机构奇异点 p_3、p_4 对应的机构位形

p_3 点位姿下线性相关的螺旋组合为 $\Omega_{p_3} = \{\boldsymbol{S}'_{c22}, \boldsymbol{S}'_{c12}, \boldsymbol{S}'_{c21}, \boldsymbol{S}'_{c32}\}$，其外积为

$$\begin{aligned} &\boldsymbol{S}'_{c22} \wedge \boldsymbol{S}'_{c12} \wedge \boldsymbol{S}'_{c21} \wedge \boldsymbol{S}'_{c32} \\ &= 10^{-8}(-0.0143\boldsymbol{e}_1\boldsymbol{e}_2\boldsymbol{e}_3\boldsymbol{e}_4 + 0.6548\boldsymbol{e}_2\boldsymbol{e}_3\boldsymbol{e}_4\boldsymbol{e}_5) \approx 0 \end{aligned} \tag{11.136}$$

约束力 $\boldsymbol{S}'_{c12}$、$\boldsymbol{S}'_{c22}$ 位于分支 1、2 上的 U 副中心点且与 R 副平行，$\boldsymbol{S}'_{c21}$ 沿分支 2 的杆件方向，$\boldsymbol{S}'_{c32}$ 沿分支 3 的杆件方向。包含这三个螺旋向量的组合$\{\Omega_{p_3}, \boldsymbol{S}'_{c31}\}$、$\{\Omega_{p_3}, \boldsymbol{S}'_{c23}\}$也线性相关，即每个组合各自的外积近似为 0。

p_4 点位姿与 p_3 点位姿对称，线性相关的螺旋组合与 p_3 点相同，为 $\Omega_{p_4} = \Omega_{p_3} = \{\boldsymbol{S}'_{c22}, \boldsymbol{S}'_{c12}, \boldsymbol{S}'_{c21}, \boldsymbol{S}'_{c32}\}$，其外积为

$$\begin{aligned} &\boldsymbol{S}'_{c22} \wedge \boldsymbol{S}'_{c12} \wedge \boldsymbol{S}'_{c21} \wedge \boldsymbol{S}'_{c32} \\ &= 10^{-9}(-0.0131\boldsymbol{e}_1\boldsymbol{e}_2\boldsymbol{e}_3\boldsymbol{e}_4 - 0.6009\boldsymbol{e}_2\boldsymbol{e}_3\boldsymbol{e}_4\boldsymbol{e}_5) \approx 0 \end{aligned} \tag{11.137}$$

约束力 $\boldsymbol{S}'_{c12}$、$\boldsymbol{S}'_{c22}$ 位于分支 1、2 上的 U 副中心点且与 R 副平行，$\boldsymbol{S}'_{c21}$ 沿分支 2 的杆件方向，$\boldsymbol{S}'_{c32}$ 沿分支 3 的杆件方向。包含这三个螺旋向量的组合$\{\Omega_{p_4}, \boldsymbol{S}'_{c31}\}$、$\{\Omega_{p_4}, \boldsymbol{S}'_{c23}\}$也线性相关，即每个组合各自的外积近似为 0。

第三类奇异满足

$$q_3 = 0 \tag{11.138}$$

$q_3 = c_3 + z_o s_\alpha + l_2 c_\alpha$，将参数 $c_3 = \sqrt{l_4^2 - (z_o c_\alpha - l_2 s_\alpha)^2}$ 代入并化简可得

$$l_4^2 = z_o^2 + l_2^2 \tag{11.139}$$

此时，杆件 A_3B_3 垂直于导轨 OA_3。图 11.30 中的点 $p_5(0.9419,0)$ 属于这种奇异，机构位形如图 11.33 所示。

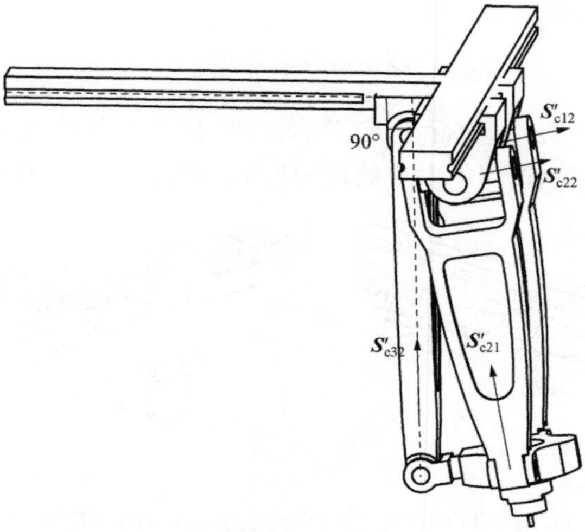

图 11.33 Tex3 并联机构奇异点 $p_5(0.9419,0)$ 对应的机构位形

p_5 点位姿下线性相关的螺旋组合为 $\Omega_{p_5} = \{\boldsymbol{S}'_{c22}, \boldsymbol{S}'_{c12}, \boldsymbol{S}'_{c21}, \boldsymbol{S}'_{c32}\}$，其外积为

$$\boldsymbol{S}'_{c22} \wedge \boldsymbol{S}'_{c12} \wedge \boldsymbol{S}'_{c21} \wedge \boldsymbol{S}'_{c32} = 0 \tag{11.140}$$

约束力 $\boldsymbol{S}'_{c12}$、$\boldsymbol{S}'_{c22}$ 位于分支 1、2 上的 U 副中心点且与 R 副平行，$\boldsymbol{S}'_{c21}$ 沿分支 2 的杆件方向，$\boldsymbol{S}'_{c32}$ 沿分支 3 的杆件方向。包含这三个螺旋向量的组合 $\{\Omega_{p_5}, \boldsymbol{S}'_{c31}\}$、$\{\Omega_{p_5}, \boldsymbol{S}'_{c23}\}$ 也线性相关，即每个组合各自的外积近似为 0。

以上奇异类型中，当两种奇异类型同时存在时发生混合奇异。

接下来分析 Tex3 并联机构奇异轨迹在工作空间中的分布情况。Tex3 并联机构的工作空间主要受以下几个条件的限制：动平台绕 X 轴和 v 轴的旋转角度 α、β 的范围，驱动长度要求为实数，杆长条件满足 $z_o^2 + l_2^2 < l_4^2$。图 11.34 和图 11.35 是两种限制条件下的工作空间和奇异轨迹在工作空间中的分布。

(1) 根据前述奇异条件，将动平台绕 X 轴的旋转角度 α 的范围取为 $[-\arctan(z_o/2), \arctan(z_o/2)]$，绕 v 轴的旋转角度 β 的范围取为 $[-\beta_{\text{limit}}, \beta_{\text{limit}}]$；当 $z_o + l_1 \geqslant l_3$ 时，$\beta_{\text{limit}} = \arcsin((l_3 - z_o)/l_1)$；当 $z_o + l_1 < l_3$ 时，$\beta_{\text{limit}} = \arccos(z_o/(l_3 - l_1)) + \pi/2$。当动平台到定平台的距离 z_o 范围设置为 10～30cm 时，机构工作空间和奇异轨迹在工作空间中的分布如图 11.34 所示。从图 11.34(b)可以看出，以上几类奇异都

会存在于机构的工作空间内。

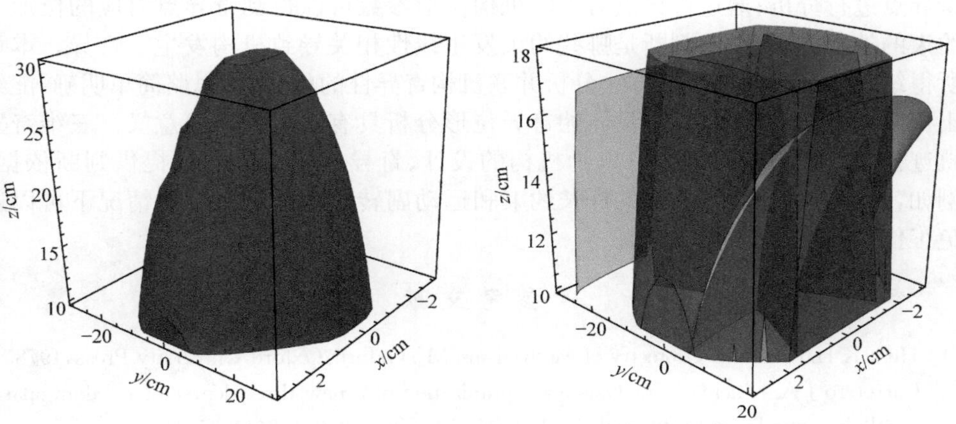

(a)　　(b)

图 11.34　Tex3 并联机构在条件(1)下的工作空间和奇异轨迹与工作空间的位置关系

(2) 将限制条件的范围减小得到的工作空间可以避免奇异位形，将动平台绕 X 轴和 v 轴的旋转角度 α、β 的范围设置为 $[-\pi/6, \pi/6]$，动平台到定平台的距离 z_o 范围设置为 10～30cm。此时，机构工作空间和奇异轨迹在工作空间中的分布如图 11.35 所示。从图 11.35(b)可以看出，这个条件限制下的 Tex3 并联机构奇异轨迹处于工作空间之外，工作空间中避免了奇异。

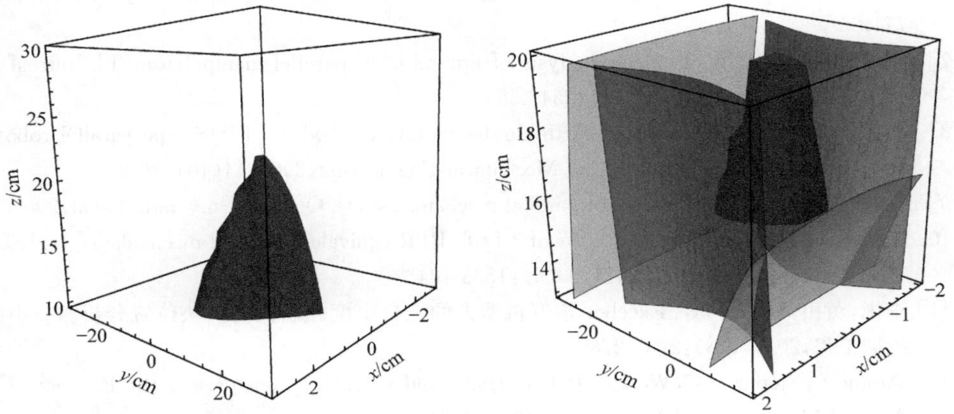

(a)　　(b)

图 11.35　Tex3 并联机构在条件(2)下的工作空间和奇异轨迹与工作空间的位置关系

11.5 本章小结

本章运用几何代数方法对两转一移空间并联机构进行了详细分析。通过三维奇异轨迹可以看出机构奇异的整体情况；利用二维奇异轨迹可以对轨迹上具体的奇异点进行分析；通过奇异点对应的机构位形参数可以得到奇异点对应的位形下约束的外积结果，以此判断是哪些约束发生线性相关导致机构发生了奇异。本章所得结果体现了几何代数方法分析并联机构奇异性的优势，即思路简单明确，能给出机构的全部奇异情况，对具体的奇异位形分析具有明显的几何意义。三维奇异轨迹在工作空间中的分布可以为机构的设计、奇异的避免等问题提供判断依据。例如，一些机构在具有合适的杆长约束和运动副转动角范围限制的情况下可以避免工作空间中存在奇异位形。

参考文献

[1] Hunt K H. Kinematic Geometry of Mechanisms[M]. Oxford: Oxford University Press, 1978.

[2] Carretero J A. Kinematic analysis and optimization of a new three degree-of-freedom spatial parallel manipulator[J]. Journal of Mechanical Design, 2000, 122(1): 17-24.

[3] Bi Z M, Jin Y. Kinematic modeling of Exechon parallel kinematic machine[J]. Robotics and Computer-Integrated Manufacturing, 2011, 27(1): 186-193.

[4] Pouliot N A, Nahon M A, Gosselin C M, et al. Motion simulation capabilities of three-degree-of-freedom flight simulators[J]. Journal of Aircraft, 1998, 35(1): 9-17.

[5] Kumar V, Sugar T G, Pfreundschuh G H. A Three Degree-of-Freedom In-parallel Actuated Manipulator[M]. Berlin: Springer, 1993.

[6] Rao N M, Rao K M. Dimensional synthesis of a spatial 3-RPS parallel manipulator for a prescribed range of motion of spherical joints[J]. Mechanism and Machine Theory, 2009, 44(2): 477-486.

[7] Joshi S A, Tsai L W. Jacobian analysis of limited-DOF parallel manipulators[J]. Journal of Mechanical Design, 2002, 124(2): 254-258.

[8] Liu X J, Wu C, Wang J S, et al. Attitude description method of [PP]S type parallel robotic mechanisms[J]. Chinese Journal of Mechanical Engineering, 2008, 44(10): 19-23.

[9] Bonev I A. Geometric analysis of parallel mechanisms[D]. Québec: Université Laval, 2002.

[10] Li Q C, Hervé J M. Type synthesis of 3-DOF RPR-equivalent parallel mechanisms[J]. IEEE Transactions on Robotics, 2014, 30(6): 1333-1343.

[11] 李彬，黄田，刘海涛，等. Exechon 混联机器人的三自由度并联机构模块位置分析[J]. 中国机械工程，2010，(23)：2785-2789.

[12] Amine S, Stéphane C, Wenger P. Constraint and singularity analysis of the Exechon[J]. Applied Mechanics and Materials, 2012, 162: 141-150.

[13] Zlatanov D, Zoppi M, Molfino R. Constraint and singularity analysis of the Exechon tripod[C]. Proceedings of the ASME International Design Engineering Technical Conferences and Computers and Information in Engineering Conference, Chicago, 2012: 679-688.

[14] Li Q C, Xu L M, Chen Q H, et al. New family of RPR-equivalent parallel mechanisms: Design and application[J]. Chinese Journal of Mechanical Engineering, 2017, 30(2): 1-5.

第 12 章　三自由度移动并联机构奇异分析

三自由度移动(3T)并联机构是少自由度并联机构中的研究热点之一，已被广泛用于三维坐标测量、三维装配、精密加工、医学和微电子等领域，最成功的应用案例是高速分拣用 Delta 机械手[1-3]。目前，国内外学者已对三自由度移动并联机构进行了大量研究[4-7]。

3-PRRR 三自由度移动并联机构具有多种形式，本章介绍一种分支为正交布局且有两条分支对称分布的 3-PRRR 移动并联机构，该机构属于解耦[8]机构。国内外学者采用雅可比矩阵法[9]、几何法[10]等对 3-PRRR 移动并联机构的奇异性进行了研究。Tsai 等[11]提出了 3-UPU 三自由度移动并联机构，用雅可比矩阵法对奇异性进行了研究[12]。Merlet[13]用 Grassmann 几何对 3-UPU 移动并联机构进行了奇异分析。Kanaan 等[14]运用 Grassmann-Cayley 代数分析了 3-UPU 移动并联机构的奇异性。

本章运用几何代数分析 3-PRRR 和 3-UPU 两种典型三自由度移动并联机构的奇异性，给出机构的全部奇异情况及其与工作空间的位置关系，并对机构受到的约束的线性相关性进行几何解释。

12.1　3-PRRR 移动并联机构奇异分析

3-PRRR 移动并联机构如图 12.1 所示，其具有三个移动自由度。定平台和动平台由三个相同的 PRRR 分支相连，分支 1 与分支 2 对称。三个分支上的 P 副分别位于三个正交的框架滑杆上，各分支上的 R 副轴线方向相同。正方形框架边长为 H。建立如图 12.1 所示的绝对坐标系 O-XYZ，X 轴沿 OA_2 方向，Y 轴沿 OA_1 方向且垂直于 X 轴，Z 轴由右手定则确定。分支 1 上的 R 副轴线沿 X 方向，分支 2 上的 R 副轴线沿 Y 轴方向，分支 3 上的 P 副位于 X-Z 平面且平行于 Z 轴的 A_1 正向位置。动平台是边长为 a 的正方形，中心点为 o。B_i 点位于动平台三个相邻的边上。$A_iM_i=l_1(i=1,2,3)$，$M_iB_i=l_2(i=1,2,3)$。A_1M_1 与 Z 轴的夹角为 θ_{11}，A_2M_2 与 Z 轴的夹角为 θ_{21}，A_3M_3 与 X 轴的夹角为 θ_{31}。各分支上 $A_iM_i(i=1,2,3)$与 $M_iB_i(i=1,2,3)$的夹角为 $\theta_{i2}(i=1,2,3)$。

设动平台中心点坐标为 $o(x,y,z)$，A_i 点在定坐标系中的位置矢量为

$$\begin{cases}\boldsymbol{a}_1=(0,d_1,0)^{\mathrm{T}}\\ \boldsymbol{a}_2=(d_2,0,0)^{\mathrm{T}}\\ \boldsymbol{a}_3=(0,H,d_3)^{\mathrm{T}}\end{cases} \tag{12.1}$$

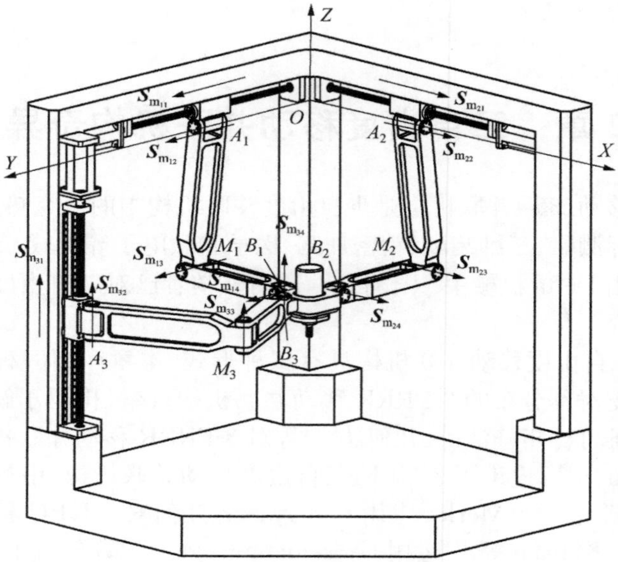

图 12.1 3-PRRR 移动并联机构

式中，$d_i(i=1,2,3)$为 P 副的滑动长度，$d_1=y,d_2=x,d_3=z$。

M_i 点在定坐标系中的位置矢量为

$$\begin{cases}\boldsymbol{m}_1=(l_1\mathrm{s}_{\theta_{11}},d_1,l_1\mathrm{c}_{\theta_{11}})^{\mathrm{T}}\\ \boldsymbol{m}_2=(d_2,l_1\mathrm{s}_{\theta_{21}},l_1\mathrm{c}_{\theta_{21}})^{\mathrm{T}}\\ \boldsymbol{m}_3=(l_1\mathrm{c}_{\theta_{31}},H-l_1\mathrm{s}_{\theta_{31}},d_3)^{\mathrm{T}}\end{cases}\tag{12.2}$$

B_i 点在定坐标系中的位置矢量为

$$\begin{cases}\boldsymbol{b}_1=(l_1\mathrm{s}_{\theta_{11}}+l_2\mathrm{s}_{\theta_{11}+\theta_{12}},d_1,l_1\mathrm{c}_{\theta_{11}}+l_2\mathrm{c}_{\theta_{11}+\theta_{12}})^{\mathrm{T}}\\ \boldsymbol{b}_2=(d_2,l_1\mathrm{s}_{\theta_{21}}+l_2\mathrm{s}_{\theta_{21}+\theta_{22}},l_1\mathrm{c}_{\theta_{21}}+l_2\mathrm{c}_{\theta_{21}+\theta_{22}})^{\mathrm{T}}\\ \boldsymbol{b}_3=(l_1\mathrm{c}_{\theta_{31}}+l_2\mathrm{c}_{\theta_{31}+\theta_{32}},H-l_1\mathrm{s}_{\theta_{31}}-l_2\mathrm{s}_{\theta_{31}+\theta_{32}},d_3)^{\mathrm{T}}\end{cases}\tag{12.3}$$

根据几何关系可得分支 1 有

$$\begin{cases}x=l_1\mathrm{s}_{\theta_{11}}+l_2\mathrm{s}_{\theta_{11}+\theta_{12}}+r\\ z=l_1\mathrm{c}_{\theta_{11}}+l_2\mathrm{c}_{\theta_{11}+\theta_{12}}\end{cases}\tag{12.4}$$

则有

$$\begin{cases}\mathrm{s}_{\theta_{11}+\theta_{12}}=-\dfrac{k_{11}k_{12}+\delta_1k_{13}\sqrt{\Gamma_1}}{k_{12}^2+k_{13}^2}\\ \mathrm{s}_{\theta_{11}}=\dfrac{x-r-l_2\mathrm{s}_{\theta_{11}+\theta_{12}}}{l_1}\end{cases}\tag{12.5}$$

式中，$k_{11}=l_1^2-l_2^2-(x-r)^2-z^2$；$k_{12}=2l_2(x-r)$；$k_{13}=2zl_2$；$\delta_1=\pm1$；$\Gamma_1=-k_{11}^2+k_{12}^2+k_{13}^2$。

类似地，分支 2 有

$$\begin{cases}y=l_1 s_{\theta_{21}}+l_2 s_{\theta_{21}+\theta_{22}}+r\\ z=l_1 c_{\theta_{21}}+l_2 c_{\theta_{21}+\theta_{22}}\end{cases}\tag{12.6}$$

可以得到分支 2 上的夹角为

$$\begin{cases}s_{\theta_{21}+\theta_{22}}=-\dfrac{k_{21}k_{22}+\delta_2 k_{23}\sqrt{\Gamma_2}}{k_{22}^2+k_{23}^2}\\ s_{\theta_{21}}=\dfrac{x-r-l_2 s_{\theta_{21}+\theta_{22}}}{l_1}\end{cases}\tag{12.7}$$

式中，$k_{21}=l_1^2-l_2^2-(y-r)^2-z^2$；$k_{22}=2l_2(y-r)$；$k_{23}=2zl_2$；$\delta_2=\pm1$；$\Gamma_2=-k_{21}^2+k_{22}^2+k_{23}^2$。

分支 3 有

$$\begin{cases}x=l_1 c_{\theta_{31}}+l_2 c_{\theta_{31}+\theta_{32}}\\ y=H-(l_1 s_{\theta_{31}}+l_2 s_{\theta_{31}+\theta_{32}}+r)\end{cases}\tag{12.8}$$

可以得到分支 2 上的夹角为

$$\begin{cases}s_{\theta_{31}+\theta_{32}}=-\dfrac{k_{31}k_{32}+\delta_3 k_{33}\sqrt{\Gamma_3}}{k_{32}^2+k_{33}^2}\\ s_{\theta_{31}}=\dfrac{H-y-r-l_2 s_{\theta_{31}+\theta_{32}}}{l_1}\end{cases}\tag{12.9}$$

式中，$k_{31}=l_1^2-l_2^2-(H-y-r)^2-x^2$；$k_{32}=2l_2(H-y-r)$；$k_{33}=2xl_2$；$\delta_3=\pm1$；$\Gamma_3=-k_{31}^2+k_{32}^2+k_{33}^2$。

$\Gamma_i\geqslant0(i=1,2,3)$决定了 3-PRRR 移动并联机构的工作空间。$\delta_i(i=1,2,3)$决定了 3-PRRR 移动并联机构的八个工作模式，如表 12.1 所示。

表 12.1　3-PRRR 移动并联机构的八个工作模式

$\delta_i(i=1,2,3)$	模式 1	模式 2	模式 3	模式 4	模式 5	模式 6	模式 7	模式 8
δ_1	+	+	+	+	−	−	−	−
δ_2	+	−	−	+	−	+	−	+
δ_3	+	−	+	−	−	−	+	+

$\delta_i=-1(i=1,2,3)$，表示分支 i 呈外凸状态；$\delta_i=1(i=1,2,3)$，表示分支 i 呈内凹状态。图 12.2(a)显示三个分支都是外凸状态，即 $\delta_i=-1(i=1,2,3)$，图 12.2(b)显示分支 2 为内凹状态，即 $\delta_2=1$。

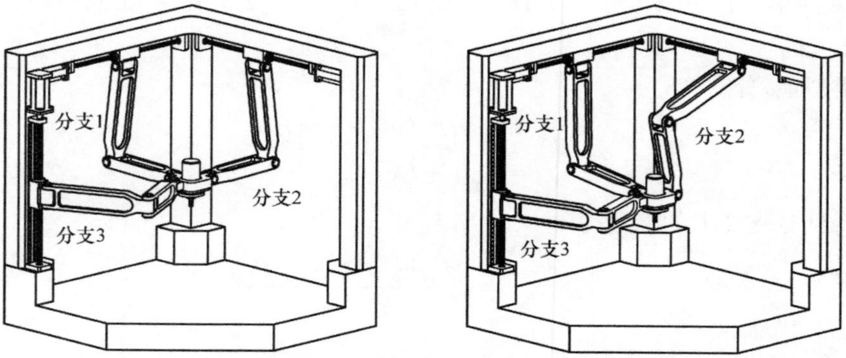

(a) 三个分支外凸($\delta_i=-1(i=1,2,3)$)　　(b) 分支2内凹($\delta_2=1$)

图 12.2　3-PRRR 移动并联机构分支状态

12.1.1　3-PRRR 移动并联机构的运动和约束的片积

3-PRRR 移动并联机构各分支的运动和约束的片积求解如下。

分支 1 上各关节轴线方向的螺旋为

$$\begin{aligned}
&\boldsymbol{S}_{\mathrm{m}_{11}}=\boldsymbol{e}_5\\
&\boldsymbol{S}_{\mathrm{m}_{12}}=\boldsymbol{e}_2\\
&\boldsymbol{S}_{\mathrm{m}_{13}}=\boldsymbol{e}_2-l_1\mathrm{c}_{\theta_{11}}\boldsymbol{e}_4+l_1\mathrm{s}_{\theta_{11}}\boldsymbol{e}_6\\
&\boldsymbol{S}_{\mathrm{m}_{14}}=\boldsymbol{e}_2-(l_2\mathrm{c}_{\theta_{11}+\theta_{12}}+l_1\mathrm{c}_{\theta_{11}})\boldsymbol{e}_4+(l_2\mathrm{s}_{\theta_{11}+\theta_{12}}+l_1\mathrm{s}_{\theta_{11}})\boldsymbol{e}_6
\end{aligned}\tag{12.10}$$

锁住驱动副移动关节 $\boldsymbol{S}_{\mathrm{m}_{11}}$ 后,分支 1 的运动空间由分支 1 上其余三个螺旋向量扩展而成:

$$\begin{aligned}
\boldsymbol{A}_1'&=\boldsymbol{S}_{\mathrm{m}_{12}}\wedge\boldsymbol{S}_{\mathrm{m}_{13}}\wedge\boldsymbol{S}_{\mathrm{m}_{14}}\\
&=-l_1l_2\mathrm{s}_{\theta_{12}}\boldsymbol{e}_2\boldsymbol{e}_4\boldsymbol{e}_6
\end{aligned}\tag{12.11}$$

分支 1 运动空间的约束空间可以写为

$$\begin{aligned}
\boldsymbol{S}_{\mathrm{c1}}'&=\Delta(\boldsymbol{A}_1'\boldsymbol{I}_6^{-1})\\
&=-l_1l_2\mathrm{s}_{\theta_{12}}\boldsymbol{e}_2\boldsymbol{e}_4\boldsymbol{e}_6\\
&=\boldsymbol{S}_{\mathrm{c11}}'\wedge\boldsymbol{S}_{\mathrm{c12}}'\wedge\boldsymbol{S}_{\mathrm{c13}}'
\end{aligned}\tag{12.12}$$

式中

$$\begin{aligned}
&\boldsymbol{S}_{\mathrm{c11}}'=-l_1l_2\mathrm{s}_{\theta_{12}}\boldsymbol{e}_2\\
&\boldsymbol{S}_{\mathrm{c12}}'=\boldsymbol{e}_4\\
&\boldsymbol{S}_{\mathrm{c13}}'=\boldsymbol{e}_6
\end{aligned}\tag{12.13}$$

分支 2 上各关节轴线方向的螺旋为

$$
\begin{aligned}
&\boldsymbol{S}_{\mathrm{m}_{21}}=\boldsymbol{e}_4\\
&\boldsymbol{S}_{\mathrm{m}_{22}}=\boldsymbol{e}_1\\
&\boldsymbol{S}_{\mathrm{m}_{23}}=\boldsymbol{e}_1+l_1\mathrm{c}_{\theta_{21}}\boldsymbol{e}_5-l_1\mathrm{s}_{\theta_{21}}\boldsymbol{e}_6\\
&\boldsymbol{S}_{\mathrm{m}_{24}}=\boldsymbol{e}_1+(l_2\mathrm{c}_{\theta_{21}+\theta_{22}}+l_1\mathrm{c}_{\theta_{21}})\boldsymbol{e}_5-(l_2\mathrm{s}_{\theta_{21}+\theta_{22}}+l_1\mathrm{s}_{\theta_{21}})\boldsymbol{e}_6
\end{aligned}
\tag{12.14}
$$

锁住驱动副移动关节 $\boldsymbol{S}_{\mathrm{m}_{21}}$ 后，分支 2 的运动空间由分支 2 上其余三个螺旋向量扩展而成：

$$
\begin{aligned}
\boldsymbol{A}_2'&=\boldsymbol{S}_{\mathrm{m}_{22}}\wedge\boldsymbol{S}_{\mathrm{m}_{23}}\wedge\boldsymbol{S}_{\mathrm{m}_{24}}\\
&=-l_1l_2\mathrm{s}_{\theta_{22}}\boldsymbol{e}_1\boldsymbol{e}_5\boldsymbol{e}_6
\end{aligned}
\tag{12.15}
$$

分支 2 运动空间的约束空间可以写为

$$
\begin{aligned}
\boldsymbol{S}_{\mathrm{c}2}'&=\Delta(\boldsymbol{A}_2'\boldsymbol{I}_6^{-1})\\
&=-l_1l_2\mathrm{s}_{\theta_{22}}\boldsymbol{e}_1\boldsymbol{e}_5\boldsymbol{e}_6\\
&=\boldsymbol{S}_{\mathrm{c}21}'\wedge\boldsymbol{S}_{\mathrm{c}22}'\wedge\boldsymbol{S}_{\mathrm{c}23}'
\end{aligned}
\tag{12.16}
$$

式中

$$
\begin{aligned}
&\boldsymbol{S}_{\mathrm{c}21}'=-l_1l_2\mathrm{s}_{\theta_{22}}\boldsymbol{e}_1\\
&\boldsymbol{S}_{\mathrm{c}22}'=\boldsymbol{e}_5\\
&\boldsymbol{S}_{\mathrm{c}23}'=\boldsymbol{e}_6
\end{aligned}
\tag{12.17}
$$

分支 3 上各关节轴线方向的螺旋为

$$
\begin{aligned}
&\boldsymbol{S}_{\mathrm{m}_{31}}=\boldsymbol{e}_6\\
&\boldsymbol{S}_{\mathrm{m}_{32}}=\boldsymbol{e}_3+H\boldsymbol{e}_4\\
&\boldsymbol{S}_{\mathrm{m}_{33}}=\boldsymbol{e}_3+(H-l_1\mathrm{s}_{\theta_{31}})\boldsymbol{e}_4-l_1\mathrm{c}_{\theta_{31}}\boldsymbol{e}_5\\
&\boldsymbol{S}_{\mathrm{m}_{34}}=\boldsymbol{e}_3+(H-l_2\mathrm{s}_{\theta_{31}+\theta_{32}}-l_1\mathrm{s}_{\theta_{31}})\boldsymbol{e}_4-(l_2\mathrm{c}_{\theta_{31}+\theta_{32}}+l_1\mathrm{c}_{\theta_{31}})\boldsymbol{e}_5
\end{aligned}
\tag{12.18}
$$

锁住驱动副移动关节 $\boldsymbol{S}_{\mathrm{m}_{31}}$ 后，分支 3 的运动空间由分支 3 上其余三个螺旋向量扩展而成：

$$
\begin{aligned}
\boldsymbol{A}_3'&=\boldsymbol{S}_{\mathrm{m}_{32}}\wedge\boldsymbol{S}_{\mathrm{m}_{33}}\wedge\boldsymbol{S}_{\mathrm{m}_{34}}\\
&=-l_1l_2\mathrm{s}_{\theta_{32}}\boldsymbol{e}_3\boldsymbol{e}_4\boldsymbol{e}_5
\end{aligned}
\tag{12.19}
$$

分支 3 运动空间的约束空间为

$$
\begin{aligned}
\boldsymbol{S}_{\mathrm{c}3}'&=\Delta(\boldsymbol{A}_3'\boldsymbol{I}_6^{-1})\\
&=-l_1l_2\mathrm{s}_{\theta_{32}}\boldsymbol{e}_3\boldsymbol{e}_4\boldsymbol{e}_5\\
&=\boldsymbol{S}_{\mathrm{c}31}'\wedge\boldsymbol{S}_{\mathrm{c}32}'\wedge\boldsymbol{S}_{\mathrm{c}33}'
\end{aligned}
\tag{12.20}
$$

式中

$$
\begin{aligned}
&\boldsymbol{S}_{\mathrm{c}31}'=-l_1l_2\mathrm{s}_{\theta_{32}}\boldsymbol{e}_3\\
&\boldsymbol{S}_{\mathrm{c}32}'=\boldsymbol{e}_4\\
&\boldsymbol{S}_{\mathrm{c}33}'=\boldsymbol{e}_5
\end{aligned}
\tag{12.21}
$$

$\boldsymbol{S}'_{c1}$、$\boldsymbol{S}'_{c2}$和$\boldsymbol{S}'_{c3}$是三个3阶片积，这三个3阶片积包括两个约束力偶$\boldsymbol{S}'_{ci2}$、$\boldsymbol{S}'_{ci3}$($i=1,2,3$)和一个约束力$\boldsymbol{S}'_{ci1}$($i=1,2,3$)，因此在锁住驱动后共产生了9个约束作用到末端执行器上。分支1上的约束力偶$\boldsymbol{S}'_{c13}$和分支2上的约束力偶$\boldsymbol{S}'_{c23}$都是沿Z轴方向，可以等效为一个沿Z轴方向的约束力偶。分支2上的约束力偶$\boldsymbol{S}'_{c22}$和分支3上的约束力偶$\boldsymbol{S}'_{c33}$都是沿Y轴方向，可以等效为一个沿Y轴方向的约束力偶。分支3上的约束力偶$\boldsymbol{S}'_{c32}$和分支1上的约束力偶$\boldsymbol{S}'_{c12}$都是沿X方向，可以等效为一个沿X轴方向的约束力偶。

判断和去除冗余约束后得到不包含冗余约束的片积为

$$\begin{aligned}\boldsymbol{S}''_{c1}&=\boldsymbol{S}'_{c11}\wedge\boldsymbol{S}'_{c12}\\\boldsymbol{S}''_{c2}&=\boldsymbol{S}'_{c21}\wedge\boldsymbol{S}'_{c23}\\\boldsymbol{S}''_{c3}&=\boldsymbol{S}'_{c31}\wedge\boldsymbol{S}'_{c33}\end{aligned}\tag{12.22}$$

$\boldsymbol{S}''_{c1}$、$\boldsymbol{S}''_{c2}$、$\boldsymbol{S}''_{c3}$包括了锁住驱动后施加在机构上的六个约束，为了分析这六个约束之间的线性相关性，对它们进行外积运算，可得

$$\begin{aligned}\boldsymbol{Q}&=\boldsymbol{S}''_{c1}\wedge\boldsymbol{S}''_{c2}\wedge\boldsymbol{S}''_{c3}\\&=Q\boldsymbol{e}_1\boldsymbol{e}_2\boldsymbol{e}_3\boldsymbol{e}_4\boldsymbol{e}_5\boldsymbol{e}_6\end{aligned}\tag{12.23}$$

式中

$$Q=l_1^3l_2^3\mathrm{s}_{\theta_{12}}\mathrm{s}_{\theta_{22}}\mathrm{s}_{\theta_{32}}\tag{12.24}$$

12.1.2 3-PRRR移动并联机构奇异轨迹

式(12.19)中，$\boldsymbol{Q}$是一个6阶片积向量，Q是其系数，包括机构位置和结构参数。满足奇异多项式$Q=0$的机构位置(x,y,z)就是机构的奇异位形，即

$$l_1^3l_2^3\mathrm{s}_{\theta_{12}}\mathrm{s}_{\theta_{22}}\mathrm{s}_{\theta_{32}}=0\tag{12.25}$$

由式(12.25)可知，3-PRRR移动并联机构的奇异可分为以下两类。

第一类奇异：机构杆件处于拉直状态，即两个杆件夹角为

$$\theta_{i2}=0,\quad i=1,2,3\tag{12.26}$$

第二类奇异：机构杆件处于折叠状态，即两个杆件夹角满足

$$\theta_{i2}=\pi,\quad i=1,2,3\tag{12.27}$$

这两类奇异都是边界奇异，即机构到达工作空间外边界或内边界。给定机构参数$l_1=5\text{cm}$，$l_2=3.5\text{cm}$，$H=10\text{cm}$，$r=0.5\text{cm}$，由式(12.4)、式(12.6)和式(12.8)可得3-PRRR移动并联机构动平台中心点的奇异轨迹如图12.3所示，其由三对空间曲面组成，分别代表三个分支上的奇异轨迹面。

12.1.3 3-PRRR移动并联机构奇异位形分析

在给定的机构参数$l_1=5\text{cm}$、$l_2=3.5\text{cm}$、$H=10\text{cm}$、$r=0.5\text{cm}$下，3-PRRR移动并联机构的工作空间如图12.4所示。

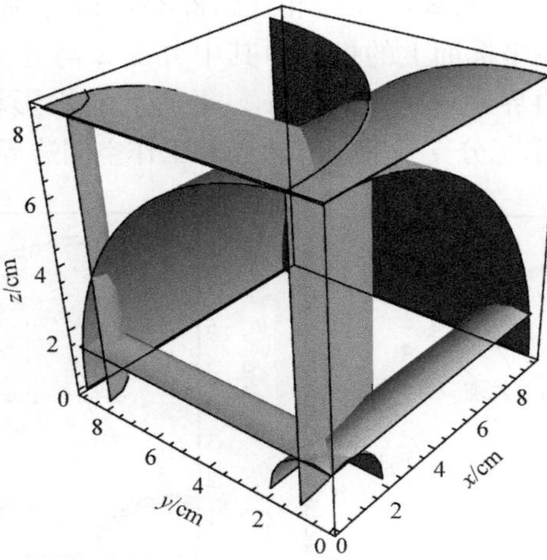

图 12.3　3-PRRR 移动并联机构的奇异轨迹

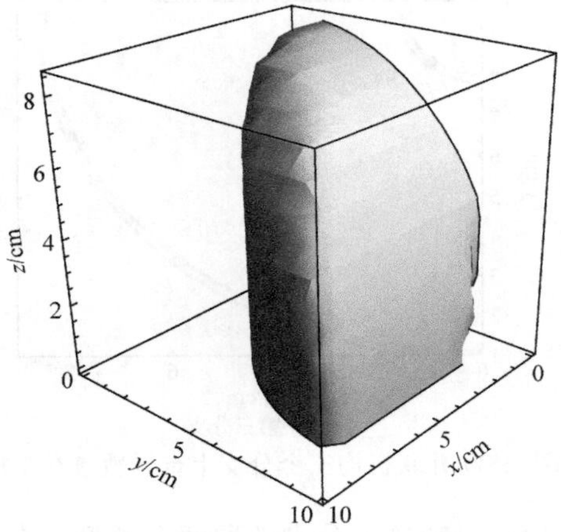

图 12.4　3-PRRR 移动并联机构的工作空间

若三个分支的工作模式中有一个 $\delta_i=1(i=1,2,3)$，即分支 i 呈内凹状态，当机构到达第一类奇异时，杆件呈拉直状态，奇异轨迹与工作空间外边界重合；当机构到达第二类奇异时，杆件呈折叠状态，奇异轨迹与工作空间内边界重合。

若三个分支的工作模式中有一个 $\delta_i=-1(i=1,2,3)$，即分支 i 呈外凸状态，当机构到达第一类奇异时，杆件呈拉直状态，奇异轨迹与工作空间外边界重合；当机构到达第二类奇异时，杆件呈折叠状态，机构位于工作空间的内边界。机构在工作空间边界处易形成奇异位形，但也在工作空间边界处变换工作模式。由于 3-PRRR 移动并联机构具有解耦性，三个分支可以分别进行讨论。当 $\theta_{i2}=0$ 或

π(i=1,2,3)时,由式(12.4)、式(12.6)和式(12.8)可以分别得到每个分支的奇异轨迹和工作空间边界在坐标面上的投影。其中分支 2 与分支 1 是对称的,它们的奇异轨迹和工作空间边界在 y-z 平面和 x-z 平面上的投影相同,如图 12.5(a)和(b)所示,图 12.5(c)为第三分支上的奇异轨迹和工作空间边界在 x-y 平面上的投影。

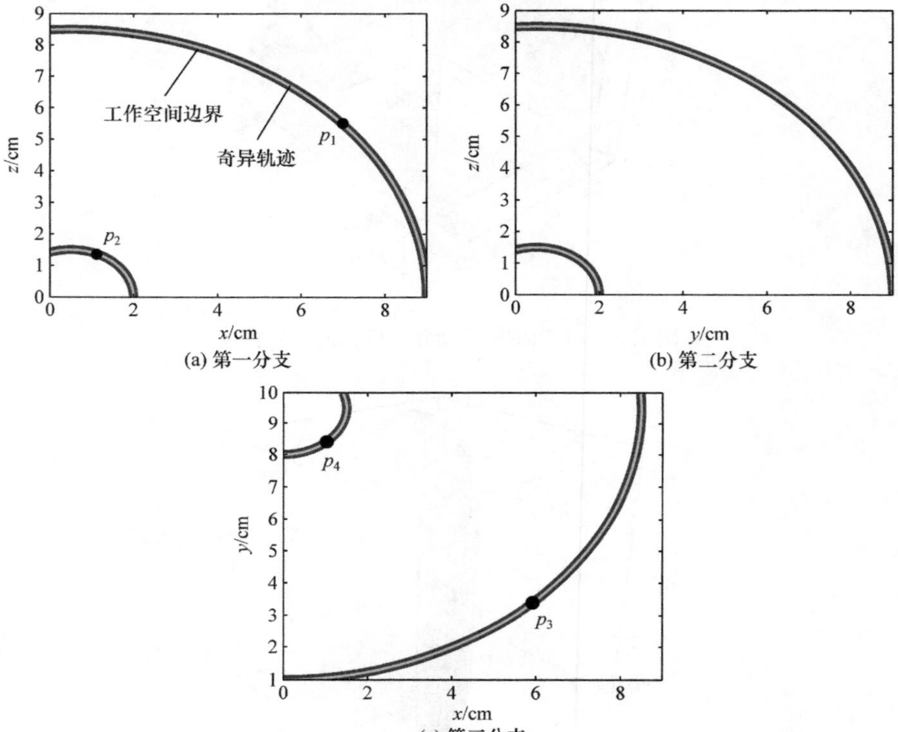

(a) 第一分支　　(b) 第二分支

(c) 第三分支

图 12.5　3-PRRR 移动并联机构三个分支上奇异轨迹在工作空间中的分布

在图 12.5 中分支的奇异轨迹上分别选取两个类型的奇异点,第一分支上的奇异点 p_1 和 p_2 的坐标分别为(7,5.4772)和(1,1.4142),其中 Y 坐标对奇异结果不产生影响,可以取(0,H)之间的任何数,奇异点 p_1 位形分支 1 处于拉直状态,奇异点 p_2 位形分支 1 处于折叠状态,第二分支上与第一分支上位形对称。第三分支上的奇异点 p_3 和 p_4 的坐标为(6,3.4792)和(1,8.3820),Z 坐标对奇异结果也不产生影响,可以取(0,H)之间的任何数,奇异点 p_3 位形分支 3 处于拉直状态,奇异点 p_4 位形分支 3 处于折叠状态。四个奇异点对应的机构奇异位形如图 12.6(a)～(b)所示。奇异点 p_1 位形分支 1 与 Z 轴的夹角为 49.9°,奇异点 p_2 位形分支 1 与 Z 轴的夹角为 19.5°,奇异点 p_3 位形分支 3 与 X 轴的夹角为 45.1°,奇异点 p_4 位形分支 3 与 X 轴的夹角为 48.2°。

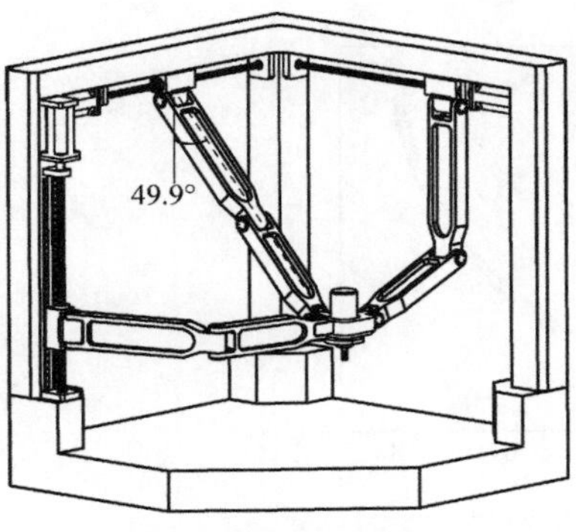

(a) p_1点位形

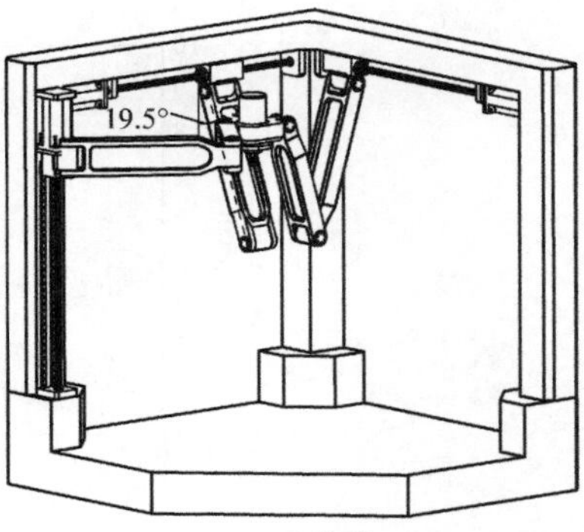

(b) p_2点位形

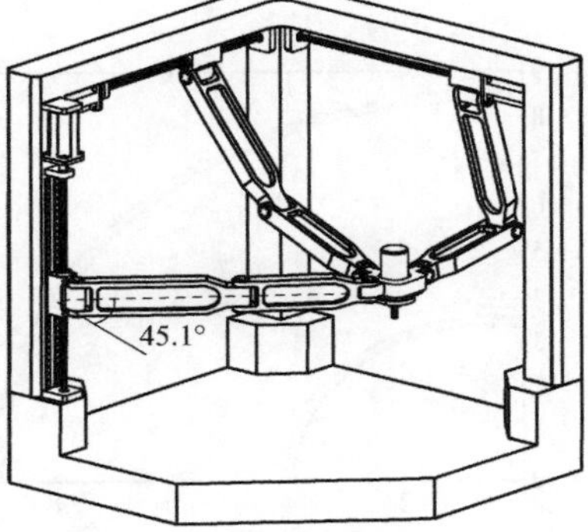

(c) p_3点位形

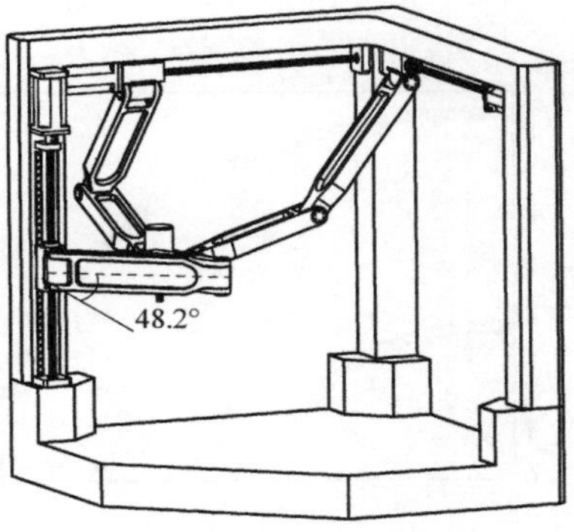

(d) p_4点位形

图 12.6　奇异点 $p_i(i=1,2,3,4)$对应的机构位形

机构的参数选择对工作空间的大小和奇异的多少有影响。当 $l_1=l_2=4\text{cm}$ 时，机构第一类奇异与工作空间外边界重合，工作空间投影面积最大，如图 12.7 所示。假设 $l_1>l_2$，在$(l_1+l_2)\geqslant H/2$ 的情况下，l_1/l_2 越大，工作空间投影面积越小，无奇异区域越小，如图 12.8 所示。相对于上述机构参数为 $l_1=5\text{cm}$、$l_2=3.5\text{cm}$ 时工作空间投影面积减小，无奇异区域也减小。在选择机构参数时这可以作为一项参考依据。

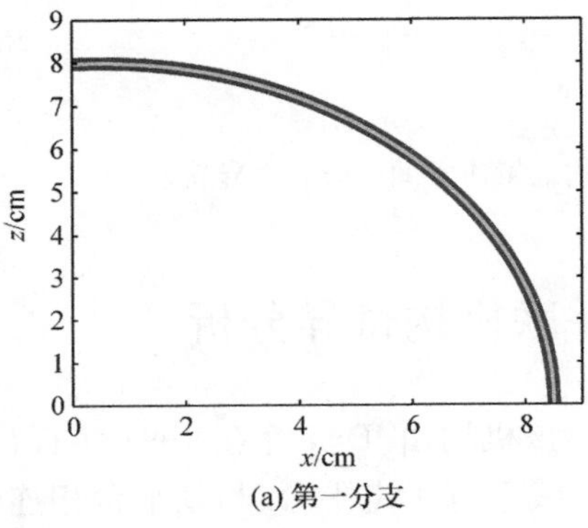

(a) 第一分支

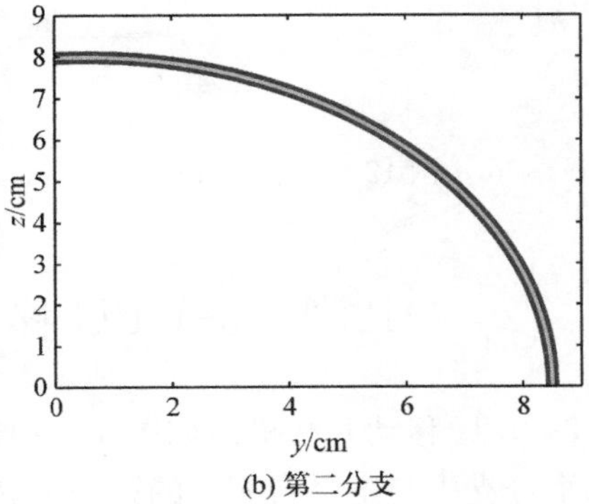

(b) 第二分支

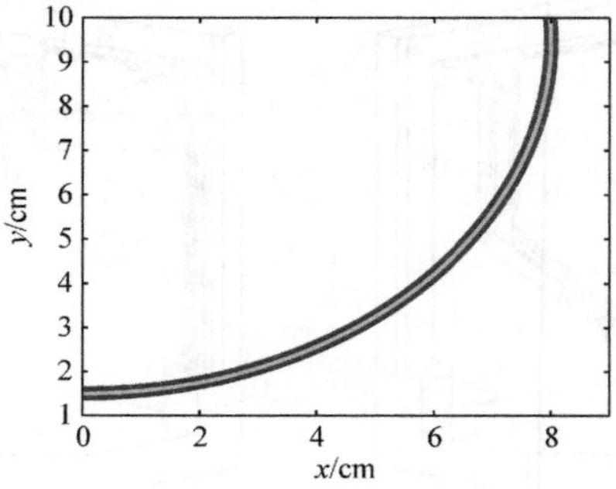

(c) 第三分支

图 12.7　$l_1=l_2=4\text{cm}$ 时机构的工作空间投影和奇异轨迹

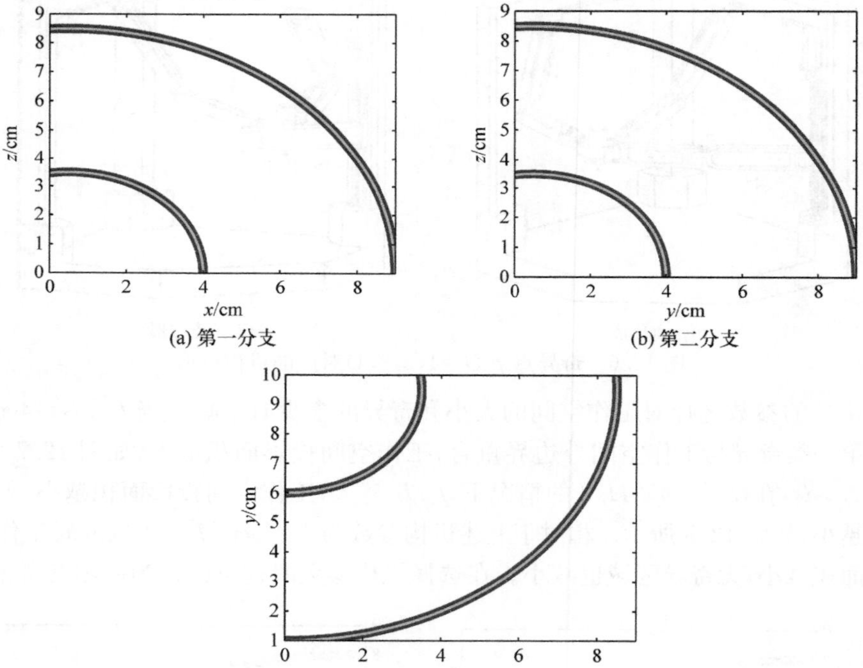

(c) 第三分支

图 12.8　$l_1=6\text{cm}$、$l_2=2.5\text{cm}$ 时机构的工作空间投影和奇异轨迹

12.2　3-UPU 移动并联机构奇异分析

3-UPU 移动并联机构如图 12.9 所示。该机构由 Tsai 等在 1997 年提出[6]，在每个分支中与定平台相连的第一个转动轴线平行于定平台，与动平台相连的第

一个转动轴线平行于动平台，它们的轴线方向分别切于对应平台三角形的外接圆，三分支有相同的几何条件，移动副两端的转动轴线结构上保持平行，且十字头法线斜交于定平台。动平台上 U 副中心点是 $B_i(i=1,2,3)$，定平台上 U 副中心点是 $A_i(i=1,2,3)$。每个分支上 P 副为驱动副。建立如图 12.9 所示的定坐标系 $O\text{-}XYZ$ 和动坐标系 $o\text{-}uvw$。原点 O 位于定平台的中心点，X 轴指向 A_3 点，Y 轴平行于 A_1A_2，Z 轴方向向上。原点 o 位于动平台的中心点，u 轴指向 B_3 点，v 轴与 B_1B_2 共线，w 轴方向向下。动平台上$\triangle B_1B_2B_3$ 的外接圆半径 $r_B=b$，定平台上$\triangle A_1A_2A_3$ 的外接圆半径 $r_A=a$。

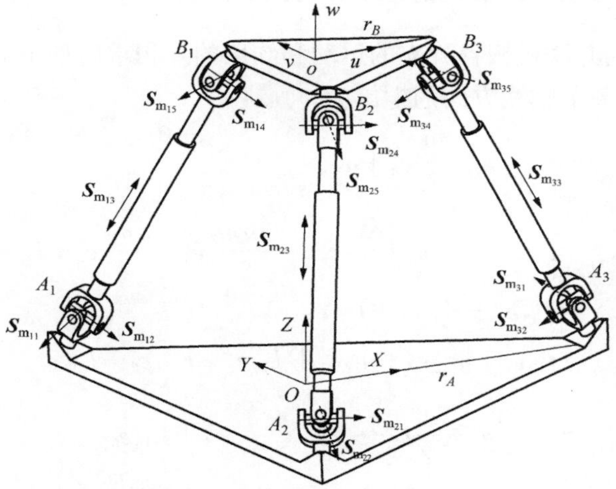

图 12.9　3-UPU 移动并联机构

o 点相对于固定坐标系的位置矢量为 $\boldsymbol{p}=(x,y,z)^{\mathrm{T}}$，$O$ 点到 A_i 点的位置矢量为

$$\begin{cases}\boldsymbol{a}_1=\left(-\dfrac{a}{2},\dfrac{\sqrt{3}a}{2},0\right)^{\mathrm{T}}\\ \boldsymbol{a}_2=\left(-\dfrac{a}{2},-\dfrac{\sqrt{3}a}{2},0\right)^{\mathrm{T}}\\ \boldsymbol{a}_3=(a,0,0)^{\mathrm{T}}\end{cases}\tag{12.28}$$

$\boldsymbol{b}_i'$为 B_i 点在动坐标系下的位置矢量，为

$$\begin{cases}\boldsymbol{b}_1'=\left(-\dfrac{b}{2},\dfrac{\sqrt{3}b}{2},0\right)^{\mathrm{T}}\\ \boldsymbol{b}_2'=\left(-\dfrac{b}{2},-\dfrac{\sqrt{3}b}{2},0\right)^{\mathrm{T}}\\ \boldsymbol{b}_3'=(b,0,0)^{\mathrm{T}}\end{cases}\tag{12.29}$$

由于动平台相对于定平台只有纯移动，O 点到 B_i 点的位置矢量可以表示为

$$\boldsymbol{b}_i=\boldsymbol{b}_i'+\boldsymbol{p} \tag{12.30}$$

3-UPU 移动并联机构各分支上与定平台和动平台相连的转动轴线单位方向向量 $\boldsymbol{s}_{i1}(i=1,2,3)$ 和 $\boldsymbol{s}_{i5}(i=1,2,3)$ 沿平台外接圆切线的方向。移动副的单位方向向量 $\boldsymbol{s}_{i3}(i=1,2,3)$ 沿杆件 A_1B_1 方向。各分支杆件两端的转动轴线单位方向向量 $\boldsymbol{s}_{i2}(i=1,2,3)$ 和 $\boldsymbol{s}_{i4}(i=1,2,3)$ 与 P 副方向向量和平台上的转动轴线方向向量都垂直，即 $\boldsymbol{s}_{i2}=\boldsymbol{s}_{i4}=\boldsymbol{s}_{i1}\times\boldsymbol{s}_{i3}$。

12.2.1　3-UPU 移动并联机构的运动和约束的片积

3-UPU 移动并联机构各分支的运动和约束的片积求解如下。

分支 1 上各关节轴线方向的螺旋为

$$\begin{aligned}
\boldsymbol{S}_{\mathrm{m}_{11}}&=-\frac{\sqrt{3}}{2}\boldsymbol{e}_1-\frac{1}{2}\boldsymbol{e}_2+a\boldsymbol{e}_6\\
\boldsymbol{S}_{\mathrm{m}_{12}}&=l_{12}\boldsymbol{e}_1+m_{12}\boldsymbol{e}_2+n_{12}\boldsymbol{e}_3+\frac{\sqrt{3}an_{12}}{2}\boldsymbol{e}_4+\frac{an_{12}}{2}\boldsymbol{e}_5+L_{12}\boldsymbol{e}_6\\
\boldsymbol{S}_{\mathrm{m}_{13}}&=J_{13}\boldsymbol{e}_4+K_{13}\boldsymbol{e}_5+L_{13}\boldsymbol{e}_6\\
\boldsymbol{S}_{\mathrm{m}_{14}}&=l_{12}\boldsymbol{e}_1+m_{12}\boldsymbol{e}_2+n_{12}\boldsymbol{e}_3+J_{14}\boldsymbol{e}_4+K_{14}\boldsymbol{e}_5+L_{14}\boldsymbol{e}_6\\
\boldsymbol{S}_{\mathrm{m}_{15}}&=-\frac{\sqrt{3}}{2}\boldsymbol{e}_1-\frac{1}{2}\boldsymbol{e}_2+\frac{z}{2}\boldsymbol{e}_4-\frac{\sqrt{3}}{2}z\boldsymbol{e}_5+L_{15}\boldsymbol{e}_6
\end{aligned} \tag{12.31}$$

式中，J_{13}、K_{13}、L_{13} 是向量 $(J_{13},K_{13},L_{13})^{\mathrm{T}}=(\boldsymbol{a}_1-\boldsymbol{b}_1)/|\boldsymbol{a}_1-\boldsymbol{b}_1|$ 中的元素；方向向量 $(l_{12},m_{12},n_{12})=(\boldsymbol{s}_{11}\times\boldsymbol{s}_{13})/|\boldsymbol{s}_{11}\times\boldsymbol{s}_{13}|$，且有

$$\begin{aligned}
\boldsymbol{s}_{11}&=\left(-\frac{\sqrt{3}}{2},-\frac{1}{2},0\right)\\
\boldsymbol{s}_{13}&=(J_{13},K_{13},L_{13})\\
L_{12}&=-\frac{a(m_{12}-\sqrt{3}l_{12})}{2}\\
J_{14}&=n_{12}\left(y+\frac{\sqrt{3}b}{2}\right)-m_{12}z\\
K_{14}&=l_{12}z+n_{12}\left(\frac{b}{2}-x\right)\\
L_{14}&=-m_{12}\left(\frac{b}{2}-x\right)-l_{12}\left(y+\frac{\sqrt{3}}{2}b\right)\\
L_{15}&=\frac{b}{4}-\frac{x}{2}+\frac{\sqrt{3}}{2}\left(y+\frac{\sqrt{3}}{2}b\right)
\end{aligned}$$

锁住驱动副移动关节 $\boldsymbol{S}_{\mathrm{m}_{13}}$ 后，分支 1 的运动空间由分支 1 上其余四个螺旋向量扩展而成：

$$\begin{aligned}\boldsymbol{A}_1' &= \boldsymbol{S}_{\mathrm{m}_{11}} \wedge \boldsymbol{S}_{\mathrm{m}_{12}} \wedge \boldsymbol{S}_{\mathrm{m}_{14}} \wedge \boldsymbol{S}_{\mathrm{m}_{15}} \\ &= f_1\boldsymbol{e}_1\boldsymbol{e}_2\boldsymbol{e}_4\boldsymbol{e}_5 + f_2\boldsymbol{e}_1\boldsymbol{e}_2\boldsymbol{e}_4\boldsymbol{e}_6 + f_3\boldsymbol{e}_1\boldsymbol{e}_2\boldsymbol{e}_5\boldsymbol{e}_6 + f_4\boldsymbol{e}_1\boldsymbol{e}_3\boldsymbol{e}_4\boldsymbol{e}_5 \\ &\quad + f_5\boldsymbol{e}_1\boldsymbol{e}_3\boldsymbol{e}_4\boldsymbol{e}_6 + f_6\boldsymbol{e}_1\boldsymbol{e}_3\boldsymbol{e}_5\boldsymbol{e}_6 + f_7\boldsymbol{e}_1\boldsymbol{e}_4\boldsymbol{e}_5\boldsymbol{e}_6 + f_8\boldsymbol{e}_2\boldsymbol{e}_3\boldsymbol{e}_4\boldsymbol{e}_5 \\ &\quad + f_9\boldsymbol{e}_2\boldsymbol{e}_3\boldsymbol{e}_4\boldsymbol{e}_6 + f_{10}\boldsymbol{e}_2\boldsymbol{e}_3\boldsymbol{e}_5\boldsymbol{e}_6 + f_{11}\boldsymbol{e}_2\boldsymbol{e}_4\boldsymbol{e}_5\boldsymbol{e}_6 + f_{12}\boldsymbol{e}_3\boldsymbol{e}_4\boldsymbol{e}_5\boldsymbol{e}_6\end{aligned} \tag{12.32}$$

式中

$$f_1 = \frac{1}{4}z(3J_{14}m_{12} - K_{14}l_{12} - \sqrt{3}J_{14}l_{12} + \sqrt{3}K_{14}m_{12} + 2al_{12}n_{12} - 2\sqrt{3}am_{12}n_{12})$$

$$\begin{aligned}f_2 = \frac{1}{4}(&2J_{14}L_{15}l_{12} - 2J_{14}al_{12} + L_{12}l_{12}z - L_{14}l_{12}z - 3a^2m_{12}n_{12} + \sqrt{3}a^2l_{12}n_{12} \\ &- 2\sqrt{3}J_{14}L_{15}m_{12} + 2\sqrt{3}J_{14}am_{12} + 3L_{15}am_{12}n_{12} - \sqrt{3}L_{12}m_{12}z \\ &+ \sqrt{3}L_{14}m_{12}z - \sqrt{3}L_{15}al_{12}n_{12})\end{aligned}$$

$$\begin{aligned}f_3 = \frac{1}{4}(&2K_{14}L_{15}l_{12} - 2K_{14}al_{12} + 3L_{12}m_{12}z - 3L_{14}m_{12}z + a^2l_{12}n_{12} - \sqrt{3}a^2m_{12}n_{12} \\ &- 2\sqrt{3}K_{14}L_{15}m_{12} + 2\sqrt{3}K_{14}am_{12} - L_{15}al_{12}n_{12} - \sqrt{3}L_{12}l_{12}z \\ &+ \sqrt{3}L_{14}l_{12}z + \sqrt{3}L_{15}am_{12}n_{12})\end{aligned}$$

$$f_4 = \frac{1}{4}n_{12}z(3J_{14} + \sqrt{3}K_{14} - 2\sqrt{3}an_{12})$$

$$f_5 = -\frac{1}{4}n_{12}(3a^2n_{12} + 2\sqrt{3}J_{14}L_{15} - 2\sqrt{3}J_{14}a - 3L_{15}an_{12} + \sqrt{3}L_{12}z - \sqrt{3}L_{14}z)$$

$$f_6 = \frac{1}{4}n_{12}(3L_{12}z - 3L_{14}z - 2\sqrt{3}K_{14}L_{15} + 2\sqrt{3}K_{14}a - \sqrt{3}a^2n_{12} + \sqrt{3}L_{15}an_{12})$$

$$\begin{aligned}f_7 = \frac{1}{4}(&3J_{14}L_{12}z + 3K_{14}a^2n_{12} - \sqrt{3}J_{14}a^2n_{12} - 4a^2l_{12}n_{12}z - 3K_{14}L_{15}an_{12} \\ &+ \sqrt{3}K_{14}L_{12}z + 2K_{14}al_{12}z + \sqrt{3}J_{14}L_{15}an_{12} + 2\sqrt{3}J_{14}al_{12}z - 2\sqrt{3}L_{14}an_{12}z)\end{aligned}$$

$$f_8 = \frac{1}{4}n_{12}z(K_{14} + \sqrt{3}J_{14} - 2an_{12})$$

$$f_9 = \frac{1}{4}n_{12}(2J_{14}a - L_{12}z + L_{14}z - 2J_{14}L_{15} - \sqrt{3}a^2n_{12} + \sqrt{3}L_{15}an_{12})$$

$$f_{10} = \frac{1}{4}n_{12}(2K_{14}a - a^2n_{12} - 2K_{14}L_{15} + L_{15}an_{12} + \sqrt{3}L_{12}z - \sqrt{3}L_{14}z)$$

$$\begin{aligned}f_{11} = \frac{1}{4}(&K_{14}L_{12}z - J_{14}a^2n_{12} + \sqrt{3}K_{14}a^2n_{12} - 4a^2m_{12}n_{12}z + J_{14}L_{15}an_{12} \\ &+ \sqrt{3}J_{14}L_{12}z + 2K_{14}am_{12}z - 2L_{14}an_{12}z - \sqrt{3}K_{14}L_{15}an_{12} + 2\sqrt{3}J_{14}am_{12}z)\end{aligned}$$

$$f_{12}=\frac{1}{2}an_{12}z(K_{14}+\sqrt{3}J_{14}-2an_{12})$$

分支 1 运动空间的约束空间可以写为

$$\begin{aligned}\boldsymbol{S}'_{c1}&=\Delta(\boldsymbol{A}'_1\boldsymbol{I}_6^{-1})\\&=j_{10}\boldsymbol{e}_1\boldsymbol{e}_4-j_6\boldsymbol{e}_1\boldsymbol{e}_5+j_3\boldsymbol{e}_1\boldsymbol{e}_6-j_9\boldsymbol{e}_2\boldsymbol{e}_4+j_5\boldsymbol{e}_2\boldsymbol{e}_5-j_2\boldsymbol{e}_2\boldsymbol{e}_6\\&\quad+j_8\boldsymbol{e}_3\boldsymbol{e}_4-j_4\boldsymbol{e}_3\boldsymbol{e}_5+j_1\boldsymbol{e}_3\boldsymbol{e}_6-j_{12}\boldsymbol{e}_4\boldsymbol{e}_5+j_{11}\boldsymbol{e}_4\boldsymbol{e}_6-j_7\boldsymbol{e}_5\boldsymbol{e}_6\\&=\boldsymbol{S}'_{c11}\wedge\boldsymbol{S}'_{c12}\end{aligned}\tag{12.33}$$

式中，$j_i(i=1,2,\cdots,12)$为含变量的参数，可以进一步分解；

$$\begin{aligned}\boldsymbol{S}'_{c11}&=-n_{12}\boldsymbol{e}_4+\sqrt{3}n_{12}\boldsymbol{e}_5+(l_{12}-\sqrt{3}m_{12})\boldsymbol{e}_6\\\boldsymbol{S}'_{c12}&=d_{11}\boldsymbol{e}_1+d_{12}\boldsymbol{e}_2+d_{13}\boldsymbol{e}_3+p_{11}\boldsymbol{e}_4+p_{12}\boldsymbol{e}_5\end{aligned}\tag{12.34}$$

其中

$$d_{11}=-\frac{1}{4}(2K_{14}a-a^2n_{12}-2K_{14}L_{15}+L_{15}an_{12}+\sqrt{3}L_{12}z-\sqrt{3}L_{14}z)$$

$$d_{12}=\frac{1}{4}(2J_{14}a-L_{12}z+L_{14}z-2J_{14}L_{15}-\sqrt{3}a^2n_{12}+\sqrt{3}L_{15}an_{12})$$

$$d_{13}=-\frac{1}{4}(z(K_{14}+\sqrt{3}J_{14}-2an_{12})$$

$$\begin{aligned}p_{11}=&\frac{K_{14}L_{12}z-J_{14}a^2n_{12}+\sqrt{3}K_{14}a^2n_{12}-4a^2m_{12}n_{12}z+J_{14}L_{15}an_{12}}{4(l_{12}-\sqrt{3}m_{12})}\\&+\frac{\sqrt{3}J_{14}L_{12}z+2K_{14}am_{12}z-2L_{14}an_{12}z-\sqrt{3}K_{14}L_{15}an_{12}+2\sqrt{3}J_{14}am_{12}z}{4(l_{12}-\sqrt{3}m_{12})}\end{aligned}$$

$$\begin{aligned}p_{12}=&-\frac{3J_{14}L_{12}z+3K_{14}a^2n_{12}-\sqrt{3}J_{14}a^2n_{12}-4a^2l_{12}n_{12}z-3K_{14}L_{15}an_{12}}{4(l_{12}-\sqrt{3}m_{12})}\\&-\frac{\sqrt{3}K_{14}L_{12}z+2K_{14}al_{12}z+\sqrt{3}J_{14}L_{15}an_{12}+2\sqrt{3}J_{14}al_{12}z-2\sqrt{3}L_{14}an_{12}z}{4(l_{12}-\sqrt{3}m_{12})}\end{aligned}$$

分支 2 上各关节轴线方向的螺旋为

$$\begin{aligned}\boldsymbol{S}_{m_{21}}&=\frac{\sqrt{3}}{2}\boldsymbol{e}_1-\frac{1}{2}\boldsymbol{e}_2+a\boldsymbol{e}_6\\\boldsymbol{S}_{m_{22}}&=l_{22}\boldsymbol{e}_1+m_{22}\boldsymbol{e}_2+n_{22}\boldsymbol{e}_3-\frac{\sqrt{3}}{2}an_{22}\boldsymbol{e}_4+\frac{an_{22}}{2}\boldsymbol{e}_5+L_{22}\boldsymbol{e}_6\\\boldsymbol{S}_{m_{23}}&=J_{23}\boldsymbol{e}_4+K_{23}\boldsymbol{e}_5+L_{23}\boldsymbol{e}_6\\\boldsymbol{S}_{m_{24}}&=l_{22}\boldsymbol{e}_1+m_{22}\boldsymbol{e}_2+n_{22}\boldsymbol{e}_3+J_{24}\boldsymbol{e}_4+K_{24}\boldsymbol{e}_5+L_{24}\boldsymbol{e}_6\\\boldsymbol{S}_{m_{25}}&=\frac{\sqrt{3}}{2}\boldsymbol{e}_1-\frac{1}{2}\boldsymbol{e}_2+\frac{z}{2}\boldsymbol{e}_4+\frac{\sqrt{3}}{2}z\boldsymbol{e}_5+L_{25}\boldsymbol{e}_6\end{aligned}\tag{12.35}$$

式中，J_{23}、K_{23}、L_{23} 是向量 $(J_{23},K_{23},L_{23})^{\mathrm{T}}=(\boldsymbol{a}_2-\boldsymbol{b}_2)/|\boldsymbol{a}_2-\boldsymbol{b}_2|$ 中的元素；方向向量 $(l_{22},m_{22},n_{22})=(\boldsymbol{s}_{21}\times\boldsymbol{s}_{23})/|\boldsymbol{s}_{21}\times\boldsymbol{s}_{23}|$，且有

$$\boldsymbol{s}_{21}=\left(\frac{\sqrt{3}}{2},-\frac{1}{2},0\right)$$

$$\boldsymbol{s}_{23}=(J_{23},K_{23},L_{23})$$

$$L_{22}=\frac{a(\sqrt{3}l_{22}-m_{22})}{2}$$

$$J_{24}=n_{22}\left(y-\frac{\sqrt{3}b}{2}\right)-m_{22}z$$

$$K_{24}=l_{22}z+n_{22}\left(\frac{b}{2}-x\right)$$

$$L_{24}=-m_{22}\left(\frac{b}{2}-x\right)-l_{22}\left(y-\frac{\sqrt{3}b}{2}\right)$$

$$L_{25}=\frac{b}{4}-\frac{x}{2}-\frac{\sqrt{3}}{2}\left(y-\frac{\sqrt{3}b}{2}\right)$$

锁住驱动副移动关节 $\boldsymbol{S}_{\mathrm{m}_{23}}$ 后，分支 2 的运动空间由分支 2 上其余四个螺旋向量扩展而成：

$$\begin{aligned}\boldsymbol{A}_2'&=\boldsymbol{S}_{\mathrm{m}_{21}}\wedge\boldsymbol{S}_{\mathrm{m}_{22}}\wedge\boldsymbol{S}_{\mathrm{m}_{24}}\wedge\boldsymbol{S}_{\mathrm{m}_{25}}\\&=g_1\boldsymbol{e}_1\boldsymbol{e}_2\boldsymbol{e}_4\boldsymbol{e}_5+g_2\boldsymbol{e}_1\boldsymbol{e}_2\boldsymbol{e}_4\boldsymbol{e}_6+g_3\boldsymbol{e}_1\boldsymbol{e}_2\boldsymbol{e}_5\boldsymbol{e}_6+g_4\boldsymbol{e}_1\boldsymbol{e}_3\boldsymbol{e}_4\boldsymbol{e}_5\\&\quad+g_5\boldsymbol{e}_1\boldsymbol{e}_3\boldsymbol{e}_4\boldsymbol{e}_6+g_6\boldsymbol{e}_1\boldsymbol{e}_3\boldsymbol{e}_5\boldsymbol{e}_6+g_7\boldsymbol{e}_1\boldsymbol{e}_4\boldsymbol{e}_5\boldsymbol{e}_6+g_8\boldsymbol{e}_2\boldsymbol{e}_3\boldsymbol{e}_4\boldsymbol{e}_5\\&\quad+g_9\boldsymbol{e}_2\boldsymbol{e}_3\boldsymbol{e}_4\boldsymbol{e}_6+g_{10}\boldsymbol{e}_2\boldsymbol{e}_3\boldsymbol{e}_5\boldsymbol{e}_6+g_{11}\boldsymbol{e}_2\boldsymbol{e}_4\boldsymbol{e}_5\boldsymbol{e}_6+g_{12}\boldsymbol{e}_3\boldsymbol{e}_4\boldsymbol{e}_5\boldsymbol{e}_6\end{aligned}\tag{12.36}$$

式中

$$g_1=\frac{1}{4}z(3J_{24}m_{22}-K_{24}l_{22}+\sqrt{3}J_{24}l_{22}-\sqrt{3}K_{24}m_{22}+2al_{22}n_{22}+2\sqrt{3}am_{22}n_{22})$$

$$\begin{aligned}g_2=\frac{1}{4}(&2J_{24}L_{25}l_{22}-2J_{24}al_{22}+L_{22}l_{22}z-L_{24}l_{22}z-3a^2m_{22}n_{22}-\sqrt{3}a^2l_{22}n_{22}\\&+2\sqrt{3}J_{24}L_{25}m_{22}-2\sqrt{3}J_{24}am_{22}+3L_{25}am_{22}n_{22}+\sqrt{3}L_{22}m_{22}z\\&-\sqrt{3}L_{24}m_{22}z+\sqrt{3}L_{25}al_{22}n_{22})\end{aligned}$$

$$\begin{aligned}g_3=\frac{1}{4}(&2K_{24}L_{25}l_{22}-2K_{24}al_{22}+3L_{22}m_{22}z-3L_{24}m_{22}z+a^2l_{22}n_{22}+\sqrt{3}a^2m_{22}n_{22}\\&+2\sqrt{3}K_{24}L_{25}m_{22}-2\sqrt{3}K_{24}am_{22}-L_{15}al_{22}n_{22}+\sqrt{3}L_{22}l_{22}z\\&-\sqrt{3}L_{24}l_{22}z-\sqrt{3}L_{25}am_{22}n_{22})\end{aligned}$$

$$g_4=\frac{1}{4}n_{22}z(3J_{24}-\sqrt{3}K_{24}+2\sqrt{3}an_{22})$$

$$g_5=-\frac{1}{4}n_{22}(3a^2n_{22}-2\sqrt{3}J_{24}L_{25}+2\sqrt{3}J_{24}a-3L_{25}an_{22}-\sqrt{3}L_{22}z+\sqrt{3}L_{24}z)$$

$$g_6=\frac{1}{4}n_{22}(3L_{22}z-3L_{24}z+2\sqrt{3}K_{24}L_{25}-2\sqrt{3}K_{24}a+\sqrt{3}a^2n_{22}-\sqrt{3}L_{25}an_{22})$$

$$g_7=\frac{1}{4}(3J_{24}L_{22}z+3K_{24}a^2n_{22}+\sqrt{3}J_{24}a^2n_{22}-4a^2l_{22}n_{22}z-3K_{24}L_{25}an_{22}$$
$$-\sqrt{3}K_{24}L_{22}z+2K_{24}al_{22}z-\sqrt{3}J_{24}L_{25}an_{22}-2\sqrt{3}J_{24}al_{22}z+2\sqrt{3}L_{24}an_{22}z)$$

$$g_8=-\frac{1}{4}n_{22}z(K_{24}-\sqrt{3}J_{24}+2an_{22})$$

$$g_9=\frac{1}{4}n_{22}(2J_{24}a-L_{22}z+L_{24}z-2J_{24}L_{25}+\sqrt{3}a^2n_{22}-\sqrt{3}L_{25}an_{22})$$

$$g_{10}=\frac{1}{4}n_{22}(2K_{24}a-a^2n_{22}-2K_{24}L_{25}+L_{25}an_{22}-\sqrt{3}L_{22}z+\sqrt{3}L_{24}z)$$

$$g_{11}=\frac{1}{4}(K_{24}L_{22}z-J_{24}a^2n_{22}-\sqrt{3}K_{24}a^2n_{22}-4a^2m_{22}n_{22}z+J_{24}L_{25}an_{22}-\sqrt{3}J_{24}L_{22}z$$
$$+2K_{24}am_{22}z-2L_{24}an_{22}z+\sqrt{3}K_{24}L_{25}an_{22}-2\sqrt{3}J_{24}am_{22}z)$$

$$g_{12}=-\frac{1}{2}an_{22}z(K_{24}-\sqrt{3}J_{24}+2an_{22})$$

分支 2 运动空间的约束空间可以写为

$$\begin{aligned}\boldsymbol{S}'_{c2}&=\Delta(\boldsymbol{A}'_2\boldsymbol{I}_6^{-1})\\&=g_{10}\boldsymbol{e}_1\boldsymbol{e}_4-g_6\boldsymbol{e}_1\boldsymbol{e}_5+g_3\boldsymbol{e}_1\boldsymbol{e}_6-g_9\boldsymbol{e}_2\boldsymbol{e}_4+g_5\boldsymbol{e}_2\boldsymbol{e}_5-g_2\boldsymbol{e}_2\boldsymbol{e}_6\\&\quad+g_8\boldsymbol{e}_3\boldsymbol{e}_4-g_4\boldsymbol{e}_3\boldsymbol{e}_5+g_1\boldsymbol{e}_3\boldsymbol{e}_6-g_{12}\boldsymbol{e}_4\boldsymbol{e}_5+g_{11}\boldsymbol{e}_4\boldsymbol{e}_6-g_7\boldsymbol{e}_5\boldsymbol{e}_6\\&=\boldsymbol{S}'_{c21}\wedge\boldsymbol{S}'_{c22}\end{aligned}\tag{12.37}$$

式中

$$\begin{aligned}\boldsymbol{S}'_{c21}&=-n_{22}\boldsymbol{e}_4-\sqrt{3}n_{22}\boldsymbol{e}_5+(l_{22}+\sqrt{3}m_{22})\boldsymbol{e}_6\\\boldsymbol{S}'_{c22}&=d_{21}\boldsymbol{e}_1+d_{22}\boldsymbol{e}_2+d_{23}\boldsymbol{e}_3+p_{21}\boldsymbol{e}_4+p_{22}\boldsymbol{e}_5\end{aligned}\tag{12.38}$$

其中

$$d_{21}=-\frac{1}{4}(2K_{24}a-a^2n_{22}-2K_{24}L_{25}+L_{25}an_{22}-\sqrt{3}L_{22}z+\sqrt{3}L_{24}z)$$

$$d_{22}=\frac{1}{4}(2J_{24}a-L_{22}z+L_{24}z-2J_{24}L_{25}+\sqrt{3}a^2n_{22}-\sqrt{3}L_{25}an_{22})$$

$$d_{23}=\frac{1}{4}z(-K_{24}+\sqrt{3}J_{24}+2an_{22})$$

$$p_{21}=-\frac{K_{24}L_{22}z-J_{24}a^2n_{22}+\sqrt{3}K_{24}a^2n_{22}+4a^2m_{22}n_{22}z-J_{24}L_{25}an_{22}}{4(l_{22}+\sqrt{3}m_{22})}$$

$$-\frac{\sqrt{3}J_{24}L_{22}z-2K_{24}am_{22}z+2L_{24}an_{22}z-\sqrt{3}K_{24}L_{25}an_{22}+2\sqrt{3}J_{24}am_{22}z}{4(l_{22}+\sqrt{3}m_{22})}$$

$$p_{22}=-\frac{3J_{24}L_{22}z+3K_{24}a^2n_{22}+\sqrt{3}J_{24}a^2n_{22}-4a^2l_{22}n_{22}z-3K_{24}L_{25}an_{22}}{4(l_{22}+\sqrt{3}m_{22})}$$

$$-\frac{-\sqrt{3}K_{24}L_{22}z+2K_{24}al_{22}z-\sqrt{3}J_{24}L_{25}an_{22}-2\sqrt{3}J_{24}al_{22}z+2\sqrt{3}L_{24}an_{22}z}{4(l_{22}+\sqrt{3}m_{22})}$$

分支 3 上各关节轴线方向的螺旋为

$$\begin{aligned}
\boldsymbol{S}_{\mathrm{m}_{31}}&=\boldsymbol{e}_2+a\boldsymbol{e}_6\\
\boldsymbol{S}_{\mathrm{m}_{32}}&=l_{32}\boldsymbol{e}_1+n_{32}\boldsymbol{e}_3-an_{32}\boldsymbol{e}_5\\
\boldsymbol{S}_{\mathrm{m}_{33}}&=J_{33}\boldsymbol{e}_4+K_{33}\boldsymbol{e}_5+L_{33}\boldsymbol{e}_6\\
\boldsymbol{S}_{\mathrm{m}_{34}}&=l_{32}\boldsymbol{e}_1+n_{32}\boldsymbol{e}_3+n_{32}y\boldsymbol{e}_4+K_{34}\boldsymbol{e}_5-l_{32}y\boldsymbol{e}_6\\
\boldsymbol{S}_{\mathrm{m}_{35}}&=\boldsymbol{e}_2-z\boldsymbol{e}_4+L_{35}\boldsymbol{e}_6
\end{aligned}\tag{12.39}$$

式中，J_{33}、K_{33}、L_{33} 是向量 $(J_{33},K_{33},L_{33})^{\mathrm{T}}=(\boldsymbol{a}_3-\boldsymbol{b}_3)/|\boldsymbol{a}_3-\boldsymbol{b}_3|$ 中的元素；方向向量 $(l_{32},m_{32},n_{32})=(\boldsymbol{s}_{31}\times\boldsymbol{s}_{33})/|\boldsymbol{s}_{31}\times\boldsymbol{s}_{33}|$，且有

$$\begin{aligned}
\boldsymbol{s}_{31}&=(0,1,0)\\
\boldsymbol{s}_{33}&=(J_{33},K_{33},L_{33})\\
K_{34}&=l_{32}z-n_{32}(b+x)\\
L_{35}&=b+x
\end{aligned}$$

锁住驱动副移动关节 $\boldsymbol{S}_{\mathrm{m}_{33}}$ 后，分支 3 的运动空间由分支 3 上其余四个螺旋向量扩展而成：

$$\begin{aligned}
\boldsymbol{A}_3'=&\boldsymbol{S}_{\mathrm{m}_{31}}\wedge\boldsymbol{S}_{\mathrm{m}_{32}}\wedge\boldsymbol{S}_{\mathrm{m}_{34}}\wedge\boldsymbol{S}_{\mathrm{m}_{35}}\\
=&-l_{32}z(K_{34}+an_{32})\boldsymbol{e}_1\boldsymbol{e}_2\boldsymbol{e}_4\boldsymbol{e}_5+l_{32}y(an_{32}-L_{35}n_{32}+l_{32}z)\boldsymbol{e}_1\boldsymbol{e}_2\boldsymbol{e}_4\boldsymbol{e}_6\\
&-l_{32}(L_{35}-a)(K_{34}+an_{32})\boldsymbol{e}_1\boldsymbol{e}_2\boldsymbol{e}_5\boldsymbol{e}_6-al_{32}z(K_{34}+an_{32})\boldsymbol{e}_1\boldsymbol{e}_4\boldsymbol{e}_5\boldsymbol{e}_6\\
&+n_{32}z(K_{34}+an_{32})\boldsymbol{e}_2\boldsymbol{e}_3\boldsymbol{e}_4\boldsymbol{e}_5-n_{32}y(an_{32}-L_{35}n_{32}+l_{32}z)\boldsymbol{e}_2\boldsymbol{e}_3\boldsymbol{e}_4\boldsymbol{e}_6\\
&+n_{32}(L_{35}-a)(K_{34}+an_{32})\boldsymbol{e}_2\boldsymbol{e}_3\boldsymbol{e}_5\boldsymbol{e}_6-an_{32}y(an_{32}-L_{35}n_{32}+l_{32}z)\boldsymbol{e}_2\boldsymbol{e}_4\boldsymbol{e}_5\boldsymbol{e}_6\\
&-an_{32}z(K_{34}+an_{32})\boldsymbol{e}_3\boldsymbol{e}_4\boldsymbol{e}_5\boldsymbol{e}_6
\end{aligned}\tag{12.40}$$

分支 3 运动空间的约束空间为

$$\begin{aligned}
\boldsymbol{S}_{\mathrm{c}3}'=&\Delta(\boldsymbol{A}_3'\boldsymbol{I}_6^{-1})\\
=&n_{32}(L_{35}-a)(K_{34}+an_{32})\boldsymbol{e}_1\boldsymbol{e}_4-l_{32}(L_{35}-a)(K_{34}+an_{32})\boldsymbol{e}_1\boldsymbol{e}_6\\
&+n_{32}y(an_{32}-L_{35}n_{32}+l_{32}z)\boldsymbol{e}_2\boldsymbol{e}_4-l_{32}y(an_{32}-L_{35}n_{32}+l_{32}z)\boldsymbol{e}_2\boldsymbol{e}_6\\
&+n_{32}z(K_{34}+an_{32})\boldsymbol{e}_3\boldsymbol{e}_4-l_{32}z(K_{34}+an_{32})\boldsymbol{e}_3\boldsymbol{e}_6+an_{32}z(K_{34}+an_{32})\boldsymbol{e}_4\boldsymbol{e}_5\\
&-an_{32}y(an_{32}-L_{35}n_{32}+l_{32}z)\boldsymbol{e}_4\boldsymbol{e}_6+al_{32}z(K_{34}+an_{32})\boldsymbol{e}_5\boldsymbol{e}_6\\
=&\boldsymbol{S}_{\mathrm{c}31}'\wedge\boldsymbol{S}_{\mathrm{c}32}'
\end{aligned}\tag{12.41}$$

式中

$$\begin{aligned}
\boldsymbol{S}'_{c31} &= -n_{32}\boldsymbol{e}_4 + l_{32}\boldsymbol{e}_6 \\
\boldsymbol{S}'_{c32} &= -(L_{35}-a)(K_{34}+an_{32})\boldsymbol{e}_1 - (y(an_{32}-L_{35}n_{32}+l_{32}z))\boldsymbol{e}_2 \\
&\quad - z(K_{34}+an_{32})\boldsymbol{e}_3 - \frac{an_{32}y(an_{32}-L_{35}n_{32}+l_{32}z)}{l_{32}}\boldsymbol{e}_4 + az(K_{34}+an_{32})\boldsymbol{e}_5
\end{aligned} \tag{12.42}$$

$\boldsymbol{S}'_{c1}$、$\boldsymbol{S}'_{c2}$和$\boldsymbol{S}'_{c3}$是三个 2 阶片积，这三个 2 阶片积包括一个约束力偶$\boldsymbol{S}'_{ci1}(i=1,2,3)$和一个约束力$\boldsymbol{S}'_{ci2}(i=1,2,3)$，所以在锁住驱动后共产生了六个约束作用到末端执行器上。其中，向量$\boldsymbol{S}'_{ci2}$是各分支上沿分支方向的约束力，向量$\boldsymbol{S}'_{ci1}$是各分支上垂直 U 副方向的约束力偶。为了分析这六个约束之间的线性相关性，对它们进行外积运算，得

$$\begin{aligned}
\boldsymbol{Q} &= \boldsymbol{S}'_{c1} \wedge \boldsymbol{S}'_{c2} \wedge \boldsymbol{S}'_{c3} \\
&= Q\boldsymbol{e}_1\boldsymbol{e}_2\boldsymbol{e}_3\boldsymbol{e}_4\boldsymbol{e}_5\boldsymbol{e}_6
\end{aligned} \tag{12.43}$$

12.2.2　3-UPU 移动并联机构奇异轨迹

式(12.43)中$\boldsymbol{Q}$是一个 6 阶片积向量，其系数 Q 包括机构位姿和结构参数。满足奇异多项式 $Q=0$ 的机构位置(x,y,z)就是机构的奇异位形，即

$$Q=\frac{-(27z^2(a-b)^2(x^2+y^2-4(a-b)^2)(a^2-2ab-2ax+b^2+2bx+x^2+z^2)\lambda}{256(z^2+(b-a+x)^2)\left(z^2+\left(a-b+\frac{x}{2}-\frac{\sqrt{3}}{2}y\right)^2\right)\left(z^2+\left(a-b+\frac{x}{2}+\frac{\sqrt{3}}{2}y\right)^2\right)}=0 \tag{12.44}$$

由式(12.44)可得，当 3-UPU 移动并联机构杆长不为 0 时有以下三种奇异情况。

(1) 动平台与定平台重合时奇异多项式为 0，六个约束线性相关，即

$$z=0 \tag{12.45}$$

此时，三个垂直于 U 副方向的约束向量和三个沿分支方向的约束向量位于同一个平面上且交于一点。一般这种情况在实际应用中不会发生。

(2) 定平台外接圆半径 a 和动平台外接圆半径 b 相等，即

$$a=b \tag{12.46}$$

此时，3-UPU 移动并联机构的两个或三个分支相平行。这属于结构奇异，在机构设计阶段可以避免这种奇异的发生。

(3) 当固定坐标系原点 O 为原点，动平台运动到半径为 $2(a-b)$的圆上时，无论高度 z 为何值，机构均处于奇异状态：

$$x^2+y^2=(2(a-b))^2 \tag{12.47}$$

这种奇异属于约束奇异，即三个垂直于 U 副方向的约束向量 $\boldsymbol{S}'_{ci1}(i=1,2,3)$线性相关，它们的外积为 0。具体分析见下面奇异位形分析的部分。

对于 3-UPU 移动并联机构，机构参数设置为 $a=5$cm，$b=2$cm，由式(12.25)可得机构关于 x、y、z 的三维奇异轨迹如图 12.10(a)所示，该奇异轨迹呈圆筒状。

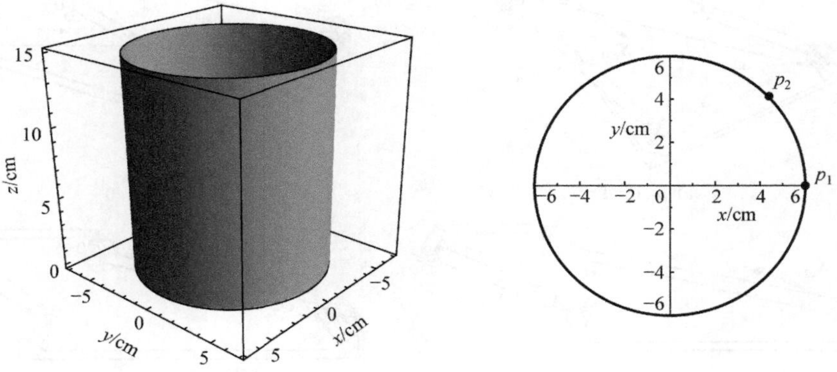

图 12.10　3-UPU 移动并联机构关于 x、y、z 的三维奇异轨迹及图(a)中在高度 $z=5$cm 上的二维截面

12.2.3　3-UPU 移动并联机构奇异位形分析

为了便于分析机构的奇异位形，在任一高度 z 方向作截面，如图 12.10(b)所示，这些截面都是半径为 $2(a-b)$ 的圆。在这个二维奇异轨迹上取两个奇异点 $p_1(6,0)$ 和 $p_2(3\sqrt{2},3\sqrt{2})$，它们对应的机构位形如图 12.11 所示。两个奇异位形下，当 $z=0$ 时约束力 $\boldsymbol{S}'_{ci2}$ 位于同一平面内且交于一点，约束力偶 $\boldsymbol{S}'_{ci1}$ 也位于同一平面内且交于一点。当 $z\neq0$ 时，约束力偶 $\boldsymbol{S}'_{ci1}$ 满足 $(\boldsymbol{S}'_{c11}\times\boldsymbol{S}'_{c21})\cdot\boldsymbol{S}'_{c31}=0$。

从六个约束螺旋中选取 $C_6^i(i=2,3,4,5)$ 个螺旋进行外积。$p_1(1)$ 点位姿下线性相关的螺旋组合为 $\Omega_{p_1(1)}=\{\boldsymbol{S}'_{c31},\boldsymbol{S}'_{c12},\boldsymbol{S}'_{c21}\}$，其外积为

$$\boldsymbol{S}'_{c31}\wedge\boldsymbol{S}'_{c12}\wedge\boldsymbol{S}'_{c21}=0 \tag{12.48}$$

分支 1、2、3 上垂直于底端 U 副的约束力偶 $\boldsymbol{S}'_{c11}$、$\boldsymbol{S}'_{c21}$、$\boldsymbol{S}'_{c31}$ 交于一点，包含这三个螺旋向量的组合 $\{\Omega_{p_1(1)},\boldsymbol{S}'_{ci2}\}(i=1,2,3)$、$\{\Omega_{p_1(1)},\boldsymbol{S}'_{c12},\boldsymbol{S}'_{c22}\}$、$\{\Omega_{p_1(1)},\boldsymbol{S}'_{c12},\boldsymbol{S}'_{c32}\}$ 和 $\{\Omega_{p_1(1)},\boldsymbol{S}'_{c22},\boldsymbol{S}'_{c32}\}$ 线性相关，即每个组合各自的外积为 0。

$p_1(2)$ 点位姿下线性相关的螺旋组合为 $\Omega_{p_1(2)}=\Omega_{p_1(1)}=\{\boldsymbol{S}'_{c11},\boldsymbol{S}'_{c21},\boldsymbol{S}'_{c31}\}$，其外积为

$$\boldsymbol{S}'_{c11}\wedge\boldsymbol{S}'_{c21}\wedge\boldsymbol{S}'_{c31}=10^{-15}(0.4441\boldsymbol{e}_4\boldsymbol{e}_5\boldsymbol{e}_6)\approx0 \tag{12.49}$$

分支 1、2 上垂直于底端 U 副的约束力偶 $\boldsymbol{S}'_{c11}$、$\boldsymbol{S}'_{c21}$ 相交组成一个平面，分支 3 上垂直于底端 U 副的约束力偶 $\boldsymbol{S}'_{c31}$ 平行于这个平面，包含这三个螺旋向量的组合 $\{\Omega_{p_1(2)},\boldsymbol{S}'_{ci2}\}(i=1,2,3)$、$\{\Omega_{p_1(2)},\boldsymbol{S}'_{c12},\boldsymbol{S}'_{c22}\}$、$\{\Omega_{p_1(2)},\boldsymbol{S}'_{c12},\boldsymbol{S}'_{c32}\}$ 和 $\{\Omega_{p_1(2)},\boldsymbol{S}'_{c22},\boldsymbol{S}'_{c32}\}$ 也线性相关。

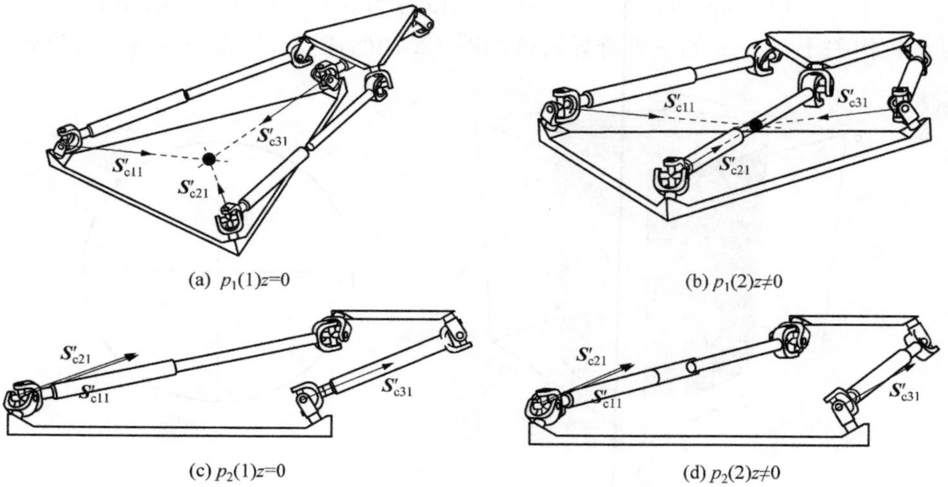

(a) $p_1(1)z=0$　　(b) $p_1(2)z\neq0$

(c) $p_2(1)z=0$　　(d) $p_2(2)z\neq0$

图 12.11　3-UPU 移动并联机构奇异点 p_1、p_2 对应的机构位形

$p_2(1)$点位姿线性相关的螺旋组合为 $\Omega_{p_2(1)}=\Omega_{p_1}=\{\boldsymbol{S}'_{c11},\boldsymbol{S}'_{c21},\boldsymbol{S}'_{c31}\}$，其外积为 0，即 $\boldsymbol{S}'_{c31}\wedge\boldsymbol{S}'_{c12}\wedge\boldsymbol{S}'_{c21}=0$。

分支 1、2、3 上垂直于底端 U 副的约束力偶 $\boldsymbol{S}'_{c11}$、$\boldsymbol{S}'_{c21}$、$\boldsymbol{S}'_{c31}$ 交于一点，包含这三个螺旋向量的组合 $\{\Omega_{p_2(1)},\boldsymbol{S}'_{ci2}\}(i=1,2,3)$、$\{\Omega_{p_2(1)},\boldsymbol{S}'_{c12},\boldsymbol{S}'_{22}\}$、$\{\Omega_{p_2(1)},\boldsymbol{S}'_{c12},\boldsymbol{S}'_{c32}\}$ 和 $\{\Omega_{p_2(1)},\boldsymbol{S}'_{c22},\boldsymbol{S}'_{c32}\}$ 也线性相关。

$p_2(2)$点位姿线性相关的螺旋组合为 $\Omega_{p_2(1)}=\Omega_{p_1}=\{\boldsymbol{S}'_{c11},\boldsymbol{S}'_{c21},\boldsymbol{S}'_{c31}\}$，其外积为

$$\boldsymbol{S}'_{c11}\wedge\boldsymbol{S}'_{c21}\wedge\boldsymbol{S}'_{c31}=-10^{-15}(0.3053\boldsymbol{e}_4\boldsymbol{e}_5\boldsymbol{e}_6)\approx0 \tag{12.50}$$

分支 1、2 上垂直于底端 U 副的约束力偶 $\boldsymbol{S}'_{c11}$、$\boldsymbol{S}'_{c21}$ 相交组成一个平面，分支 3 上垂直于底端 U 副的约束力偶 $\boldsymbol{S}'_{c31}$ 平行于这个平面，包含这三个螺旋向量的组合 $\{\Omega_{p_2(2)},\boldsymbol{S}'_{ci2}\}(i=1,2,3)$、$\{\Omega_{p_2(2)},\boldsymbol{S}'_{c12},\boldsymbol{S}'_{c22}\}$、$\{\Omega_{p_2(2)},\boldsymbol{S}'_{c12},\boldsymbol{S}'_{c32}\}$ 和 $\{\Omega_{p_2(2)},\boldsymbol{S}'_{c22},\boldsymbol{S}'_{c32}\}$ 也线性相关。

接下来分析 3-UPU 移动并联机构奇异轨迹在工作空间中的分布情况。3-UPU 移动并联机构的工作空间主要受以下几个条件的限制：各驱动杆自身长度，$q_{i\min}\leqslant q_i\leqslant q_{i\max}$；运动副转动角，$\theta_{Ti}=\arccos(\boldsymbol{q}_i\boldsymbol{n}_{Ti}/|\boldsymbol{q}_i|)\leqslant\theta_{Ti\max}$。机构参数给定为 $a=5$cm，$b=2$cm。图 12.12 和图 12.13 是两种限制条件下的工作空间和奇异轨迹在工作空间中的分布。

(1) $q_{i\max}$ 取 15cm，$q_{i\min}$ 取 2.5cm，$\theta_{Ti\max}$ 取 70°，机构允许的最小高度和最大高度 z 为 0cm 和 15cm，不考虑干涉。机构工作空间和奇异轨迹在工作空间中的分布如图 12.12 所示。由图 12.12(b)可以看出，圆柱状的奇异轨迹贯穿工作空间。

(2) $q_{i\max}$ 取 15cm，$q_{i\min}$ 取 2.5cm，$\theta_{Ti\max}$ 取 32°，机构允许的最小高度和最大高度 z 分别为 0cm 和 15cm。机构的工作空间和奇异轨迹在工作空间中的分布如

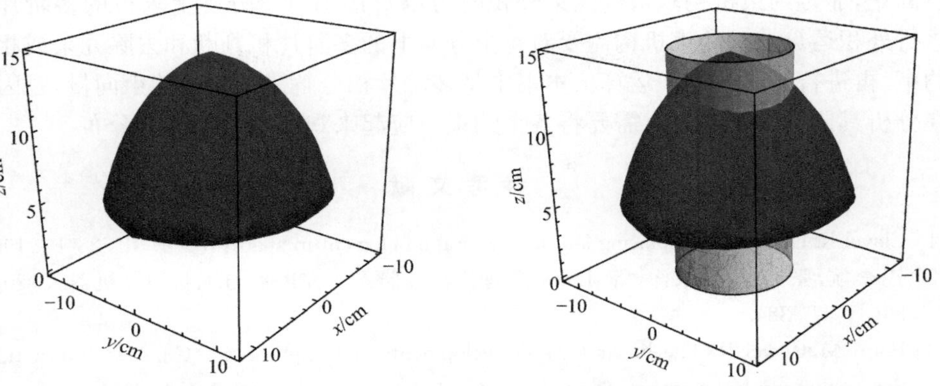

(a) 工作空间　　(b) 奇异轨迹与工作空间的位置关系

图 12.12　3-UPU 移动并联机构在条件(1)下的工作空间和奇异轨迹与工作空间的位置关系

图 12.13 所示。由图 12.13(b)可以看出，圆柱状的奇异轨迹分布于工作空间之外。可见，当杆长限制相同时只改变 U 副转动角的限制范围，工作空间就上移，体积缩小很多，U 副的转动角范围限制对工作空间的大小影响较大。在同样的杆长限制条件下改变 U 副转动角范围，工作空间就可以避免奇异，但这也使得 3-UPU 移动并联机构的动平台只能在小范围内运动。

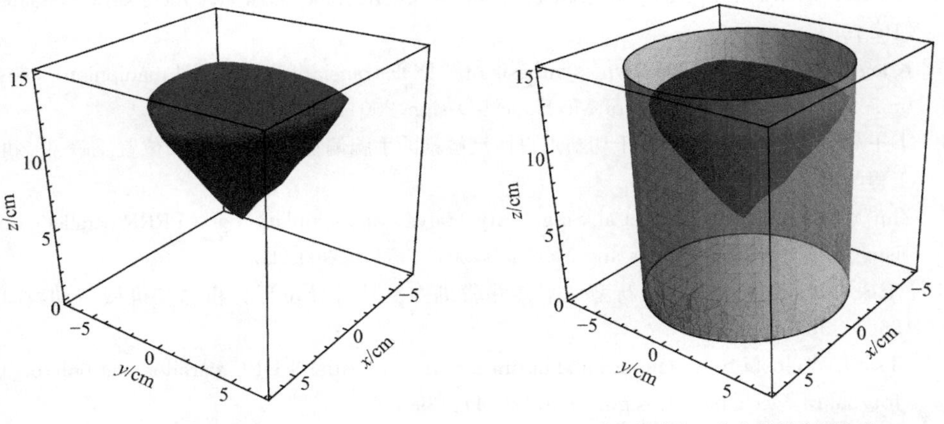

(a) 工作空间　　(b) 奇异轨迹与工作空间的位置关系

图 12.13　3-UPU 移动并联机构在条件(2)下的工作空间和奇异轨迹与工作空间的位置关系

12.3　本章小结

本章运用几何代数方法对两种三自由度移动并联机构进行了奇异分析，得到了三维奇异轨迹在空间中的分布，为机构的设计、轨迹规划等提供了基础。需要注意的是,非过约束机构求最终约束外积时可以直接用每个分支上求得的多阶片积进行外积运算。过约束机构需要对每个分支上的多阶片积判断和去除冗余或相同约束,再进行最终的外积运算。本书中将多阶片积分解成单个的约束向量,是因为在分析具体的奇异位形时需要将各个约束对应起来观察它们的几何分布。

参考文献

[1] Clavel R. Device for displacing and positioning an element in space:WO 87/03528[P]. 1985.

[2] 冯李航,张为公,龚宗洋,等. Delta 系列并联机器人研究进展与现状[J]. 机器人,2014,36(3):375-384.

[3] Bouri M,Clavel R. The linear Delta:Developments and applications[C]. 41st International Symposium on Robotics and 6th German Conference on Robotics,Munich,2011:1-8.

[4] Yu J J,Dai J S,Liu X J,et al. Type synthesis of 3-DOF translational parallel manipulators based on atlas of DOF characteristic matrix[C]. ASME International Design Engineering Technical Conferences and Computers and Information in Engineering Conference,Philadelphia,2006:1155-1168.

[5] Maldonado-Echegoyen R,Castillo-Castaneda E,Garcia-Murillo M A. Kinematic and deformation analyses of a translational parallel robot for drilling tasks[J]. Journal of Mechanical Science and Technology,2015,29(10):4437-4443.

[6] Tsai L W. Multi-degree-of-freedom mechanisms for machine tools and the like: US, 5656905[P]. 1997.

[7] Kong X W,Gosselin C M. Type synthesis of 3-DOF translational parallel manipulators based on screw theory[J]. Journal of Mechanical Design,2004,126(1):83-92.

[8] 卜王辉,刘振宇,谭建荣. 基于切断点自由度解耦的手腕偏置型 6R 机器人位置反解[J]. 机械工程学报,2010,46(21):1-5.

[9] Zhu Y Y,Fu T,Ding H S,et al. Singularity analysis and simulation of 3-PRRR parallel mechanism[J]. Applied Mechanics and Materials,2014,556:1226-1231.

[10] 王成军,马履中,李耀明. 新型三平移并联机构及其奇异位形分析[J]. 机械传动,2011,36(7):33-36.

[11] Tsai L W,Joshi S. Kinematics and optimization of a spatial 3-UPU parallel manipulator[J]. Journal of Mechanical Design,2000,122(4):439-446.

[12] Joshi S A,Tsai L W. Jacobian analysis of limited-DOF parallel manipulators[J]. Journal of Mechanical Design,2002,124(2):254.

[13] Merlet J P. Singular configurations of parallel manipulators and Grassmann geometry[J]. International Journal of Robotics Research,1989,8(5):45-56.

[14] Kanaan D,Wenger P,Caro S,et al. Singularity analysis of lower mobility parallel manipulators using Grassmann-Cayley algebra[J]. IEEE Transactions on Robotics,2009,25(5):995-1004.